庆祝河南大学建校 110 周年

内容提要

本卷从《河南大学学报（社会科学版）》2010至2021年所刊发的相关专业论文中精选23篇优秀论文，包括中国文学研究、外国文学与比较文学研究、文艺理论和艺术学研究三大版块，既有细察文本的潜心涵泳和文本批评的深入探索，又有探讨文学/艺术规律的理性思考和梳理学术史的宏观视域，更有会通古今、中外文学的开阔研究格局，展现了学报文学栏目和艺术学栏目近十余年的学术品位与使命担当。

总 主 编　李伟昉
副总主编　赵建吉　张先飞

品风骚之美　鉴思辨之光
文学艺术学卷

主编　谢丽

静斋行云书系

河南大学出版社
HENAN UNIVERSITY PRESS
·郑州·

图书在版编目（CIP）数据

品风骚之美 鉴思辨之光：文学艺术学卷／谢丽主编．—郑州：河南大学出版社，2022.12
（静斋行云书系；3）
ISBN 978-7-5649-5394-2

Ⅰ.①品… Ⅱ.①谢… Ⅲ.①艺术学-中国-文集②中国文学-文学研究-文集 Ⅳ.①J120.976-53②I206-53

中国版本图书馆 CIP 数据核字（2022）第 256244 号

责任编辑	马　博
责任校对	王　珂
封面设计	陈盛杰
封面摄影	郭　林

出版发行	河南大学出版社
	地址：郑州市郑东新区商务外环中华大厦 2401 号　　邮编：450046
	电话：0371-86059701（营销部）
	0371-22860116（人文社科分公司）
	网址：hupress.henu.edu.cn
排　版	郑州市今日文教印制有限公司
印　刷	广东虎彩云印刷有限公司
版　次	2022 年 12 月第 1 版　　印　次　2022 年 12 月第 1 次印刷
开　本	787 mm×1092 mm　1/16　印　张　25.5
字　数	452 千字　　　　　　　定　价　698.00 元（全 8 册）

（本书如有印装质量问题，请与河南大学出版社营销部联系调换）

序

　　从1912年到2022年,河南大学走过了110年不平凡的发展历程,《河南大学学报》伴随着河南大学的发展也度过了88个春秋,并将迎来90周年刊庆。值此之际,河南大学学报编辑部编选的"静斋行云书系"也将面世。这既是对学校110周年庆典的献礼,又是对新世纪第二个十年学报编辑工作的回顾和小结。

　　"静斋行云书系"共分8卷,分别是《新时代、新理论、新思维(哲学、政治与社会学卷)》《城乡经济发展与转型(经济学管理学卷)》《法律的理论之思与制度之辨(法学卷)》《上下求索的文明考辨(历史学卷)》《品风骚之美　鉴思辨之光(文学艺术学卷)》《教育转型与教育创新(教育学卷)》《编辑学理与出版史论(教育部学报名栏编辑学研究卷1)》《媒体变革与编辑创新(教育部学报名栏编辑学研究卷2)》,其中所编选的论文均刊发于2010年至2021年的《河南大学学报(社会科学版)》。这些论文对近年来相关学科领域所关注的理论问题、学术热点多有反映和探讨,具有一定的代表性。我们之所以取新世纪第二个十年这个节点来编选该套书系,主要是因为中国在这十年里,方方面面都发生了有目共睹的巨大变化,特别是进入了习近平中国特色社会主义新时代,我们正面临的这个百年未有之大变局的动荡变革期,为中华民族伟大复兴的战略全局提供了难得的历史机遇。中国所倡导的和平发展、积极构建人类命运共同体的价值理念,因顺应当今人类社会的大趋势和总主题而不可逆转。在这一现实环境下,《河南大学学报(社会科学版)》在原有基础上迎来了新的发展与突破,获得了良好的学术品牌和学术影响,先后入选中文社会科学引文索引来源期刊(CSSCI)、教育部高校哲学社会科学学报名栏建设期刊、"中国人文社会科学综合评价 AMI"核心期刊、中国人民大学《复印报刊资料》重要转载来源期刊、河南省哲学社会科学基金资助期刊，荣获了"全国高校文科名刊""致敬创刊七十年"（社会科学版与自然科学版）等荣誉称号。

这套书系按学报设置栏目为类别分别编辑，论文收录每卷控制在20篇上下。这些论文既有来自著名学者的力作，也有出于年轻学者的新构，都体现了鲜明的问题意识和创新意识，某种程度上代表着各自相关学术领域创新的思考，其中多篇被各种相关转载机构的期刊所转载。而且，透过这些学术文字，可以感知社会的发展，时代的进步，变化的焦点等等。虽然说这是对学报目前已有成绩的阶段性展示，不过，成绩面前，我们丝毫不敢懈怠自满，我们清醒地认识到，在不少方面尚有待继续改进和提升。"坚守初心、引领创新，展示高水平研究成果"，这是习近平总书记给《文史哲》编辑部的回信中对编辑工作者的殷切期望，他明确指出了期刊引领创新的重要价值和意义，为办好哲学社会科学期刊指明了方向。我们当牢记这一嘱托，提高政治站位，坚持高质量办刊，让期刊发挥支持培养学术人才成长、展现文化思想价值、促进文明交流互鉴的功能与作用。

这里有必要交代一下该套书系为何取名"静斋行云"。从河南大学南门进入右转，前行十余米，即可看到一条向北延伸的林荫小路。这条小路叫"静斋路"，路边由南向北依次排列着十幢三层斋楼，古朴典雅，别有韵味，东临明清城墙，北望千年铁塔。这十幢斋楼和周边的大礼堂、6号楼、7号楼等构成全国重点文物保护的"近代建筑群"。其中的东二斋就是编辑部的办公地址。"行云"寓意时间如空中流动的云烟，喻指过去的十年时光与绵延的思绪。常年工作在东二斋的编辑们，和这所大学里的老师们一样，有着自己的职业追求，有着编辑的智慧和情怀，同样有"又得书窗一夜明"的辛勤付出。他们怀着一颗虔诚之心，默默耕耘，敬畏学术的神圣，呵护学人的平台，坚守学报的初心，守望可期的未来。他们持之以恒地每天都做着同样单调的事情：审文稿，纠错字，改标点，核注释，通语句，润文笔，他们不人云亦云，随波逐流，却常常在文中与作者对话，在深思熟虑中帮助作者提升文章的高度与深度，带着宽阔的学术视野与前瞻眼光，用追求完美的工匠精神甘为他人作嫁衣裳。这是一种状态，一种生活，一种修炼，一种境界。"静斋"默默地矗立在"行云"般流动的岁月里，或无语沉思，或静默遐想，"静斋""行云"相看两不厌，唯有执着情。自然，这套小书凝结着编辑们的辛勤汗水，见证着他们的认真严谨。愿这套小书成为他们精神世界的折射和内心追求的表征。

明天适逢教师节、中秋节并至，借此机会，向编辑部全体同仁道一声：双节快乐！

书系编选过程中，分管学报工作的孙君健副校长很关心这项工作，多次问询进展情况，并给予出版经费鼎力支持，在此表示由衷的感谢！

是为序。

李伟昉

2022 年 9 月 9 日

目　录

中国文学研究

中国近代侠义小说的创作特征 …………………………… 关爱和（ 3 ）
王运熙的《文选》研究 ……………………………………… 王立群（ 12 ）
况周颐《历代词人考略》的文献和理论价值 …………… 孙克强（ 29 ）
中国古典诗歌之美感特质 ………………………………… 叶嘉莹（ 42 ）
诗界革命视野中的《清议报》诗歌 ……………………… 胡全章（ 58 ）
芦焚的"一二·九"三部曲及其他
　　——师陀作品补遗札记 …………………………… 解志熙（ 74 ）
父子之情与国家公义
　　——王蒙小说中"大义灭亲"的故事原型及其意义
　　阐释 ………………………………………………… 孙先科（102）
"社会主义新人"大讨论与新时期文学 ………………… 武新军（114）
五四理想"人"的发现与初期新文学主题、形态的确立 … 张先飞（130）
钱锺书与中国现代批评的困境 …………………………… 邵宁宁（148）
边缘人与采珠心：晚期常州词派的上海书写 …………… 谢　丽（169）

外国文学与比较文学研究

关于东方文学比较研究的思考 …………………………… 李伟昉（187）

人类命运共同体的价值理念与全球视野的结构转向
　　——以比较文学研究视角为中心 ………………李伟昉（196）
莎士比亚作为"哥特诗人"的形成及其文化
　　意义 …………………………………马　衡　李伟昉（210）
责任、利益和机会：《威尼斯商人》中朗斯洛特的交易欲望
　　化身 ……………………………………………华有杰（231）
存在时间与钟表时间：《喧哗与骚动》中的现代性时间
　　体验 …………………………………张诗苑　杨金才（248）
论《安东尼与克莉奥佩特拉》的戏剧主题 ……………彭　磊（265）
《裘利斯·凯撒》："诗与哲学之争"的隐微
　　书写 …………………………………于艳平　李伟昉（279）

文艺理论与艺术学研究

中国当代文艺理论的分歧及理论解决 ………邓树强　熊元义（303）
20世纪30年代国共两党文艺意识形态争战及胜败
　　原因 ……………………………………………张清民（322）
"有意义的文化理论"：雷蒙·威廉斯眼中的巴赫金……曾　军（353）
后人类生态主义：生态主义的新变 ……………………王　峰（366）
改革开放40年中国艺术学发展总论 …………………陈宗花（380）

中国文学研究

中国近代侠义小说的创作特征

关爱和①

19世纪40年代以后的小说创作是明清小说发展的尾声。这一时期小说最引人注目的创作趋势之一是长篇白话小说中侠义题材的空前盛行,出现了《儿女英雄传》(1849)、《荡寇志》(1853)、《三侠五义》(1879)、《小五义》(1890)、《彭公案》(1892)等一大批作品。其卷帙繁多蔚为大观,成为一种不容忽视的文学现象和创作潮流。

对侠义小说的研究,较早也较有代表性的成果当推鲁迅的《中国小说史略》和胡适的《五十年来中国之文学》,以后的研究多在二者基础之上展开研究或关注作品的思想内容,或探索其艺术特点,或考证其与古代小说的源流关系。侠义小说作为一种重要的小说类型,在中国可谓源远流长,但基于类型学的角度对侠义小说的研究却显得有些单薄。本文正是从创作特征入手,试图总结与归纳侠义小说这一古老的小说类型在19世纪40年代以后的传承与新变。

中国近代侠义小说的代表性作品有《荡寇志》《三侠五义》《儿女英雄传》等。《荡寇志》又名《结水浒传》。作者俞万春认为施耐庵的《水浒传》并不以宋江为忠义,而罗贯中的《后水浒传》"全未梦见耐庵、圣叹之用意,反以梁山之跋扈鸱张,毒痛河朔称为真忠义……于世道人心之所在,其害有不可胜言者"。所以决定"提明真事破他伪言""使天下后世晓然于盗贼之终无不败忠义之不容假借混朦,庶几尊君亲上之心油然而生"②。基于此种创作目的,《荡寇志》从金圣叹删改处写起,以陈希

---

① 关爱和,男,河南汝南人,河南大学文学院教授,博士生导师。
② 俞万春:《荡寇志》,北京:人民文学出版社,1985年,第1042页。

真父女的命运为主线展开情节。

陈丽卿抗拒高衙内调戏,父女俩为躲避高俅父子的迫害,被迫到猿臂寨落草。但他们始终心念朝廷,一意与梁山为敌,把剿灭宋江等作为向封建统治者的进身礼。由于攻打梁山建立了"功绩",陈希真重为朝廷录用,升官至都统制。随后他们又和云天彪一起在张叔夜的统率下踏平梁山,《水浒》中之一百单八英雄,到结束处无一能逃斧钺。

《荡寇志》模仿《水浒》笔法,在艺术上取得较高成就。作者善写战争,对双方争战的攻守进退,娓娓道来,调度自如,不紧不迫而又惊心动魄,令人如临其境,如闻其声。其叙事语言精炼流畅,造语设景颇具匠心。鲁迅《中国小说史略》指出《荡寇志》"造事行文有时几欲摩前传之垒,采录景象亦颇有施罗所未试者"①,在艺术表现技巧与细节真实细腻等方面颇有创新,较之《水浒》并不逊色。

《三侠五义》是一部较为典型的以清官断案为经,以侠之仗义行侠为纬的公案侠义小说。小说的内容大致分为两部分。前七十回主要写包公断各种奇案冤狱以及锄庞昱、为李太后伸冤等故事,其中穿插南侠封"御猫"、"五鼠闹东京"并归服朝廷等情节。后五十回以包拯的学生颜查散为中心,写他在众侠客义士协助下诛强锄暴的故事。小说把侠客义士的除暴安良行为与保护官府大臣、为国立功结合起来,体现了市井细民对清官与贤明政治的向往。

《三侠五义》演绎包公传说成于艺人之口,其绘声状物,粗笔勾勒而能传神,叙事语言保留较多的平话习气。故事情节虽属离奇,但能渲染烘托,使人觉得合情合理。俞樾评价《三侠五义》"事迹新奇、笔意酣恣,描写既细入毫芒,点染又曲中筋节……闲中着色,精神百倍",可称"天地间另是一种笔墨"。② 就艺术成就来讲《荡寇志》与《三侠五义》分别可作为鸦片战争以后文人与艺人说侠之作的代表。

《儿女英雄传》初名《金玉缘》,书述侠女十三妹(何玉凤)因父为纪献唐所害,被迫奉母避居山林习武行侠,伺机复仇。后以偶然机缘,在

---

① 鲁迅:《中国小说史略》,济南:齐鲁书社,1997年,第120页。
② 俞樾:《七侠五义序》,黄霖,韩同文选注:《中国历代小说论著选》,南昌:江西人民出版社,2000年,第639页。

能仁寺救得携银救父的汉军世家子弟安骥,十三妹遂做主使其与同时被救出的村女张金凤结成姻缘。安骥之父安东海获救后,为报十三妹之恩,挂冠辞官,四处找寻。何玉凤从安父那里得知其父仇人已被朝廷所除,大仇已报,决意出家为父母守丧。后为安父等"晓以大义"多方劝解,亦嫁与安骥,何、张姊妹相称,和睦相处。安骥此后官运亨通,"办了些疑难大案,政声载道,位极人臣""金、玉姐妹各生一子,安老夫妻寿登期颐,子贵孙荣"。(第40回)

《儿女英雄传》是我国小说史上最早出现的一部熔言情、侠义为一炉的保留平话习气的小说,具有较高的艺术性,是一部雅俗共赏、在民间广为流传的作品。小说结构完整,情节曲折,张弛有度,转换自然。书中语言采用地道的北京话,又融入不少满族特有的日常用语,不但生动地再现了当时的生活习俗和风貌,而且具有浓厚的地方色彩和民族色彩。语言生动、诙谐风趣,开地道京味小说之先河。

中国近代侠义小说秉《水浒》《施公》等而来,但精神已有蜕变,表现出鲜明的与封建法权和伦理妥协、合流的倾向。鲁迅在《中国小说史略》中对《三侠五义》的判断"为市井细民写心,乃似较有《水浒》余韵,然亦仅其外貌,而非精神"①正道出了这一时期的侠义小说与传统同类小说相比在内在精神上的明显差异。这些差异构成了近代侠义小说的独特面貌:

一、归顺皈依的主题模式

在上述三部写侠小说中,侠义之士或接受招安,或报效朝廷,或步入家庭,无一不走着一条通向自身异化的命运之路。他们由啸聚江湖、逸气傲骨变而为循规蹈矩、世故世俗,由替天行道、仗义行侠变而为为王前驱、以武纠禁,由现行政治法律、伦理纲常的挑战者和反叛者变而为执行者、维护者。这种以表现江湖侠士收心敛性、改邪归正为主旨的作品,我们不妨称之为"归顺皈依"主题。这种主题模式的形成,带有近代晚期封建皇权政治文化的特征,它建立在一套以忠君观念为核心的

---

① 鲁迅:《中国小说史略》,济南:齐鲁书社,1997年,第225页。

价值理论体系之上。根据这种价值理论体系,作者极力寻求绿林英雄与皇权政治妥协调和的方式,而又总是以侠义之士向皇权政治的归顺皈依作为最终结局。作者正是在这种归顺皈依的主题模式下,寄寓着劝戒的意蕴和重整纲常伦理、社会秩序的渴望。

《荡寇志》一书主要展示的是两大江湖集团的争斗厮杀及其不同的命运归宿。猿臂寨首领陈氏父女因受奸佞迫害而走上绿林,这与宋江等人走上梁山并无不同。所不同的是,陈氏父女落草之后,辄以逆天害道之罪民自责,外惭恶声,内疚神明,时时不忘皇恩浩荡,日夜伺机助官剿寇,立功赎罪,将有朝一日接受招安,作为解脱之道;宋江等人则啸聚山野,假替天行道之名,攻城陷邑,对抗官府,桀骜不驯,于招安之事缺乏诚心。陈氏父女深明天理,以有罪之身,助王剿乱,终为朝廷所用,功成名就;宋江等人一意孤行,背忠弃义,倒行逆施,终至人神共怒,身败名裂。陈氏父女报效朝廷,真得忠义之道;宋江等人恃武犯禁,已入盗寇之流。作者正是在一侠一盗、一荣一衰的命运对比中,夸耀皇权无极,法网恢恢,晓告世人,忠义之不容假借混蒙,盗贼之终无不败。尊君亲上,招安受降,是绿林侠义、江湖英雄最好、最理想的归宿。这一思想主旨可归纳为尊王灭寇。如果说《荡寇志》一书的思想主旨是尊王灭寇,那么,《三侠五义》的思想主旨则是致君泽民。《三侠五义》是以忠奸、善恶、正邪作为故事基本冲突的。小说展示了上自宫廷皇室、下至穷乡僻壤间的种种社会矛盾。贪官污吏结党营私、诬陷忠良,铸就冤狱;土豪恶霸荼毒百姓,鱼肉乡里;皇亲国戚广结党羽,图谋不轨。这些奸邪丑恶的存在,为清官、侠士提供了用武之地。他们相互辅助,洞幽烛微,剪恶除奸,济困扶危,仗义行侠,为民除害,清官与侠义代表着社会公正与正义。作者致君泽民的思想主旨,也正是在清官与侠士的行为中体现出来的。在作品中,包拯、颜查散等清官名臣,展昭、欧阳春等义士侠客,充当着君主意志与民众愿望的中介,君主的意志通过清官名臣的作为而得以显现,清官名臣的作为依靠侠客义士的辅助而获得成功,侠客义士除暴安良的行为,又体现着民众社会公正的愿望。清官名臣、侠客义士,上尽效于朝廷,下施义于百姓,使民众愿望与君主意志、社会公正原则与君权原则获得和谐统一,这正是作者所期望的致君泽民的思想与行为规范。

《三侠五义》中的侠客义士系有产者居多。在归附朝廷之前,大都有过飘零江湖、行侠仗义,甚至以武犯禁的行为。他们归附朝廷并非是屈服于政府的武力,而大多是出于为国效力的愿望、对清官名臣高风亮节的折服及对皇上知遇之恩的报答,他们的归附被视为一种义举。当他们接受清官的统领之后,其除暴安良的行为便不再仅仅具有行侠仗义、打抱不平的性质,而是一种代表政府意志的活动。侠义之士一旦与江湖隔绝、与个人英雄行为分离,江湖上少了一位天马行空的英雄,而官府中则多了一名当差办案的吏卒。这也是侠义小说何以与公案小说合流的重要原因之一。

《儿女英雄传》为侠客义士、绿林英雄安排了一条与陈希真父女、南侠、"五鼠"不同的归顺道路——走向家庭生活。十三妹身为将门之女,自幼弯弓击剑,拓落不羁。家难之后,凭一把倭刀、一张弹弓啸傲江湖,驰名绿林,血溅能仁寺,义救邓九公,行侠仗义,打抱不平,是何等的豪放威武。但这些在饱读诗书的安学海看来,却是璞玉未凿,"把那一团至性,一副奇才,弄成一段雄心侠气,甚至睚眦必报,黑白分明。这种人若不得个贤父兄、良师友苦口婆心的成全他,唤醒他,可惜那至性奇才,终归名堕身败"。故而决心尽父辈之义,披肝沥胆,向十三妹讲述英雄儿女的道理。十三妹听了安学海的劝解,"登时把一段刚肠,化作柔肠,一股侠气,融成和气",决意"立地回头,变作两个人,守着那闺门女子的道理才是"。① 一向打家劫舍、掠抢客商、称雄绿林的海马周三等人,也听从教诲,学十三妹的样子,决心跳出绿林,回心向善,卖刀买犊,自食其力,孝老伺亲。走向家庭生活的侠女十三妹,将倭刀弹弓尽行收藏,英雄身手只在窃贼入房、看家护院时偶尔显露。

二、驯化的侠义英雄类型

与19世纪侠义小说"归顺皈依"的主题模式相对应的,是这类作品中塑造的一种带有类型学意味的英雄人物模式:驯化型英雄。

侠在中国是英雄的别称。在侠之思想品格和行为准则中,正义感

---

① 文康:《儿女英雄传》,上海:上海古籍出版社,1991年,第174、219、224页。

和英雄气节是最可宝贵的,也是侠之所以成其为侠、侠之人格光辉之所在。侠之正义感来自个人良知和性善本能,它依照于社会公正的原则,而并非亦步亦趋于政治、法律之规范。侠义之士锄强扶弱、除暴安良,在政治、法律范围之外主持着社会正义和公平,虽然其行为大多具有以武犯禁的性质而与现行政治、法律制度相违,但是侠之英雄气节表现了独立于世,傲骨铮铮,威武不能屈,富贵不能淫,听命于知己而不听命于达贵,视金钱、名利如草芥粪土,冰清玉洁,超然俗世等精神。如果没有行仁仗义、维护社会公正的正义感,侠便失去了其存在的价值和意义;没有了威武不能屈、富贵不能淫的英雄气节,委身依附于达贵或计较于个人的进退荣辱,侠便失去了受人仰慕、尊敬的资格。

19世纪侠义小说最引人注目的现象是侠的归顺与驯化。侠义之士或接受招安,或报效朝廷,或步入家庭,其行为方式渐次向着步入规范的方向发展。他们仍具有绝顶的武艺、过人的胆略、超常的智慧,并不乏使命感和牺牲精神。但他们的正义感和英雄气节却发生了变异。他们依旧以行仁仗义、兴天下之利、除天下之害为己任,但仁义利害的判别标准不再依据于个人良知、性善本能和社会公正原则,而是依据于皇权政治的需要。他们以尊王灭寇、致君泽民,甚至以恪守妇道作为自身价值实现的最高目标,将啸聚江湖、替天行道的锋芒收敛,将独立于世、傲骨铮铮的脊梁弯曲,或甘心为王前驱、效力官府,以博得封赏为荣;或将弓刀收藏、回心向善,践履于三从四德。这种向皇权政治、伦理归顺皈依的变异倾向,动摇了传统的侠义观念。

归顺朝廷、皈依官府、走入家庭,19世纪侠义小说的这种价值取向,赋予其书中的侠义形象以一种类型学的意义。他们不再是逍遥江湖、无拘无束、超然于政治、法律之外的正义使者,而是听命于号令、委身于官府、剿匪平贼、当差办案的驯化型英雄。这一变异完成的代价是巨大的,它使作品中的侠义形象失去了神圣的人格光辉,人们很自然地将这一英雄驯化现象看做是侠义品格的堕落。19世纪侠义小说中的侠义英雄虽然具有绝顶的武艺、过人的胆略、超常的智慧,但却带有洗脱不掉的猥琐之相,它为古典小说的侠义部落提供了一种英雄模式——驯化英雄模式。

三、以君臣人伦为主要内容的忠义观念

将归顺皈依皇权、奔走效力官府，或守着闺门道理作为侠的最佳归宿，甚至把绿林当做终南捷径，当做晋身扬名的阶梯，以充满欣赏的笔墨，津津有味地描写英雄驯化现象，反映了19世纪小说家的政治见解和思想倾向。19世纪小说家面对动荡不安、烽火四起的社会现实，以辅翼教化、整肃人心的社会角色自居，试图在侠义故事的演述中，寻找到一条绿林英雄与皇权政治消解对立、妥协合作的途径，以实现重整天地纲常、再现太平盛世的愿望。皇权的神圣利益是天经地义、不可动摇的，那么，皇权政治与绿林英雄的妥协合作，只能以绿林英雄的变异而得以实现。小说家用以更换侠之正义感和英雄气节的思想材料是以君臣人伦为主要内容的忠义观念。

绿林中的"忠义"历来有多层含义。一是就侠之本分而言，一诺千金，忠人之事，行侠仗义，维护公正，此种侠义是侠士的基本风范，是建立在良知与道义的基础上的。一是就侠义之间而言同生死共患难，肝胆相照，此种忠义自发地起始于一种团结御侮的愿望，建立在天涯沦落、荣辱与共的情感与命运之上。这两种情况下"忠义"二字实际是偏义词，主要是"义"。一是就侠义与皇权而言，忠君事君，知恩报效，侠以尊君亲上为本分，君掌生杀予夺之权力。此种忠义为封建礼教秩序之大端，建立在对皇权绝对服从的封建伦理主义的基础之上。19世纪侠义小说再三致意者，主要是第三种忠。

宋江等人在《水浒传》中是被作为忠义者加以表彰的，但在《荡寇志》中则被指斥为假忠义者之流。作者斥梁山英雄忠义之伪，又重在破其"官逼民反""替天行道"之说。陈希真修书宋江力陈忠义之辨，徐槐忠义堂教训卢俊义，王进阵前大骂林冲等情节，都是这方面的重头戏。昔日被逼上梁山，并为替天行道信仰奋斗过的英雄，在忠义之辨、君臣大义的"宏论"面前，竟然噤若寒蝉、理屈词穷，失却争辩的勇气。作者设计的梁山英雄正义感和英雄气节的陨落，信念的折服，是一种特殊的英雄驯化现象。《荡寇志》中身负尊王灭寇重任而被赋予真忠真义品格的是猿臂寨英雄。陈希真是作者理想中的英雄模式，其"真忠真义"的

实质,则是把认同与归顺皇权作为弃旧图新、走出逆境、改变自身命运的契机。

与《荡寇志》中的英雄通过剿匪立功而获取眷爱封赏稍有不同,《三侠五义》中的侠士大多是由于清官力荐而得与朝廷效力的。陈希真本京畿提辖,以剿灭梁山有功获取眷爱封赏,可谓梅开二度;三侠五义原闲云野鹤,其赖清官力荐而得与朝廷效力,则是皈依正途。两书之构思叙写各有不同,但其写英雄驯化却是异曲同工。

侠士与清官的结合,代表着封建社会一个圆满的政治理想。在人们心目中,清官是刚正严明、为民请命的官僚形象,是政治与法律范围内公正与正义的代表。侠士以行侠尚义、济困扶危、剪恶除奸为本分,是政治与法律之外社会公正与正义的代表。清官以办案方式除奸,依靠法律程序惩处邪恶,其周期长且易遭不测;侠士以武力方式除恶,依靠血性之勇伸张正义,其盲目性大而不免失之鲁莽。两者结合则可相得益彰,从而构成一种强大的、有组织的、效率极高的为君王剪除贪官奸臣、为民众打击土豪劣绅、为王朝消灭绿林人物的力量。《三侠五义》正是在上述政治理想的基础上构思故事的。侠士与清官合作,澄清了刘妃勾结郭槐,残酷迫害皇上生身之母李妃的冤案,打击了仗势依权、陷害忠良、为霸一方、侵吞救灾皇粮的庞吉、庞昱父子,剪除了横行乡里、欺诈百姓的马刚、马强、花冲等豪强恶霸,粉碎了皇叔襄阳王图谋不轨、蓄意篡位的阴谋。在追随清官当差办案的过程中,侠士显示出强烈的使命感和牺牲精神。白玉堂为盗取赵爵的盟书,孤身潜入冲霄楼,惨死于铜网阵;邓车把颜查散的官印丢在逆水泉里,蒋平自告奋勇,在寒气刺骨的泉水中将官印捞出。一些未曾被封官的侠士,如欧阳春在搭救杭州太守倪太祖、杀马刚、捉花冲、擒马强一系列事件中,主动配合,事后并不邀功。已获封赏的侠士,也还保留着几分刚烈正直的性格。包拯之护卫赵虎,听到包拯之侄子包三公子行为不法时,便指使苦主到开封府击鼓鸣冤,至真相大白,方开怀释然。正是由于反映了封建社会中人们对清官与侠士行为及他们所代表的清正公平政治理想的渴望,所以《三侠五义》能够为市井细民所喜闻乐见,而且风行流传;同时也正因为描写了豪侠之士对皇权的皈依、与官府的合作,《三侠五义》才获取了生存的可能。

与陈希真接受招安而剿匪、南侠五义报答知遇而缉盗不同,《儿女英雄传》中的十三妹则为安学海的一套人情天理的大道理所折服,最终将一团英雄刚气化为儿女柔情,由行侠绿林而遁入家庭。成为安家媳妇的何玉凤,昔日叱咤于青云山、显威于能仁寺的女侠丰采已不复见,代之而出的是一位妇德、妇言、妇容、妇工四者兼备,立志保佑丈夫闯过知识、书房、成家、入宦人生四重关隘的家庭主妇。

何玉凤折服于天理人情,与南侠五义稽首于知恩图报、梁山英雄理屈于君臣大义、陈希真得逞于尊王灭寇,具有同等的意义。

19世纪侠义小说中的人物命运与作者的道德意识有着紧密的联系。在作品的人物命运之中,寄托着作者的道德评判和以重整道德观念为契机,恢复封建社会礼治秩序的愿望。以拯救道德而达于救世救国,是中国士人奇特的政治假想。这种政治假想建立在中国特有的家族亲缘关系与皇权统治秩序互相渗透的社会政治结构之上。在这种政治结构中孝亲与忠君被赋予同等神圣不可侵犯的意义,并被看做是家庭与社会和谐的凝合之物。当孝亲与忠君成为个体伦理的自觉时,天下遂归于一统和平;当其受到背叛时,天下则纷乱无序。反之推论,当天下纷乱无序时,必定是道德败坏的结果;救时救世,必以刷新、振兴道德为先。19世纪小说家并未能摆脱这一道德救世情结。他们在侠之归顺皈依的描写中,掺和着整饬纲常的希望,表现出通过道德调整达到补天自救的社会文化心理。

原载于《河南大学学报(社会科学版)》2010年第2期;人大复印资料《中国古代、近代文学研究》2010年第8期全文转载、《文学研究文摘》2010年第3期全文转载

王运熙的《文选》研究

王立群①

王运熙先生是著名的《文心雕龙》《文选》研究专家,他是20世纪60年代仍然发表研究《文选》文章的四位学者之一,并第一次为《文选》正名,推动了中断十余年的《文选》研究,在《文选序》研究、《文选》成书研究、《文选》与《文心雕龙》《诗品》相互关系研究诸方面均有重大建树。回顾百年现代《文选》学史,对王运熙先生的《文选》研究进行总结,对推动、深入新时期的《文选》研究具有重要意义。

一、《文选序》研究

20世纪对《文选序》的首次研究出现于30年代,代表人物是周贞亮和骆鸿凯。第二次研究出现在60年代。1961年《文学评论》第2期发表了时任开封师范学院中文系主任、《文学评论》编委的李嘉言《试谈萧统的文学批评》②一文,萧统文学批评的思想集中体现在《文选序》中,故文章较多地论及萧统的《文选序》。

李嘉言(1911—1967),字泽民,又字慎予,笔名有"家雁""高芒""景卯""李常山"等,1934毕业于年清华大学国文系,后由同学介绍到河北保定育德中学担任国文教师一年。1935年经冯友兰提议回清华大学国文系任教,先后做过杨树达、闻一多先生的助教。抗日战争爆发后,

---

① 王立群,男,河南开封人,河南大学文学院教授,河南大学《文选》研究所所长,博士生导师。
② 李嘉言:《试谈萧统的文学批评》,《文学评论》,1961年第2期。

随清华大学南迁,先后在长沙临时大学、昆明西南联合大学中文系任教。1942年回河南省亲,旅费由西北师院预支,旋至西北师院任教。1947年丁忧回乡,经同学介绍至河南大学中文系任教,1949年任河南大学中文系教授、系主任,后任开封师范学院中文系主任。1967年病逝于开封师范学院(今河南大学前身)。

李嘉言在六朝文学研究中尤为重视《文选》研究,早在1933年读书期间他即以家雁的笔名在《清华周刊》第38卷第12期发表了《〈昭明文选〉流传之原因》①一文,1948年3月在《河南大学校刊复刊》第19期发表《论〈昭明文选〉》②一文。在1949年至1961年中国大陆《文选》研究沉寂了十余年后,李嘉言率先开启《文选》研究,发表了《试谈萧统的文学批评》。文章指出:"有的同志认为萧统这个选文标准完全是形式主义的,值得商榷。"③此文在中国内地的现代《文选》学史上具有开拓之功,在"左倾"文艺思潮一直占据主导地位的特殊年代,李嘉言的学术勇气与学术魄力值得称道,令人敬仰。

继李嘉言之后,王运熙于1961年8月27日在《光明日报》《文学遗产》专栏发表《萧统的文学思想和〈文选〉》④一文,对1949年以后古代文学批评研究领域中扬《文心雕龙》《诗品》、抑《文选》的流行倾向提出了批评,对郭绍虞1949年后新版的《中国古典文学理论批评史》中对萧统"形式主义"的认定也表达了相反的意见。李嘉言率先对中国大陆以"形式主义"否定《文选》的观点提出了批评,但李嘉言之文比较含蓄,并未指明持此观点的学者,王运熙则对此观点的代表郭绍虞提出了质疑。

王运熙的质疑很快引发了回应。同年11月5日郭绍虞在《光明日报》同一栏目发表《〈文选〉的选录标准和它与〈文心雕龙〉的关系》⑤,对

---

① 李嘉言:《〈昭明文选〉流传之原因》,《清华周刊》,第38卷第12期,1933年1月。
② 李嘉言:《论〈昭明文选〉》,《河南大学校刊复刊》,第19期,1948年3月。
③ 李嘉言:《试谈萧统的文学批评》,《文学评论》,1961年第2期。
④ 王运熙:《萧统的文学思想和〈文选〉》,《光明日报》副刊《文学遗产》,1961年8月27日。
⑤ 郭绍虞:《〈文选〉的选录标准和它与〈文心雕龙〉的关系》,《光明日报》副刊《文学遗产》,1961年11月5日。

其所持观点做了补充说明。1963年山东大学殷孟伦在《文史哲》第1期发表《如何理解〈文选〉的编选标准》①一文,其中对郭绍虞关于《文选》选录标准的解读提出了不同的意见,可以视为20世纪60年代中国大陆这场有关《文选序》讨论的总结。

这一场由李嘉言发动,王运熙、郭绍虞、殷孟伦参与的对《文选序》的研究讨论,实际上是中华人民共和国成立之后现代《文选》学研究的一个起点,也许其重大学术史意义,连这场学术争论的发起人当时也未意识到。现代《文选》学已经走过百年的今天,重新追溯并审视这场论争,将这场学术论争置于整个中国内地的现代《文选》学史上进行观照,其重大意义不言自明。

这次前后历时3年有关《文选序》的研究,介入者皆为中国内地的古代文学与中国古代批评史研究的名家。这一和者甚寡的学术争论,说明了《文选》研究在新中国成立后的中国古代文学史、中国古代文学批评史上鲜有问津的事实,同时也证明了李嘉言、王运熙二文对20世纪中后期中国内地现代《文选》学研究的巨大贡献,成为现代《文选》学研究的开端。20世纪80年代末中国内地的现代《文选》研究重新升温,原因固然很多,但20世纪60年代关于《文选序》的研究为新时期《文选》学研究奠定了基础亦是不争的事实。

在这场学术论争中,王运熙的文章更值得学林关注,此文首次采取了将《文选》与《文心雕龙》《诗品》全面比较的研究方法,从赋、诗、文三个方面论证了《文选》与《文心雕龙》《诗品》存在相当多的一致性:《文选》的选赋与《文心雕龙·诠赋》篇例证的一致性,《文选》的选诗与《诗品》的评述的一致性,《文选》的选文与《文心雕龙》肯定的作品的一致性。通过大量的实例对比得出,萧统的文学批评思想既体现在《文选序》《陶渊明集序》等序文中,也具体落实在《文选》的编选过程中。

王运熙此文不仅是新中国成立以来第一篇全面肯定《文选》价值的论文,而且此文通过《文选》《文心雕龙》《诗品》比较研究的方法,亦具备典范意义,开新中国成立以来此三部重要著作相互关系研究的先河。《文选》与《文心雕龙》《诗品》的成书时间相当接近,对它们之间的比较

---

① 殷孟伦:《如何理解〈文选〉的编选标准》,《文史哲》,1963年第1期。

研究理应是三书研究的一个重要方面；但由于《文选》与《文心雕龙》二书在新中国成立后中国大陆学界的地位悬殊过甚，故这种比较研究长期以来未得到应有的重视。直至李嘉言、王运熙二文问世，《文选》的地位才有所改善，三书的比较研究才得到学界的重新重视。不过在研究方法上仍然沿用了王运熙在20世纪60年代的举例论证法，并无太大的改变。王运熙在当时特定的历史背景之下高度肯定《文选》，不仅需要非凡的学术眼光，更需要非凡的学术勇气。学术研究的贡献，不仅体现在一个正确的结论之上，而且正确的研究方法同样具有极大的示范效应。一种崭新的研究方法给予人类的启迪，远远超过一种正确结论的贡献。所以，王运熙此文对《文选》的肯定与其肯定的方法，都为中华人民共和国建国之后的现代《文选》学研究注入了巨大的活力。

《文史杂志》1991年第3、4期连续刊载屈守元的《昭明文选产生的时代文学氛围漫谈》①一文，其中部分内容论及《文选》与《文心雕龙》相互关系，运用的就是将三部著作中所涉具体作品进行对比的研究方法。通过《文心雕龙·诠赋》所举十家中有九家入选《文选》；《诗品序》所列二十二目，除二家外，都能在《文选》中读到相应的文本作品，以此证明萧统编纂《文选》的重大意义。将屈守元此文置于现代《文选》学史上考察，愈加凸显王运熙率先发明的论证方法在《文选》学研究界深刻的垂范影响，因为二文的发表时间相距整整30年！

王运熙对《文选》的首肯采取了与《文心雕龙》相互比较的方法是颇为令人深思的。中华人民共和国成立以来，《文选》与《文心雕龙》二书的遭遇迥异。《文心雕龙》受到了各方的赞美，《文选》却鲜有人问津，并且成了"形式主义"文学的代表而时时遭受非议。新中国成立以来的中国古代文学与中国古代文论研究界对《文选》的贬抑与对《文心雕龙》的首肯有着深刻复杂的背景。

首先，《文心雕龙》在文学批评理论上的巨大贡献是中国古代文学批评史上其他著作罕有其匹的，这一点奠定了《文心雕龙》在中国古代

---

① 屈守元：《昭明文选产生的时代文学氛围漫谈》（上），《文史杂志》，1991年第3期；屈守元：《昭明文选产生的时代文学氛围漫谈》（下），《文史杂志》，1991年第4期。

文学批评史上的崇高地位。

其次,《文心雕龙》的基本思想为儒家思想。刘勰本人尽管为儒佛兼修,但《文心雕龙》却表现出鲜明的儒家思想倾向。新中国成立以来的理论批评界,对以儒家思想为主的著作、作家,几无例外地予以肯定。这是《文心雕龙》受到理论批评界首肯的深层原因。因此,新中国成立以来的近70年,尽管中国古代文学研究与中国古代文学批评研究存在着诸多风风雨雨,但只有在极个别的历史时期,如"评法批儒"之际,《文心雕龙》的崇儒倾向才受到某些文章的呵责。这在70年的历程中,实在是转瞬即逝的一段。至少在王运熙发表此文的20世纪60年代初,尚未出现呵责《文心雕龙》的现象。因此,以崇儒名世的《文心雕龙》,一直受到学界的青睐与呵护,只要看看汗牛充栋的《文心雕龙》研究文章,再对比一下沉寂数十年的《文选》研究,即可清醒地看清这一点。

再次,《文心雕龙》的诸多论述与中华人民共和国成立以后文学批评界有着较大的趋同性。如《文心雕龙》对中国古代文学史上诸多作家与作品的论述与新中国成立以来中国古代文学研究界的肯定与否定存在着诸多的一致。

对学术史的贡献不仅在于解决某个问题,更在于能够提出为学界持续关注、可以深入讨论的课题。王运熙此文提出了萧统选文是否在区别文学与非文学的界限、萧统选文的选录范围与标准是什么、《文选》与《文心雕龙》《诗品》的相关关系等持续引发讨论的课题,这是王运熙此文的另一巨大贡献。

萧统《文选》的选与不选,即不选经、史、子三部之作,只选集部类作品,是否意味着区分了文学与非文学的界限,王运熙此文认为,尽管萧统没有明确提出文与笔区分的话语,但他编纂的《文选》事实上已经在有意识地区别文学与非文学的界限了。此前的李嘉言《试谈萧统的文学批评》一文对刘勰与萧统的文学界定已有揭橥。李嘉言认为刘勰仍将经、史、子视为文学,因为刘勰的《文心雕龙》有《宗经》《史传》《诸子》等篇;萧统将经、史、子排除在文学之外,因为《文选》不收录此类作品。事实上,经、史、子中亦有以形象反映现实的文学作品,一概肯定与否定皆非客观,故刘勰、萧统各有局限。王运熙之文肯定《文选》不录经、史、子部是有意区分文学与非文学的界限,亦有现代文艺学对文学界定的立场。

时隔 27 年,王运熙在 1988 年《复旦学报》第 6 期发表《〈文选〉选录作品的范围和标准》一文,对此问题再作修正、申述。此文以章太炎《文学总论》对总集"本括囊别集为书,故不取六艺、史传、诸子,非曰别集为文,其它非文也"的界定为据,反思自己过去对萧统《文选》不选经、史、子是区分文学与非文学,是文学观念进步的不确切认识①。此文尚有一个特别值得注意之处,即王运熙在此文中首次提出《文选》的选录范围与选录标准,亦是将二者第一次严格区别开来。在此文的影响下,许逸民《从萧统的目录学思想看〈文选〉的选录标准》②亦区分了《文选》的选录范围与选录标准。但该文从南朝目录学思想这一崭新角度研判《文选》的选录标准与选录范围,认为萧统接受了齐梁目录学的图书分类思想,从已有的四部书目中得到启发,不录经、子、史("赞论""序述"除外),将《文选》的选录范围主要限定在集部之内。《文选序》按经、子、史的顺序行文的方式,及在子后插说军书("谋臣策士之言")的做法,当受到四部分类法初起时的影响,亦受到王俭《七志》的影响。"萧统的文学思想,属于涂饰了齐梁色彩的儒家体系。他并没有忽视作品的思想。《文选序》的前半,袭用了《诗大序》缘情言志的基本观点,注意到了作品的社会功能,要求它们具有真实的思想感情。同时,他又像孔子一样,在艺术上主张兼重文质。"③许逸民以沈玉成《文选的选录标准》一文的观点作为对《文选》选录标准的确认。

王运熙、杨明在 1996 年出版的《魏晋南北朝文学批评史》④中认为:《文选》不录经、史、子部之作,首先,是出于沿袭总集编纂体例的关系,萧统在《文选序》中的解释正是在这样的前提制约下作出的;其次萧统的解释尚反映了当时人们将"文章之学"与经、史、子学明确分开的观点。这一观点对《文选》不录经、史、子部之作的阐释变得更为成熟,更

---

① 王运熙:《〈文选〉选录作品的范围和标准》,《复旦学报》(社会科学版),1988 年第 6 期。
② 《第五届文选学国际学术研讨会论文集》,稿本,2002 年。
③ 沈玉成:《文选的选录标准》,《文学遗产》,1984 年第 2 期。
④ 王运熙,杨明:《魏晋南北朝文学批评史》,上海:上海古籍出版社,1989 年,第 276—278 页。

为圆通。因为《文选》不录经、史、子部之作，既是萧梁时期总集编纂的体例所决定的，又是"文章之学"与经、史、子学分离的产物。

在王运熙此文发表前后学术界的一系列文章表明，多数研究者更关注《文选》不录经、史、子部之作是明确了文学与非文学的界限。王运熙、杨明不仅看到了"文章"与经、史、子的区别，而且看到了文章总集的编纂体例，就《文选序》的研究而言，显然这一观点更为全面。

为了提升《文选》的研究地位，王运熙在论文中着意强调《文选》与《文心雕龙》二书的相同之处，但对二书的相异之处则较少濡笔。这是由王运熙的行文意图及行文方式决定的，意图是为《文选》正名，方式则是借深受关注的《文心雕龙》突出二者的相同，即可为《文选》争得应有之地位。当然，《文选》与《文心雕龙》既有相同之处，亦有相异之点。后来郭绍虞的回应文章正是由此展开，特别着力于二书的不同之处。二文结合，方可全面认识《文选》与《文心雕龙》之间的关系。

王运熙之文论定《文选》与《文心雕龙》的相同，其方法是从二书的分体、作家、作品的相互比较入手。其重点是论证二书在入选作家与入选作品的相同。应当说，《文选》与《文心雕龙》二者在分体、选人、选篇上的确存在着较多的一致，不过这种一致性的形成也存在较多的可能：有可能是《文选》受《文心雕龙》的影响，有可能是《文心雕龙》受《文选》的影响，有可能是二者同受第三方的影响，有可能二者各受第三方的影响，等等。因此，二者之间的关系，仅仅是一种或然性关系，而非必然。如果仅以二书在分体、作家、作品大都相同的因素就断定《文选》一定受到《文心雕龙》的影响，则可能陷入虚假因果论证的泥淖，由此获得的结论恐难以服人。尤为难得的是，王运熙此文并未陷入此泥淖，其从二书入选作家、入选作品的较大一致层面只是为了反对《文选》"形式主义"代表的流行定论。但此种从文体、作家、作品三方面论证《文选》《文心雕龙》相互关系的论证方法为后来的研究者提供了一种可资师法的思路，后之文章论及二书的相互关系大都由此入手。应该特别说明的是，这种研究方法为王运熙首创，但《文选》与《文心雕龙》存在诸多一致性的看法并非王运熙首创。清人孙梅《四六丛话》首倡此说，近代国学大家黄侃在《文选平点》承继此说："读《文选》者，必须于《文心雕龙》所说能信受奉行，持观此书，乃有真解。若以后世时文家法律论之，无以异于算春秋历用《杜预长编》,行乡饮仪于晋朝学校,必不合矣。开宗明义,吾党省焉。"①

20世纪60年代这场有关萧统《文选序》的学术论争,是当时研究者对《文选序》及萧统文学思想认识的最新进展、最高成绩,是现代《文选》学史上的一次飞跃:一是对《文选序》本身的认识提高了;二是对萧统文学思想认识的范围扩大了,扩展到萧统《文选序》之外的其他文章,因此对萧统的文学思想认识得更加全面准确;三是由单纯地讨论《文选序》进而扩展到萧统《文选》与刘勰《文心雕龙》相互关系的讨论;四是由单纯的"事""义"之辨发展为对赋与骈文的评价,但这一问题的讨论由于时代大环境的不利影响而最终未能得到深入展开。

20世纪末,第三次有关《文选》选录标准的研究又进一步深入。王运熙在《光明日报》发表《从〈文选〉选录史书的赞论序述谈起》②一文,通过对《文选》中选录的史书中赞、论、序、述来分析萧统选文的主要标准,即以富含文采辞藻为主。这与南朝骈文家的艺术标准相合,骈文的艺术性体现在辞藻、对偶、音韵、用典等语言美方面,也就是《文选序》中所反复言及的"辞采""文华"和"翰藻"。刊载于《复旦学报》1988年第6期上的王运熙的《〈文选〉选录作品的范围和标准》一文,再一次明确申述《文选》的选录范围与选录标准,范围"是专选集部之文,不录经、史、子部的篇章",标准则是作品"是否富有或较有文采"③。这段冠于篇首的文字,对选录范围与选录标准进行明确了区分,选录范围非选录标准,反之亦然,由此明确了范围与标准的区别,为后来的《文选》研究者廓清了二者的界限,避免了经常将二者混同、等同的模糊认识。此文还对《文选》选文标准在已有认识的基础上做了补充,"注意辞采、翰藻,是《文选》选录作品的一个重要标准,但还不能说是惟一的标准。《文选》

---

① 黄侃著,黄延祖重辑:《文选平点》(重辑本),北京:中华书局,2006年,第4页。
② 王运熙:《从〈文选〉选录史书的赞论序述谈起》,《光明日报》,1983年11月11日。
③ 王运熙:《〈文选〉选录作品的范围和标准》,《复旦学报》(社会科学版),1988年第6期。

选文的另一个重要标准是注意风格的雅正"①。

从20世纪60年代开始,王运熙借助《文选序》开始探讨《文选》的选文及选录标准,提升《文选》的地位,为《文选》争取到应有的一席之地。在此后的研究中,继续以《文选序》为中心,对《文选》选文标准的研究不断深入,自身亦有一个不断修正的过程,区别选录范围与选录标准,对选录标准的多层次性也不断补充,最终形成了《魏晋南北朝文学批评史》中更为圆通的观点,成为新时期《文选》选录标准研究中不容忽视、无法跨越的基石。

二、《文选》成书时间研究

《文选》研究中除文本的细致解读外,尚有三大课题相当关键:一是《文选》的编纂者是谁,二是《文选》是什么时候编纂完成的,三是《文选》的编纂过程是怎样的。如同新闻、消息撰写一样,首先必须交代清楚时间、人物、过程,而这必须弄清的三个问题,对《文选》而言,都没有一个现成的明确答案。三者之中,成书时间问题尤为关键,与《文选》的选文密切关联。《梁书》《南史》萧统本传无载,被某些研究者奉为《文选》实际编纂者的刘孝绰本传亦无载。唐代《文选》学名家如李善、公孙罗、陆善经、五臣对此均无只言片语,传统《文选》学研究对此亦一概漠视。但是,作为现存的第一部合赋诗文为一体的文学总集,它的成书时间理所应当地受到现代《文选》学家的重视。在《文选》成书研究中,它一直是一个与《文选》编纂相关联的看点。

对《文选》成书时间的研究影响最大者莫过于晁公武《郡斋读书志》中对李善注《文选》的一条注释:"窦常谓统著《文选》,以何逊在世,不录其文,盖其人既往,而后其文克定,然则所录皆前人作也。"②窦常(747?—825)是中唐人,曾撰有《南熏集》三卷。作为中唐文士,窦常的

---

① 王运熙:《〈文选〉选录作品的范围和标准》,《复旦学报》(社会科学版),1988年第6期。

② 晁公武撰,孙猛校证:《郡斋读书志校证》,上海:上海古籍出版社,1990年,第1054页。

"不录存者"之说为现代《文选》学研究者十分信奉。《文选》是否因何逊在世而不录之,姑且不论。但是,窦常不录存者之言却成为现代《文选》学研究《文选》成书时间的一个重要推理前提。无独有偶,钟嵘《诗品》卷中序曰:"又其人既往,其文克定;今所寓言,不录存者。"①钟嵘《诗品》的撰述正是遵循了这一原则,这条个例也因此被现代《文选》学研究者视为梁代文人著书的一种通例,对《文选》成书时间研究无不以此作为研究的一个根本起点。因为根据不录存者的原则,《文选》中所收梁代作家的卒年即可成为判断《文选》成书上限的重要依据。

在现代《文选》学史上最早提出这一去取准则的是周贞亮与骆鸿凯。周贞亮《文选学》曰:"若其文之入选,去取之间,尚有二义:一曰不录生存人。晁公武曰:窦常谓统著《文选》,以何逊在世,不录其文。盖其人既往,而后其文克定。"②骆鸿凯《文选学》亦曰:"其去取之准,尚有当知者二事。一曰不录生存。晁公武《郡斋读书志》曰:窦常谓统著《文选》,以何逊在世,不录其文。盖其人既往,而后其文克定,故所录皆前人作也。"③虽然周贞亮、骆鸿凯均已论及《文选》不录生者之体例,但周、骆二氏皆未深入探究这一问题。在周贞亮、骆鸿凯之后的缪钺开创了这一研究领域,但是,缪钺的研究稍嫌简单,真正认真研究这一课题的是何融。

自缪钺开始,《文选》成书时间研究者大致可分为两类:一类研究者信奉窦常"其人既往,而后其文克定"之说,而对"以何逊在世,不录其文"二句则不予考虑。故此类研究者的目光盯住了《文选》所录梁代十位作家的卒年,而以陆倕下世的普通七年作为《文选》成书的一个重要界碑:或认为《文选》编纂始于普通中,而终于普通末;或认为《文选》编纂始于普通七年,而终于中大通三年萧统去世。一类研究者不相信窦常所谓"其人既往,而后其文克定"说,故研究《文选》成书时间另觅新途,从《文选》所录梁代作品推断《文选》的成书时间。前一类研究者有

---

① 钟嵘著,曹旭集注:《诗品集注》(增订本),上海:上海古籍出版社,2001年,第219页。
② 周贞亮:《文选学》(上册),武汉:国立武汉大学,1931年,第31页。
③ 骆鸿凯:《文选学》,北京:中华书局,1989年,第34页。

缪钺、何融、穆克宏、清水凯夫、傅刚等,后一类研究者有王运熙、杨明、曹道衡、许逸民等。

上述两类研究者虽然在《文选》成书研究中存有某些不同,但是,有一点却是完全相同的,即都默认《文选》成书于东宫诸学士之手。但是,这一为研究者不加论证即引用的前提亦存在一个自身需要先行论证的问题。不加任何论证即无条件地使用这一前提似亦失于严谨。

窦常说出现后,赞成与反对者形成了两种对立意见。

王运熙、杨明在《中国文学批评通史》第 2 册《魏晋南北朝卷》中论及《文选》的成书时间曰:

> 今人多据不录存者之通例,认为其成书在普通七年后。则其不录何逊之作,并不能以何氏尚在为解。不仅何逊,即卒于天监末或普通初的柳恽、吴均、王僧孺诸人,当时亦颇著名,但都无作品入选,此点颇不易解释。又其成书年代虽或在普通七年之后,但所选作品的写作年代,则大体不迟于天监年间。其中范云、江淹、任昉、丘迟、沈约、王巾诸人虽卒于天监中,但所录作品大多作于齐世。以沈约而言,录诗十三首,年代可考者约十首,其中只《应诏乐游苑饯吕僧珍》作于天监五年,《三月三日率尔成篇》大约也作于梁代,其余均为萧齐时作。文四篇则全是齐代所作。又如任昉文十七篇,九篇作于齐世。总之《文选》所录作品大体止于梁天监年间,而梁代诗文总计不过二十首左右。①

文中谈及窦常说时云"其成书年代虽或在普通七年之后",虽仅多用一"或"字,但可见杨明对窦常说持存疑态度。通读上述全部引文可知,杨明认为《文选》收录诗文的下限只取决于诗文的作年,与该作者的卒年其实并无太大关系,即《文选》收录梁代作品,唯一的标准是天监十八年之前。普通之后的作品,无论作者已故或在世均不收录。这一研究思路是对窦常"不录存者"说的重大修正。研究者的视野已不仅仅限于《文选》所收作家的生卒,而是由《文选》所收录作品的时间推断该书的编纂时间。这一研究思路显然较仅据《文选》中所录作家的卒年推断

---

① 王运熙,杨明:《中国文学批评通史》第 2 册《魏晋南北朝卷》,上海:上海古籍出版社,1996 年,第 271—272 页。

其书的编纂时间更为精确。这是王运熙、杨明对《文选》成书时间研究的重大贡献。窦常"不录存者"之说长期为《文选》研究界所尊奉,成为研究《文选》成书时间中最具权威的标准之一,极少有研究者对此说存疑,甚或进行研究。杨明从实事求是的原则出发,具体考察了《文选》收录作品的时间下限,得出了自己的结论,实际上推翻了长期为现代《文选》学研究奉为圭臬的窦常说,为实事求是地研究《文选》成书时间做出了重大贡献。其实,现代《文选》学研究的误区之一即是不加论证地使用成说,这种研究态度与方法是现代《文选》学研究在本来可以取得重大突破之处长期徘徊不前的重要原因。

三、《文选》与刘勰《文心雕龙》、钟嵘《诗品》的相互关系研究

萧统《文选》与刘勰《文心雕龙》、钟嵘《诗品》、江淹《杂体诗三十首》、任昉《文章始》的相互关系研究是现代《文选》学史的重要内容之一。这一研究课题的实质是探讨《文选》成书与前代或当时诸文学批评著作之间的相互关系。《文选》的成书历来众说纷纭,在诸多的观点之中,《文选》成书受到刘勰、钟嵘、江淹、任昉诸人诸作的影响成为一种有代表性的观点。辨清这一问题,对于理解《文选》的成书,探明萧统的贡献具有重要意义。

20世纪中期,王运熙《萧统的文学思想和〈文选〉》[①]一文曾论及《文选》与《文心雕龙》二书的相互关系。王运熙此文所述主要在两点:一是二书文体分类的一致性,二是《文选》选篇与《文心雕龙》选文定篇所举篇目的一致性。前者周贞亮、骆鸿凯已述之在先,后者为王运熙之文所独创。王运熙此文以相当大的篇幅论证《文选》与《文心雕龙》的相同,并从辞赋、杂文两方面作了具体论证。其结论是:《文选》的选赋、杂文分别与刘勰《文心雕龙·诠赋》中所例举的作品、刘勰肯定的作品有着相当大的一致性。

---

① 王运熙:《萧统的文学思想和〈文选〉》,《光明日报》副刊《文学遗产》,1961年8月27日。

王运熙此文开1949年以来中国大陆现代《文选》学界有关《文选》与《文心雕龙》相互关系研究的先河,故在现代《文选》学史上具有极高的地位。王运熙的这篇力作,提及《文选》与《文心雕龙》分体的一致,但未就此展开论证。王运熙此文论证的重点是选文定篇。《文选》是一部文学选本,《文心雕龙》是一部理论著作。《文选》入选的作家、作品,与《文心雕龙》论述各种文体时例举的作家、作品的确存在着较大的一致性。因此,这三个方面,即是王运熙首开并为后来学界认可的研究《文选》与《文心雕龙》相互关系的重要法门。

20世纪后期,在中国大陆现代《文选》学复兴的背景下,《文选》与《文心雕龙》相互关系的讨论甚为热烈。但论者大多以二书在文体分类上的诸多一致,论定二书的相同。在20世纪《文选》学史上,采用从二书文体分类的一致上论定二书相互关系这一独特路径,周贞亮、骆鸿凯为首肇其端者之一。这一研究方法几乎与20世纪相终始!

王运熙、杨明在《魏晋南北朝文学批评史》的著作中认为《文选》与《文心雕龙》的相互关系总体而言具有双重性,一方面是《文选》与《文心雕龙》表现出相当的一致性,另一方面《文选》与《文心雕龙》尚有不少不同之处。《文选》所录先秦至东晋的作家作品,与《文心雕龙》论文体诸篇及《才略》等篇中所肯定者相合者甚多。《明诗》论诗,《诠赋》论赋,均有诸多相合之处。但《文选》与《文心雕龙》相左者亦甚多。《文选》收录不少建安文人注重文采、富于抒情的书牍,而《文心雕龙》则未加论列。刘勰对魏晋玄学论文颇为赞赏,但《文选》未录。刘勰要求作家学习经书与《楚辞》,改变近附远疏的风气,但《文选》所录宋齐诸作相当多,并未反对近附远疏。再如对陶渊明、七言诗、建安诸家书笺、魏晋玄学家论文等,二书又表现出很大差异。这一观点与王运熙在20世纪60年代关于《萧统的文学思想和〈文选〉》一文着重论述二书的相同之处并不矛盾。20世纪60年代那篇名文重在为《文选》正名,且是在特殊年代为《文选》正名,因此,王运熙唯有充分肯定《文选》与《文心雕龙》的一致性,才能达到借《文心雕龙》之声望为《文选》恢复名誉的目的。《魏晋南北朝文学批评史》一书的写作年代决定了作者可以比较客观地评价二书的异同,因此,此书论述了《文选》与《文心雕龙》相互关系的双重性。

王运熙、杨明在《魏晋南北朝文学批评史》中有关萧统《文选》论述的部分提出了一个极为重要的观点:"《文选》所录作家作品,多为历来有定评者,不少地方体现了南朝人对于诗文共同的审美要求。"①这一论断涵盖了相互关联的两个问题:一是《文选》所录多为有定评的作家作品,二是《文选》反映的是南朝人共同的审美要求。王运熙、杨明对《文选》所录多为有定评的作家作品这一极为重要的观点并未展开详细的论证,曹道衡《〈文选〉对魏晋南北朝文学传统的继承和发展》②继之对这一问题进行了翔实的阐释。

王运熙、杨明对《文选》与《文心雕龙》相互关系的研究表现得相当辩证,既看到了《文选》与《文心雕龙》的一致性,又看到了《文选》与《文心雕龙》非一致性。与单纯强调二者或有密切联系,或绝无联系的观点相较,更为圆通,亦更符合实际。

《文选》与《诗品》的相互关系研究大体上可分为两种类别:第一种,重点关注《文选》与《诗品》的共性;第二种,既关注《文选》与《诗品》的共性,又关注《文选》与《诗品》的个性。

王运熙是较早进行《文选》与《诗品》相互关系研究的学者。他对《文选》与《诗品》相互关系的研究有一个过程。1961年8月27日《光明日报》刊载王运熙《萧统的文学思想和〈文选〉》③一文,此文论证了《文选》与《诗品》的密切关系,即《诗品》的见解与《文选》的选诗标准非常接近。

《诗品》列为上品的十二家古诗——李陵、班姬、曹植、刘桢、王粲、阮籍、陆机、潘岳、张协、左思、谢灵运,《文选》全部选入,而且选入作品较多。《诗品序》更推重建安时代的曹植、刘桢、王粲三家,太康时代的陆机、潘岳、张协三家,元嘉时代的谢灵运、颜延年两家,称为"五言之冠冕,文词之命世"。《文选》对以上八家采录颇多。

《诗品序》批评了晋代玄言诗和宋齐时代诗坛偏重用典、声律的风

---

① 王运熙,杨明:《魏晋南北朝文学批评史》,上海:上海古籍出版社,1989年。
② 曹道衡:《〈文选〉对魏晋南北朝文学传统的继承和发展》,《文学遗产》,2000年第1期。
③ 王运熙:《萧统的文学思想和〈文选〉》,《光明日报》副刊《文学遗产》,1961年8月27日。

气。《诗品》批评东晋孙绰、许询、桓温、庾亮的玄言诗"皆平典似道德论",同时赞美这个时代刘琨、郭璞、谢混的诗能拔出流俗。《文选》对孙绰、许询诸人之诗一概不选,而选了刘琨、郭璞、谢混三人之诗。《诗品》将陶渊明列入中品,萧统《文选》录陶诗八首。《诗品》批评刘宋时代诗歌喜欢隶事用典的风气,举出其代表作家颜延年、谢庄、任昉、王融,但仍列颜延年为中品。《文选》选颜延年之作较多,选任昉两首,谢庄、王融诗不选。《诗品》批评王融、谢朓、沈约强调四声八病的流弊,但谢朓、沈约的诗歌毕竟有成绩,故仍列入中品。《文选》采录二人诗作亦较多。这些方面,萧统、钟嵘二人的看法都较为接近。

但是,王运熙《萧统的文学思想和〈文选〉》一文关于《诗品》与《文选》相互关系的解读在当时的时代环境中实出于为《文选》争得一席之地,并非全面论述《诗品》与《文选》的相互关系,故此文较多地强调了二书的一致性。王运熙的研究不仅是1949年后中国大陆在现代《文选》学史上对《文选》与《诗品》相互关系的首次解读,而且为此后的《文选》《诗品》相互关系研究开拓了一种研究方法。在《中国文学批评通史———魏晋南北朝卷》一书中,王运熙对《文选》与《诗品》相互关系的认识有了较大变化。王运熙、杨明认为,《文选》与《诗品》二书的关系是有同有异。关于二书之同,王运熙20世纪60年代在《光明日报》上那篇名文已有详述,即从二书对诗人、诗作的态度基本相同上可以看出二者的一致性。《文选》与《诗品》的相异之点,主要在于对齐梁诗人的态度上。《文选》重视谢灵运、颜延之、鲍照、谢朓、沈约,这与钟嵘《诗品》相差较大。

在王运熙《萧统的文学思想和〈文选〉》关注的《文选》和《文心雕龙》及《诗品》的关系之外,现代《文选》学研究中,尚有一些学者注意到《文选》与江淹《杂体诗三十首》的关系,以及《文选》与任昉《文章始》的相互关系。率先提出《文选》与江淹《杂体诗三十首》关系的是中国大陆学者陈复兴。他的《江文通〈杂体诗三十首〉与萧统的文学批评》一文认为:《文选》在取舍标准、选录范围、编排义例诸方面受江淹《杂体诗》影响很大。① 中国台湾学者游志诚《〈杂体诗〉在文学史上的意义》一文肯定了陈复兴的观点,认为《文选》的诗类实多据江淹杂体诗的体目分类②。对于《文选》与任昉《文章始》的相互关系,骆鸿凯虽较早提及,但对于《文选》如何承袭《文章始》未详细论证。王存信的《试论〈文选〉的分类》一文在现代《文选》学史上首次详细辨析了《文选》分体与任昉《文章始》的关系,认为"《文章始》的大部分分类标目是被《文选》所继承的"③。游志诚的《论〈文选〉难体》也认为《文选》的分体与《文章缘起》的分体高度吻合。④ 傅刚《昭明文选研究》下编第二章第二节《〈文选序〉对文体的认识》亦认为《文选》受《文章缘起》的影响极大。⑤ 我们无法断定上述学者在多大程度上受到王运熙1961年发表的《萧统的文学思想和〈文选〉》这篇名文的影响,但如下几点却是事实:第一,王运熙该文的研究方法,为学界提供了一个可供参考的范式;第二,王运熙于20世纪60年代所开创的研究方法,一直为学界所沿用;第三,从时间先后来看,上述成果均在该文发表后的30多年后。因此,王运熙的研究除了直接对《文选》与《文心雕龙》《诗品》的关系的关注之外,其为学界提供的方法论的意义已经超出了文章本身,成为影响深远的一大贡献。

此外,王运熙的研究还涉及《文选》文本的研究,他对《文选》文本的文艺学研究主要见于《〈文选〉所选论文的文学性》⑥一文。此文主要论述了《文选》中的"史论""史述赞""论"三种文体的文学性。王运熙此文对魏晋南北朝文人的文学观进行了深刻的分析。在萧统生活的南朝,

---

① 陈复兴:《江文通〈杂体诗三十首〉与萧统的文学批评》,赵福海主编:《文选学论集》,长春:吉林文史出版社,1992年,第187—199页。
② 游志诚:《昭明文选学术论考》,台北:台湾学生书局,1996年,第179—209页。
③ 王存信:《试论昭明〈文选〉的分类》,《江苏教育学院学报》(社会科学版),1992年第2期。
④ 游志诚:《昭明文选学术论考》,台北:台湾学生书局,1996年,第141—178页。
⑤ 傅刚:《〈昭明文选〉研究》,北京:中国社会科学出版社,2000年,第181页。
⑥ 王运熙:《〈文选〉所选论文的文学性》,中国文选学研究会,郑州大学古籍整理研究所:《文选学新论》,郑州:中州古籍出版社,1997年,第210—221页。

文人对艺术性的认识主要是音韵和谐、对偶工整、辞藻美丽、典故精巧。在这样一种普遍性的认识下，重视骈文，重视具有骈文文采的某些文体，如论、史论、史述赞中一部分议论节段，当属必然。

基于此种基本认识，王运熙按照时代先后顺序，具体分析了汉代贾谊《过秦论》、王褒《四子讲德论》、班彪《王命论》，魏晋曹冏《六代论》、李康《运命论》、陆机《五等诸侯论》、干宝《晋纪总论》，南朝范晔《后汉书·宦者传论》、沈约《宋书·恩幸传论》、刘峻《广绝交论》，凡九篇文章。通过这九篇文章文本全部或部分的具体解析，从而进一步印证了当时文学性的具体体现。这是《文选》研究中对文本的回归，也是《文选》文学思想、选文标准研究的具体与深化。

无论《文选》的研究存在多少课题及研究方向，其最终还是必须落实到《文选》具体的文本上。易言之，对《文选》文学思想、编者、成书时间、选文范围、选文标准、与《文心雕龙》《诗品》等关系的研究，乃至《文选》版本、注释的梳理考察，最终目的都是为深入透彻地解读《文选》的一个个具体文本服务的。通观王运熙先生《文选》研究的论文、著作，从与《文心雕龙》《诗品》的对比开始，提升《文选》的地位，到文学思想、选录范围与标准的区分，等等，最终落实在了对具体作品的文本文学解读上。这看似一个巧合，背后则是一种学术的准确定位与学术自觉。一言以蔽之，一个具备非凡学术眼光、学术勇气、准确的学术定位、客观的学术精神与学术自觉的学者，是值得我们永远敬仰、学习的。

原载于《河南大学学报（社会科学版）》2019年第1期

况周颐《历代词人考略》的文献和理论价值

孙克强①

况周颐是"晚清四大家"之一,尤以词学批评理论见长。况周颐的《蕙风词话》享有盛誉,晚清词学大师朱祖谋誉之为:"自有词话以来无此有功词学之作。"②况周颐的《蕙风词话》与王国维的《人间词话》有"双璧"之誉,又与陈廷焯的《白雨斋词话》合称"晚清三大词话"。然而《蕙风词话》仅仅是况周颐词话著作中的一种,《历代词人考略》就是况周颐另一部学术价值极高、编纂体例独特的词话著作。

笔者曾发表过两篇关于《历代词人考略》③的文章:第一篇指出:曾于民国初年在词学界产生过相当影响的《历代词人考略》,其作者并非诸家引录所称的刘承干,而是著名词学家况周颐。撰此文时尚未见到《历代词人考略》原书,仅见到龙榆生《唐宋名家词选》的引录以及民国时期一些经见者的记述。文章发表之后引起了学界同仁的关注,并得到了充分肯定,并经南京师范大学钟振振教授赐告,在南京图书馆找到了《历代词人考略》抄本。从《历代词人考略》的内容看,进一步证实了作者为况周颐的论断。2000 年《历代词人考略》影印出版,研究者可以方便使用。关于《历代词人考略》的研究,学界关注者不多,仅有台湾"中央研究院"文哲所的林玫仪教授撰《况周颐〈宋人词话〉考——兼论

---

① 孙克强,男,河南开封人,文学博士,南开大学文学院教授,博士生导师。
② 龙榆生:《词学讲义跋引》,《词学季刊》,1933 年(创刊号)。
③ 第一篇《小议〈历代词人考略〉的作者及其学术价值》发表于《文学遗产》1997 年第 2 期;第二篇《〈历代词人考略〉作者考辨》发表于《文献》2003 年第 2 期。

此书与〈历代词人考略〉之关系》一篇论文①。本文拟就《历代词人考略》作进一步阐述。

一、《历代词人考略》与《宋人词话》

南京图书馆所藏之《历代词人考略》署"吴兴刘氏嘉业堂钞本,乌程刘承干翰怡辑录",共 12 册 37 卷(存目 57 卷),辑录有关唐宋词人的文献资料,起于唐"明皇帝",终于南宋"王埜",共计 563 人。据赵尊岳《惜阴堂明词丛书叙录》所述:此书原稿"上溯隋唐,至于金元,凡数百家,甄采笺订,掇拾旧闻,论断风令,已逾百卷"②可知原稿规模甚为庞大,刘承干删订为三十七卷,即为今本。书前附《删订〈历代词人考略〉条例》云:"原稿贪多务得转成疵累,今删削之约去其半,庶乎可观。"

《历代词人考略》的编纂体例别具一格:全书以词人为目,以词人时代前后为序。每位词人有小传,以下分列"词话""词评""词考"及"按语"四项,"小传"和"按语"皆出自况周颐之手。"词话""词评""词考"各项中大量罗列历代资料,如卷一"李白":"词话"部分引有《开元遗事》《唐国史补》《松窗摭异录》《湘山野录》《天研斋二集》。"词评"部分引有《花庵绝妙词选》《通义堂文集》《蓼园词选》《艺概》《人间词话》《餐樱庑词话》。"词考"部分引有《花庵词选》《碧鸡漫志》《梦溪笔谈》《艺苑卮言》《少室山房笔丛》《莲子居词话》《餐樱庑词话》。总体来看,《历代词人考略》引录文献材料十分丰富,为读者提供更多的材料,这无疑是学术价值体现的一个方面,同时也说明编撰者文献功底深厚;但是《历代词人考略》又有繁复芜杂的弊病,在精当和可靠方面或有欠缺。当时的况周颐贫困潦倒,在编著《历代词人考略》时,尽量增加文字,以多取酬金。

夏承焘先生的《天风阁学词日记》1934 年 1 月 30 日记载了瞿安(吴梅)讲起况周颐的这段"遗事":"蕙风晚年尝倩彊村介于刘翰怡编《词人

---

① 此文载台湾《传承与创新——中央研究院中国文哲研究所十周年纪念论文集》,中国文哲研究所,1999 年。
② 赵尊岳:《惜阴堂明词丛书叙录》,《词学季刊》,1937 年第 4 期。

征略》(笔者按:即《历代词人考略》),恐其懒于属笔,乃仿商务书馆例,以千字五元计酬金。所抄泛滥,遂极详。瞿安谓可名词人徵详。蕙风谓贫不得已也。"① 从《历代词人考略》的情况来看,是与夏承焘先生的记述相符合的。

正如笔者在已发表的论文中考证所言,《历代词人考略》乃刘承干出资,况周颐著作。况氏为人代撰,自然要以他人口吻出之。《考略》中的"按语"乃代刘承干立言,涉及对所论词人的词学渊源、风格的评论、文献的考辨等。《历代词人考略》的"按语"中常以湖州人(因刘承干为湖州人)自称,并故意用"吾友况蕙风"云云,此乃障眼法,为的是显示著者为刘承干。

与《历代词人考略》有直接关系的是现藏于浙江图书馆的《宋人词话》。《宋人词话》基本上是从《历代词人考略》中辑抄出来的,编撰者即《历代两浙词人小传》的编纂者周庆云。周庆云(1864—1933),字景星,号湘舲,别号梦坡,浙江吴兴南浔人。清光绪七年(181)秀才,后以附贡授永康教谕,例授直隶知州,均未就任。周庆云为民国时期的工商巨贾,又精于书、画、金石,涉足国学甚深,著书颇丰。词学著作最著名的是《历代两浙词人小传》。《宋人词话》原无书名,大概图书馆工作人员看到书中内容皆为宋代词人的评论,遂名之《宋人词话》。《宋人词话》的最大特点是所收录的词人都是浙江籍,由此来看这部书应该叫作"宋代两浙词人考略",或者"宋代两浙词人词话"比较合适。周庆云辑抄《宋人词话》是出于保存乡邑文献,弘扬乡邑文化的考虑,此与《历代两浙词人小传》的编纂同一思路。周庆云与况周颐交情甚笃,况氏曾为周庆云的《历代两浙词人小传》作序。《宋人词话》与《历代词人考略》的关系有三点值得注意:

第一,《宋人词话》与《历代词人考略》栏目设置相同,"词人小传"和"按语"的内容完全相同。

第二,两书所收词人不同。《历代词人考略》37卷,起于唐"明皇帝",终于南宋"王埜",共计563人;《宋人词话》起于北宋初的"杜衍",终于南宋末的"薛师石",共181人。两书所收相同的词人仅有60余

---

① 夏承焘:《夏承焘集》.杭州:浙江古籍出版社,1997年,第341页。

人,仅占《历代词人考略》的 1/10 和《宋人词话》的 1/3。之所以多有不同,是因为两书所收范围不同:《历代词人考略》所收为"历代",包括唐五代两宋,《宋人词话》仅限宋人;《历代词人考略》包括所有籍贯的词人,《宋人词话》仅限浙江籍。

还有一个问题需要注意:《宋人词话》所收词人中 2/3(120 多人)不见南京图书馆所藏的 37 卷本《历代词人考略》,说明《宋人词话》所抄底本并非此本。《历代词人考略》至少应有三种本子:百卷本、①五十七卷本、②南图所藏三十七卷本,《宋人词话》应该出于百卷本,根据是:《历代词人考略》五十七卷存目与《宋人词话》亦不能完全涵盖。

第三,《宋人词话》与《历代词人考略》两书各栏目之下所引录的文献有所调整、增删。第 34 页表 1 以"周邦彦"为例加以比较:

从表 1 的对比可见:第一,从整体来看,《宋人词话》引录的文献基本从《历代词人考略》而来,只是有些文献所划归的栏目不同,说明周庆云对部分文献的性质有不同的理解;第二,在"小传"之后,《宋人词话》增加了一些词别集的序跋,应是有意弥补《历代词人考略》在词人生平和词集版本记载方面不足的。

综上而论,《历代词人考略》与《宋人词话》同出一源,即况周颐的"已逾百卷"的《历代词人考略》。两书内容有部分重叠,但又各有独存的内容,如《宋人词话》中就存录了 37 卷《历代词人考略》所未收的如朱淑真、吴文英、仇远、张炎、陈允平、王沂孙、汪元量等重要词人。如果将两书合观,唐五代两宋词人达 680 多人,从保存文献或对唐宋词人批评的角度来看,可谓集大成的著作。

二、《历代词人考略》与况周颐词学理论

况周颐毕其一生致力于词学,词学论著十分丰富,其中最著名的则

---

① 赵尊岳记云:"蕙风师又应吴兴刘氏之请,为撰《历代词人考鉴》,上溯隋唐,至于金元,凡数百家,甄采笺订,掇拾旧闻,论断风令,已逾百卷。亦付尊岳盥手读之。"《惜阴堂明词丛书叙录》,《词学季刊》第三卷第四号。

② 即前文所述之五十七卷存目的原书。

是况氏去世前一年编定的《蕙风词话》五卷。然而从全面考察况周颐词学理论的角度来看,况氏的其他词学著作亦不应被忽视,《历代词人考略》更应加以重视。

第一,《历代词人考略》与况周颐的词学范畴。清代词学理论的一个重要特点就是:各重要的词学流派、词学家皆突出了自己核心的词学范畴,并以之统领整个词学系统,如浙西词派的清空、醇雅,常州词派的意内言外、比兴寄托,陈廷焯的沉郁顿挫,王国维的境界,等等。众所周知,况周颐的词学理论以"重、拙、大"范畴最为著名,而对"重、拙、大"的诠释,《蕙风词话》并未详尽。而《历代词人考略》中有多处用重、拙、大评词的用例,通过《考略》中的用例,可以加深对重、拙、大的理解。如对于"大",况周颐解释得最少,正如夏敬观所说"况氏但解重拙二字,不申言大字",因而对"大"的解释也分歧最大。许多研究者认为大就是寄托邦国大事,属于政治寄托的范畴。其实况周颐所说的"大"并非单指社会政治内容,这从况周颐的一系列用法可以看出,并从《历代词人考略》中亦可得到证明。况周颐《词学讲义》说"纤者大之反",可见"大"是与"纤"相对立的。况周颐论及"大"时常举《花间集》为例。如:"《花间集》欧阳炯《浣溪沙》云:'兰麝细香闻喘息,绮罗纤缕见肌肤,此时还恨薄情无。'自有艳词以来,殆莫艳于此矣。半塘僧鹜曰:'奚翅艳而已,直是大且重。'苟无《花间》词笔,孰敢为斯语者。"《花间集》编成于五代,集中所收是晚唐、五代的词作。在当时词体的定位为"艳科",因而词作大都描写女性的生活和情感,并多涉及男女情爱,甚至有露骨的床笫之欢的描写,上引欧阳炯的一首《浣溪沙》即是一例。然而《花间》词虽艳,但有"大气真力",即以质直之笔写深挚之情,所以为"大"。《花间》的外部特征为"新""艳",而内涵实质则是其"真意",此即"大";与之相反的是"雕琢""勾勒"所形成的"尖""纤"。况周颐评论元代刘秉忠词作的风格云:"真挚语见性情,和平语见学养。近阅刘太保《藏春词》,其厚处、大处亦不可及。""真挚语见性情"即是"大"。在《历代词人考略》中况周颐亦用"大"论词:

石曼卿《燕归梁》云:

"芳草年年惹恨幽。想前事悠悠。伤春伤别几时休。算从古、为风流。春山总把,深匀叠(《全宋词》作:翠)黛,千叠在眉头。不知供得几多愁。更斜日、凭危楼。"后段前四句一意相承,说到第四句几无可再说。倘结句无力,或涉薄、涉纤,得"更斜日、凭危楼"句,便厚,便大,便觉竟体空灵,含意无尽。此中消息可参。(卷十一)

石曼卿写男女恋情相思离别,并无政治寄托。结句"更斜日、凭危楼"用写景将前面的述情加深加重,正是"大气真力"的表现,所以可以称之为"大"。

表1 《历代词人考略》与《宋人词话》栏目引用文献对比

栏目	《历代词人考略》引录文献	栏目	《宋人词话》引录文献
一、小传		一、小传	《四库全书总目提要》《片玉词序》(强焕、刘肃)《汲古阁宋六十家词·片玉词跋》《四印斋影元巾箱本清真集跋》
二、词话	《耆旧续闻》《浩然斋雅谈》《贵耳集》《樵隐笔录》《碧鸡漫志》《玉照新志》《谈薮》《山中白云词·国香词叙》《词源》《柳塘词话》	二、词话	《花庵词选》《浩然斋雅谈》《樵隐笔录》《耆旧续闻》《玉照新志》《碧鸡漫志》《苕溪渔丛话》《野客丛书》《墨庄漫录》《谈薮》《鹤林玉露》《云麓漫钞》《乐府指迷》《柳塘词话》《渚山堂词话》《古今词话》《皱水轩词筌》《七颂堂词绎》《词洁》《莲子居词话》《人间词话》

续表

《历代词人考略》		《宋人词话》	
栏目	引录文献	栏目	引录文献
三、词评	《花庵词选》《皇宋书录》，《云麓漫钞》《野客丛书》，《乐府指迷》《渚山堂词话》《皱水轩词筌》《词洁》《人间词话》楼攻媿、陈质斋、王世贞、彭羡门、周介存、王观堂	三、词评	楼攻媿、陈质斋、王世贞、彭羡门、先著、周介存、王国维
四、词考	《鹤林玉露》《花庵词选》《四库全书总目提要》《莲子居词话》《清真先生遗事》（王国维）	四、坩考	《话腴》《山中白云词·国香词叙》
五、按语		五、按语	

再举一例。况周颐之词学范畴在《蕙风词话》中除重、拙、大之外，在《历代词人考略》又有发展，如"宽"：

作词有三要重、拙、大。吾读屯田词又得一字曰宽。宽之一字未易几及，即或近似之矣，总不能无波澜。屯田则愈抒写愈平淡。林宗云：叔度汪洋如千顷之波，澄之不清，淆之不浊。吾谓屯田词境亦然。（卷八）

从况氏的描述来看，所谓"宽"，指词的意境气象，一是宽阔，二是平淡。柳永的词长于铺叙，并不以精警奇崛见长，然而通过其家常平凡的叙事描写使读者融入日常生活的氛围之中，如同置身于漫无涯际的湖海，身心随之浸润感化，此即为"宽"。古人论柳词或指其语言"俗"，或斥其内容"淫"，或赞其声律"精"，而况周颐独拈出"宽"来形容读柳词的意象感受，不得不令人赞叹其慧眼独具。

第二，《历代词人考略》与况周颐的南北宋词观。在清代词学上，南北宋词孰优孰劣即南北宋之争是贯穿始终的热门论题，崇北尊南甚至成为清代词学家表明流派身份的徽记。如清初云间派崇南唐北宋，浙西派则以南宋为旗帜，常州派起复尊北宋。关于况周颐南北宋词的取向，近代不少词学家认为是南宋。对此结合《历代词人考略》可以有更为全面清晰的认识。

况周颐曾高度评价南宋词:"作词有三要,曰重、拙、大。南渡诸贤不可及处在是。"认为"南宋遗民,寄托遥深,音节激楚",南宋词人多于词中寄托家国之思。况周颐还曾比较自己与常州词派领袖周济的南北宋词观:"周保绪(济)《止庵集·宋四家词筏序》以近世为词者,推南宋为正宗,姜张为山斗,域于其至近者为不然。其持论介余同异之间。张诚不足为山斗,得谓南宋非正宗耶。"①况氏此语表明了对周济之说的异议,所谓"同",为对张炎词的鄙薄;"异"为仍以南宋为正宗,与周济否定南宋的正宗地位之论相左。况周颐还认为南宋是词的极盛时期:"词权舆于开天盛时,寖盛于晚唐五季,盛于宋,极盛于南宋。"②因而况周颐也以推尊南宋而闻名于词坛。谭献《复堂词话》说:"临桂况夔笙舍人周颐……锐意为倚声之学。优入南渡诸家之室。"由此看来说况周颐是推崇南宋的是颇有道理的,但是仅仅认识到况周颐尊南宋是不够全面的。

虽然况周颐声称尊崇南宋,但他决不像以往一些固守派别的词学家那样于南、北宋断加轩轾,厚此薄彼,而是对南、北宋词的不同风格给予客观的评价,特别是对北宋词的艺术成就和特点有着深刻的认识。在《历代词人考略》中况周颐指出北宋词的风格特点是疏俊清隽:"落落清疏","自是北宋风格"(卷十二),"北宋人词以淡胜"(卷十五),"意境清疏,尤是北宋风格"(卷二十一),"疏俊处雅有北宋风格"(卷三十一)。可见况周颐不仅对北宋词风的特点有明晰的认识,而且给予高度的评价。

况周颐还特别指出北宋词有高出南宋之处,如论周邦彦词"愈朴愈厚,愈厚愈雅,至真之情,由性灵肺腑中流出,不妨说尽而愈无尽。南宋人如姜白石……庶几近似,然已微嫌刷色"。况周颐录陈聂恒〔临江仙〕

---

① 况周颐:《蕙风词话》,唐圭璋编:《词话丛编》,北京:中华书局,1986年,第4406、4447、4448页。

② 况周颐:《词学讲义》,《词学季刊》,1933年(创刊号)。

《人日》词后评曰:"恰合分际,不犯刻露,南宋人逊北宋人如此。"①在《历代词人考略》中况周颐还将南北宋词的风格进行对比:"北宋人词大都清空婉丽……意境沈著,实滥觞南渡。"(卷七)"北宋庶几醇雅,南宋更进于厚矣。"(卷六)"清空婉约,自是北宋正宗,而渐近沈著,则又开南宋风会矣。"(卷十五)

通过《历代词人考略》的阐述可以更充分地看出,况周颐推重南宋乃在于他认为南宋词的特点是"沈著""厚",对于北宋词,况周颐能够充分认识其风格特色和价值,"清疏""清空"确能摄其精髓。况周颐多提尊南宋词只是因为南宋更为合乎其重、拙、大的原则而已。况周颐认为南北宋词虽然特点不同,但各有其美,各有价值,皆值得取法借鉴,正如晚清词学家谭献说:"夔笙(况周颐)隐秀,将冶南北宋而一之",②此言得之。

三、《历代词人考略》的文献价值

《历代词人考略》具有独特的编纂体例,即以词人为纲,围绕词人汇集文献资料,又将文献分为词话、词评、词考三类。在况氏之前的词话著作中,唯有清初的沈雄《古今词话》有相似之处。《古今词话》是一部辑录类词话,分为词话、词品、词辨、词评四个门类,每个部分又分为二卷,总共八卷。《古今词话》以文献汇集分类为宗旨,根据文献的内容分类编排。其中"词话"部分排列了历代词人,每一词人之下汇集文献,文献数量二三条、四五条不等,点到为止,不求丰富。而况周颐的《历代词人考略》则有集词人文献大成的意图,尽量求全。这样的编纂模式就使《历代词人考略》具有独特的文献价值。

第一,研究词史的重要参考。唐圭璋先生曾论及《历代词人考略》的价值:"其中所录词人较《历代诗余》所附的"词人姓氏录"(按:即词人

---

① 况周颐:《蕙风词话》,唐圭璋编:《词话丛编》,北京:中华书局,1986年,第4428、4562页。

② 谭献:《复堂词话》,唐圭璋编:《词话丛编》.北京:中华书局,1986年,第4019页。

小传)为详,颇有参考价值。"①其实《历代词人考略》的价值不仅在于词人小传,词话、词评、词考中皆有许多有价值的文献资料,如唐圭璋《全宋词》、饶宗颐《词集考》、张璋与黄畲《全唐五代词》等重要词学著作都曾引用《历代词人考略》。②《历代词人考略》中有许多考证性的文字十分有价值,如卷十五"刘颉"条。颉,字吉甫。宋朝以"颉"或"吉甫"为名、字的有三人,前人往往混为一谈。况周颐通过考辨得出结论:词人刘颉与"入元祐党籍之刘吉甫"及"官武职而能诗之刘吉甫"本非一人。得出这样的认识对宋词史的研究无疑有重要意义。

《历代词人考略》还收录了许多珍稀的文献,如《历代词人考略》卷三十六所载:冯镕(字景范)有〔如梦令〕《题龙脊石》词,本刻于四川夔州云阳龙脊滩之龙脊石上,"滨江洼下,非水涸,甚不得见"。况周颐于"光绪壬寅"年,"薄游云安,是年冬干,水落石出,诸刻呈露,爰亟命工从事氈椎,得孟蜀已还题名九十余种,景范词其一也。"并将此词录入《历代词人考略》,后来唐圭璋先生辑《全宋词》即由《考略》收入。

第二,《历代词人考略》的价值还在于文献资料的保存。况周颐作《考略》参考了大量历代有关唐宋词及词人的纪事评论文献资料,尤其是生活于晚清与况周颐同时代的词学家的论词材料,这些材料不见于其他文献载录,由《考略》引录而保存下来,弥足珍贵。试举几例:王鹏运(1848—1904),字幼霞,号半塘老人、鹜翁,广西桂林人。有《半塘定稿》,又校勘辑刻《四印斋所刻词》《四印斋汇刻宋元三十一家词》,为"晚清四大家"之首。但王氏未有词话专著,今存之论词之语可谓吉光片羽。况周颐师事王氏,乃得以闻见其词论,《历代词人考略》中有所记载。如王鹏运评论南宋人袁去华词云:"宣卿词气清而笔近涩,词笔最忌留不住。"(卷二十六引)这句话虽短,却为晚清词坛词体尚"涩",提供了词学理论上的佐证。清代中期,自浙派盛行以后,几乎"家祝姜(夔)、张(炎),户尸朱(彝尊)、厉(鹗)"。由于对所谓"醇雅""清雅"的偏颇追

---

① 唐圭璋:《历代词学研究述略》,上海:上海古籍出版社,1986年,第820页。
② 参阅唐圭璋:《全宋词·引用书目·词话类》,北京:中华书局,1965年。参阅饶宗颐《词集考》20、21、25页"参考"部分,中华书局1992年版。参阅张璋、黄畲:《全唐五代词·引用书目(七)传记类》,上海:上海古籍出版社,1986年。

求,浙派末流逐渐演化为空疏浮滑,即金应珪所指出的"游词",浙派末流弊端在"滑",并日益引起人们的反感。正是在此种词学背景之下,王鹏运等人提出以"涩"补救浙派末流浮滑。王鹏运此说与况周颐所论"涩"相互呼应,况周颐云:"涩之中有味、有韵、有境界,虽至涩之调,有真气贯注其间。其至者,可使疏宕,次亦不失凝重,难与貌涩者道耳。"①况氏认为前人在词论中所提到的"涩"不过是"貌涩",没有什么价值;而有真气贯注其间的"涩"方是至境,是词中极为精彩的表现。况周颐此论与王鹏运一脉相承,"涩"成为体现新的审美价值的范畴运用于词学批评之中。王鹏运称赞吴文英词:"檀栾金碧楼台好,谁打霜花稿。"张炎《词源》卷下曾云:"梦窗词〔声声慢〕云:'檀栾金碧,婀娜蓬莱,游云不蘸芳洲。'前八字恐亦太涩。"这里王鹏运重提梦窗这首词和张炎的"七宝楼台"之说,但已是反其义而用之了。王鹏运在创作中用"涩体"实践其理论,《半塘定稿》〔绮寮怨〕小序说:"用美成涩体以写呜咽",其努力可见。王鹏运、况周颐对"涩"的重新体认,得到了词坛的广泛认同,作为审美范畴的"涩"具有了正面的色彩。《历代词人考略》引录王鹏运之语的意义显而易见。

第三,况周颐词学文献的重要补充。《历代词人考略》中不仅引录了大量的历代文献,而且还有数量庞大的况周颐词论,字数甚至超过《蕙风词话》,这些文字是况周颐词学文献的一部分,对认识、研究况周颐的词学理论、词学思想无疑是非常重要的。《历代词人考略》中的况周颐词论可以从两方面加以考察:

首先,《历代词人考略》和《宋人词话》为近六百位唐宋词人每人撰写了"按语",这些按语除了体现了况周颐对各位唐宋词人的认识,又因为这些词人按照朝代、生活时代先后排列,所以"按语"又具有词史论述的意义。其次,《历代词人考略》除了"按语"还引用了况周颐的其他词学文献,如《蕙风簃词话》《珠花簃词话》,等等。以《珠花簃词话》为例。"珠花簃"为况周颐居金陵时的书斋名,②《珠花簃词话》为况周颐的一

---

① 况周颐:《蕙风词语》,唐圭璋编:《词语丛编》,北京:中华书局,1986年,第4527页。

② 况周颐《玉梅后词序》文末记云:"自识于秦淮俟庐之珠花簃。"

部未刊词话,其名仅见于《历代词人考略》和《宋人词话》所引。《珠花簃词话》乃况氏为自作词话初拟定之名,抑或尚未成书,后编《蕙风词话》时有所采录。《历代词人考略》所引《珠花簃词话》共37则,其中18则见于《蕙风词话》,9则见于《蕙风词话续编》,10则为轶文。《珠花簃词话》有许多论述十分有价值,试举一例:

  杨济翁《蝶恋花》前段云"离恨做成春夜雨。添得春江,划地东流去。弱柳系船都不住。为君愁绝听鸣橹。"亦婉曲亦新颖,无此词心,不能有此词笔。(卷三十引)

  这里提到的"词心"在《蕙风词话》卷一也曾提到:

    吾听风雨,吾览江山,常觉风雨江山外有不得已者在。此万不得已者,即词心也。而能以吾言写吾心,即吾词也。此万不得已者由吾心酝酿而出,即吾词之真也。非可强为,亦无庸强求。视吾心之酝酿何如耳。吾心为主而书卷其辅也。书卷多,吾言尤易出耳。

  所谓"词心"即词人特有的感受情景进行创作的能力。作家往往对某些特定的文体具有特别的天赋和能力。况周颐的"词心"说是指词人的禀赋。况氏的"词心"说应该是借鉴晚清词学家冯煦之说又增加自己的感悟而成的。冯煦《蒿庵论词》云:"昔张天如论相如之赋云:'他人之赋,赋才也;长卿,赋心也。'予于少游之词亦云:他人之词,词才也;少游,词心也。得之于内,不可以传。虽子瞻之明隽、耆卿之幽秀,犹若有瞠乎后者,况其下耶?"冯煦是首先用"词心"论词者。其"词心"说又是由"赋心"演绎而来。

  《西京杂记》卷二载,司马相如在谈到作赋时提到"赋迹"和"赋心","赋迹"指的是赋体特有的辞藻美、结构美、声情美,而"赋心"则是作赋时的精神状态,而这种状态又源于个性天赋,无法模仿亦非语言所能详述。冯煦进而转造"词心"一词来评析秦观词的特点。从"赋心"到冯煦所说秦观的词心,再到况周颐的词心,有一个共通的内涵,即作者之于特种文体的特殊的天赋和能力,对于"词心"的认识是词学研究深化的体现。

  况周颐是清末民初首屈一指的词学批评大家,一生致力于词学创作、经验总结、理论探讨。况周颐于光绪十四年(1888)进京就开始了词学研究,光绪三十四年(1908)发表第一部词话《玉梅词话》,至其去世之年(1926)完成最后一部词学著作《词学讲义》,词学研究历时近四十年,撰写词学著作十余种。考察况周颐的词学思想和批评理论,不仅要重视《蕙风词话》,还应该全面了解况周颐其他的词学文献,《历代词人考略》就是其中最重要的一部。将《历代词人考略》与《蕙风词话》及况氏其他词话相对比,既可相互参证、相互补充,也可以考察相互的差异或者发展变化,从而对况周颐的词学思想有更为全面系统的认识,亦可深化晚清词学研究。《历代词人考略》又是一部规模庞大的词学文献汇编,虽然不免有芜杂之处,但仍是一个蕴含丰富、值得深探的宝矿。

原载于《河南大学学报(社会科学版)》2010年第3期;《高等学校文科学术文摘》2010年第4期全文转载

中国古典诗歌之美感特质

[加拿大]叶嘉莹①

所谓中国诗歌的美感特质,应从诗歌理论上来说。从诗歌理论上说起来,很多人以为,外国的诗歌理论比较细腻,中国的文学理论则比较抽象,比较含糊。西方理论的细腻,我以为乃是因为中西方诗歌的起源本来就有所不同。西方的诗歌起源是史诗和戏剧,所以,注重叙写和描述;中国诗歌的起源是言志和抒情,所以,他们对于叙写的技巧跟模式非常注意。当然,大家都知道,诗歌的里面一定要有形象化的语言,如果你抽象地说:"我心里边十分难过。"谁知道你怎么难过啊?你说心里十二万分难过,一百万分我们也不知道你怎么难过啊。而宋代的秦少游就曾写了两句小词,"欲见回肠,断尽金炉小篆香"(《减字木兰花》)。他说,你要知道我心里边千回百转的情意,我给你一个形象,我的内心,那种委屈,那种缠绵,就像小篆,非常婉转曲折的。我的情思是如此之曲折,我不只是曲折,我的曲折还如此芬芳、美好。我的感情是如此之美好,我保存在我的内心,"金炉"是如此之珍贵。我这种曲折的、芳香的、珍贵的感情,"断尽",因为相思,因为离别,而一寸一寸地都断尽了,就像什么?就像那金炉里面的小篆香,"寸寸相思寸寸灰",一点一点地都烧完了。你看见我内心千回百转的悲哀感情了吗?"欲见回肠,断尽金炉小篆香",这是形象与情意的结合,这是一致的。

古今中外,诗歌都注重形象与情意的结合。西方的文学理论,注重的是表达的技巧,所以,他们就把那形象与情意的关系分析得非常仔

---

① 叶嘉莹,女,北京人,加拿大皇家学会院士,加拿大英属哥伦比亚大学终身教授,南开大学文学院中华古典文化研究所所长,教授。

细。一种叫明喻(Simile),一种叫隐喻(Metaphor),还有转喻(Metonymy)和象征(Symbol),这都是西方文学理论的名词。我们说什么?这个诗高古,那个诗典雅。那么,高古什么样子,典雅什么样子?你说不出一个道理来,都是抽象的,好像我们中国的文学批评,就不如人家西方的文学批评。其实大谬不然。

先说他们所讲的明喻(Simile)。用一个形象作比喻,我们明白地说出来了,那叫明喻。我们中国虽然没有"明喻""隐喻"这样的术语,但是我们有没有明喻的表达?当然有啦!李太白的《长相思》:"美人如花隔云端。"我所怀念的那个美人,她像花一样的美丽,可是她离我这样的遥远,那个如花的美人是隔得遥远,隔着像高空白云那样的遥远。不但是人间的距离,甚至是天上的距离,距离我这样的远。"美人如花隔云端",这叫明喻,美人像花一样的美丽,诗中用了一个"如"字,如同的意思,用比喻明白地说出来了。隐喻(Metaphor),就是不明白地说出来,没有"如"字,像杜牧的《赠别》诗:"娉娉袅袅十三余,豆蔻梢头二月初。"豆蔻是一种植物,你们只吃豆蔻,没有看见过豆蔻花是什么样子,我也没有看见过,但是,我查了一下,说豆蔻花是粉红色的,花蕊和花瓣都是非常细碎的,非常纤小的。所以,豆蔻花是颜色如此之娇美,形状如此之幽微的一种花朵。他说"豆蔻梢头",就像那豆蔻花的梢头,早春二月(有个电影叫《早春二月》),刚刚开放的花朵,如此之新鲜,如此之娇嫩,如此之美丽!但是,杜牧所说的不是真正的"豆蔻梢头二月初"的花朵,他说的是"娉娉袅袅十三余"的一个年轻的女孩子。他没有用"如",他没有用"似",他没有用"像"来说明,所以,这是隐喻。我们看,西方人所说的这些个明喻和隐喻,中国诗里面都是有的。我举的例证都是中国诗的例证。尽管名字是西方的名字,这种叙写的手法我们古典诗歌中都是有的。

什么叫转喻(Metonymy)?转喻就是把这个形象转移来指另一个意思。像西方说 the Crown(皇冠),皇冠就代表一个王位。我们中国说"黄屋非尧意"(陈子昂《感遇》),"黄屋"黄色的屋子,黄色的屋子是什么?是皇帝所坐的那个车。我们中国以为皇帝的颜色都是金黄色的,"日照龙鳞识圣颜"(杜甫《秋兴八首》其五),金龙一条,都是金黄色的。黄屋是代表皇帝的车,皇帝的车就是皇帝的地位。"黄屋非尧意",尧虽然做了天子,但是尧的本意不是要争夺天子这样崇高的一个地位,他不是为了权位而做的天子。

　　什么叫象征(Symbol)？那不是普通说一个什么形象就是象征,凡是成为象征的,都是这个形象已经普遍长久地被使用、被大家所公认的。比如说,十字架代表耶稣基督的救赎,枫树的一片红叶代表加拿大这个国家,这是大家所公认的,普世所公认的,大家都使用的一个形象。中国的诗里面,像陶渊明的诗里面,用了很多松树,"青松冠岩列"(《和郭主簿》),"岩"是山岩,"冠"是在山头上,像戴个帽子一样,排了一排松树。青苍的松树在山岩的顶上排了一排。陶渊明又说:"青松在东园"(《饮酒》其八),青松在他的东园。陶渊明还说:"青松夹路生"(《拟古》其五)。其实,我举的这个例证还不够好,因为它有"松"字,所以,我们都说青松。我所喜欢的,真正陶渊明的两句诗,是没有把松树说出来的,但是,他说的是松树:

　　　　苍苍谷中树,冬夏常如兹,年年见霜雪,谁谓不知时?(《拟古》其六)

　　"苍苍",青苍的颜色。苍苍的是在山谷中的树,而这种树是无论冬天、夏天它的颜色永远是这样的青苍。别的树叶,"草木黄落兮雁南归"(汉武帝《秋风辞》),秋风一起,树叶变黄,两三天就被吹下来了。那些是不能够耐受寒冷的树,天一冷树叶就变黄了,风一吹树叶就掉下来了,真正坚贞的、不被外界所摧折的是永远保持了青苍的那山谷中的松树,冬天如此之青苍,夏天也如此之青苍。尽管所有的树叶都黄落了,松树没有改变,仍然是它青苍的颜色,仍然是它不落的松叶。你以为这个没有落叶的树是没有经过风霜的打击吗？它不知道经过了多少风霜雨雪的打击！它年年都在狂风雨雪之中,都在这种摧折的、凛冽的寒风之中,但是它没有黄落。"谁谓不知时?"谁说这棵松树不知道冬夏的分别,谁说这棵松树没有经过风雪的摧折。你们看我87岁,我平生经过了多少忧苦患难,你们不知道,你们没有看出来,所以,我欣赏这四句诗。松树在陶渊明的诗里面有一个固定的意思,表示坚贞,表示不屈服,表示不改变,表示自己对自己操守的坚贞不改变。这是象征。

　　然后,西方的文学理论还有拟人(Personification),就是把一个没有知觉,没有感情的物件,把它比作有知觉、有感情的人。"红烛自怜无好计,夜寒空替人垂泪。"(晏几道《蝶恋花》)我们人类有离别,所以,我们人类会悲哀,人类会流泪。今天在我跟你离别的夜晚,那红色的蜡烛好像也被我们离别的哀伤给感动了。那红色的蜡烛它自己说它没有办法帮助我们,没有办法挽留那个将要远别的行人。"红烛自怜无好计",在寒冷的夜晚它也替我们流下泪来。蜡烛当它烧到融化,就有蜡泪流下来了。"春蚕到死丝方尽,蜡炬成灰泪始干。"(李商隐《无题》)蜡烛滴下的,我们叫它作泪,把蜡烛比作一个会哭泣的有情人,这叫拟人。

举隅,就是举一个物件的一部分而代表这个物件的整体。隅就是一个桌子的角,孔子说的"举一隅不以三隅反,则不复也"(《论语·述而》)。我如果告诉你,这个桌子角是九十度,你就应该推想到这个形状的角都是九十度。老师没有办法,老师不能够一天 24 小时跟着你的,老师说了一个基本的原则,你就应该推想、联想到其他的东西。所以,举一隅要以三隅反。隅就是一个角,你就举这个东西的一部分,就代表了全体。像温庭筠的《忆江南》,写一个思妇,相思的女子。他说我"梳洗罢,独倚望江楼",我早晨梳妆打扮,化好了妆,就倚站在楼窗前,一个人孤独地在那里站着。为什么要"梳洗罢,独倚望江楼"?因为,我所爱的人不在这里,我要期待我所爱的人回来,我希望我所爱的人回来能看到我最美丽的面貌。所以,我"梳洗罢,独倚望江楼"。"过尽千帆皆不是",渡船一个一个地过去了,"皆不是",没有一个是我所期待的那个人的船,他没有回来。"过尽千帆皆不是",而这一天白白地等待了。"斜晖脉脉水悠悠",落日的余晖慢慢地沉没了,悠悠的流水不断地东流,就像我所爱的人、我所等待的人,他没有回来。在这里,"帆"是"船"的一部分,这样它就代表船,"千帆"就是"千船",这就叫做举隅。

我们说的都是形象与情意的关系,一个形象跟你内心的感情的关系。那什么叫做喻托(Allegory)?就是你用一个形象,这个形象要代表一种抽象的情思,而这种抽象的情思还要代表有一种理念上的价值和意义。像王沂孙的小词"一襟余恨宫魂断"(《齐天乐·一襟余恨宫魂断》)。这首词是咏蝉,夏天在叫的蝉。而这个蝉代表什么呢?在中国古代有一个传说,说齐国的一个王后,因为被冤屈了,含恨而死。她死了以后,就变作一只蝉,每天在皇宫的树上悲啼哀叫。王沂孙的这首词是咏蝉的,"襟"就是衣襟,代表胸怀。"一"就是完全,代表全部。我们说一国的人都这样子了,一家的人,一家是说全家。"一襟"是说满怀,我满怀都是悲恨。宫中的一个皇后冤屈地死了,这个蝉是代表了一个冤屈的王后。所以,这个是喻托。

外应物象(Objective correlative)是西方的,是近代或者说是现代文学批评理论中兴起来的一个术语,从前没有。从前有明喻、隐喻,这个外应物象,它没有一个常用的翻译,它是一个很长的名词,叫 Objective correlative,Objective 是外在的,Correlative 是相关的,所以,我把它翻译成外应的物象。外应的物象是什么呢？它不是一个固定的形象,不是一个固定的东西,它是一串、一系列的形象,A system images 代表一系列的、复杂的感情。像李商隐说:"锦瑟无端五十弦,一弦一柱思华年。庄生晓梦迷蝴蝶,望帝春心托杜鹃。沧海月明珠有泪,蓝田日暖玉生烟。此情可待成追忆,只是当时已惘然。"(《锦瑟》)他用了一串的形象,表达一种情意,叫做外应物象。我现在说西方的文学理论,虽然看起来这么复杂,这么细腻,好像它比我们中国的文学理论要仔细得多,可是你要知道,它忽略了一点,它从来不注意的一点,而那才是我们中国诗歌的最宝贵的特质。

我们中国诗歌最宝贵的特质是什么？就是兴发感动的作用。从《诗经》所说的,就是你要"情动于中而形于言"(《毛诗·大序》)。是你内心的情意,真的在你内心之中有了感动,然后你用语言写出来了。我们所注重的,是你内心的感动。现在就有了一个问题,你内心的感动是怎么样的感动？你内心的感动写成了诗歌,你的诗歌怎么样感动了读者？这个感发生命的传达,从作者透过作品到读者,这一串的、生命的传达,才是我们中华诗歌最基本的、最重要的特质。我们的诗歌是我们的生命的传达。你的生命怎么样感动的？你把你感动的生命怎么样传达的？传达出来的诗歌怎么样感动了读者的生命？这是我们中华诗歌生生不已的诗歌的感发生命。这是世界上其他国家都没有的、宝贵的特质。我在我写的文字里面说的是诗歌里面感发的生命,我说感发,我没有只说感动。感动,我感动了你,我说的一,你感动了一,我说的二,你感动了二,这是感动。"发"就不是一对一。"发"是由心发的,是有成长的,是有增加的,一可以生二,二可以生三,三可以生无穷。这是我们中国诗歌最微妙的地方。所以,王国维的《人间词话》举宋人的词句,他说"昨夜西风凋碧树,独上高楼,望尽天涯路"。这是晏殊的一首《蝶恋花》,说的是一个离别中的女子怀念远方的人。一夜的西风把我楼前的树叶都吹落了,我一个人登上了高楼,向天涯远望,我希望天涯有个骑白马的人出现,是我所爱的人。但是没有啊,所以,我"望尽天涯路"。晏殊写的是相思离别的女子的怀念,可是王国维说什么呢?他说"成大事业大学问者必经过三种之境界"。"昨夜西风凋碧树,独上高楼,望尽天涯路",这是第一种境界,晏殊说这个是成大事业大学问的第一种境界了吗?没有啊!但是,你可以有这样的联想。就是你除了感动,还有了兴发,有了成长,有了生命。这个生命,就是我们中华诗歌的最宝贵的感发的生命,而这个生命是生生不息的。

你说中国的诗歌注重内心的感发,我知道了。外国,刚才我们说,它是把那种写作的技巧说得很仔细,中国的诗歌,文学的基本理论,是把你生命的成长,感发的生命怎么活动,怎么成长的,把这个说出来。中国只归纳了三个基本的作用:你的感动由何而来?中国一般说赋比兴。还有大家问我,这个字念 xīng 还是 xìng 啊?你要分别,中国字有很多都是破音字,一个字有很多的读音,所以,你一定要分别,什么时候读什么样的声音。有人问李太白的诗是《将(jiāng)进酒》还是《将(qiāng)进酒》呢?不错,"将"字可以读"qiāng",《诗经》里面"将(qiāng)仲子兮,无逾我里。无折我树杞……"(《将仲子》),那个"将"字念"qiāng"。很多人以为有学问,把《将(jiāng)进酒》念成《将(qiāng)进酒》,说古人是读"qiāng"的。古人可以读"qiāng"是不错的,但是,《将进酒》的"将"不一定读"qiāng"啊?你要知道,"将仲子兮","仲子"是一个名词,是那个女子对于她所爱的男子的呼唤。"将"是一个语助词,"兮"是一个语助词,"仲子"是她爱的那个男人,那个人是老二。"将仲子兮",前面一个发声的字,后面一个发声的字,如果只说仲子,那跟他爸爸叫他差不多了,"老二"!可是这个女孩子要表达她对于这个男子的缠绵感情,她不能说"仲子"!这太没有意思了。"将仲子兮",它就把那种女子多情的、柔婉的口吻传达出来了,那个时候应该念"将(qiāng)"。因为"仲子",是上下都不连贯的一个名字,前面只能是发声的词,这个"将"字不发生作用。进酒不是一个名词,进酒是一个动作,"将进酒,杯莫停,与君歌一曲,请君为我倾耳听"。我以为,"将"字虽然可以读"qiāng",但是,在读《将进酒》的时候应该读"jiāng",进酒是动作。

好,把这个暂时搁下来,我们现在要讲"赋、比、兴"的这个"兴"字,是念"xīng"还是念"xìng",很多人念"赋、比、兴(xīng)"。其实中国的破音字你一定要明白,它破音的时候为什么改变了读音。动词的时候念"xīng",兴起了,振兴了,指兴起的动作。名词的时候,念"xìng"。"赋"是个名词,"比"是个名词,"兴"是个名词。兴(xìng)是一种感动的作用,兴发感动。兴发是动词,所以,我说"兴(xīng)发感动"。但是,当兴(xīng)发感动的作用变成了一个文学术语名词的时候,我们念兴(xìng)。"兴(xìng)"是什么呢?我们说是"由物及心"。物是外界的事物,外界的景物。还有你要注意,这个物不只是指的"物",松树是个物,雎鸠是个鸟,是个物。我们说外在的形象,外在所看到的形象,我们看到花、看到树,看到红花、看到绿叶,这当然是形象。你看到草木黄落你悲哀了,这是外在的形象。外在的形象,只是那没有感情的草木鸟兽吗?欧阳修说的"人为动物,惟物之灵"(《秋声赋》)。如果外界的草木黄落,你都因它而感动,那人类的生死离别不使你感动吗?草木的花开花落是物象,它是草,它是花,它是物,所以,是"物象"。但是,人世之间使我们感动的形象不只是物象,还有事象啊,就是发生的事情,这件事使你感动了。钟嵘的《诗品》序言中说:

气之动物,物之感人,故摇荡性情,形诸舞咏。(《诗品序》)

我们中国讲气啊,阴阳之气,冬至就阳生,夏至就阴生,是阴阳之气的运行和变化。阴阳之气的运行和变化就感动了外物,外物的变化就感动了我们人类,"气之动物,物之感人,故摇荡性情,行诸舞咏"。所以,"春风春鸟,秋月秋蝉",春天的景色,秋天的景色,这是外物的形象给你感动。可是,钟嵘的《诗品》除了讲这些外物的形象以外,它后面说的"至于楚臣去境,汉妾辞宫",像楚国的那个大臣,离开了他的首都,这说的是屈原,是被放逐。"汉妾辞宫"说的是谁?说的是王昭君。他说,草木万物使你感动,人世之间的生死离别,这种欢乐的或者是灾祸的种种的事象,不是也使你感动吗?兴(xìng),由物及心,由外物所发生的事情使你内心有了感动。中国的诗歌理论是重视感发的生命怎么样兴起的。这是第一种感动的性质。举个例证来看:

关关雎鸠,在河之洲,窈窕淑女,君子好逑。(《诗经·周南·关雎》)

"关关"是声音,"雎鸠"是鸟,他说"关关"地在啼叫的是雎鸠,鸟在哪里啼叫?鸟在河水边的沙洲上啼叫。"窈窕",是形容这个淑女的,大家现在都认为这个窈窕就是苗条,所以,现在的女孩子就一致地追求减肥。其实,古人说的是窈窕,不是苗条。苗条是最肤浅的外表。你看"窈窕"两个字上面都是穴字头,是洞穴,洞穴是什么意思?是深藏在里面。窈窕是有很深厚的、内在的修养和美好的品质的,这样的才是淑女。大家老以为是苗条淑女,这不对,而是窈窕淑女,有这样内在的、美好品格的女子,才是君子的好的配偶。还要注意,不是"好(hào)逑",说男孩子喜欢追求,而是"好(hǎo)逑",美好的配偶。有那窈窕的、内在的美德的淑女,才是君子的美好的配偶。听到雎鸠鸟的叫声,想那一对一对的鸟有这么美好的生活,我们人类岂不也该有这样美好的配偶吗?由物及心,由外物想到内心的感情,这是兴(xìng)的题材。

第二种是由心及物。不只是说,外物感动了你的内心,还有的时候,是先有了内心的感动,然后你用一个外物的形象来表述。举个例证来看,这个大家都很熟悉,好像我们课本上常常选《诗经》上的《硕鼠》:

硕鼠硕鼠,无食我黍。三岁贯女,莫我肯顾。逝将去女,适彼乐土。乐土乐土,爰得我所。(《诗经·魏风·硕鼠》)

硕鼠,是又肥又大的老鼠。你这个胖胖的大老鼠啊,不要老是来偷吃我的粮食。"三岁贯女","三岁"就是三年。"女"就是"汝",就是你,就是那个大老鼠。"贯"是侍奉,我接连不断地、没有改变地供养你三年了。我供养了你,"莫我肯顾"就是"莫肯顾我",你不肯顾念我。我们说话有两种口气:"你不肯顾念我""你就对我一点儿也不顾念",颠倒过来,就是加重的口气。"逝将去女","逝"是将要,"去"是离开,我要离开你到很远很远的地方去了。去干什么?"适彼乐土","适"就是往。我离开你,我要找到一个美好的、安乐的土地。"乐土乐土",我真是找到这么一个没有大老鼠来吃我粮食的所在。"爰得我所",那才是我找到了一个我可以真正安居乐业的地方。古人有一个比喻说"苛政猛于虎",就是我要离开那个苛政,我宁可到有老虎的地方去,我不要忍受你这种苛政的暴虐。这个真的是一只大老鼠吗?不是,是那些剥削者,找一个大老鼠的形象加以指代。是先有内在的感情,然后找一个外在的形象,所以,这个是"比"。"比"是由心及物,是我们说的形象与情意的关系。

还有第三种是"赋"。"赋"就是直接的铺陈叙写,是"即心即物"。我的内心的情思,就在我对物的叙写之中存在了。古代所说这个"物象",不只是外物的形象,也指的是外边的事象。现在我们就举一个"赋"的例证:

将仲子兮,无逾我里,无折我树杞。岂敢爱之?畏我父母。仲可怀也,父母之言,亦可畏也。(《诗经·郑风·将仲子》)

这个有《关雎》的鸟的形象吗?有《硕鼠》的大老鼠的形象吗?没有啊。它开口就直接地写了这件事情。"将仲子兮",她说哎呀,仲子啊,"无逾我里",你不要老跳我们家的里门了,老跳墙来跟我见面。"无折我树杞",你不要把我们里门的杞树树枝都折断了。这前面说的两句都是否定的话,说仲子啊,你不要这样、你不要那样。这个不是很伤感情吗?所以,她马上拉回来,"岂敢爱之?畏我父母"。说我是爱一棵树比爱你还爱吗?我更爱那棵杞树?当然不是。我为什么叫你不要折断杞树,不是因为我爱杞树,而是怕我的父母责备我。你把树折断了,我父母发现你跳墙来跟我相会,不就会骂我吗?所以说,"岂敢爱之?畏我父母"。我怕我的父母,就把你推远了,再拉回来,"仲可怀也,父母之言,亦可畏也"。仲子啊,我当然还是想你的呀,可是我父母责备的话,责备我还是很怕的啊。你看,她的感动不用一个形象,只用说话的口气来表达,就是即心即物,就是我说的感动就在叙述之中,不用雎鸠、不用硕鼠,就是一个事情直接地写了。

我们中国所讲的文学的理论,是最基本的,是我们中华诗歌的特色,是我们诗歌之中兴发感动的生命的兴起、由来的三种形式。而中国所有的好诗,都不脱离这三种形式。下面我们每种举一个例证。

先看赋体的例证。赋体就是直接地写,不用写鸟啊、树啊、兽啊、老鼠啊,都不用,你就直接地写你内心的感动。

西忆岐阳信,无人遂却回。眼穿当落日,心死著寒灰。雾树行相引,连山望忽开。所亲惊老瘦,辛苦贼中来。(《自京窜至凤翔喜达行在所》其一)

唐朝发生了"天宝之乱",首都长安沦陷了。沦陷的时候,本来杜甫不在长安城,杜甫已经走了。他曾经有过一首很长的五言古诗《自京赴奉先县咏怀五百字》。他很早就离开了长安,那么现在呢,长安被叛军、造反的军队占领了,他要到后方去。像我当时在日军占领北平的时候,我们是在沦陷区。我的很多老师、同学都到后方去了,我当时读初中二年级,一个人没有到后方去的能力。后来,我考上了辅仁大学。那个时候我们辅仁大学的很多老师到后方去了。杜甫也是,他要到后方去。当时,玄宗已经逃到四川,他的儿子肃宗即位了。他要到肃宗所在的地方,肃宗所在的地方叫做"行在"。"行在"就是说不是首都的所在,是皇帝一个临时驻扎的地方。"自京"杜甫要到凤翔去的时候,被叛军捉住,把他抓到长安来了。杜甫后来又从长安逃出来了,"自京窜至凤翔","窜"就是逃的意思,就是逃到肃宗所在地。杜甫写了三首诗,我们只看其中一首。要注意,"雾树行相引,连山望忽开"的"忽"字入声,一定要把入声读成仄声,还给诗歌本身的声音的美感。因为杜甫是按照仄声用的。有人跟我讨论这个问题,说难道我们现在不能用普通话的声音来读吗?我说,你现在写诗,你用普通话的声音可以,因为你说的是普通话。可是,杜甫当时他是按照当时的声音写的,它的声音的美感,在他那个时候,这个字是仄声。

"西忆岐阳信","岐阳"就是凤翔所在的地方。在长安的西边,我一直怀念、一直盼望的岐阳,我的皇帝、我们的朝廷所在的地方,有没有一个消息来呢?"西忆岐阳信,无人遂却回",没有人从长安逃到岐阳,再从岐阳回来,带回来岐阳的消息。我当年在沦陷的北平,我盼望能有一个人带回来重庆的消息。因为我的父亲在重庆。8年,我的父亲跟我们家里不敢通信,第4年的时候,我母亲死了,我一个姐姐带着两个弟弟,小弟弟才上小学。我盼望我父亲的消息。有人从重庆带来消息吗?没有啊。所以,"西忆岐阳信,无人遂却回","遂"是能够完成,回来带回消息。"眼穿当落日,心死著寒灰",我是望眼欲穿,每天向西方,朝廷所在的地方遥望。"眼穿",我的眼都望穿了,向着落日西沉的西方。"心死著寒灰",抗战8年,我们盼望我们的国家能够胜利。北京沦陷了,天津沦陷了,南京沦陷了,上海沦陷了,汉口沦陷了,都陷落了,我们的国家什么时候回来?我们盼望的心都死了,都绝望了,绝望到什么程度?

一点热气都没有了，好像一片寒灰。"眼穿当落日，心死著寒灰"，我不能再等待，我要出去。杜甫从长安逃出来了。可我不认识路啊，怎么走？我就一直向西方走，向西方怎么走？"雾树行相引"，从一大清早天还没有完全亮，我就上路了。那些个树都在一片早晨的烟雾的笼罩之中，我不知道哪里是路，所以"雾树行相引"。"行相引"，我行走的时候就按着一排树向前走，我知道这一排树就是一条路。远望是一片山峰，好像没有路，"连山"，遥望那里是连山，"忽开"，走到山前才知道山前有一个拐弯，远看是连起来的，走近了才知道这山里是可以拐出去的。"所亲惊老瘦，辛苦贼中来"，等我逃到后方，我的亲戚、我的朋友看见我都说，一年多你怎么变得又老、又瘦啊？为什么？因为我"辛苦贼中来"，我是辛辛苦苦地从那沦陷的地方逃出来的。他的感发用到美丽的花草了吗？用到美丽的鸟兽了吗？没有。直接说出来就让你感动了。所以，你直接说出来，就自然使人感动了，这是我们的诗歌感发生命的一种表达方法，你从你生活的情事感动了，你把你生活的情事直接地叙写出来，就带给了读者同样的感动。

我们再看"比"。举陶渊明的一首《饮酒》。陶渊明有 20 首饮酒诗，我曾经在一个庙里讲了这 20 首《饮酒》诗，因为他们庙里的宣化上人思想很开放，他知道陶渊明诗的题目是《饮酒》，但内容说的不是饮酒，是借着饮酒来表达他内心的一种感受。

  栖栖失群鸟，日暮犹独飞。徘徊无定止，夜夜声转悲。厉响思清远，去来何依依。因值孤生松，敛翮遥来归。劲风无荣木，此荫独不衰。托身已得所，千载不相违。（《饮酒》其四）

他说的不是饮酒，说的是什么？他说的是有一个离开同伴的鸟。我们有的时候说孤雁、断鸿零雁，雁或排成一个"一"字，或排成一个"人"字，雁是一种软弱的生物，它要一个群体，有保卫，才敢飞，独一个，常常就被人打下来。"失群"是一个孤单的鸟，没有同伴。"栖栖"两个字，我们是说"栖栖遑遑"，但是，这个"栖"字也很容易让人误会，因为鸟的栖息，现在也是这个简写的栖。古人不是，古人是跟"栖栖遑遑"连在一起的。栖栖遑遑，没有伴侣，满怀着恐惧、惊恐。它说的是鸟，那个鸟没有同伴，所以，内心觉得孤独，觉得恐惧。中国的诗歌有一个妙处，因为中国有好几千年的历史，每一个词语都被古人使用过，你从这一个词语就能想到古人所说的相关的所有的词语。这个西方的批评术语也有一个名字,叫 intertext,text 是文本。这个文本有一个互相的联想,让我们联想到什么?"栖栖"两个字,让我们联想到《论语》"丘何为是栖栖者与"?"丘"是孔子的名字,说这个孔丘啊,他为什么每天栖栖遑遑的,到各国跑来跑去呢?因为孔子有个政治理想,他希望能够实现他的政治理想。人家说,叶嘉莹啊,你一个八九十岁的老太婆,还每天到处去讲,什么意思嘛。我有我的愿望,我希望把我们美好的诗歌传统,那感发的生命,能够让下一代的年轻人不要断绝,不要失落,能够传承下去。孔子所以栖栖遑遑、到处奔走,他是有一个政治上的理想要实现,"丘何为是栖栖者与"?他为什么这样呢?所以,这就发生一个很奇妙的联想,"栖栖"说的是鸟,而这个鸟居然跟一个圣人的形象联系在一起了,是一个抱有理想的而找不到一个合适的安身之所的人。"日暮犹独飞",太阳都快要落山了,所有的鸟都回到巢里去了,你没有一个巢吗?你为什么孤独地还在这里飞来飞去?这是"栖栖失群鸟,日暮犹独飞"。这个鸟"徘徊",飞过来飞过去,"无定止",它不能安定地落在一个地方,那么在它飞来飞去的、这种孤单恐惧的飞翔之中,"夜夜声转悲",它叫的声音一夜比一夜更加悲哀。它为什么叫得这样悲哀?因为它没有伴侣,因为它找不到一个能够落脚的地方。"厉响思清远","响",它叫的声音,"厉",这样的高亢,这样的悲哀。我们从它叫的声音听出来,它在想,在怀念,有没有一个干净的地方?有没有一个高远的所在?我看到这里的所有地方都是污秽的,都是罪恶的,都是邪恶的,我没有办法落下去。有没有一个高远的、干净的地方我可以落下去?我们从它的叫声感受到它这种追寻。它飞过去又飞回来,它到处找,要找一个不污秽的、没有罪恶的、干净的地方落下来。"去来何依依",你以为"依依"是依依不舍,是对旧的地方舍不得才依依吗?其实不是。"依"就是一种向往的、追寻的感情,你对旧的不舍是依依,你对新的盼望也是依依啊。我抱着依依的感情在找一个我可以落下脚的地方,所以,飞去又飞来。我最后终于发现了,"因值孤生松",偶然我就看见了,看见一棵孤单地生长的松树。万物都不同的,有的植物是天生站不起来的,有一句诗"有木名凌霄"(白居易《咏凌霄花》),这凌霄花它若不攀附在别的树上,它自己站不起来的。有的植物它太软弱,它独自一个就东倒西歪,要一群才能够站住。可是坚强的树,不需要依靠、不需要攀附、不需要旁边别的植物的帮助,它独自就可以站住。那是松树,而且是孤生的松树,它不需要依傍,不需要依靠别的力量。"因值孤生松,敛翮遥来归",于是这个飞得如此之疲倦、如此之悲哀的鸟,把翅膀一收就从那么高的空中一直向着目标落下来。下面他说"劲风无荣木,此荫独不衰"。在强劲的寒风下每一棵树的叶子都黄落了,只有这棵孤生松还保持着青翠、茂盛的样子,只有看到这棵孤生的松树,这只鸟才算真正找到了安身立命的所在。"托身已得所,千载不相违。"陶渊明在这里写的,其实就是古代儒家的教导"择善而固执"。就是说,你在人生中要选择一个你真正认为好的理想,你就在那里坚守住,再也不要改变。

下面再看"兴"。我们举李商隐的一首《西溪》。李商隐有封信给柳仲郢,他说我前几天偶然到城外,偶然经过了西溪,偶然看到了西溪的风景,我就写了这首诗,我不过是随便写的,没想到你看了居然很称赞。他信上说了,这真的是我在城的西门外面,看到了西溪水偶然的感受。

  怅望西溪水,潺湲奈尔何。不惊春物少,只觉夕阳多。色染妖韶柳,光含窈窕萝。人间从到海,天上莫为河。凤女弹瑶瑟,龙孙撼玉珂。京华他夜梦,好好寄云波。(《西溪》)

李商隐经过了宪、穆、敬、文、武、宣6个皇帝,在他短短四十多年的生命历程里,朝廷换了6个皇帝,有两个皇帝是被宦官杀死或者被宦官废立。生在这样一个时代背景之中,是很不幸的。他说"怅望西溪水,潺湲奈尔何","怅望","望"是我看见的意思,我满怀着惆怅看见西溪的流水,那东逝水不复向西流。你流就流好啦,你流的时候为什么带着这样的呜咽的哭泣的声音?那水流的声音,就好像一个人在哭泣一样。"潺湲",就是那个水声,"奈尔何",你带着这个声音长逝不返。我觉得面对这条溪水,真是无可奈何。"怅望西溪水,潺湲奈尔何",不仅是这个水,东逝水不复向西流,人生长恨水长东。而且在西溪的旁边,"不惊春物少,只觉夕阳多",我知道春天一定会过去,花一天比一天落得更多,树上的花一天比一天更少。使我惊心的不是春天的花都落了,我更悲哀的是太阳已经西斜,已经落日西斜。所以,李商隐的《乐游原》说"向晚意不适,驱车登古原。夕阳无限好,只是近黄昏"。斜阳虽然有一点余晖的光芒,但是你们知道,它好景不多,它是要落下去的。"不惊春物少,只觉夕阳多。"

其实,李商隐还写过一首诗,他说"不辞鹈鴂妒年芳,但惜流尘暗烛房"(《昨夜》)。我知道,鹈鴂鸟叫的时候,春天就走了。李商隐的诗总是把悲哀更转进一层,这个已经够悲哀了,还有比这更悲哀的。鹈鴂是一种鸟,古代的记载说每当鹈鴂鸟一叫,这一年的芳华就消失了。他说我不推辞,人的生命当然是短促的,每个人生命都是有尽头的,我不能逃避,我也不敢逃避。当鹈鴂鸟叫的时候,这一年的芳华,花必定要落去,春天必定会走的,我不辞——"不辞鹈鴂妒年芳"。我比这个更悲哀的,我只是觉得悲哀,觉得值得痛惜的是什么?是"流尘暗烛房",蜡烛应该是光明的,蜡烛烛芯的火星为什么被尘土扑灭了呢?李后主的词说到"花",花是短暂的,可是如果是花开的时候都是风和日丽的几天,对得起这个花了。你有几天风和日丽的生命啊!可是为什么花一开就被风吹落了呢?"林花谢了春红,太匆匆。"(李煜《乌夜啼》)人的生命当然是短促的,你短促的生命都是安乐的好生活吗?那当然很好,他说"林花谢了春红",这是你的短促,而且在你短促的生命之中,你无可奈何是要面对"朝来寒雨晚来风",你五天的生命还有寒风。所以,"不辞鹈鴂妒年芳,但惜流尘暗烛房","不惊春物少,只觉夕阳多"。春天的花必定会落的,太阳西逝就永远不回来了,光阴虽然是消逝的,花虽然是落的,但是西溪的两岸还有这美丽的风景。春天来了以后,那绿颜色仿佛妖韶的诱人的美丽的柳树,"色染妖韶柳,光含窈窕萝",爬满的那些藤萝,上面有日光的闪动,"窈窕",风动树叶的那种幽微的美景。西溪两岸有这样的景色,他说"人间从到海,天上莫为河",我知道人世之间有苦难,我知道人世之间有缺憾,这我没有办法,人间的这种缺憾,人间的这种苦难,就任凭它东流到海,我没有力量挽回。"天上莫为河",人间天上,人间有悲哀有痛苦,天上就不应该再有悲哀和痛苦,为什么天上还有一条银河把相爱的牛郎织女给隔绝了呢?这都是人世之间的可悲哀的事情。我有一个梦想,是"凤女弹瑶瑟,龙孙撼玉珂",如果有凤就应该有龙,就应该有一个和她相匹配的、相应和的一个对象才是。所以,如果有一个凤女,这么一个美丽的女子,能够弹瑶瑟,这么美丽的琴瑟,就应该有一个龙孙,这样美丽的、高贵的王孙,他身上佩戴着、骑的马上佩戴着的都是佩玉——玉珂,身上的佩玉可以有叮当的响声,

"凤女弹瑶瑟,龙孙撼玉珂"。我李商隐现在差不多四十来岁了,我流落在四川的幕府之中,妻子也死了,一生困顿无成。但我曾经有过一个梦,是"凤女弹瑶瑟,龙孙撼玉珂"。那是我梦想在京华,在首都,"他夜"可以是将来也可以是过去,从前我有一个京华的美梦。哪一个年轻人,尤其中国的传统的年轻人,没有修身、齐家、治国、平天下的理想。李商隐也写过这样的诗,他说"欲回天地入扁舟"(《安定城楼》),我要挽回了天地,"天地"代表宇宙,代表国家,我要把天地这些个不平的、悲苦的,这些个不幸的事情都改变了。那个时候,"欲回天地",我就归隐到五湖之上。我在国外,我的学生写中国的古典诗歌的论文,有些个校外考试的西方人有次就问我,说中国诗人干吗老说归隐呢?做官就做官,老是说我的志向还是归隐。为什么要求做官还要说归隐?这是说你若有着归隐的心,你做官就不是为了个人的名利,中国所有的仕隐是相反而又相成的,有归隐的不求名利禄位之心,你才有资格做官,所以,他说是"京华他夜梦","龙孙撼玉珂"。我有过这一个美梦,我希望完成我自己,然后"欲回天地入扁舟",有"凤女弹瑶瑟",就应该有"龙孙撼玉珂"。我曾经对于首都有过这样一个美好的梦,这是个梦。我现在还怀着这样一个梦想,"好好寄云波",我的梦想寄托在哪里?寄托在天上的白云,寄托在地上的流水。这是生在晚唐的、不幸的李商隐的一首诗。这首诗是从现实的景物——西溪的流水引起来的,这是兴体,由外在的实在的景物,引起他内心的感发。

  所以,我现在讲我们中国的诗歌的感发的生命,简单的就是赋比兴,或者是由外物引起内心的感发,或者是由内心的感发用外物作比喻,或者是我就把我的感发写出来,当我叙写的时候,我不假借外物,什么雎鸠、什么老鼠,什么都不要,"西忆岐阳信,无人遂却回。眼穿当落日,心死著寒灰。雾树行相引,连山望忽开。所亲惊老瘦,辛苦贼中来"。我就把我的生活,我的经历直接写出来,我们就被杜甫感动了。

  因为,我真是关心我们的古典诗词的教学,所以我说了这么多的话。我们也说到吟诵,现在我就把我们刚才讲过的几首诗简单地吟诵一下。

  这是我所学的我们古老的传统的最简单的一种吟诵,主要是把你内心对于这首诗的真正的感发的生命跟这个文字的节奏韵律结合起来传达,并不需要很多花样的技巧的表示。吟得对不对、好不好,首先在于声音的节奏,在于节拍的快慢高低。而对这些要素的掌握,其实也并不是很复杂的一件事情,只要多听,自然就会对音调节奏慢慢熟悉起来了。教小孩子要先教比较简单的调子,但你可以给他们听各种变化的调子。吟诵不是唱歌,要符合中国古典诗歌的那些节奏及声音的缓急、音调的高低,掌握诗歌的节奏声律,要表现出中国语言文字的美感特质。我越来越觉得吟诵关系到我们中国文化的传统,它给中国文化带来的影响是很微妙而且很重要的,不应该让它从我们这一代断绝。

(本文根据 2010 年 10 月 17 日叶嘉莹先生在扬州市"亲近母语"论坛上的演讲录音整理而成,有少量删减。整理者张静)

原载于《河南大学学报(社会科学版)》2012 年第 5 期;《高等学校文科学术文摘》2012 年第 6 期论点转载

诗界革命视野中的《清议报》诗歌

胡全章①

  1900年2月,梁启超在《清议报》发表的《汗漫录》中揭橥"诗界革命"旗帜,拈出"新意境""新语句"与"古人之风格"三长兼备的新诗创作纲领,标志着一场有理论主张、报刊阵地和作家队伍的诗界革命运动正式发端。②《清议报》"诗文辞随录"栏是诗界革命发动期和发展期所依托的核心阵地。1901年12月,梁氏在《清议报》终刊号发文总结该报性质时,对这一专栏有句定位的话:"类皆以诗界革命之神魂,为斯道别辟新土";认为此乃"我《清议报》之有以特异于群报者"之一端。③ 可见,任公是有意将其作为诗界革命的创作园地来经营的。百余年来,尽管人们也知道《清议报》是诗界革命的重要阵地,然而,迄今学界仍无系统梳理《清议报》诗歌的研究成果。诗界革命视野下的《清议报》诗歌,依然见木不见林;其作者队伍、前后期之分野及其新派诗创作面貌与特征,至今依然模糊不清。

一、群星闪烁的《清议报》诗人队伍

  从1898年12月问世至1901年12月停刊,《清议报》在存世的三

---

① 胡全章,男,河南鹿邑人,文学博士,河南大学文学院教授,博士生导师。
② 胡全章:《1900:诗界革命运动之发端》,《河南大学学报(社会科学版)》,2013年第1期。
③ 任公:《本馆第一百册祝辞并论报馆之责任及本馆之经历》,《清议报》第100册,1901年12月21日。

年时间里,共刊发150多位署名诗人约850首诗歌。以数量计,排在前六位的"诗文辞随录"栏目诗人分别为:康有为(54题99首)、蒋智由(46题62首)、毋暇(38题83首)、谭嗣同(31题49首)、梁启超(21题59首)、邱炜萲(21题53首)。此外,丘逢甲、唐才常、狄葆贤、夏曾佑、高旭、何铁笛、蒋同超、蔡锷、天壤王郎、天南侠子、振素庵主、秦力山、马君武、杜清池、陈撷芬等,亦是其重要诗人。梁启超《汗漫录》中还录有3题31首诗,其见诸《清议报》的诗作达24题90首,成为后期《清议报》第一诗人。

梁启超见诸《清议报》的诗歌不乏名章佳句,《壮别二十六首》《太平洋遇雨》《留别澳洲诸同志六首》《赠别郑秋蕃兼谢惠画》《纪事二十四首》《自厉二首》《志未酬》《举国皆我敌》等,均为一时名篇,流布甚广,产生了很大的社会影响。梁氏之诗,充满家国之情与风云之气,感应着时代节拍,引领一时潮流,体现了诗界革命的革新精神与方向;无论从题材题旨、诗体革新方面,抑或从风格气魄方面来看,都堪称20世纪初年新诗坛的翘楚之作。这位"献身甘作万矢的"的"少年中国之少年",立下"誓起民权移旧俗,更研哲理牖新知"的书生报国信念,发出"十年以后当思我,举国犹狂欲语谁"的豪迈预言,信心满满地投身于新民救国的宏大事业当中。① 而他领衔奏响的晚清新诗界的时代大"潮音",则构成了以"输入欧洲之精神思想"②为前提的民族精神改造与重建工程不可或缺的重要组成部分。

19世纪末,康有为见诸《清议报》的诗歌,以题咏戊戌国变纪事、表达维新变法信念和勤王报国之志为主旋律。"诗文辞随录"栏开篇之作,就是康氏《戊戌八月国变纪事四首》;其一云:"历历维新梦,分明百日中。庄严对温室,哀痛起桐宫。祸水滔中夏,尧台悼圣躬。小臣东海泪,望帝杜鹃红";其四道:"南宫惭奉诏,北阙入无军。抗议谁会上,勤王竟不闻。更无敬业卒,空讨武曌文。痛哭秦庭去,谁为救圣君"。③取材和题旨具有时事性与时代气息,所谓"诗外有事",惟风格趋旧一

---

① 任公:《自厉二首》,《清议报》第82册,1901年6月16日。
② 任公:《汗漫录》,《清议报》第35册,1900年2月10日。
③ 更生:《戊戌八月国变纪事四首》,《清议报》第1册,1898年12月23日。

些。而那组广为传颂的乙丑年《出都作》,则凸显出一个以天下兴亡为己任的志士仁人的精神境界,表达当年(光绪十五年)以诸生上万言书请变法时甘愿为之献身的赤诚之心。其二云:"沧海飞波百怪横,唐衢痛苦万人惊。高峰突出诸山妒,上帝无言百鬼狞。谩有汉廷追贾谊,岂教江夏贬祢衡。陆沈忽望中原叹,他日应思鲁二生。"①狂傲不羁之性、俾睨一世之态和郁勃不平之气充溢而出,感情丰沛,虎虎有生气。这是康诗中最受任公青睐的一首,梁氏其后在《饮冰室诗话》中两次征引之,言"南海人格"见于其中,赞佩作为"先时之人物"的南海先生"气魄固当尔尔"。②

进入20世纪后,康有为见诸《清议报》的诗歌,均为"诗外有事"之新作。其《赠星洲寓公》在感慨"平生浪有回天志,忧患空余避地身"的同时,依然以"圣主维新变法时,当年狂论颇行之"为傲。③ 1900年11月,康氏作拟乐府长诗《闻菽园欲为政变小说诗以速之》,面对"郑声不倦雅乐睡,人情所好圣不呵"的形势,叮嘱门弟子"或托乐府或稗官,或述前事或后觉","庶俾四万万国民,茶余睡醒用戏谑",期待着邱氏酝酿的"政变小说"问世后能达到"海潮大声起木铎"的时代效应。④ 这一举措,既是两年后梁启超发起的"小说界革命"之先声,亦可视为南海先生对正处在起始阶段的"诗界革命"的正面呼应。

谭嗣同见诸《清议报》的诗作,主旋律大体不出抒发经世致用、救国济民之壮怀的范畴,诗肖其人,雄健豪放。《晨登衡岳祝融峰二篇》其一云:"身高殊不觉,四顾乃无峰。但有浮云度,时时一荡胸。地沉星尽没,天跃日初熔。半勺洞庭水,秋寒欲起龙。"⑤气魄之大,心胸之宽,志向之高,境界之开阔,气格之豪健,可谓卓尔不群,英气逼人。梁启超言"浏阳人格,于此可见",叹服这位"先时之人物"远超常人的自信与自

---

① 更生:《出都作(乙丑)》,《清议报》第16册,1899年5月30日。
② 饮冰子:《饮冰室诗话》,《新民丛报》第29号,1903年4月11日。
③ 更生:《赠星洲寓公》,《清议报》第61册,1900年10月23日。
④ 更生:《闻菽园欲为政变小说诗以速之》,《清议报》第63册,1900年11月12日。
⑤ 谭嗣同:《晨登衡岳祝融峰二篇》,《清议报》第9册,1899年3月22日。

负。① 就谭氏"新诗"创作而言,以辛丑年《清议报》刊发的《金陵说法说》最具代表性。诗云:"而为上首普观察,承佛威神说偈言。一任法田卖人子,独从性海救灵魂。纲伦惨以喀私德,法会盛于巴力门。大地山河今领取,庵摩罗果掌中论。"②照饮冰室主人的解释,"喀私德(caste)、巴力门(parliament)皆译音。巴力门,英国议院名,喀私德,盖指印度分人为等级之制也";这种"颇喜挦扯新名词以自表异"的新诗,梁氏在肯定其锐意创新求奇精神的同时,又断言其"必非诗之佳者,无俟言也"。③ 在《汗漫录》中,任公对此类诗作亦作了较为客观的评价:"其语句则经子生涩语、佛典语、欧洲语杂用,颇错落可喜,然已不备诗家之资格"④。在此语境下,梁氏是引之为前车之鉴的;他所发起的"诗界革命",自然要克服"新学诗"的弊端。但不管怎么说,在"诗中有人"的人格与风骨方面,以及大量引"新语句"入诗的实践经验与教训方面,谭诗对梁氏领衔发起的诗界革命产生过重要影响。

蒋智由有45题56首诗作见诸《清议报》,署名"因明子",数量仅次于康有为,且有三分之一属于篇幅较长的古风和乐府体,其重要作品如《观世》《时运》《奴才好》《有感》《闻蟋蟀有感》《见恒河》《北方骡》《呜呜呜呜歌》等均见诸该刊,称得上《清议报》诗歌栏目的后起之秀、代表诗人乃至顶梁之柱。传诵一时的《有感》云:"落落何人报大仇,沉沉往事泪长流。凄凉读尽支那史,几个男儿非马牛?"⑤将反思与批判国人的奴隶性质这一主题引向历史深处,眼光深邃,寄托遥深,慷慨悲凉,发人深思。那首旨在"思铁路之行"的《北方骡》,则与《呜呜呜呜歌》一道,通过描摹步履蹒跚、体衰力竭、卧死道旁的北方骡形象,与"呜呜呜呜轮舶路,万夫惊异走相顾"的蒸汽文明形成了强烈的反差,生动地阐发了"文明度高竞亦烈,强者生存弱者仆"的道理,毫无掩饰地传达出对近代西

---

① 饮冰子:《饮冰室诗话》,《新民丛报》第29号,1903年4月11日。
② 谭浏阳遗诗:《金陵说法说》,《清议报》第85册,1901年7月16日。
③ 饮冰子:《饮冰室诗话》,《新民丛报》第29号,1903年4月11日。
④ 任公:《汗漫录》,《清议报》第35册,1900年2月10日。
⑤ 因明子:《有感》,《清议报》第81册,1901年6月7日。

方工业文明的赞美之情。① 不过,《清议报》时期的蒋智由,尚未创作出最具代表性的新诗;这位被梁启超目为"近世诗界三杰"②中的后起之秀,在其后的《新民丛报》"文苑"栏有着更为出色的表现,也赢得了饮冰室主人更多的赞誉与青睐。

毋暇有 38 题 81 首诗歌见诸《清议报》,数量位居"诗文辞随录"栏目诗人前三。从诗歌内容、时代特征与诗体革新趋向来衡量,这位至今仍不清楚其真实身份的新派诗人,称得上诗界革命运动前期重要诗人。③ 其重要作品《吊倭疏》《浏阳二杰行》《再题六君子纪念祭》《观地图》《旅顺口》《尚武》《铁树》等,表现出革新图强的思想性和求用于世的功利性,打上了鲜明的维新思想印记。纪念戊戌变法,缅怀献身政治改革的死难者,表达矢志维新事业的坚定信念,揭露列强瓜分中国的狼子野心,弘扬尚武精神,乃至鼓吹暗杀主义,是其较为集中的主题意向,形式上符合"三长"兼备的新诗创作方向,应和着"诗界革命"的节拍。

丘逢甲有 13 题 35 首诗作见诸《清议报》,数量仅次于邱炜菱,排名第七,成为骨干诗人之一。念念不忘割台之痛,抒发家仇国恨,表达光复之志,是丘诗一大取材倾向和主题意向。《闻海客谈澎湖事》其一云:"绝岛周星两受兵,可怜蛮触迭纷争。春风血涨珊瑚海,夜月磷飞牡蛎城。故帅拜泉留井记,孤臣掀案哭雷声。不堪重话平台事,西屿残霞怆客情";其二道:"全台门户此荒礁,三载前仍隶大朝。斗绝势成孤注立,交争祸每弹丸招。尚书墓道蛮云暗,大令文章劫火烧。我为遗民重痛哭,东风吹泪溢春潮"。④ 甲午之后,台澎割让日本,海客谈澎湖群岛事,勾起了诗人的悲怆情怀,爱国挚情充溢其间。《题无惧居士独立图》是符合"诗界革命"创作纲领的代表作;诗云:"举国睡中呼不起,先生高处画能传。黄人尚昧合群理,诗界差存自主权。胸有千秋哀古月,目穷

---

① 因明子:《呜呜呜呜歌》,《清议报》第 100 册,1901 年 12 月 21 日。
② 饮冰子:《饮冰室诗话》,《新民丛报》第 14 号,1902 年 8 月 18 日。
③ 参见胡全章:《毋暇:晚清诗界革命前期重要诗人》,《甘肃社会科学》,2013 年第 2 期。
④ 仓海君:《闻海客谈澎湖事》,《清议报》第 33 册,1899 年 12 月 23 日。

九点哭齐烟。与君同此苍茫意,隔海相看更悯然。"①梁启超赞其"黄人尚昧合群理,诗界差存自主权"联"可谓三长兼备"②,"意境新辟"③,视为新诗模范。梁氏高度评价丘诗,主要基于其不失为"诗人之诗"的判断。在梁氏看来,丘氏既能"以民间流行最俗最不经之语入诗",同时又能做到"雅驯温厚",这是一种很高的境界;或许正是在这种意义上,饮冰室主人称其为"诗界革命一巨子"。④

邱炜萲也是《清议报》高产诗人,发表诗作 21 题 53 首,位列第六;如果考虑到康有为、梁启超、热血人等众多诗友写给他的几十首赠答诗,这位举人出身的新加坡保皇会会长、东南亚华侨文坛领袖、"南国诗宗"星洲寓公,算得上《清议报》诗歌栏目最为活跃的诗人之一。邱氏见诸《清议报》的诗作多为赠答诗,《寄怀梁任公先生》云:"周秦以后无新语,独有斯人解重魂。以太同胞关痛痒,自由万物竞争存。江天鸿雁飞犹苦,海国鱼龙道岂尊。夜半钟声观四大,不将棒喝让禅门。"⑤与夏曾佑、谭嗣同戊戌前夕尝试的"经子生涩语、佛典语、欧洲语杂用"的"新学之诗"接近,而又一定程度上克服了晦涩难懂的顽疾,梁启超谓其"以太同胞关痛痒,自由万物竞生存"之句"界境大略与夏、谭相等,而遥优于余"。⑥ 梁氏之定位,大体反映了邱炜萲此期新诗创作的基本风貌。伯岩《寄怀星洲寓公》赞其"壮论已轰奸相胆,伟词能铸国民心"⑦,则反映出邱氏诗文的政治性主题与时代风貌。

马君武早年是康、梁的信徒,借助《清议报》"诗文辞随录"园地登上新诗坛。1900 年秋,其《感怀》《赠臞民二郎》《寄呈任公先生三首》等诗见诸《清议报》,署名"贵公"。"宝剑自磨生远志","欲将口舌挽江河",抒发出投身国事的远大志向和书生以文字救国的豪迈情怀;"书生誓树

---

① 仓海君:《题无惧居士独立图》,《清议报》第 32 册,1899 年 12 月 13 日。
② 任公:《汗漫录》,《清议报》第 35 册,1900 年 2 月 10 日。
③ 饮冰子:《饮冰室诗话》,《新民丛报》第 18 号,1902 年 10 月 16 日。
④ 饮冰子:《饮冰室诗话》,《新民丛报》第 16 号,1902 年 10 月 16 日。
⑤ 星洲寓公:《寄怀梁任公先生》,《清议报》第 33 册,1899 年 12 月 23 日。
⑥ 任公:《汗漫录》,《清议报》第 35 册,1900 年 2 月 10 日。
⑦ 伯岩:《寄怀星洲寓公》,《清议报》第 49 册,1900 年 6 月 27 日。

勤王帜,铁屋瀛台救圣躬",表现出维新改良立场;①"维新有魁杰,辛苦
牖黎元"②,"中国少年公所造","说法殷勤忆世尊"③,流露出对康、梁
的赞佩乃至崇拜之情。其诗体则体现出新意境与古风格相调和的新派
诗特征。

后来成为南社魁杰的高旭,早年也是康、梁的信徒,1901年携带着
《唤国魂》等诗,借助《清议报》登上新诗坛,署名"江南快剑""剑公""自
由斋主人"等,一望而知其报国志向、尚武精神和平权思想。高旭见诸
《清议报》的诗篇,有充满忧患意识和历史使命感的"唤国魂"之作④,有
誓言"斫头便斫头,男儿保国休,无魂人尽死,有血我须流"的感赋谭嗣
同之作⑤,有赞叹"快哉好身首,短剑铁血磨"的"吊烈士唐才常"之
作⑥,有悲叹"白日嬉游太平域,黄人放弃自由权"的"伤时事"之作⑦,
有声言"南海真我师,张贼最可鄙。烧却劝学篇,平权讲自主"的私淑康
有为、声讨张之洞之作⑧……要皆以追求国家民族的独立自主与富强、
宣扬政治改革、歌颂英雄主义为主基调。梁启超标榜的诗界革命"三
长"纲领,在高诗中有着鲜明的体现;感情或激越高亢,或沉郁顿挫,读
之令人感奋,显示了诗界革命的革新精神和创作风貌。⑨

1900年,蔡锷化名"奋翮生"在《清议报》发表的《杂感十首》,表达
出继承谭、唐二浏阳遗志,甘愿为救国救民事业而献身的英雄气概。其
二云:"前后谭唐殉公义,国民终古哭浏阳。湖湘人杰销沉未?敢谕吾
华尚足匡。"其三道:"圣躬西狩北廷倾,解骨忠臣解甲兵。忠孝国人奴

---

① 贵公:《感怀》,《清议报》第56册,1900年9月4日。
② 贵公:《赠牖民二郎》,《清议报》第56册,1900年9月4日。
③ 马贵公:《寄呈任公先生三首,用先生赠星洲寓公韵》,《清议报》第78册,
1901年5月9日。
④ 江南快剑:《唤国魂》,《清议报》第82册,1901年6月16日。
⑤ 剑公:《读〈谭壮飞先生传〉感赋》,《清议报》第85册,1901年7月16日。
⑥ 自由斋主人:《吊烈士唐才常》,《清议报》第85册,1901年7月16日。
⑦ 自由斋主人:《伤时事》,《清议报》第89册,1901年8月24日。
⑧ 自由斋主人:《书南海先生〈与张之洞书〉后,即步其〈赠佐佐友房君〉韵》,
《清议报》第89册,1901年8月24日。
⑨ 胡全章:《高旭与晚清诗界革命》,《苏州大学学报》,2011年第6期。

隶籍,不堪回首瞻神京。"末章道:"而今国士尽书生,肩荷乾坤祖宋臣。流血救民吾辈事,千秋肝胆自轮囷。"①风格豪健,沉郁悲壮,诗体亦属于新派诗的路数。

二、《清议报》"诗文辞随录"栏前后期之分野

1898年底,《清议报》创刊伊始就开辟了"诗文辞随录"专栏,为维新派知识分子提供了一块相对稳定的诗歌园地。饶有意味的是,同样是《清议报》诗歌园地,19世纪最后一年与20世纪最初两年的"诗文辞随录"栏,其骨干诗人和诗歌面貌却有着较大差异。1900年之前,康有为、谭嗣同的诗作占据大部分版面。谭诗绝大部分系三十岁以前之旧作,只有《赠梁任公》四律属于戊戌前夕夏、谭、梁三人小圈子秘密尝试的"新学诗"。至于康南海诗,同为"诗文辞随录"栏目诗人的康门弟子邱菽园对其有着形象的描述:"更生先生倡维新,新诗偏与古艳亲"②;可见康氏此期诗歌并不以趋新为宗尚。不过,这一情况在20世纪初发生了显著变化。那原因,并非两个世纪之间形成了什么文化断层,而是梁启超1900年初依托《清议报》发起了"诗界革命"。

如果以1900年2月梁启超《汗漫录》一文的发表为界将《清议报》诗歌分为前后两个时期的话,那么,前期"诗文辞随录"专栏以逃亡日本的维新派精神领袖康有为和为维新变法事业而献身的烈士谭嗣同为压阵大将,其栏目诗歌更多地体现出同人刊物为共同的维新事业而标榜声气的主题意向方面的趋同性,而在诗体变革方面的努力并不明显;在此之后,随着梁氏公然打出"诗界革命"旗帜,明确提出"三长"俱备的新派诗创作纲领,"诗文辞随录"栏目诗歌面貌发生了显著变化。

首先,诗人队伍发生了很大变化。梁启超、蒋智由、毋暇、邱炜萲、天壤王郎、天南侠子、丘逢甲等成为该栏目骨干力量,其后转向革命派阵营的一批新诗人——如高旭、秦力山、蒋同超、马君武等——亦频频

---

① 奋翮生:《杂感十首》,《清议报》第61册,1900年10月23日。
② 星洲寓公:《案头杂陈时贤诗稿,皆素识也,旧雨不来,秋风如诉,用赋长古,怀我八君》,《清议报》第67册,1900年12月22日。

在这一栏目露面;而此前充斥大部分版面的康南海诗和谭复生遗诗,此后数量则大为减少,所占版面比例较之前期大幅降低。1900年之前的一年时间里,康氏有39题诗作见诸该刊;后期的两年时间里,仅有15题诗作。谭氏前期有29题诗词,后期仅有4题。梁氏前期仅有3首诗,不仅数量少得可怜,而且内容和形式上均无明显的革新气象;后期则有87首,且大都体现了"诗界革命"的革新精神。"诗文辞随录"专栏骨干诗人毋暇,其全部诗作均在1900年之后发表。蒋智由见诸该刊的45题诗作,仅有一首发表在梁氏揭櫫"诗界革命"旗帜之前。

除梁启超外,蒋智由是后期《清议报》"诗文辞随录"专栏最具代表性的新派诗人,无论从题材题旨的时代性和思想内容的进步性衡量,抑或从诗体语体的革新性考察,其诗作均鲜明地体现了"诗界革命"的指导思想和精神气度。对国人奴隶性质的暴露、讽刺、批判与反思,对尚武、合群、竞争、独立精神的呼唤,对西方现代科技文明的赞颂,是蒋氏此期诗歌较为集中的主题意向,奏响了后期《清议报》诗歌的主旋律。那首流布甚广的《奴才好》,以嬉笑怒骂的讽刺口吻反言讽世——"奴才好,奴才好,勿管内政与外交,大家鼓里且睡觉。古来有句常言道:臣当忠,子当孝,大家切勿胡乱闹,满洲入关二百年,我的奴才做惯了";"转瞬洋人来,依旧要奴才。他开矿产我做工,他开洋行我细崽。他要招兵我去当,他要通事我也会";"满奴作了作洋奴,奴性相传入脑胚";"什么流血与革命,什么自由与均财";"大金大元大清朝,主人国号已屡改。何况大英大法大日本,换个国号任便戴";"奴才好,奴才乐,奴才到处皆为家,何必保种与保国?"①诗人对深入国人骨髓的奴隶性质的描摹与揭露,惟妙惟肖,一针见血,入木三分,发人深思,开五四时期国民性批判文学主题之先河。

其次,从诗歌创作整体面貌来看,后期《清议报》诗歌响应梁氏"新意境""新名词"和"古风格"三长指针者趋多,诗歌题材和诗体风貌的趋新倾向形成了一股潮流,引领着诗坛的新风气。1900年,铁血少年《读科仑布传有航海之思》云:"绝世英雄冒险家,河山云气失天涯。扁舟一

---

① 因明子:《奴才好》,《清议报》第86册,1901年7月26日。

叶寻新地,不让张骞八月槎。"①江岛十郎《友人归国赋赠》道:"乱世青年福,联邦黄种亲。平权标目的,尚武唤精神。蛮固倾藩阀,牺牲为国民。亚东廿世纪,大陆好维新。"②振素庵主《感怀十首即示饮冰子》其六道:"吾徒思想好,发达在精神。革命先诗界,维新后国民。勤王师敬业,凌弱痛强秦。兴亚纡筹策,神州大有人。"③天南侠子《时事杂咏》其四云:"太鸟烟云十六州,欧风亚雨漫天愁。黄人何日脱羁绊,击剑狂歌唱自由。"④长眉罗汉《和怒目金刚刺时原韵》道:"婢膝奴颜历几时,野蛮结习恶难移。当途狐兔斗顽固,大陆龙蛇动杀机。兰芷香供民主像,蔷薇红插圣军旗。英雄革命从事来,欧美流风有所思。"⑤是年,此类明显响应"诗界革命"革新精神的诗作,可说是不胜枚举。

复次,作为"诗界革命"发起人和"诗文辞随录"栏目主持人的梁启超,此后身体力行地践履新诗创作,对新诗坛起到了引领作用。世纪之交,自言"素不能诗"且屡屡戒诗的梁任公,一发而不可收地创作了大量新派诗,一举成为后期《清议报》最为多产的诗人。这一饶有意味的现象,或许可以解释为"诗界革命"的理论倡导倒逼作为领衔者的梁任公不得不以身作则带头创作新派诗。时风所及,连康圣人也放下经生策士帝王师的架子,写起"经史不如八股盛,八股无如小说何"⑥的通俗歌诗来;任公则将这首歌行体长诗同时刊发在横滨《清议报》和澳门《知新报》,壮大了诗界革命的声势。

1900年2月,《清议报》第36册《汗漫录(续)》所录《壮别二十六首》《奉星洲寓公见怀一首次原韵》《书感四首寄星洲寓公仍用前韵》3题31首诗,是梁启超新诗作品最为集中的一次展示,亦是其"诗界革

---

① 铁血少年:《读科仑布传有航海之思》,《清议报》第44册,1900年5月9日。
② 江岛十郎:《友人归国赋赠》,《清议报》第46册,1900年5月28日。
③ 振素庵主:《感怀十首即示饮冰子》,《清议报》第47册,1900年6月7日。
④ 天南侠子:《时事杂咏》,《清议报》第60册,1900年10月14日。
⑤ 长眉罗汉:《和怒目金刚刺时原韵》,《清议报》第60册,1900年10月14日。
⑥ 更生:《闻菽园欲为政变小说诗以速之》,《清议报》第63册,1900年11月12日。

命"理论的自觉实践。《壮别二十六首》开篇道:"丈夫有壮别,不作儿女颜。风尘孤剑在,湖海一身单。天下正多事,年华殊未阑。高楼一挥手,来去我何难。"人生自古伤别离,而任公的离别诗却突出一"壮"字,充溢着以天下为己任的担当精神和身处逆境而奋斗不止的英雄气概。其《别西乡隆盛铜像一首》道:"东海数健者,何人似乃公?劫余小天地,淘尽几英雄。闻鼓思飞将,看云感卧龙。行行一膜拜,热泪洒秋风。"对明治维新三杰之一西乡隆盛充满崇敬之情,题材题旨充溢着崭新的时代气息。其第十八首云:"孕育今世纪,论功谁萧何?华(华盛顿)拿(拿破仑)总余子,卢(卢梭)孟(孟德斯鸠)实先河。赤手铸新脑,雷音殄古魔。吾侪不努力,负此国民多。"高度赞誉法国启蒙思想家卢梭、孟德斯鸠的新思想孕育了一个新世纪,欲以民权和民主思想之"雷音"殄灭旧思想之"古魔",用卢、孟之先进学说为国民铸造"新脑"。《奉星洲寓公见怀一首次原韵》云:"莽莽欧风卷亚雨,梭梭侠魄裹儒魂。田横迹遁心逾壮,温雪神交道已存(吾与寓公交一年尚未识面)。诗界有权行棒喝,中原无地著琴尊(寓公有风月琴尊图,图为一孤舟,盖先圣浮海之志也)。横流沧海非难渡,欲向文殊叩法门。"《书感四首寄星洲寓公仍用前韵》其二云:"难呼精卫仇天演(天演学者,泰西最近学派也,此名侯官严氏定之),欲遣巫阳筮国魂。医未成名肱已折,法无可说舌犹存(华严经云:明知法无可说,而常乐说法。吾以此二语自铭其论学之牍)。玄黄血里养生主,魑魅峰头不动尊。更有麟兮感迟暮,与君和泪拜端门。"上述三首诗作,西洋典故与中国故实冶为一炉,新语句与古风格和谐融合,体现出思想和诗体的双重解放。

三、《清议报》诗歌之主题特征与新变趋向

《清议报》诗歌在主流思想倾向上体现出鲜明的维新改良立场,在题材题旨上体现出强烈的现实批判精神、炽烈的救亡启蒙情怀、深挚的忧国忧民情结和夺目的革新图强思想光芒;竞存意识、尚武精神、民族自强与独立思想等,是其最为集中的主题意向;大量诗篇宣扬了平权、共主、独立、自由、民权、女权等近代启蒙思想观念,乃至倡导破坏、暗杀、扑满、反帝等激进思想主张,在一定程度上突破了维新派的政治立

场,表现出重大的时代内容和进步的近代精神,成为晚清思想启蒙运动的重要一环,奏响了变革时代的大"潮音"。

题咏百日维新与戊戌政变,悼念六君子和唐才常,表达勤王思想和对后党的刻骨仇恨,关注庚子国变,暴露列强侵吞中国的野心等,是《清议报》诗歌较为集中的取材倾向与主题意向。康有为《心不死》云:"败不忧,成不喜,不复维新誓不止。六君子头颅血未乾,四万万人心应不死。"①表达了矢志完成维新大业的坚定信念。唐才常《戊戌八月感事》云:"千古非常厅变起,拔刀誓斩佞臣头。"②新党阵营与旧党反动势力可谓仇深似海,不共戴天。照梁启超的说法,"我行为公义,亦复为私仇"③,既有帝党与后党、新党与旧党、维新派与顽固派之间的恩怨情仇,更有仁人志士为拯救国家危亡、实现民族振兴而奋斗的政治理想与抱负。铁血子《六君子纪念会》云:"六士沉冤已一年,谁将大狱讼于天?上方有剑朱云在,誓斩妖头祭墓前。素车白马吊忠魂,千古重怜党籍冤。我有龙泉鸣匣里,要将铁血洒乾坤。"④铁血头陀《喜雷》道:"草泽英雄起项陈,楚虽三户竟亡秦。雷师许我扶乾道,霹雳声中斩逆臣。"⑤流露出以牙还牙、以暴易暴、血债要用血来偿的"暴力"思想倾向。"慷慨悲歌瞑目誓,万死成就维新劳。吁嗟震旦士气懦,偷生甘为牝朝奴。"⑥康有为此诗,既表达了为维新事业万死不辞的坚定意志,更是直接将批判的矛头指向戊戌国变的罪魁祸首慈禧太后。梁启超亦写出"我所思兮在何处,卢(卢梭)孟(孟德斯鸠)高文我本师,铁血买权惭米佛,昆仑传种泣黄羲"⑦之类的诗句,平权思想和尚武精神背后隐含着种族之思,愤激的民族主义革命思想昭然若揭。

---

① 西樵樵子:《心不死》,《清议报》第4册,1899年1月22日。
② 咄咄和尚蔚蓝:《戊戌八月感事》,《清议报》第3册,1899年1月12日。
③ 任公:《留别梁任南汉挪路卢》,《清议报》第53册,1900年8月5日。
④ 铁血子:《六君子纪念会》,《清议报》第31册,1899年10月25日。
⑤ 铁血头陀:《喜雷》,《清议报》第49册,1900年6月27日。
⑥ 更生:《湖村先生以宝刀及张非文集见赠赋谢》,《清议报》第6册,1899年2月20日。
⑦ 任公:《次韵酬星洲寓公见怀二首并示遯广》,《清议报》第78册,1901年5月9日。

激进的民族主义革命思想在《清议报》诗歌中时有流露,其矛头有时针对满清统治者(尤其是以后党为代表的顽固派),有时指向侵略(奴役)中国(人)的帝国主义列强。天南侠子写有《吊明朱舜水》《吊明黄宗羲》诸篇,"当日朱明谁失鹿,哭秦同调止梨洲"①,"一卷明夷论不删,同朝遗老有变山"②,显然有民族主义思想的流露。云剑客《大风》云:"拔剑挽天河,披襟吹法螺。断桥窥豫让,易水忆荆轲。壮志锄非种,雄心伏众魔。四方多猛士,齐长大风歌。"③将拯救国家民族危亡的出路寄托在暴力革命乃至暗杀之道,历史上的豫让、荆轲、刘章、刘邦就是榜样。三户《感时》云:"俯首中原一涕零,冥冥酣睡几时醒","大地已成刀俎肉,伪朝方播虎狼猩"。④ 既对列强瓜分中国的局面忧心忡忡,又对满清"伪朝"的残酷统治充满愤懑,隐隐流露出排满革命之意。天南侠子《时事杂咏》其四道:"太乌烟云十六州,欧风亚雨漫天愁。黄人何日脱羁绊,击剑狂歌唱自由。"⑤对庚子之乱后中国面临瓜分惨祸的局势忧心忡忡,近乎无望地将民族独立自由的理想写进诗行。毋暇《华人苦状,读之怆恻,凡我国人,当作纪念》其二云:"残叶疏林晚照红,为持种界剑腾空。黄人未必无豪杰,抵拒豺狼踩远东。"⑥直接抒发对中国人实施种族歧视政策的帝国主义列强的愤恨之情和不屈的民族反抗意志。高旭《唤国魂》道:"男儿回天机屡失,炭地轰天死亦活。不忍坐视牛马辱,宁碎厥身粉厥骨。"⑦对大厦将倾的清王朝已不抱希望,号召人们为民族独立自由而奋起斗争。

对篇幅较长、容量更大、诗体更为解放、语言通俗易懂的歌行体和歌诗的重视,是《清议报》诗歌的突出特征。从这一点来看,康有为可说是做出了表率。康氏见诸《清议报》的诗歌,有很大一部分属于篇幅较

---

① 天南侠子:《吊明朱舜水》,《清议报》第29册,1899年10月5日。
② 天南侠子:《吊明黄宗羲》,《清议报》第29册,1899年10月5日。
③ 云剑客:《大风》,《清议报》第46册,1900年5月28日。
④ 三户:《感时》,《清议报》第60册,1900年10月14日。
⑤ 天南侠子:《时事杂咏》,《清议报》第52册,1900年7月26日。
⑥ 毋暇:《华人苦状,读之怆恻,凡我国人,当作纪念》,《清议报》第77册,1901年4月29日。
⑦ 江南快剑:《唤国魂》,《清议报》第82册,1901年6月16日。

长的歌行体或组诗。作为维新派领袖人物,南海先生内心受到的创痛最为深巨,郁勃之气和愤慨之情不吐不快,发为诗歌,短章篇幅有限,难以容纳深广的时代内容和丰沛的思想情感,无法尽抒胸臆,于是出之以长篇歌行。早期的《日暮登箱根顶浴芦之汤》《湖村先生以宝刀及张非文集见赠赋谢》《读日本松阴先生幽室文稿题其上》《顺德二直歌》诸篇,虽风格稍雅,但已然体现出雅俗共赏的特征。至《闻菽园欲为政变小说诗以速之》,则径直采用从众向俗的语言和诗体,通过"我游上海考书肆,问书何者销流多"的实地考察,得出"经史不如八股盛,八股无如小说何"的结论,以为"衿缨市井皆快睹,上达下达真妙音,方今大地此学盛,欲争六艺为七岑",煞有其事地编织着小说救国的神话,提醒其门弟子邱菽园汲取"去年卓如欲述作,荏苒不成失灵药"的教训,希望他从速完成拟想中的"政变小说",以"海潮大声起木铎"相期许,以"岂放霞光照大千"相勉励,以"五日为期连画诺"相督促;①其思想主张,实开"小说界革命"先声。

更能体现走"俗语文体"路线的长篇歌诗,是海外义民《忠爱歌》、董寿《爱国自强歌》、蒋智由《奴才好》、突飞之少年《励志歌十首》诸篇。《忠爱歌》采用七言歌行体,洋洋千言,维新、图强、保皇、勤王、反帝、反殖是其主旋律,不啻为一篇百日维新史和忠君爱国歌。"我皇在位廿四秋,国政由人不自由""保皇何得有罪名,但愿官与绅民合""哀哉我民生此时,愁为奴隶贱如狗""皇不复位誓不休,那拉若果能归政,敬业旌旗一旦收";②可谓明白如话。《爱国自强歌》晓告国人"国非朝廷所独有,人人皆有国一分""爱国无异爱自身""民不爱国国不强"的道理,而自强之途在开民智,"人人开智近文明,自由权力渐渐生,纵被列强奴隶我,一朝自立何难成",其题旨在于"愿人爱国辅吾皇,共解倒悬收涂炭",最终实现"合群兴国震西方"的中国梦。③ 全诗洋洋一千四百言,语言浅易,妇孺能晓。《奴才好》更是以明白如话之语、流畅锐达之言,

---

① 更生:《闻菽园欲为政变小说诗以速之》,《清议报》第63册,1900年11月12日。
② 海外义民:《忠爱歌》,《清议报》第41册,1900年4月10日。
③ 董寿:《爱国自强歌》,《清议报》第80册,1901年5月28日。

对国人的奴隶根性做了惟妙惟肖、揭皮见骨式的描摹,充满反讽意味。《励志歌十首》以中西合璧的学堂乐歌的形式,诠释了世界大同、合群保种、尊王大义、尚武精神、救亡图存、发愤图强、国民意识等新思想,作为塑造具有近代民族国家观念之国民的励志内容。①

既重视从众向俗,又注意保留"古风格",使其不失为"诗人之诗"的长篇歌行诗,以梁启超《赠别郑秋蕃谢惠画》、高旭《唤国魂》、蒋智由《见恒河》等为代表。梁氏《赠别郑秋蕃谢惠画》表达了"天下兴亡各有责,今我不任谁贷之"的历史使命感,流露出"不信如此江山竟断送,四百兆中无一是男儿"的民族自信力,立下"誓拯同胞苦海苦,誓答至尊慈母慈,不愿金高北斗寿东海,但愿得见黄人捧日崛起大地而与彼族齐骋驰"的豪迈誓言,称赞郑氏"君今革命先画界,术无与并功不訾",由此"乃信支那人士智力不让白皙种,一事如此他可知",最后以"国民责任在少年,君其勉旃吾行矣"收束,②传达出"少年强则国强"③的时代"潮音"。高氏七言古风《唤国魂》,主要传达了"要存种类须合群,匹夫之贱与有责"的国民意识,"不忍坐视牛马辱,宁碎厥身粉厥骨"的反抗精神,"进化兴邦筹一策,上下男女平其权"的平权思想等。④蒋氏《见恒河》副标题为"望吾种之合新群也",题旨严肃;三言、五言、七言、九言乃至十多言相结合,诗体自由活泼,语言雅俗共赏。上述诗篇,以文为诗,以议论为诗,句式长短参差错落,语言亦中亦西亦文亦白,体现出诗体解放精神;与此同时,又注意保留"古风格",斟酌于新旧雅俗之间,使其不失为"诗人之诗"。

较诸戊戌前的"新诗"试验,梁启超、蒋智由、毋暇、天南侠子、振素庵主、丘逢甲、马君武、高旭、杜清池等人的新派诗,虽也大量使用"新名词",但已无晦涩难懂之病。世纪之交,中国正处在一个酝酿大变革、掀起大风潮的过渡时代。"过渡时代"之中国,"为五大洋惊涛骇浪之所冲激,为十九世纪狂飙飞沙之所驱突","青年者流,大张旗鼓,为过渡之先

---

① 突飞之少年:《励志歌十首》,《清议报》第89册,1901年8月24日。
② 任公:《赠别郑秋蕃谢惠画》,《清议报》第84册,1901年7月6日。
③ 任公:《少年中国说》,《清议报》第35册,1900年2月10日。
④ 江南快剑:《唤国魂》,《清议报》第82册,1901年6月16日。

锋"。① 时代在飞速发展，仅仅过了短短三四年，近代报章已迅速崛起，大量来自日本的"新名词"已通过报刊媒介在知识阶层广为传播，进入了公众阅读视野，从而具有了共享性，克服了"新学诗"难以索解的顽症。而且，"新学诗"中大量出现的宗教性"新名词"，逐渐为反映西洋近代政教文明和科技文明的"新名词"所取代。新派诗人在"新名词"运用上悄然发生的这一变化，更加有利于新派诗的传播与接受，极大地扩大了其社会影响。

"海潮大声起木铎"。尽管《清议报》地处日本海岛一隅，国内又正值"天地晦冥，黑暗无光，举国报馆皆噤若寒蝉"②的肃杀时节，《清议报》被清廷一再查禁，其发售自然不如《时务报》在"大府奖许"下的畅销，但其发行量依然相当可观，在国内外知识精英阶层的影响力和渗透力不容小觑。据史家张朋园考察，《清议报》平均销量在三四千份，读者人数不下四五万人，代售处遍及中国大陆、香港、澳门、日本、俄国、朝鲜、南洋、澳洲、美国、加拿大等地，国内代售处多设在清廷管辖不到的租界和教堂，内地因《清议报》一刊难求而出现了哄抬报价、私下翻刻的现象，"可以推知《清议报》销行之广，在内地几可谓无远勿届"。③ 1929年，郑振铎在《梁任公先生》一文中，曾盛赞梁氏东渡后"创刊《清议报》，仍以其沛沛浩浩若有电力的热烘烘的文字鼓荡着，或可以说是主宰着当时的舆论界"。④ 任公主持的《清议报》"诗文辞随录"栏目诗歌，亦属于"沛沛浩浩若有电力的热烘烘的文字"，其影响远远超出了文学界而达于舆论界乃至思想文化界。

原载于《河南大学学报（社会科学版）》2016年第4期；人大复印资料《中国现代、当代文学研究》2016年第11期全文转载

---

① 任公：《过渡时代论》，《清议报》第83册，1901年6月2日。
② 《重印清议报全编广告》，《新民丛报》第46、47、48号合刊，1904年2月14日。
③ 张朋园：《梁启超与清季革命》，吉林：吉林出版集团有限责任公司，2007年，第188－189页。
④ 郑振铎：《梁任公先生》，《小说月报》第20卷第2号，1929年2月。

芦焚的"一二·九"三部曲及其他
——师陀作品补遗札记

解志熙①

小引：缄默的师陀不再寂寞

在中国现代文学史上，河南至少贡献出四位具有全国影响的重要作家：两位诗人，即徐玉诺和于赓虞；两位小说家，即师陀和姚雪垠。新中国成立后比较活跃的则只有姚雪垠——由于《李自成》的巨大影响，也带动了他早年作品的重版和全集的出版；其他三人就无此幸运了。

即以师陀而论，这位出生在"忧天"之地（一说杞地在今山东潍坊）的河南人，20世纪20年代后期在开封的河南一高上学，30年代初到北平以芦焚之名开始尝试创作，很快就脱颖而出，成为活跃在新文坛上的知名小说家，以致抗战期间上海沦陷区有好几个无聊文人盗用芦焚之名在伪刊上发表作品，而芦焚本人则坚韧守望，绝不苟且。抗战胜利后他公开宣布弃用芦焚之名，而改署师陀，推出了系列小说

《果园城记》和长篇小说《结婚》等，被誉为凤毛麟角、得未曾有的杰作。但在新中国成立后，师陀却不大赶趟而缄默自守，始终不凑任何热闹，直至1988年悄然辞世，只有三四部集子出版，学术界对他也就关注甚少。可在海外，却有人不忘师陀，例如，著名美籍华裔学者夏志清在其名著《中国现代小说史》里，就为师陀单辟一章，给予高度评价；这也反过来刺激了国内的学者，渐渐有人注意到了师陀的人与文，如，刘增

---

① 解志熙，男，甘肃环县人，文学博士，清华大学人文社会科学学院教授。

杰、刘纳、杨义、钱理群诸先生就先后为文表彰师陀的成就。只是由于师陀大多数作品长期不得重印，人们很难读到，这自然迟滞和制约了对师陀的学术研究之进展。

真正改变这种状况的是《师陀全集》（以下简称《全集》）的出版。这套《全集》由刘增杰先生编校，于2004年在河南大学出版社出版。《全集》皇皇八大巨册、约计350万字，收集了当时能够找到的所有的师陀文字，并且严格按照文献学的规范，采用初版本或初刊本为底本，参考作者后来的修订本或修订稿，做了特别精心的异文校勘和文字校正，从而为广大读者和学术研究者提供了最为可靠的读本和文献。这在整个现代作家文集、全集的出版史上是率先的开风气之举。所以，这套《全集》出版后，受到读者和研究者的欢迎，赢得了学术界、出版界的好评，有力地推动了师陀研究的深入开展和文学史地位的重新评定——近七八年来，学术界研讨师陀文学成就的论文倍增，尤其是以师陀及其作品为题的硕士、博士论文明显增多，呈现出纵深开掘的良好态势，这些无疑都借助了《全集》出版的东风。

自然，编全集是很难毕其功于一役的，这套《全集》也难免有不完备处，所以，拾遗补充，亦势在必行。就在不久前，增杰师来示说，他正着手《全集》的补遗工作，这是让人颇感欣慰的好消息；增杰师也希望我把手头的佚文整理一下编入集中，这在我自是非常乐意的事。说起来，我对师陀作品的爱好，正是受了增杰师的直接影响。1983年秋，我考入河南大学中文系，跟随任访秋、刘增杰、赵明三先生攻读现代文学，其时增杰师正致力于师陀研究，次年即有《师陀研究资料》出版，曾经赐我一本；1985年夏，师陀先生回访故乡，又是增杰师邀请他来河大讲学，记得是在5月的一天，就在10号楼一层的现代文学教研室，师陀先生给我们这些初出茅庐的学子讲学，他谦逊朴实的形象和谈吐，我至今记忆犹新，而他的讲稿即是收入《全集》第5卷的《我的风格》一文……正因为这些因缘，我一直比较关心与师陀相关的文献，而在《全集》出版之后，每当翻读旧报刊，常有师陀先生的文字出现，有些看似《全集》未收的文字，便顺手存留。如今应增杰师之命，把这些积存下来的文献略作整理，以供补遗。《争斗》由裴春芳同学校勘，其余一部长篇和三个短篇，由清华研究生黄艺红、李雪莲同学录入，她们也提供了初步的校勘意见，我补录其余并校订了全部文稿。校订过程中也有些考辨与随想，在此略为述说，算是献给母校百年诞辰的一点小小礼物吧。

一、"一二·九"三部曲之聚合：《争斗》的发现与《雪原》的补遗

在这些辑录的文字中，最重要的无疑是长篇小说《争斗》的发现和《雪原》的补遗。

《争斗》的两个部分，是裴春芳同学和我分别发现的——大概是在2007年的冬天吧，裴春芳同学在阅读1940年的香港《大公报》时，发现了连载于那上面的芦焚长篇小说《争斗》7章，觉得可能是散佚集外之作，于是录呈给我看，而我稍前些时候也偶然发现了芦焚的一部长篇小说的两章，以《无题》之名发表在1941年7月15日"孤岛"上海出版的《新文丛之二·破晓》上。稍读这两个部分，即不难发现它们在主题和情节上颇多关联，很可能是同一部长篇小说的两个部分，因此，我嘱咐裴春芳同学抽空一并过录，仔细看看是不是同一部小说。随后，裴春芳对《争斗》和《无题》的校读，确证《无题》就是《争斗》的另外两章。现在就将这两部分接续起来，统一以《争斗》为题，可惜的是这部小说并未写完。

另一部收入《全集》的长篇小说《雪原》只有9节，也是未完稿。不过，我在2010年7月的一天偶然翻阅《学生月刊》，发现该刊竟有11期之多，而从第1期到第11期都有《雪原》在连载，并且最后的第11期也明确标示《雪原》连载已完。这使我不禁有点怀疑《全集》所收《雪原》或者有所遗漏也未可知。于是核对一番，果然《全集》只收录了第1期至第6期连载的前9节，而遗漏了第7期至第11期连载的后9节。为什么会发生如此之大的遗漏呢？这当然不是刘增杰先生粗心或偷懒，问题可能出在馆藏的局限上——该刊在北京的国家图书馆里藏有前6期，而在它的出版地上海的上海图书馆则并无藏存，刘先生显然是据国家图书馆的馆藏复制过录的，自然只能录出前6期连载的前9节了，而他限于条件，无法找到其他各期，甚至有可能以为此后未必续出了。其实，保存该刊最完整的是北京师范大学图书馆，共有11期，而中美合作

的"大学数字图书馆合作计划"数据库即所谓"百万册图书"网上,也完整地收录了这11期杂志的扫描件,我就是通过这个数据库看到《学生月刊》的。但河大没有购买这个数据库,刘先生自然无法看到了,这实在是令人遗憾的事;所以,在这里我也建议河大领导能够下决心购买这个数据库,那对现代人文历史研究将会提供极大的便利。

回头再来看《争斗》和《雪原》,它们之间存在着紧密的关联——事实上它们乃是师陀计划创作的旨在反映"一二·九"运动的长篇小说三部曲中的两部,而由于这两部长篇小说一直未出单行本,《全集》也只收录了半部《雪原》,研究者大都是第一次看见,也就不免疏忽了师陀当年的这一雄心勃勃的创作计划。其实,晚年的师陀对此有不止一次的说明。比如在他所写的两份自传里,就一再说及。一则曰:"《雪原》(这是应香港《大公报》副刊主编杨刚之约,以北平'一二·九'学生运动为题材的三部曲,后因香港沦陷于日寇之手,《大公报》停刊,仅写成一部半)"。① 再则曰"上海沦陷其间……应香港《大公报》副刊主编杨刚之约,写过以'一二·九'北京学生运动为题材的三部曲《雪原》(后因日寇发动太平洋战争,香港沦陷,《大公报》停刊,仅写完一部半)"。② 由于年月过久,关于这个三部曲各部的题目和完成情况,师陀晚年的记忆不甚准确,但他计划创作关于"一二·九"运动的长篇小说三部曲,并且至少已写出了这个三部曲的一部半,现在看来确是不争的事实。

《雪原》完稿较早,并从1940年1月起在上海出版的《学生月刊》杂志第1期上开始发表,至第11期全部连载完毕。《争斗》似乎创作稍晚,前7章连载于1940年11月至12月间香港《大公报》的"文艺"栏及"学生界"栏,但随后香港《大公报》却停止了这部小说的连载,其原因据该刊编者杨刚在该报"文艺"第1002期(1941年1月4日)刊发的一则《启事》云:"《争斗》作者现在病中,续稿未到,此文暂停发表,敬希读者见谅编者。"所谓"在病中",可能是皮里阳秋的说法,窃疑真正的原因可

---

① 师陀:《师陀(自传)》,徐州师范学院编:《中国现代作家传略》第3辑,1979年6月印行。
② 师陀:《师陀》,刘增杰编校:《师陀全集》第8册,郑州:河南大学出版社,2004年,第235页。

能是《争斗》的抗日内容不能见容于港英殖民当局的对日绥靖政策，所以不容许继续刊发，后续的两章便在1941年7月"孤岛"上海出版的《新文丛之二·破晓》上以《无题》之名发表，而不久太平洋战争的爆发和沪港的全部沦陷，则使师陀的这个三部曲无法续写，所以，《争斗》并未能完稿，也难以续刊。此后，师陀蛰居上海，坚韧度日，守望待旦，只能写些"无关抗日"的作品，时间久了，连已经写出的存稿和曾经刊载过的刊物也丢失了。但师陀并没有忘记他的这个未完成的"一二·九"三部曲。抗战胜利后，他在1947年3月9日出版的上海《文汇报·笔会》第190期发表了这样一则启事："师陀启事长篇小说《雪原》（刊于上海出版之《学生月刊》）、《争斗》（刊于香港《大公报》），及短篇《噩耗》（亦刊于香港《大公报》）存稿遗失，如有愿移让者，请函示条件，寄笔会编辑部。"然而，40年代后期的动荡时局加上师陀创作兴趣的转移，使他的这个"一二·九"运动三部曲并未得到续写，这是非常可惜的事。而由于师陀手头既无这个三部曲的存稿，也没了曾经发表过一些章节的刊物，以致多年之后他自己也记忆模糊，连第二部《争斗》的题目也忘记了。至于已经写作的两部，到底完成了多少，师陀有时说是一部半——此说已见前，有时说是两部，此说是他晚年接受访谈时说的，因为涉及这个三部曲的真正完成情况以及现存的《雪原》与《争斗》的先后，所以，援引如下：

>　　另外还有一个三部曲，我写了二部，第三部没写完。这是在杨刚接《大公报》副刊时写的。当时我用钢笔复写，很难复得清楚，所以后来叫什么题目我也记不得了。第二部快结尾时，日本人占领了香港，《大公报》因此停刊，我也就没写下去。①

仔细校读过这两部小说文本，我比较认同师陀这次的说法，因为这个说法比较合乎现存作品的实际情况——《雪原》已找到完整的文本，自无庸议，《争斗》虽然只存9章，但它的"章"的篇幅显然比《雪原》的"节"的篇幅要大一些，并且从情节发展的角度看，现有9章业已大体上将学生在北平城里的示威活动完整地写出了，而这其实也就是《争斗》

---

①　师陀：《师陀谈他的生平和作品》，刘增杰编校：《师陀全集》第5卷，郑州：河南大学出版社，2004年，第399页。

的基本内容。至于第三部的题目是什么,师陀没有说,我们也无法猜测。总之,这部反映"一二·九"学生抗日爱国运动的长篇小说三部曲,接近完成了两部,也就是说差不多完成了原计划的三分之二,关于第三部,作者说是"没写完",实际情况恐怕是刚刚着笔,没有发表过,至今已片纸无存了。这不能不说是师陀创作的、也是中国现代文学的一大损失。幸好师陀已接近完成的这两部,现在得以完整地收集起来,这也算是不幸中的幸事了。

据师陀的回忆,已完成的《雪原》是这个三部曲的第一部,则未完成的《争斗》自然是第二部了。对此,我多少有点疑议。因为《争斗》描写北平学生眼看华北岌岌可危,愤然掀起了声势浩大的抗日爱国救亡运动,却遭到军警的残酷镇压等情况,这其实是"一二·九"运动的第一阶段,所以,《争斗》作为这个长篇小说三部曲的第一部,显然更为合情合理;而较早发表的《雪原》则描写这些爱国的学生走出城市、到乡下宣传抗日、扩大救亡运动的悲壮经历,这正是"一二·九"运动的进一步发展,所以,《雪原》似乎该是这个三部曲的第二部。我们从《争斗》和《雪原》的情节关联,也可以推知它们的前后关系。比如,《雪原》第一节描写一群来自北平的学生救国宣传队,在茫茫雪原上寻找他们要去的杜家冈,紧接着的第二节就写杜家冈的主人杜仲武先生,正在读他的侄女杜兰若从北平写来的信,其中既说到此前北平学生运动的一些情节,也报告了这个学生救国宣传队即将到达杜家冈的消息:

"叔父,"他的侄女杜兰若写道,"首先我向你禀告我们最近发现了一件不幸的事情,董小姐——我记得我曾经跟你说过,她是很有做你未来的侄媳的可能的,但是我们是这样的不幸,她上一个礼拜被人家用刺刀刺伤并且第二天就死在医院里了。这事情很使我们悲痛,虽然你还没有见过她,你可以相信她是一个很好的女孩子。关于这事我们以后有了机会再谈。所幸这事情并没有引起别的变故,渊若自然比我更痛苦,但是我说服了他,我想让他在家里做一个短期的修【休】养,你跟婶母一定会很好的【地】照料他。此外是我有几个朋友,其中有一部分自然我也并不认识,我相信他们都是很难得的青年人,他们这一次出来是作救国运动的,并且顺便想过家里来拜访你,希望他们不会给你带来什么麻烦,假如有什么困难,请你帮助他们⋯⋯"

这里杜兰若所报告的董小姐上一个礼拜被人家用刺刀刺伤的消息,就正是《争斗》里的情节,只是还没有来得及写她的死,而学生救国宣传队到杜家冈去宣传抗日,乃正是紧接着展开的情节。所以,窃疑师陀或许由于是先写《雪原》的,对它的记忆自然比较深切,也就有可能把先写的第二部误记为这个三部曲叙事结构的第一部了,实际上,《争斗》该是第一部。但当然了,倒叙在现代叙事艺术上也是屡见不鲜的,所以,《雪原》作为第一部也不是没有可能……好在无论如何两部小说终于重新聚首了,至于它们之间的座次究竟怎么排,那其实并不是多么要紧的事——真正重要的乃是这两部小说的历史意义和文学意义。

按,自"九一八"以来,中国的社会矛盾和民族危机日甚一日,至1935年华北危机,中国当真到了民不聊生、国将不国的地步,这不能不激起广大知识青年强烈的社会关怀和民族感情,可是国民党当局却不作为,而自由主义知识精英亦颇冷静,这反过来促使知识青年的思想比较普遍地并且相当迅速地向左转,从而掀起了集民族救亡、个性解放与社会改造为一体的"一二·九"运动,而在这场运动中成长起来的一代知识分子,也自称为"一二·九的一代"。这一代人的崛起对随后的抗日战争和解放战争,是至关重要的预备。[①] 所以,"一二·九"标志着中国现代思想运动和革命运动的重大分化与转折,影响深远。当年的一些作家很快就敏锐地感到"一二·九"运动的重大意义,而迅速地在文学上予以表现,最著名的就是齐同(高滔)的长篇小说《新生代》(第一部:"一二·九")于1939年9月出版,得到茅盾的高度评价。上世纪50年代杨沫推出的长篇小说《青春之歌》,也着力描写了"一二·九"运动和知识分子的分化。这些都是人们耳熟能详的事情。不过,《新生代》只完成了一部,篇幅比较简短,未能将这场运动充分展开,艺术上也比较粗糙;而杨沫的《青春之歌》则过于讲求政治正确而不无压抑自我感受之处;相比较而言,师陀的这两部长篇小说不论从艺术经营的规模、贴近历史的真实,还是开掘人物思想、心理的深度而言,都令人刮目

[①] 陈越,解志熙:《人与诗的成长——穆旦集外诗文校读札记》一文的第三节"从'慕旦'到'穆旦':'一二·九'运动与左翼文化的影响",《励耘学刊》(文学卷)2008年第1辑,北京:学苑出版社,2008年。

相看。

"一二·九"运动爆发的时候,师陀正在北平,他积极投身其中,对这场运动留下了极为深刻的记忆。而凑巧的是,师陀与《新生代》的作者齐同(高滔)也是老朋友。据师陀晚年回忆,他当年在北平的时候就与高滔熟悉。"在《文学季刊》编辑部,我还遇到过沈从文和高滔两位。"关于前者,师陀的印象是:"从文当时年轻,身穿蟹青湖绉夹袍,真是潇洒倜傥,春风得意,当时他正在主编天津《大公报》文艺周刊,我1933年下半年曾投过稿。"在随后的京海论战中,师陀也写了文章,但他的文章却被巴金认为是"反对'京派'的"。至于高滔,师陀说:"他给我的印象是:讲话爽快,谈笑风生,完全没有'文人'常有的习气。他用高滔名字在《文学季刊》发表陀思妥耶夫斯基的长篇小说《白痴》,同时,用齐同的名字发表长篇创作。他翻译的《白痴》也是连载,我是每期必读的。"①顺便说一句,高滔在二三十年代之交的北方文坛上曾经率先为文讨论革命文学,是一个关怀现实、带有左翼倾向的作家和翻译家,同时,他也对欧洲文学和社会科学怀有广泛的兴趣,并不是唯我独尊、心胸狭隘的左派文人。这或者正是师陀比较欣赏他的原因。因此,抗战爆发后,高滔(齐同)和师陀几乎同时致力于创作关于"一二·九"运动的长篇小说,就并非偶然的巧合,而是同样的关注、相近的思想之结果。至于他们俩到底是不约而同地着笔还是一个启发了另一个,现在已经难以考索,而且也不必仔细考索了。要之,在生活经验、思想修养和政治态度上,高滔和师陀都不相伯仲,只是高滔长期从事文学翻译和理论工作,《新生代》乃是他的处女作,所以,他的创作还处在比较生涩的初级阶段,而三四十年代之交的师陀,已是颇为成熟的小说家了,其艺术经验和驾驭能力自然要胜于高滔。

此前的学界由于不知有《争斗》的存在,因而对《雪原》也往往孤立地看,很少有人注意到师陀还有个描写"一二·九"运动的长篇小说三部曲的宏大创作计划。事实上,作为"一二·九"运动的参加者,师陀对这场运动既有着切身的体验,更对其意义与局限有深切的体认和反思,

---

① 师陀:《两次去北平》,刘增杰编校:《师陀全集》第5卷,郑州:河南大学出版社,2004年,第379—380页。

而用文学的方式反映这一运动，在他可能早就念念在心了。抗战的爆发，显然激发了师陀的创作热情，促使他回顾不久前的这场运动，从而开始酝酿、构思，逐渐形成了三部曲的写作计划，乃于1939—1941年蛰居"孤岛"期间，集中精力于这个三部曲的创作。这对创作态度一向严谨、作品数量并不很大的师陀来说，无疑是少见的雄心勃勃的巨大创作工程。虽然这个"一二·九"运动三部曲的全部计划，因为日军占领租界而被迫中途停止，但现存的《争斗》和《雪原》，不论在师陀的创作生涯中，还是在现代文学史上，都可谓非同小可的存在。从现存的《争斗》和《雪原》两部来看，师陀创作这个三部曲，确实下了功夫。他显然不满足于历史真实的记述，而在艺术上苦心经营，在思想上深入开掘，达到了相当高的水准。作者努力融抗日救亡、社会改造的宏大叙事与个性解放、人性关怀的日常叙事于一体，的确是别具匠心、手眼不凡。作品一方面写出了"一二·九"运动从爱国救亡运动向发动民众的社会改造运动扩展的过程，另一方面则始终围绕具体的人物来写，尤其对青年学生形象的刻画，可谓多侧面地细致着笔而又循序渐进地逐步深入——他们的爱国情操固然可爱可敬，他们个人的个性解放的情怀和苦闷也让人同情，而当他们一腔热情地深入农村、宣传抗日，却不仅经历了自然的考验和生活的磨炼，而且常常发生与农民群众格格不入、与农村社会实际脱节的问题，完全出乎他们当初自以为是"播种者"而农民群众"正是等着他们播种的没有开垦过的良好土地"的预想，双方的距离竟是那样巨大……这正是反帝反封建的中国社会革命的难题之一。而作者在冷静地审视着这些年轻"播种者"的缺点的同时，也饱含同情地描写着他们的情感隐秘和相互之间的感情纠结，细腻的抒情笔墨始终伴随着宏大的历史叙事，历史运动的复杂性和人物心性的复杂性，都已渐露端倪。并且，这个三部曲在结构安排上也相当自然妥帖，叙事转换颇为从容自如，不像《马兰》以及《结婚》那样因为过求紧凑而给人促迫之感。如今遥想师陀当年心怀亡国奴之牢愁、蛰居"孤岛"上海悉心创作这部"一二·九"三部曲的苦心孤诣，仍然令人感动和敬佩，而不能不叹惋他的功败垂成。应该说"一二·九"运动与中国现代文学以至中国现代革命之关系，是一个特别值得关注的大问题，却至今被现代文学研究界所忽视；而师陀的这个三部曲无疑是"一二·九"运动最重要的文学见证和文化反思，故此，在这里略为申说，希望能够引起研究者们的进一步关注。

二、别样的灾年叙事及其他：《渔家》《守缺》等小说与杂文

回头再看师陀早年的短篇小说和杂文。抗战前的五六年间，师陀创作了数十篇短篇小说，接连推出《谷》《里门拾记》和《落日光》三部出色的短篇小说集，并且《谷》荣获《大公报》文艺奖，使小说家芦焚（即师陀）成为与剧作家曹禺、散文家何其芳齐名的战前文坛新秀。事实上，出版于1938年8月的《野鸟集》各篇也都作于抗战爆发之前。当然，这一时期师陀创作的短篇小说并不止此数，散佚在外的还有一些。我顺手搜集到的《渔家》、《人在风霜里》及《筏》三篇，和别人发现的《奈河桥》一篇，也都是他抗战爆发前的短篇创作。这四篇小说的重现，加上作于同一时期的三篇杂文《守缺》《故事》《也是国粹》的发现，无疑有助于学界重新认识师陀当年社会关怀的广度、文化反思的深度及其艺术的独特性。

《渔家》和《筏》两篇如题所示，都与渔家生活和水上生涯有关，但并非对江南鱼米之乡的想象，而是对北方中原地区渔民丰收成灾的悲惨遭遇及农民与水灾的悲壮抗争之写实。看得出来，师陀的这些早年之作接续着鲁迅、台静农的乡土社会写实的文学传统，呼应着茅盾、丁玲等左翼"新小说"作家的农村社会分析的创作动向。其中特别值得注意的是《渔家》。

按，二三十年代之交，西方的经济危机传入中国，不仅直接殃及中国脆弱的民族工业的命运，而且危及中国广大的乡村农民与渔民的生计。农民丰收成灾，就是一个突出的社会现象，敏感的左翼"新小说"作家茅盾、叶紫、夏征农以及接近左翼的资深作家叶圣陶等，因此撰写了一批表现农民丰收成灾的小说。这些小说大都以南方农村为背景，描写了那里的农民辛苦种稻养蚕，喜获丰收，却不幸丰收成灾而致破产的遭遇，及其走向抗争的艰难历程。但这些灾年叙事却有一个空缺，那就是渔民的遭遇几乎无人涉及。师陀的短篇小说《渔家》正好弥补了这个

空缺。这篇小说的背景当然是中原地区,而那里除了广大的农民,也还有一些世代打鱼为生的渔民,他们的生计同样受到影响而陷于水深火热之中。作品一开始写老渔民玄伯沉浸在喜悦之中,这不仅因为打鱼顺利,收获颇丰,更因为他的儿媳生下一个"小儿",他做爷爷了——"小儿哪。——老玄的福!"邻居们这样祝贺他。可是当玄伯第二天一大早兴冲冲挑鱼赶集时,他不仅发现谷贱伤农,而且也亲身领受了好鱼卖不出去的困境,只好让儿子远挑六七十里到城里去碰运气,然而运气更糟。于是,玄伯家渐渐到了断炊的地步,坐月子的儿媳饿病了,可爱的小孙子最终饿死了,所谓"老玄的福"成了残酷的反讽。

几代的祖宗都是这样过下来的哪,这辈要丢掉了,河上的日子。

玄伯本想说,但又咽住了。望着高高挂着的北斗星,泪珠在胡子上闪动……

夜的冷风顺着河床吹过来。

这是《渔家》的结尾,所谓"篇终接混茫"(杜甫《寄彭州高三十五使君适、虢州岑二十七长史》),真是此时无声胜有声。师陀写这篇小说时,他才二十出头,却不仅显示出对生活独到的观察,而且展现出节制抒情的艺术自控力,这在一个年轻作家是很难得的素质。《渔家》之后,师陀又贡献出了《决堤》和《筏》两篇描写黄河之患和河民积愤的小说。《决堤》发表于1933年12月出版的《文艺》杂志第1卷第3期,该刊前面两期也都按月出版于该年10月和11月,所以,《决堤》发表较为快捷,它的写作时间当在《渔家》(写于1933年9月22日)之后。《决堤》也是集外之作,现在已收入《全集》第1卷(下)。《筏》原载1937年1月16日上海出版的《时代文艺》杂志创刊号,《全集》第1卷(下)也收录了这篇小说,但有所修改,并缺失了3页,遗漏了原作的注释。据此推测,则《全集》所收的《筏》,可能依据的是作者晚年提供的刊发本残件的修改稿,所以,此处校录了整篇小说的刊发本。由于《渔家》《决堤》和《筏》都是长期散佚之作,一般研究者似乎尚未注意到这几篇小说的某种连续性,以及它们与丁玲的"新小说"代表作《水》之间的关联。众所周知,师陀最初的文学起步就得益于丁玲的扶助,所以,他自然很关注丁玲的创作动向,尤其是被誉为"新的小说的一点萌芽"的《水》,描写1931年席卷16省的大水灾下群众被迫抗争的洪流,这篇小说肯定触发了师陀对频仍的黄河之患的深刻记忆,于是他后来便有了《决堤》和《筏》两篇描写河灾的小说。当然,师陀并不是简单模仿丁玲,如《筏》就不仅颇富中原的泥土气息,而且力透纸背地刻画出了中原人民的性格——他们对土地的深切眷恋,对官府的愤懑情绪,和不屈反抗天灾人祸的强悍性格,这些都给人深切的感动和深刻的印象。

对"九一八"后沦于敌手的东四省(其中含有包括了内蒙古部分地区的热河省),师陀一直念念不忘。虽然他并不熟悉那里的生活,但在抗战爆发前几年间,他还是尽可能体会、想象,写出了表现东北义勇军的短篇小说《人在风霜里》、《哑歌》(收入《谷》)、《牧歌》(收入《落日光》,《牧歌》可能是以热河省的蒙区为背景)以及中篇小说《边沿上》(已收入《全集》),而其中写作最早的《人在风霜里》一篇,迄今仍然散佚在外。《人在风霜里》写于1933年10月,虽然笔墨近乎速写,还是画出了义勇军战士不屈的身影。倘若把这些关于东四省和义勇军的作品,以及相关的诗歌、散文联系起来,则师陀个人的抗日爱国之心灼然可见。

此外,还有《奈河桥》一篇,马俊江在《〈师陀著作年表〉勘误补遗及其他》①一文里首次指出了这篇作品,江红后来在《关于师陀的一篇佚文〈奈何桥〉》②一文里给予考证,马俊江和江红的文章都将小说题目误作《奈何桥》,《创作评谭》也未附载这篇作品的原文,所以,此次一并校录,以便编入《全集》的补遗卷。按,《奈河桥》原载天津出版的《当代文学》杂志第1卷第4期,1934年10月1日出刊,原刊将它列为小说,但其实它写的乃是师陀1932年9月随赵伊坪到山东济南闹革命而中途困留泰安的经历,所以,更近于纪实、抒情的散文。

三四十年代,师陀在创作上以小说和散文为主攻,于杂文则用力不多,收入《全集》的,也只有寥寥数篇。此所以新发现的几篇杂文,就颇给人意外的欣喜了。其中,《守缺》《故事》《也是国粹》三篇,是在1934年8月至10月间上海出版的左翼杂文刊物《新语林》半月刊第4期、第

---

① 马俊江:《〈师陀著作年表〉勘误补遗及其他》,《南京师范大学文学院学报》,2004年第4期。

② 江红:《关于师陀的一篇佚文〈奈何桥〉》,《创作评谭》,2008年第1期。

5期和第6期上连续发表的。这三篇杂文着力揭露了国粹文化遗留给国人的文化病——自大、保守、自私和中庸,以及奴颜婢膝、先安内后攘外的反动政治思维。《八尺楼随笔三则》,原载1941年11月1日"孤岛"上海出版的《萧萧》半月刊第1期,作者署名君西,乃是师陀的笔名之一。按,《全集》第3卷(下)已收录了两则《八尺楼随笔》,为示区别,所以,此处将这三则《八尺楼随笔》改题为《八尺楼随笔三则》。这三则随笔,当然是杂文。其时,师陀蛰居"孤岛"而心怀国家,他不畏强权,尖锐地嘲讽了汪伪政权所谓"外交"的狐假虎威、日本帝国主义宣传机器的所谓"消息正确"的漏洞,同时,也直指国民党的贪官污吏继承了"'国宝'之一的贪污"。这些杂文都有感而发,写得深入浅出,可谓寄沉痛于幽默、寓讽刺于随谈的好文章。而写于抗战胜利之初的《胜利到来》一文,则在致敬于中国人民八年来坚韧忍耐的精神、终获自由的胜利之余,不忘警告当局"立即实现民主,建立为一个现代国家",否则,"决不能保持战胜之果"。这无疑是非常清醒而且及时的警示之言。

三、此行不为看山来:"太行山系列散文"及《牧笛》的别样情怀

师陀是很出色的散文家,而我读他早年的一些散文以及小说,常觉其中的风景、人事与他家乡的大平原有所不同,因为它们描写的乃是非常偏僻落后的山区,所以师陀笔下的乡土世界实际上内含着"山"、"原"之异,不可一例以"平原"目之。对此,作者是有所提示的,可惜一直被学界忽视了。比如,晚年的师陀在编选自己的散文选集时,就特意把《轿车》、《山店》、《过岭》、《宿处》(又题《夜间》)、《劫余》、《风土画》、《记所见》(即《假巡按》)等散文放在一块,统名之曰《山行杂记》。然则,这些作品里的"山"到底是泛写还是特指?这些散文究竟是单纯的山水游记,还是别有意味的文章?它们和作者同一时期的散文《行脚人》、《夜之谷》以及短篇小说《过岭记》等,又是什么关系呢?这些小问题也是值得研究的。

略作校读便不难发现,《山行杂记》诸篇所写的"山",乃是太行山区。即如《假巡按》一篇在《申报周刊》第1卷第13期(1936年4月5日

出刊)初刊时,就题作《太行山上》,后来在收入《黄花苔》集时才改题为《假巡按》。所以,这些作品其实构成了一组"太行山系列散文",但问题是出生于平原地区的师陀为什么会对太行山区格外瞩目呢?这理应有个解释。晚年的师陀在编选《芦焚散文选集》时曾说:"散文部分还有几篇须加解释,今天的读者才能更清楚的【地】了解它们的意义。"其中的一篇就是《行脚人》,对此,他的解释是:

> 《行脚人》是写一个共产党员,当时在国民党反动统治下,我不便公开写明,只好称为"调查家"。这"调查家"在深山里研究人民的生活,看地形,准备打游击。①

这里的共产党员大概是指其好友、革命烈士赵伊坪吧,但实际上不是赵伊坪,而是师陀本人自告奋勇代替赵伊坪深入山区去调查的。师陀是个谦逊的人,在这个序言里不好直说是自己,或者觉得有自吹自擂之嫌吧。而在不太引人注目的回忆文章里,师陀还是据实说明了情况。比如,师陀在晚年所写的《怀念赵伊坪同志》一文里,就详细说明了这次调查的经过,文长不录,而收集在此的师陀为赵伊坪烈士遗书所写的附言里,则有简明的交代:

> 1932年春天,我有一位初中时的朋友在辉县太行山里区公所做小职员。便写信问他(指赵伊坪——引者按),可否先由我前去摸摸情况,供他日后拉游击队做根据地。他同意了。我了解的结果,那里的枪相当多,全抓在地主手里,要么抓在地主办的毒品公司保安队手里,那个地方很落后,一个外地人,没有和当地十分密切的关系,极难站得住脚。我向他写了汇报……②

应该说,当地的国民党官员的嗅觉并不迟钝——据师陀回忆,那个区的"区长就向我的初中同学说:某某人肯定是共产党,否则他来这里

---

① 师陀:《〈芦焚散文选集〉序言》,刘增杰编校:《师陀全集》第3卷(下),郑州:河南大学出版社,2004年,第483页。

② 师陀:《〈赵伊坪致王长简的信〉附记》,这则附记原附载于《世纪的追思——缅怀赵伊坪烈士》(人民出版社,2000年出版)一书所收《赵伊坪致王长简的信》(11封)之后,原题《师陀对信的附记》,此处改为《〈赵伊坪致王长简的信〉附记》,以便收入《〈师陀全集〉补遗》。

干什么？区长原来是国民党的辉县县党部的书记,嗅觉毕竟灵"。① 这些情况都说明,那个深入山区"研究人民的生活,看地形,准备打游击"的"共产党员",实际上就是师陀自己,而他后来写作的"太行山系列散文"以及《行脚人》《夜之谷》等散文,还有小说《过岭记》等,也都是以他此次的太行山之行为基础的。不言而喻,师陀的太行山之行原本不是为了看风景,他是带着一个有志于改造中国社会的革命者的心和眼来调查、观察和研究的,所以,他看到的乃是穷山恶水和黑暗不公的社会实际,形诸笔墨便隐含着悲悯、愤懑和革命改造的情怀,而与沈从文从浪漫的乡土视野所看到的自然美、人性美的世外桃源迥然有别了。以往的研究者由于不怎么注意师陀行为的特定背景及其社会改造情怀,所以,往往只是叹赏他的乡土散文和小说之奇崛不群的风格,却对这种风格之所由来莫名究竟,职此之故,略为发覆,免得以后的研究者仍然不明就里地笼统观赏之。

此外,这次还搜集到师陀的一组抒情小品《牧笛》,原载上海出版的《文艺画报》杂志第 1 卷第 3 期,1935 年 2 月 15 日出刊。《牧笛》题下包括三篇小品:《家书——与兰夜》《最后的晚餐》和《山楂的华盖》,其中《家书——与兰夜》曾有修改、删节并改题为《盂兰夜》,收入《黄花苔》集,现已编入《全集》第 3 卷(上),其余两篇则未收。关于《盂兰夜》,师陀晚年曾补注其写作时间为"一九三三年",这大概是不错的。因为师陀的父亲是 1932 年 7 月去世的,师陀曾回家奔丧,然后便放弃家产,独自在外飘零,到了次年的盂兰盆节,已无家可归的师陀不免思念父亲,所以在《家书——与兰夜》里有感伤的悼念和自悼:

　　父亲死已逾年了,想来您也照例的,说着闲话,然后默默的烧纸钱或箔在他墓前。但,用不着超渡【度】的。这个,自然您也明白。

　　人死了,家族不会不哭的。另外也有人解劝:
　　"哭就会哭活吗？"
　　泪终于落下来了。

---

① 师陀:《怀念赵伊坪同志》,刘增杰编校:《师陀全集》第 5 卷,郑州:河南大学出版社,2004 年,第 454 页。

还都在青春,然而已经青春死了那么些人,被安置在紫槿色的匣子里,未必是舒服的;祖父和祖母的尸脸都见过,也没见哪儿痛苦。父亲还是为那不痛苦的脸痛苦。

"能叫志【老】哩活一百吗?"别人劝了他。

父亲死了,只刚刚一百的一半。没有看见他的死脸,是痛苦还是安静;奔回去的时候,只给了我们一个紫槿色的匣子。于是也和父亲一样的痛苦着了。

"人死了,还是把他忘了吧——日子总还得过。"别人又劝慰了。

为着管理不惯的家,总也许把他忘掉了。那是好的而且是应该的。人死了,已再不会给生者以甚么。

父亲死了,我怎么也忘不下,那虽然未必是好的,而却是应该的。人死了,已再不会给我甚么。

如此看来,《家书——与兰夜》原是一篇情怀复杂的伤逝散文,可惜的是,上引文字在改为《盂兰夜》之后全部被删了,剩下的文字除"超渡【度】抗敌战死的亡魂"几句外,其余颇为朦胧晦涩,仿佛一个人在盂兰夜梦游梦呓似的,让人看得云天雾地、莫名其妙。所以,这种修改其实是损害了原文的。而师陀之所以如此修改,大概是不想让他的哥哥们看见自己的孤独吧——这折射出师陀的性格特点,他是个不大愿意自我表露、非常克制感情的人,有时克制不住,表露了一星半点,随后就会后悔,于是便动手修改、删节,甚至索性撤弃此类文字。

这很可能也是师陀不把《牧笛》的后两篇《最后的晚餐》和《山楂的华盖》收入集中的原因。事实上,《牧笛》题下的三篇抒情小品应该是师陀同时写作的,所以,它们才能在同一大题下同时发表在同一刊物上,而当师陀在 1937 年初出版散文集《黄花苔》时,既将《盂兰夜》一篇修订、收入,则可以推知他手头一定也会有《最后的晚餐》和《山楂的华盖》的刊发本,可是为什么他不把这两篇抒情小品一并收入《黄花苔》集,而一任其散佚呢?这或许与这两篇抒情小品的内容有关。看得出来,《最后的晚餐》和《山楂的华盖》两篇的情景是相关的,都关乎太行山——《最后的晚餐》里就点明背景是太行山,那么,它们也与师陀 1932 年春的太行山之行有关了,不过,这两篇所写却不再是"在深山里研究人民的生活",而似乎是某种个人感情的纠结,引发纠结的则是"我"与一对老同学夫妇在那里的聚会。从这两篇作品里隐约可以看出,那位抑郁寡欢并且即将赴北平的客人"我",其实就是师陀的化身,而那里的一对同学夫妇招待了"我",年轻的妻子甚至陪"我"骑马游山散心,然而,最后终有一别,于是有了"最后的晚宴"。在这次晚宴上,那个长着猪眉毛的丈夫和他的妻子,与即将北去的"我"默默相对,三人之间的态度很微妙,"我"的心情尤为复杂:

> 猪眉毛的眼又落冷冷的【地】落在我脸上了,这使我沉下去的心泛上来。感觉着对他不起,同时也以为他对薇君不起。肚里责备自己,委实不大当:责备了女的,同时又责备了她的丈夫,然而薇君又责备谁呢?因为不愿看她,掇了枝烟在暗影踥蹀着。扶着柱子,摘了串葡萄,同时掐了枝杜鹃。
>
> "……干么【吗】要欺自己的妻呢……"
>
> 想着,心战栗了。不清楚受了甚么诿【委】屈,如果在深山总要哭他这么一场,薇君——"明年……"
>
> "干哪,最后的杯!"
>
> 在宴会上,无论与【是】否有生客,笑脸总需要一直保持着。这是明白的。但是,浮胀的面皮下,运命的悲悼正盘旋着。偷偷地看了她的脸,她却把嘴唇角撇了撇,想笑吧,但那是比哭还来得苦痛的脸哟。于是又偷偷地抹了眼睛:"预备怎样?"
>
> 她是甚么都知道的。"回北京。"
>
> 浓烈的汾酒,让把喉烧破吧,把肠烤干吧,让心的花朵晒谢——人生的园荒芜了,一只可怕的手摧残了它,让它丑吧,荒废了吧——
>
> "您呢?"
>
> 薇君——她看了丈夫一眼,低垂着头,默默的【地】避开了。
>
> 布谷鸟,唱着夜的曲;狗在小山脚下哗哗的【地】吠,夜的风在葡萄架上盘旋,戏弄着醉了的头颅。
>
> "Y!我的绿蒂哟!"

众所周知,绿蒂是歌德小说《少年维特之烦恼》里的女主角,她和阿尔贝特结婚,可是这对年轻夫妇的朋友维特却爱上了绿蒂。所以,这个借喻实际上近乎说破了这两篇散文中的"我"的感情隐秘。不难看出,"我"对女同学乃是由同情而生爱怜,然而,她已是朋友之妻,所以,"我"的心里也便有了这样的感叹:"Y!我的绿蒂哟!"由于《最后的晚餐》和《山楂的华盖》带有明显的自叙性,因此,说它们所表达的微妙感情暗示出师陀自己早年的某种青春情怀,或者不算是捕风捉影之谈吧。虽然那只是隐秘的暗恋,并且发之于情,止之于礼,没有进一步的发展,但对师陀来说,这仍然是少见的情感表现。到1937年结集《黄花苔》时,这段隐秘的感情可能已经淡化,所以,为文比较"非个人化"的师陀遂将它们抛撒在集外,也在情理之中。在此略为发覆,当然并不是要揭露什么个人隐秘,而意在引起研究者对师陀个人性情及其抒情方式的关注。事实上,师陀在感情生活上是一个非常严谨的人,甚至有些过于严肃和拘谨了,所以,尽管他在长期的生活中不可能一点感情的遇合和系恋都没有,并且在创作上也很善于描写男女间复杂的感情纠葛及其心理隐衷,但师陀自己却长期独身,那无疑与他的拘谨内向、感情克制的性格有关。

四、似而不同的异文本:以《夜之谷》和师陀晚年的自述文字为例

校理师陀佚文,让我深切体会到现代文学文献有两个需要特别耐心与细心处理的问题。

一是对名异而实同的作品之甄录。现代作家在发表和出版作品时,改换作品题目的事是常有发生的。即以师陀而论,前边所说他在1941年7月15日"孤岛"上海出版的《新文丛之二·破晓》上所刊小说《无题》,虽然原刊有编者按云,"本篇为芦焚先生长篇小说中有独立性之两章,今应编者之请,在此发表",但到底是哪部长篇小说中的两章,这就需要仔细校读、才能给予妥善的处理。事实上,师陀三四十年代的不少作品,尤其是系列散文《上海手札》和《夏侯杞》诸篇,最后结集的题目与当初在香港和内地的刊物上发表时的题目多有不同,后来作者编选时也有再次改题的情况,这就要求我们特别仔细地辨认,否则,是很容易误认而重收的。我此次就差点犯了一个重收的错误:当我在1936

年4月5日上海出版的《申报周刊》第1卷第13期上发现一篇署名芦焚的散文《太行山上》后，便翻查《全集》，看到并无如此命题的作品，遂误以为这是师陀的散佚之作，可是后来读《黄花苔》里的《假巡按》一篇，才发现它就是《太行山上》的改题之作，并且该篇在收入《芦焚散文选集》（江苏人民出版社，1981年出版）时，又改题为《记所见》，作为系列散文《山行杂记》里的一小篇。如此等名异实同的情况，真是所在多有，粗心大意是难免会误认重收的。近年出版的不少作家全集都出现过这类问题，而《师陀全集》迄今无误认重收者，是做得很好的。

以此看来似而不同的，乃是异文本问题。同一作品因反复修改和多次发表所造成的差异，乃是异版本之不同，其间的差异可以通过采用某一版本作为底本而借助校勘来解决文字差异。但异文本却不能用这种办法来解决，这是因为异文本乃是同一个作家对同一素材、事实的不同书写，由此造成的乃表现同一素材或事实的不同文本，尽管这些文本之间确有近似的因素，但那近似的是内容而非文本，所以也就无法确定以哪个版本为底本来校勘文字差异了，而只能把它们作为不同的文本来处理，即让这些不同的文本同时并存。举例来说吧，师陀在1935年6月北平出刊的《水星》杂志第2卷第3期上发表过一篇散文《谷之夜》，先后收入散文集《黄花苔》（上海良友图书公司，1937年3月出版）和《江湖集》（开明书店，1938年11月出版），《黄花苔》根据原刊的文本排印，《江湖集》则对该篇结尾略有修改，由此造成的差异，乃是同一文本的不同版本差异，如果差异不大，事实上也可以略去校勘。《全集》按照较早的《黄花苔》集收入，略去了《江湖集》对该篇结尾的细小修改，这并无不妥。但值得注意的是，就在发表《谷之夜》不久，师陀又在1935年12月上海出版的《文艺月报》创刊号上发表了一篇题为《夜之谷》的散文，把这篇《夜之谷》和稍前的《谷之夜》相校读，不难发现它们所写的内容有一半是相同的，但也有近一半是很不同的，这种不同是艺术处理的不同，因此这两个文本就不能相互代替，不宜用版本校勘来解决，而只能把它们作为似而不同的异文本并存。这也就是在此录存《夜之谷》的原因。读者和研究者把《夜之谷》与《全集》里的《谷之夜》对比一下，可以领略作者对近似题材内容的不同艺术处理。

像许多老作家一样，师陀在晚年也写了不少自述、回忆文字，对我们理解他的生平行谊和创作历程,具有重要意义,而由于这些文章是在不同时期应不同的要求而写,彼此之间固然大体近似,却也存在着行文体例以至细节多寡的差异,所以,尽管颇多近似之处,只能视为重复叙述的异文,而不能视为同一文本的不同版本来择录其一、弃置其余。《全集》在这方面的处理,似乎不尽妥当。比如,前面说过,师陀先生1985年5月回故乡时曾来河大讲学,一次是专给我们一帮研究生谈他的文学风格问题,其讲稿已收入《全集》,而同样在这次行程中,师陀还给河大中文系全体师生做过一次讲演,其讲演稿随后整理为《我的创作道路》一文,发表在同年出版的《河南大学学报》第5期上。这篇《我的创作道路》很可能也是通过增杰师之手交给河大学报的,按理说,增杰师不会不知道,我当年读过,印象颇为深刻,因为它是师陀最早系统回顾自己创作经历的文章,而我也一直以为它已被收入《全集》了,可是这次重翻《全集》,却找不到这篇文章。推究起来,增杰师可能以为该篇所讲的内容,师陀在后来的长篇自述《我如何从事写作》及访谈稿《师陀谈他的生平和作品》里有更为详细的回忆,它们在内容上完全可以取代《我的创作道路》,所以便不再收录它了。当然,这只是我的一些推测,也不能排除另一种情况的发生,那就是所谓"灯下黑"——因为开封的文献资料比较匮乏,增杰师一直尽可能地到北京、上海等地搜寻师陀的文献,而不免疏忽或忘记了近在跟前的河大刊物上也有师陀的文字。

应该说明的是,"异文"这个概念在传统文献学上原是指同一文本的不同版本差异,而我在这里其实将它扩大、改造为"异文本",用来专指内容近似的不同文本,鉴于这种情况在现代文献学上是相当多的,所以,这个改造过的异文本概念可能比较有用。不妨再举一个师陀文本的异文之例。按,师陀先生自上世纪70年代末复出文坛之后,先后应各种刊物、辞书之需,写过不止一篇自传,内容大致相同,篇幅也相差无多。因此,对这些自传不可能也无必要一一收录,择要录其一二可矣。《全集》择录的一篇自传《师陀(自述)》,原载《中国现代文学研究丛刊》1980年第2期,这是一本严肃的学术刊物,所以,发表在它上面的《师陀(自述)》,自然较为全面和准确,理应收入《全集》。不过,这个《师陀(自述)》也不无问题,因为它里面有一大段对师陀创作的评论文字,用的是第三人称,这其实不合师陀自述的语气和他谦虚谨慎的性格,而显然出于编者或代笔者的修改添加,并且它也比较简略,对师陀创作历程的叙述远逊于当时的另一份《师陀(自传)》,可惜的是那份《师陀(自传)》却未能收入《全集》。这里我指的是徐州师范学院1979年6月编印的《中国现代作家传略》第3辑里的《师陀(自传)》。徐州师范学院中文系是新时期以来最早注意收集现代作家生平资料的单位,它广邀健在的现当代作家撰写自传,先后结集印行了好几辑《中国现代作家传略》,只是因为是内部资料,没有公开发行,所以增杰师可能没有注意到,但对当时我们这些在读的现当代文学研究生来说,那几本内部印行的《中国现代作家传略》,几乎是人人必备的参考书,至今还保存在我的手头。这里面的《师陀(自传)》是真正的自传,后面署有具体的写作时间、地点:"1979.5.21.上海",书前并有师陀的近照,所以,这份《师陀(自传)》无疑出自师陀本人之手。事实上,这可能是师陀新时期以来最早写作的自传,它也成为此后一切此类传略的祖本。那时,像师陀这样的老作家都刚刚获得解放,重新走上文坛,所以,人人热情高涨、跃跃欲试,也因此,他们对来自这么一个地方院校的约稿,并没有随便打发、草率应付,而是严肃对待、认真应答,故此,收录在这几辑《中国现代作家传略》里的作家自传,都写得严肃认真、翔实可靠。师陀的这份《师陀(自传)》就是如此,虽然它在详赡上不及后来的回忆录、访谈记,但作为一篇简明扼要、属词得当的自传,无疑是值得珍视,甚至无可代替的文本,所以,我把它也辑录在此,作为与《全集》里的《师陀(自述)》似而不同的异文,而它的独特价值就在于道出了重获解放的师陀之心声。

  类似的还有《听说书及其他》一文,该文是师陀应河南《中学生阅读》的编辑何宝民之约而写,就发表在该刊1986年第6期,文章颇为生动地记述了作者幼年听说书接受民间艺术熏陶等情形,是一篇朴素、亲切的回忆性散文,尽管它与收入《全集》里的回忆录《我如何从事写作》的部分内容有重合,但毕竟是不同的另一篇文章,所以,似应补录进去为是。

五、似京派还是准左翼:《忧郁的怀念》里的两封佚简和一个问题

这里的两封佚简和一个问题,都与青苗1943年所写的一篇怀念芦焚的文章有关。青苗(1915—2005),原名姚玉祥,山西临晋人,1932年在太原读高中时加入山西"左联""社联",后辗转各地致力于新文艺,1939年回山西从事文化工作,直至抗战胜利。① 青苗在30年代初就注意到芦焚(即师陀)的文字,1937年春到上海后与芦焚有了直接交往,对他为文和为人很是景慕。抗战爆发后,青苗很惦念蛰居上海的芦焚,然而,1943年的某一天,他却从一家报纸副刊上看到有人说芦焚附逆了,一时疑莫能明而不免忧心,于是写了《忧郁的怀念》(文载枫林文艺丛刊《辽阔的歌》第1期,1943年出刊,具体出版月日不详)这篇深情的回忆文章,希望芦焚能够看到而"千万珍重"。其实,芦焚附逆的消息乃是误传,其原因是当时的上海有人盗用芦焚之名在伪刊上发表文章,所以,抗战胜利后,芦焚写了《致"芦焚"先生们》,指斥他们欺世盗名的行径,公开宣布弃用芦焚之名而改以师陀为笔名。

芦焚(即师陀)在"孤岛"上海给青苗的两封信,就是从青苗的这篇《忧郁的怀念》里辑录出来的。从青苗的文章里可以推知,芦焚的这两封信写于1940年7月24日和10月21日。虽然因为日伪的检查,芦焚在信中不便多说上海的境况,但还是曲折透露出上海文坛处境的艰难和个人在艰难中坚守的心志。同时,可能因为青苗在去信中自叹笨拙、创作艰难吧,所以,芦焚在回信中鼓励他道:"世间没有不变的愚笨,聪明是学来的,或是经验来的,相信自己聪明的人大半都没有希望。我曾经看见无数这种蠢人。你能不倦的努力,在目前很难得。学习写文章,要跟每一个作家,跟每一个你接触的人,跟你自己学习,不要跟某一个作家,不要跟现在活着的中国作家。"这其实也是师陀自己学习创作

---

① 参阅青苗晚年的回忆录《观我生赋》,文见《山西文史资料全编第10卷第109辑—第120辑》中的117—118合辑,《山西文史资料》编辑部2000年印行。按,《观我生赋》的这个刊本将芦焚误作"卢梦"了。

的经验之谈,从中可以见出他转益多师而独立不羁的个性。不难想象,芦焚在上世纪的三四十年代肯定写过不少书信,可惜存世无多,收入《全集》的只有寥寥三两封,所以,这两封新发现的佚简,还是很珍贵的,应该感谢青苗先生在当年的文章里完整地录存了它们,才使之不致失传也。

如今回头看青苗先生的这篇文章,不仅情深意切、风仪可感,而且认真思考、中肯辨析了一个由来已久的问题,那个问题就是芦焚(即师陀)与沈从文在创作上的异同。

说起来,这个问题在抗战前就颇有议论,而大多强调其同——由于看到芦焚的创作多取材于乡土而其小说又比较散文化和抒情化、散文又比较小说化和诗化吧,加上芦焚也曾在京派的刊物如《大公报》文艺副刊和《水星》等刊物上发表过作品,与一些京派文人有交往,并且还得过京派文人主持的《大公报》文艺奖,所以便有了芦焚的创作受过沈从文的影响,因而他属于京派圈子的说法。其实,这种看法是似是而非的一偏之见,而独持异议的倒是京派批评家李健吾。在芦焚的小说集《里门拾记》问世不久,李健吾就撰文比较了芦焚与沈从文的乡土抒写之异同,得出的结论乃是似而不同、南辕北辙。他认为这二人的相似处在于:"沈从文和芦焚先生都从事于织绘。他们明瞭【了】文章的效果,他们用心追求表现的美好。"但李健吾显然更注意二人的差异:"沈从文先生做得那样轻轻松松……他卖了老大的力气,修下了一条绿荫扶疏的大道,走路的人不会想起下面原本是坎坷的崎岖。我有时奇怪沈从文先生在做什么。……沈从文先生的底子是一个诗人。"而芦焚的《里门拾记》则在不无诗意的抒情笔墨之下表达了几乎完全相反的乡土中国性相,令人感到那个乡里村落世界的"一切只是一种不谐和的拼凑:自然的美好,人事的丑陋",以至于李健吾如此感叹——"读完了之后,一个象【像】我这样的城市人,觉得仿佛上了当,跌进一个大泥坑,没有法子举步。……这象【像】一场噩梦。但是这不是梦,老天爷!这是活脱脱的现实,那样真实"。所以,李健吾比较的结论是:"芦焚先生和沈从文的碰头是偶然的。如若他们有一时会在一起碰头,碰头之后却会分手,各自南辕北辙,不相谋面的。"①这个辨析切中肯綮、判断明敏精到,至今读来仍令人心折。

可是,一种看法一旦形成,就容易成为一种习见而不大容易改变,直到青苗撰写此文的1943年,还有人抱着芦焚的创作很像沈从文、属于京派的看法。这让深爱芦焚作品并且与芦焚交往颇深的青苗觉得不能不辨,所以,他在《忧郁的怀念》里特意加了这样一段话:

> 这里还有一件事情要补充一下的,就是有许多人都说他(指芦焚——引者按)是受了沈从文的影响的。在我未和他会见以前,我似乎也曾有这样的感想,但是后来自己又推翻了这种意见。我曾把他和沈从文作长期的比较,我觉得他无论在那【哪】方面都没有受过沈从文的影响。他并没有写过《萧萧》那样无聊的作品,从《里门拾记》来看,他的艺术的修养却还在沈从文以上的。但无论如何,人们总觉得他和沈从文的气质是有些相近的。我曾当面和他谈起这个问题,他则微笑不答,不致【置】可否。沈从文是一个多产作家,他虽然有过许多无聊作品,但他却有许多很优秀很出色的短篇的,比如《顾问官》、《柏子》……等等。《边城》则是一幅古朴而完美的抒情的诗篇。②

这个比较品评虽然简短,但不论对芦焚还是沈从文,都可谓实事求是、中肯惬当之论。

然而,且不说青苗的意见被长期埋没了,就连被公认为最杰出的现代批评家李健吾的中肯辨析,学界也一直是熟视无睹的,倒是那种似是而非的皮相之见流行不衰。事实上,新时期以来的现代文学研究论著说及师陀时,几乎总要强调他与沈从文的关系,而屡次被不假思索地选入京派文学选集、写入文学史著,更成了师陀无奈到无法逃避的"光荣"遭遇。

当然,也有人注意了师陀与沈从文的差别。比如,范培松先生在其编选的《师陀散文选集》序言里,就敏锐地指出,"欣赏师陀的散文首先

---

① 刘西渭(李健吾):《读〈里门拾记〉》,《文学杂志》第1卷第2期,1937年6月1日。
② 青苗:《忧郁的怀念》,枫林文艺丛刊《辽阔的歌》,1943年第1期。

必须解决的一个难题,是要弄清师陀对故乡——即对农村的态度",而"要了解师陀对故乡农村的态度,就必须引进一个参照系——沈从文"。应该说,范培松先生相当准确地抓住了师陀和沈从文对农村的态度之差异:

  从总体上看,师陀对故乡农村的态度是一种"失乐园"的感受。他的《失乐园》一锤定音——"失"。这和沈从文到("到"疑当作"对"——引者按)故乡农村的态度形成一个鲜明对比,他在湘西神游是完全沉醉在"得乐园"的梦一般的境界中,他处处为湘西的水手和妓女的强有力的生命脉搏的跳动所鼓舞,"得乐园"成了《湘行散记》的基调。这种"失"与"得"的不同,具体表现在以下两方面:

  1. 师陀目光注视故乡农村的"今"与"昔"之异,(中略)他的散文是为苦难的中国农村唱挽歌。这是他理智参与生活的必然。而沈从文恰恰相反,他的目光恰恰是注视在故乡农村的"今"与"昔"的"同"上。(中略)这种"今""昔"之"同",使沈从文在故乡整天陶醉在一种原始生命力的昂扬之中。他回故乡捡回了生命的活力。这种参与,是一种感情的参与,虽则带有盲目性,但富有浪漫色彩。因此,可以归结到这样一个简单结论,师陀对待故乡农村比较现实,沈从文对待故乡农村比较浪漫。

  2. 在表现手法上,师陀对故乡农村采取了有分寸的有限度的暴露。(中略)相比之下,沈从文就要潇洒多了,他在描写湘西农村时,采用"强盗一样好大胆的手笔"。(下略)

  但是"话说回来",尽管意识到这些差异,范培松先生还是把师陀纳入到以沈从文为"当然盟主"的"京派散文"中,却把他看到的师陀与沈从文乡村散文的差异(这种差异当然也表现在他们的乡土小说中,只是范培松先生编选的是散文,所以只能就散文而论),勉强归结为"两人的艺术气质的差异"以及"他们所出生的空间地域"的差别而不计。这样一种意识到差异而又有意淡化差异的评论是很有趣的,而值得反思的是为什么会有如此矛盾的评论?

  说来,范培松先生把师陀纳入京派的首要理由,也就是所谓"师陀在踏上文坛前,曾得益于沈从文的帮助"。这是一个长期流行而实属想当然的说法。事实上,我们并不能找到多少"师陀在踏上文坛前"或登上文坛后得到沈从文特别帮助的事实。当然,师陀曾经在沈从文主编的《大公报》文艺副刊上发表过几篇作品,但那只是一个投稿者与编者的普通关系,而稍前和稍后师陀在非京派的刊物如左翼刊物、海派刊物上发表的作品更多。要说真正扶助师陀走上文坛的人,那无疑是左翼作家丁玲,而在师陀登上文坛之后,给予他大力帮助的则是热情的巴金。至于师陀平素交往较多的作家,十有八九都是严肃地关怀社会改造的左翼作家,以及具有进步倾向的写实主义作家,唯一成为他的好友的京派作家,乃是由于给他送稿费而结识的卞之琳,但师陀对卞之琳最大的批评,就是嫌他沾染了较重的京派趣味。可是,师陀和沈从文"以相近的审美趣味和人生目标相吸引",①却成了范培松先生等判断师陀文学归属的最重要理据。其实,无论从社会意识、人生取向还是审美趣味来看,师陀和沈从文都几乎南辕北辙。所以,与其说师陀像似京派,毋宁说他更近于左翼。事实上,师陀就是一个准左翼作家,或者说,没有加入组织的自由左翼作家。即就乡土抒写的文学渊源而论,师陀也与沈从文没多少关系,他所秉承的乃是以鲁迅、台静农为代表的乡土写实兼抒情的新文学传统,并借鉴了契诃夫的忧郁婉讽的艺术格调和陀思妥耶夫斯基描写穷人的深度写实思路,而又呼应着左翼的农村社会分析的新动向,也因此,他的乡土抒写即使不说是针对着沈从文的浪漫抒写而发,也肯定包含着对沈从文的不满和反拨。此所以师陀曾严厉批评一种很受西方人好评的"东方情调小说",以为在这种小说里读者只能得到这样一个暗示或启发:

  人们是为了生命尽着力,将来也许有什么不测,但那是命运;命运如果要将人怎样,人就只好由它,反正人是已经为生命尽过力了。你曾见过比这更使人痛苦的现象吗?然而好奇的外国人如获珍宝,他们不住的【地】把玩着,赞叹着,他们就以"尽人事听天命"这种中国古哲学作为标准材料,把它当作【做】一种不变的人生观

---

① 以上所引范培松先生语,见《师陀散文选集》的"序言"之第 4—9 页,天津:百花文艺出版社,1992 年。

写成小说。至于近数十年来的中国实际状况怎样,他们不喜欢知道,他们觉得不大可爱,这不合他们的胃口,而且使他们感到恐惧。他们希望中国人最好能够永远在这种没有希望的所谓东方情调中生活,永远不死不活地供他们"同情"。①

这个批评表面上针对的可能是赛珍珠的"中国小说",但实际上是否暗含着对沈从文的乡土中国抒写以及林语堂的老中国叙事的某种不以为然呢?我以为是有的,只不过师陀比较厚道,所以没有明说罢了。这也就是范培松先生所发现的师陀与沈从文乡土抒写之不同的真正原因,至于气质的差异倒在其次——此类差异任何两个作家都有,何限于师陀和沈从文呢!

诸如此类的事实其实都不难辨别和判断,可是新时期以来的学界人士大都顽固地视而不见,却一再不厌其烦地重弹师陀受沈从文影响、属于京派作家的老调。那原因追究起来,说复杂也复杂,说简单也简单。盖自新时期以至所谓后新时期,左翼日渐成为一个贬抑人的贬义词,而京派则从一个文学流派概念,日渐演变成一种具有高端价值的高雅文学标准的代名词。师陀曾经与左翼文学非常接近的事实,人们未必不知,可无论谁又都不能也不愿因为他曾经左翼而否定他的文学成就,然则,怎么办、怎么说才好呢?好在师陀也与京派有那么一点点关系,于是顺水推舟、乘风而进地尽量把他往京派上面拉扯,也就成为文学史写作上的善举了。说句不客气的话吧,这种善举其实暗含着学术上的趋时与势利,而于师陀则可谓不虞之誉,并且也非他所愿。于此,我想起自己多年前对一位学界朋友说过的玩笑话:一个人迷恋海派犹可救药,也不难清醒;一个人迷恋上京派,那几乎是无可救药、难得清醒,因为京派文学既富于浪漫的新风骚,又富含古典的旧风雅,如此趣味当然最符合学院知识分子的口味,此所以浸渐成瘾也。可是,始终坚持社会改造理想和批判现实旨趣的师陀,对此并不以为然。所以,人们把他抬举为京派作家,他却很不识抬举。那么,究竟该怎么办呢?我

---

① 师陀:《上海手札·三·行旅》,刘增杰编校:《师陀全集》第3卷(下),郑州:河南大学出版社,2004年,第189页。

想,还是让师陀从他所不愿住的这个京派文学大观园里出来吧,恢复他的准左翼作家或者说自由左翼作家的自由身为是——他是不会嫌弃这个称呼的,对他,这才是实至名归的光荣归位。

(2009年10月20日草成第二节,2012年3月14日补成其余各节)

原载于《河南大学学报(社会科学版)》2012年第5期;人大复印资料《中国现代、当代文学研究》2012年第12期全文转载

父子之情与国家公义
——王蒙小说中"大义灭亲"的故事原型及其意义阐释

孙先科①

王蒙小说创作时间长,作品数量巨大,思想内涵丰富,加上他在文体和艺术手法上的创新,批评界对他创作的关注热情始终不减。据统计,自上世纪70年代末到目前为止,发表研究王蒙小说的论文和著作有700余篇(部),范围几乎覆盖了他所有的作品。从研究类型上来说,涉及主题研究、小说类型研究、"意识流"与小说文体研究、幽默与反讽等风格研究以及一些小说的个案分析与文本细读。尽管有些研究初步涉及文化学视角,如对长篇小说《活动变人形》的分析涉及"民族文化心理"等命题,但真正从人类学和"原型"角度展开的研究还没有见到,这正是本文选题的主要动机与思路。②

一、重复与原型

在王蒙的小说创作中,一些特殊的经验、生活场景、人物关系模式、故事类型以及主题意象等被一再的重复,尤其是在20世纪90年代的

---

① 孙先科,男,河南台前人,文学博士,河南师范大学文学院教授,博士生导师。

② 研究现状参见祝欣博:《叙述的交响:王蒙的小说创作与音乐》,河南大学现当代文学专业2009年博士学位论文;梁秀花:《新时期王蒙小说研究综述》,《山东教育学院学报》,2002年第3期。

"季节系列"中,一些重要的生活场景、人物关系、故事类型明显地脱胎于 20 世纪 50 年代和七八十年代之交的一系列中短篇小说,但在某些部位和细节上又有不同程度的改动和偏离。在这些小说中,重复不再是一个无关宏旨、可有可无、应该视而不见的小技巧,而是一个"有意味的形式",一个颇值得阐释的文本现象。

"重复"是"原型"的典型特征。荣格说:"原始意象或原型是一种形象(无论这形象是魔鬼,是一个人还是一个过程),它在历史进程中不断发生并呈现于创造性幻想得到自由表现的任何地方。因此,它本质上是一种神话形象。当我们进一步考察这些意象时,我们发现,它们为我们祖先的无数类型的经验提供形式。可以这样说,它们是同一类型的无数经验的心理残迹。"①在荣格的这段不长的论述中,它似乎将原型过分地神秘化了,而且在逻辑上是倒因为果的。如果避开文字表面的缠绕和逻辑上的混乱,这段话说出了原型这一概念在人类学层面上至关重要的内涵。首先,原型是"同一类型的无数经验的心理残迹",即是说,原型是相同类型的经验不断重复的结果,它虽然是以形象的方式,而不是以概念的方式存在,但它不是先验的,也不神秘。其次,"它在历史进程中不断发生并呈现于创造性幻想得到自由表现的任何地方",就是说,原型是一种重要的规约性的思维力量,在想象性、幻想性领域中,它会重复出现,体现出某一文化的连续性和这一文化特质的内在的一致性。总之,经验的"重复"是构成原型的基础,而且它的重要特征和发挥作用的形式与途径仍然是"重复"。

弗莱把"原型"这一人类学概念赋予新的解释后纳入文学批评领域。他把"原型"说成是"一种典型的或重复出现的意象","原型指一种象征,它把一首诗和别的诗联系起来从而有助于统一和整合我们的文学经验。"②在另外的著述中,他又说:"关于文学,我首先注意的东西之一是其结构单位的稳定性。比如说在喜剧中,某些主题、情境和人物类

---

① [瑞]荣格著,冯川,苏克译:《心理学与文学》,北京:三联书店,1987 年,第 120 页。
② [加]弗莱著,陈慧等译:《批评的剖析》,南昌:百花文艺出版社,1998 年,第 99 页。

型从阿里斯托芬时代直到我们今天都几乎没有多大变化地保持下来。我曾用原型这个术语来表述这些结构单位……"①在这里,弗莱将"原型"的范围扩大,具体到了主题、情境和人物类型等"结构单位",同时强调它在文学历史中的重复性和延续性。

"原型"一词的字面含义和它得以讨论、证实的具体例证似乎都将它引向遥远的过去,引向人类最原始的经验状态。比如在文学批评中,批评家更习惯于用"神话原型""民间原型"等概念建立"原型批评"的批评话语,似乎不与"神话""民间"等表示遥远的时间或空间的(初始与自发状态的)人类经验关联起来,就无法相信它的合法性与有效性。事实上,"原型"具有历史性与相对性。历史性是指,"原型"能够与不同历史时期的具体环境和具体的事物相结合形成种种不同的表现形态,即它的置换变体;相对性是指,不同的文化实体、不同的人类经验形态也会形成不同的"原型"。如果不承认这种历史性和相对性,那么,有关"原型"的理论就相当尴尬,即让人相信人类文化中只有一种"原型"。初始与自发状态的人类经验是形成"原型"的基础,但必须承认初始的、自发的人类经验并不是只有一种,只在人类的始祖那里发生,后天发生的一些全新的人类经验同样具有初始性、自发性,它也会拥有自己的"原型"。比如,哥白尼的太阳中心说改变了基督教世界以上帝为中心的生存方式,以人为中心的世俗经验成为基督徒必须适应的一种全新的经验,相应地,文艺复兴以后的文学艺术中不断出现冒险与开拓的主题"原型"与鲁宾逊式的人物"原型"。

同样,20世纪发生在中国大地上的无产阶级革命(政治革命、文化革命)也是一种"史无前例"的人类经验,它有自己的逻辑和历史,有自己的文化和图腾,同样有属于自己的"原型"。王蒙笔下的"年轻人"是20世纪无产阶级革命中的一个独特的历史群体,也是带有鲜明特色的历史主体,他们的经验是鲜活的、独一无二的,用王蒙自己的话说,"我的处女作是长篇小说《青春万岁》,我熟悉那些和我一样的经历了新旧两个社会的少年——青年人。革命的风暴,黑暗到光明的巨变,使他们早熟了而且充满了革命的理想。在1953年,我已经感到这一代青年人

---

① 叶舒宪:《探索非理性的世界》,成都:四川人民出版社,1998年,第101页。

是难以重复地再现了的,我要表现他们,描写他们。"[①]王蒙对这一代人,这一历史主体的深情回忆,对他们复杂经历与精神成长经验的纪录与反思具有重要的历史价值和精神史、思想史的意义,笔者将以这一历史主体为叙写对象的作品称为"年轻人"传记系列。王蒙在"年轻人"传记系列中对一些典型情景、主题、人物关系、故事类型的重复叙述,已经使它们具有了"原型"的意味和价值。

二、"大义灭亲"的故事

王蒙的小说处女作是长篇《青春万岁》(写作时间最早,在报纸上连载),但他完整地发表的第一篇小说是短篇《小豆儿》。这篇小说以20世纪50年代初的"肃反"运动为背景,描述一个叫小豆儿的共青团员在家庭内部的"革命",她大义灭亲,亲自告发父亲(不法商人)与叔叔(暗藏的反革命分子)的阴谋活动。《小豆儿》这篇小说的主题及感情倾向流露出与20世纪50年代语境明显的关联:鲜明的政治主题(甚至是配合政策的"政策主题")以及强烈、粗放、简单的感情色彩。尽管如此,这篇小说的主题、结构、叙述及修辞方式已经显露出王蒙以后小说创作的诸多特征。尤其突出的是,这篇小说的基本故事结构及意义的生成方式——一个资产阶级家庭内部的腐朽的生活方式与不法行为与外部的轰轰烈烈、光明灿烂的(以诗歌来隐喻)社会生活形成强烈的对比,新生活的主人(女儿或儿子)大义灭亲,举起背叛的大旗,揭发父亲的阴谋,推翻父亲作为"家长"的权威,旧的家庭被荡涤——成为王蒙小说创作中一个重要的结构性因素和意味深长的意义编码,并在以后的创作中一再重复,使之成为一个意涵丰富的故事原型。

在长篇小说《青春万岁》中,女中学生苏宁是性格与心理发展痕迹最清晰、最剧烈、最有深度的形象之一,她的成功很大程度上归因于她所出身的阶级在新社会所面临的猛烈冲击与动荡,她不可避免地在新、旧两种社会体制的转变过程中经受思想、性格、心理的痛苦而艰难的蜕

[①] 王蒙:《倾听着生活的声音》,《王蒙选集》(一),南昌:百花文艺出版社,1984年,第2页。

变,她的新生比之于郑波和杨蓓云等家庭、社会背景相对单纯的人物来说,显然经历了一个更复杂、更艰难也更深刻的"成长"过程。在苏宁的性格发展和精神成长过程中,她告发父亲不法行为的"大义灭亲"事件,是一个关键性的步骤,或者说,这是一个标志性的事件,标志着她走出腐朽的资产阶级之家,勇敢地跨到了集体与社会之家,走出了狭小的、令人憋气的个人天地,融入了广阔的、光明的未来事业,是她性格初步成熟的一个标志性仪式。从精神分析学的角度来说,她的告发行为是一次激烈的"弑父",标志着她在精神上与父亲的彻底决裂,自己作为一个主体成长起来。

不敢肯定在王蒙的生活中,或者在他所熟知的亲友的生活中的确在"三反""五反"等历史过程中发生了"大义灭亲"的事件,因为文学叙事中的故事与生活中的事件是不能画等号的。但是,可以肯定的是类似的生活经验给王蒙留下了深刻的印象,甚至可以说是给他心理上造成了严重的刺激,只有如此,才能解释类似事件作为一种不可磨灭的深刻经验反复出现在他的记忆中的理由。在时隔30多年后的20世纪90年代,在更大规模地展开对"年轻人"的成长经验进行讲述的"季节系列"中,"大义灭亲"的故事又一次出现,这就是发生在李意身上的故事。在"三反、五反"运动中,作为资本家的儿子,李意被要求揭发他父亲的"五毒"行为。李意经过痛苦的思想斗争,然后开了三个夜车写揭发他老父亲的材料。为了表示"大义灭亲"的完全彻底,在妈妈中风住院时也拒绝回家看望。

"大义灭亲"是一个古老的、在文艺创作中反复重复着的故事原型。之所以如此,很大程度上是因为这一原型故事中所内含的强大的感情冲击力、复杂的道德内涵以及在审美心理上所激发的特殊感受。"大义"(公义)与"亲情"被放置在尖锐对立的场景中,非此即彼,或公或私,取舍系于千钧,这种选择的分量使主人公和读者均经历着感情的难以承受之重,"大义"虽神圣崇高,但养育之恩重于山、血缘之情浓于水,取"大义"灭"亲情"在道德承受力和心理接受力上无疑是一次严峻的挑战。"大义灭亲"故事因其对人类最复杂情感的拷问和道德水平的严峻考验而具有了巨大的震撼力和长久的生命力。

王蒙的"大义灭亲"故事既有传统同类故事的感情与道德内核,又有和特殊语境相关的具体语义。"三反、五反"是发生在社会主义制度初建时期的特殊事件,资产阶级在被社会主义改造之后仍不甘心于自己的失败,以囤积居奇、贩假售假等不法行为扰乱、破坏社会生活。来自资产阶级家庭内部的反叛者发动家庭革命,大义灭亲,举报告发自己的资本家父亲。这里的"大义"具有一种历史的具体性,即对社会主义制度的维护、对新生的现代国家的神圣感与自豪感,对与此相背离的行为与思想的仇恨,即一种有着鲜明时代特色的对国家公义的维护、对藏污纳垢的资产者家庭的否弃,成为王蒙小说借助"大义灭亲"这一古老故事原型而表达的具有鲜明时代色彩的政治意识。

三、重复与偏离:意义的再生产

使笔者对王蒙"大义灭亲"故事最感兴趣并决意作为一个问题提出的主要动力,并不是对每一个具体的"大义灭亲"故事进行单独地解读,而是将先后出现的"大义灭亲"故事在时间的链条上进行对比后发现,由于写作语境的不同(文体可能也是一个影响因素,但不是主要因素),王蒙对"大义灭亲"故事的叙述发生了一些有意味的偏差,作了一些有意识的修改。对故事进行重复叙述,在重复中作"差异"性修改,是叙述诗学中一个有意味的编码策略。王蒙对"大义灭亲"的故事所作的重复、修改、补充、删削就颇具意味,从中可以解读出一些在单一文本中无法发现的特殊蕴涵。

短篇小说《小豆儿》写于1954年,和《青春万岁》的创作几乎同时。相同的语境,使作家在处理"大义灭亲"的题材与故事原型时,对这一原型中叙事元素的使用及意义的开发取了大致相同的路子。比如在环境的设置上,两者都把资产阶级之"家"——破败、腐朽、藏污纳垢,与光明、热烈的集体生活进行对比,构成公共生活与私人生活领域是两重天地的比照格局。在人物形象的设计上,父亲形象简洁明了,从外形到行为都是一个过时的、政治上反动的资产阶级形象,在新的社会中干着与新形势格格不入的不法勾当。母亲形象则相对暧昧,在政治上并不是父亲不法行为的合作者,但作为家庭日常生活的维护者,不想让家庭崩溃,因此对子女的"弑父"行为充满恐惧和疑虑。而作为"大义灭亲"故事的核心因素，子女对父亲不法行为的告发，较少或者根本没有这一故事原型所固有的道德忧虑和感情困惑，爱国、爱社会主义的政治情感具有压倒一切的力量，主人公在行为和心理上几乎没有任何犹豫、自责、愧疚等人之常情的表现。

作为长篇小说中的一部分，苏宁与其家庭的决裂比起小豆儿告发父亲以及面对母亲"你爸爸要出了事，咱们一家全完了"的警告时的干脆利落和义无反顾，要艰难、复杂一些，但在是否要告发父亲的问题上，她也是毫不犹豫的。那么，作者如何面对"大义灭亲"后主人公所面临的"家"的倾覆这一严重局面呢？或者说，什么样的价值伦理可以填补父亲被弑以后留下的价值真空呢？进而言之，对自己从小生长的家庭、养育成长的父母真的能够弃之如敝屣而没有任何留恋吗？一个多么强大的力量才能弥合"弑父"和"失乐园"（家）后留下的精神创伤呢？尽管王蒙在文本中也留下某些可"重写"、可"细读"的"缝隙"，如小豆儿在告发父亲以后，站在朗诵的舞台上突然沉默，甚至逃走。苏宁面对母亲对家庭解体后可怕后果的预告，也不可能完全无动于衷（"听说要卖房子，苏宁动了一动……"）等，但是，在视人性论为洪水猛兽的语境中，作者不可能为家庭伦理、为人性留下多大的空间。在失去了家的护持与父母的恩宠以后，王蒙让他的主人公从政党、从集体那里获得了鼓励和温暖：

> 不知什么时候进来的团总支书记走到我身边，她激动地握着我的手，说："小豆儿，我全知道了，你父亲和你叔叔已经被公安局抓去了，你做得好……
>
> 我的心一下子轻松了。我虽然没有朗诵出一句诗来，心里却比朗诵了一首最好的诗还要愉快……

苏宁告发父亲，被父亲打伤住院，杨蔷云等同学到医院去看她，作者写道：

> 苏宁眼中含着感动的泪花，像瞧见了最关心她的亲人一样。她精神很好，说："我的伤不重，一两天就可以出院。"她告诉蔷云，"我们这个病房好极了，有一半病人是共产党员，大家互相安慰，互相鼓励，还互相批评——一个人对护士态度不好，大家就批评她。不但如此，她们介绍说，每星期六晚上这儿还举行联欢会呢。"真是

奇怪的事，能够在一切环境里摄取消沉和忧郁的苏宁，却在病房里感到了生活的温暖。

王蒙自己在几十年后谈到《小豆儿》的时候说："我自以为小说的重点不在检举坏人，而在于突出新中国的青少年，面临着怎样的光明与黑暗的对比与急剧转变。"①这种"急剧转变"对于小豆儿和苏宁等这些出生在资产阶级家庭的青少年来说，就是要进行家庭革命——革资产阶级父母的命，逃出已经腐朽的资产阶级家庭，走向学校、医院等代表了"集体"的生活中来，走向政党所代表的政治集团中来。王蒙以自己的亲身经历体验了覆灭之前的国民党统治下的政治腐败、经济凋敝、社会混乱；认识到了父亲虽然离开了封建地主之家、但他的小资产阶级的狂热和不切实际终将一事无成；承受了些许来自家庭成员的温暖、但更多地承受了家庭的"污泥浊水"，因此对家庭充满了绝望；他最初的革命经历让他领会了"当你只是一个人的时候，你只有十二三岁，一米六多一点高，体重不足百斤，对于旧社会完全绝望，你什么事业不可能做成。当你与一个伟大组织有联系的时候，你知道自己的力量巨大无比，正在艰难取胜"。② 因此，在他的小说创作中，王蒙顺理成章、水到渠成地对"大义灭亲"的故事原型，做出了政治式的阐释，以集体、社会、政党为核心的社会主义的政治伦理取代了以孝悌为核心的封建家庭伦理与以个人为核心的资产阶级的伦理准则。集体、社会、政党真的能够担当得起"弑父""毁家"带来的精神创伤吗？"家"是真的能做到弃之如敝屣吗？至少在当时的语境中，王蒙自信是真理在握的。

在20世纪的90年代，距离王蒙写作《青春万岁》和《小豆儿》已经有了40年的时间之后，王蒙开始了他的"季节系列"的写作。其中，李意是一个出生在资产阶级家庭中的"年轻人"，他的出身、经历、心态与小豆儿、苏宁非常相似，"大义灭亲"的故事也同样发生在他身上。但是，对比以后可以发现，作者对李意"大义灭亲"故事的描写有意地进行了偏离和改写，这种偏离与改写形成的"互文"关系颇为意味深长。

在《青春万岁》中，作者通过一种意象化的修辞手段——破败、萧条

---

① 王蒙:《王蒙自传·半生多事》,广州:花城出版社,2006年,第130页。
② 王蒙:《王蒙自传·半生多事》,广州:花城出版社,2006年,第61页。

的庭院、散发着腐旧气息的老妈子、颓废病态的资产阶级少爷、丑陋阴郁的资产阶级家长,强烈地暗示了资产阶级家庭的不合时宜和落后于历史潮流的腐朽性。小说对资本家——苏宁父亲的描写同样具有一种美学上的简明性——不仅政治上反动(与社会主义的政策对抗)而且在道德上虚伪、凶残(痛打苏宁以至使她住院),因此,苏宁由黑暗到光明的转变——"大义灭亲"是这一人生选择的一个仪式,没有犹豫,没有挣扎与反复,没有心灵的煎熬,没有陷入政治与道德两难境地时的痛彻心肺的撕扯与摇摆。这种叙事的简洁明了、修辞上的意象鲜明表明了叙事人在历史认知与历史判断上的信心与果决,以及对社会主义及其道德体系必将战胜资产阶级及其生活方式的乐观主义情绪。

在"季节系列"中,对资产阶级出身的李意的描写(李意主要出现在《恋爱的季节》与《失态的季节》中,随着作者叙述的笔触转向乡村,生活在北京的李意就基本消失了),有了很大的改变。以意象化的手段将资产阶级家庭描写为一个腐朽的物象的修辞不见了,相反,对李意资产阶级家庭的交代被有意识地涂抹上了"红色"——李意的父亲很早就和共产党有联系,并秘密地帮助过地下共产党。尽管如此,李意还是因为他的出身,而受到了不公正的对待:他由于"与资产阶级家庭划不清界限",在候补期满后,他的正式的共产党员身份没有获得通过。正像在《青春万岁》中将苏宁的家庭意象化为一个腐朽的物象一样,将李意的家庭背景改写为红色也是一个着意为之的修辞手段。但是,这两种修辞达成的修辞效果是不同的,甚至是相反的。意象化的叙事是靠物象来传达其"意"的,排除了叙述人干预的痕迹,因此,苏宁家人和庭院等肖像与物象呈现出的破败迹象,"无言的"述说着这个资产阶级家庭"流水落花春去也"的、不可挽回的、毁灭的悲剧,意象化背后隐含的是一个掌握了历史发展规律的、对历史充满自信的叙述人。但在"季节系列"中,叙述人对李意家庭历史的改写,其修辞效果却接近于反讽:一个有过"红色"历史的资本家仍然是资本家,你的子女仍然无法逃脱被歧视、被改造的历史命运。叙述人议论道:"他忘记了,说下大天来,他们家毕竟是资产阶级,而共产党是无产阶级的,无产阶级是资产阶级的掘墓人,马克思早就说过的。"这样的反讽效果使叙述人的价值判断变得暧昧和游移——他的同情似乎在受到了伤害的李意一边,阶级论的铁面无私显得冷酷、不近情理。

在"大义灭亲"这一核心情节中,作者对构成这一情节的某些叙事因素作了改写,使这一故事原型的结构和语义都发生了变化。首先,"三反、五反"这一环境因素被定性为具有过激倾向的政治运动,李意的父亲被定为有"五毒"嫌疑的"老虎"是一场误会,是一个错误。这一改写是致命的,李意"大义灭亲"的正义性、正当性、革命性因为这一前提的被推翻而丧失,"大义灭亲"故事的悲壮意味被消解,变成一场有喜剧色彩的闹剧。其次,当事者在"弑父"过程中的心理状态被清晰地呈现出来。李意本无意、甚至担心自己没有胆量揭发自己的父亲,但他所耳闻目睹的政治运动的残酷性,尤其是对自己会不会被开除出党的担心与恐惧,让他违心的、无中生有的为父亲罗织罪名,告发父亲的所谓"五毒"行为;当被告知自己的母亲中风住院的时候,他也冷起心肠,拒绝回家,以表明与资产阶级家庭决裂的勇气与决心。直至自己得病住院,与家庭决裂的李意却受到家庭的关照,李意再次与家庭和解——他顶着被指责与资产阶级划不清界限的罪名,坚持在家里办了结婚宴席——但面对指责,李意用父亲的特殊身份、以某位共产党的高级领导人的在场为自己辩解、开脱。经过了一系列具有闹剧色彩的与家庭的分分合合、忽好忽恼的过程以后,"人们感到,李意已经不是从前的李意了"——他变成了一个油滑的、会见风使舵的投机者。与小豆儿、苏宁在"大义灭亲"事件中被忽略整个心理过程、"大义灭亲"的故事被单纯的突出了国家正义相比,"季节系列"对李意心态和人格变化的改写与增补,很大程度上颠覆了"大义灭亲"在政治上的正义性,它的闹剧色彩表明"大义灭亲"没有实现对一个资产阶级后代政治纯洁性的改造与拯救,相反却让他彻底丧失了对政治的信仰。作者对"大义灭亲"故事的重写暴露了将集体与个人、社会生活与家庭、政治与伦理亲情极端对立起来,将人性视为洪水猛兽、将阶级性视为人的唯一属性会带来多么可怕的后果。

不是神话书写的时代,而是书写神话的时代。书写的时代环境,很大程度上决定了神话(文本)的意义。很显然,《青春万岁》是一种当下性的写作,作者与书写的对象和书写的时代还没有拉开距离,作者获得的历史唯物主义观念让他相信,资产阶级必然灭亡,像苏宁这样的资产阶级后代只有、只要融入集体、投入共产党的怀抱才有、就有美好的未来。

"季节系列"的写作已变成了一种回忆，作者经历了历史的林林总总，在阶级论之外获得补充性的认知视角，所以，李意这一形象就完全逸出了苏宁所框定的命运轨迹。无产阶级思想对他的改造可以让他脱离资产阶级家庭，甚至让他哑口无言，用吹口哨代替说话，但最终也不能完全无产阶级化，他还坚守着自己的生活方式。小说的叙述者也在革命之外承认还有另外一种人生：

> 大家也原谅了他……一则是他失了恋，二则是他的生活方式毕竟也是一种生活方式，也有它的道理，它的好处，他的这种话题毕竟也是一种话题，也有它的趣味，它的亲切。接受了神圣的庄严的超人的——如斯大林所说的特殊材料造成的——信条的他们，偶尔俯视一下芸芸众生的生存状态，倒也无伤大雅。

苏宁让我们相信，只要个人融入集体，投入革命阵营中，就会有美好的人生，但是李意这个一度被集体和共产党拒绝、排斥、疏离的资产阶级后代，后来选择了自觉游离集体的逍遥的人生方式，这使他恰恰躲过了最多的社会与人生灾难。

同样的"大义灭亲"故事，在王蒙笔下被以不同的方式讲述，产生了不同的意义。我们将两类不同的"大义灭亲"故事联系起来做个对比，我们发现同一个作家在不同时代讲述了关于人的两套话语：一个是关于阶级性的。彼时的王蒙相信，家是可以被毁灭的，亲情亦可以弃之不顾，因为毁掉一个家，打破的是一个牢笼，举报了自己的父亲，推倒了压在头顶的一块磐石，一个新生的自我会在集体和阶级阵营中找到温暖的归宿。另一个是关于人性的。此时的王蒙却让我们相信，李意的"大义灭亲"只是一厢情愿、自作多情。革了家庭的命，自以为身份清白了，但别人仍然视他为另类；举报父亲，拒绝看望生病住院的母亲，表现得恩断情绝、六亲不认，但父母还是把他看作自己的孩子，家庭最终包容了他。大义灭亲的人显得无情无义，而被"灭"的对象却显得情义深厚。"大义灭亲"的故事在"季节系列"中被反转为"不孝不义"的故事。从表现小豆儿和苏宁"灭亲"的大义凛然，到表现李意"灭亲"的不孝不义，"大义灭亲"故事的语义内核发生了重大的变迁。这一故事原型语义变迁的历史描述的实际上是当代生活的历史,是用人性反思泛阶级论的思想脉络,是中国当代政治文化衍生与变迁的一条精神线索。

原载于《河南大学学报(社会科学版)》2010 年第 6 期

"社会主义新人"大讨论与新时期文学

武新军①

"社会主义新人"曾经是革命时代文学中的一个十分重要的概念：在左翼文学兴起的过程中，曾有无数的批评家激情满怀地呼唤"社会主义新人"的诞生；在"十七年"文学批评中，"社会主义新人"的概念曾被频繁使用；1964年后，随着激进的"兴无灭资"意识形态的推行，"新人"逐渐被"无产阶级英雄"和"共产主义战士"等关键词所取代，"文革"文学中极"左"的人物形象规范逐渐形成；20世纪80年代中前期，"新人"的概念再次被文学批评家广泛使用；90年代中期以来，"社会主义新人"的概念逐渐从中国当代文学研究与文学批评中消失了，与此相关的研究成果越来越少。

但也有少数文章试图从"新人"的角度介入对当代文学史的考察：刘卫东的《从"新人"到"英雄"——社会主义新人理论的演变》(《文学评论》，2010年第5期)从历史叙事的角度，揭示出"十七年"文学中"新人"逐渐升级为"英雄"的过程；黄平的《再造"新人"——新时期"社会主义现实主义"之调整及影响》(《海南师院学报》，2008年第1期)从"新人"的角度，揭示出"社会现实主义"文学规范在新时期调整过程中所遭遇的尴尬与最终失败的过程；史静的《作为超话语的存在：与"伤痕文学"相伴随的"社会主义新人"批评话语》(《海南师院学报》，2007年第1期)则从"新人"批评话语与伤痕文学的关系出发，重新审视20世纪80年代文学批评。笔者在考察80年代文学报刊时发现，当时关于"社会主义新人"的讨论，是与复杂的经济、政治体制改革形势密切相关的，是

---

① 武新军，男，河南安阳人，文学博士，河南大学文学院教授，博士生导师。

与思想界、文学界革新力量与保守力量的反复较量紧密纠缠的。细致梳理"社会主义新人"讨论的展开过程、论争双方的主要分歧、代表性文本的主要特征以及"新人"逐渐淡出文坛的过程,有助于深化对新时期文学形成与发展过程的理解。

一、"社会主义新人"讨论的展开

十一届三中全会以后,党的政策从"以阶级斗争为纲"转向了"以经济建设为中心",但由于各地思想解放的程度不一样,不少文学报刊,特别是军队系统的文艺报刊,还在继续宣扬"兴无灭资"和塑造"无产阶级英雄",这显然不利于推动经济体制改革。为了尽快把文艺创作纳入为四化建设服务的轨道,邓小平在1979年第四次文代会的祝词中提倡塑造"社会主义新人":"我们的文艺,应当在描写和培养社会主义新人方面,付出更大的努力,取得更丰硕的成果。要塑造四个现代化的创业者,表现他们那种有革命理想和科学态度、有高尚情操和创造能力、有宽阔眼界和求实精神的崭新面貌。要通过这些新人的形象,来激发广大群众的社会主义积极性,推动他们从事四个现代化建设的历史性创造活动。"[①]邓小平对"新人"的界定,与国家从阶级斗争转向四化建设的大政方针一致,明显淡化了"无产阶级英雄""共产主义战士"等概念过于鲜明的阶级性,剔除了其"兴无灭资"的意识形态功能,意在为拨乱反正和四化建设提供精神资源和动力支持。

然而,邓小平对"社会主义新人"的呼吁,并未引起文艺界广泛重视。在第四次文代会上,没有几个人积极回应"新人"的提法。周扬在报告中强调:"作家主要是描写各种人的生活和命运,刻画人物的复杂性格,表现人的丰富的内心世界,描绘人们在为现代化斗争中的精神面貌的深刻变化。我们的文艺要写英雄人物,也要写其他各种各样的人

---

① 邓小平:《在中国文学艺术工作者第四次代表大会的祝词》,《文学评论》,1979年第6期。该祝词由邓力群、卫建林、张作光等起草,胡乔木修改后定稿。

物,包括中间状态的人物、落后人物和反面人物。"①康濯在发言中重点为"大连会议"("中间人物论""现实主义深化论")平反,并明确提出:"暴露、批评的作品,即使无先进人物也可以的,只要你写得分寸适应。"②秦似发言时也指出:"凡反映了社会和时代精神本质的东西,即使不写英雄,也伟大。"③第四次文代会后,各文艺报刊也没有积极宣传塑造"社会主义新人"。1980年,只有东北的几个刊物和吉林省文联对"社会主义新人"展开讨论,而多数文艺报刊对此并没有多大兴趣,有的甚至还持抵制态度。

　　文艺界之所以冷淡"社会主义新人",是因为"文革"时期的"根本任务论"殷鉴未远,而前不久,李剑的《"歌德"与"缺德"》又旧调重弹,鼓吹文学的主要任务是"为无产阶级树碑立传,为'四化'英雄撰写新篇"。多数文学期刊担心的是提倡"社会主义新人",不利于人物形象的多样化,不利于恢复现实主义传统。他们更关注邓小平祝词中"写什么和怎样写,只能由文艺家在艺术实践中去探索和逐步求得解决","不要横加干涉"等论述;更关注如何突破不能"写黑暗""写真实"的禁区,如何增强文学的"批判性"。在1980年7月由《安徽文学》《清明》编辑部召开的"黄山笔会"上,作家们质疑年初剧本座谈会上的"社会效果"论,激烈反对以"社会效果"为名限制"写真实"、排斥"写伤痕",他们呼吁把反封建作为文学的主要任务,呼吁继续展开对封建特权和官僚主义的批判。11月,《花城》《十月》《清明》等26家大型刊物在江苏镇江召开"全国大型文学期刊座谈会",呼吁扩大编辑部的自主权,批评有的地区主管部门对刊物管得过死,对文艺创作干涉太多,会上甚至有人说"可以和中央唱对台戏"。12月,《雨花》《上海文学》《鸭绿江》《福建文学》等17家地方刊物联合召开"鼓浪屿会议",主编们集中讨论的话题,还是如何对抗"左的"干扰,并提出在文学刊物受到政治干涉时,应该"一方有难,八方支援"。这几次会议,在1981年反自由化和1983年清理精神污染

---

　　① 周扬:《继往开来,繁荣社会主义新时期的文艺》,《人民日报》,1979年11月20日。
　　② 康濯:《再谈革命的现实主义》,《文学评论》,1979年第8期。
　　③ 秦似:《随感三题》,《文学评论》,1979年第6期。

中,都成为重点批判对象。

由于文艺报刊对"新人"普遍冷淡,邓小平于1981年1月29日再次强调报刊在发表作品和评论时,"要热情歌颂社会主义新人、四化的创业者","揭露和批判阴暗面,目的是为了纠正,要有正确的立场和观点,使人们增强信心和力量,防止消极影响。关于反右派、反右倾机会主义的错误和十年动乱的揭露性作品,几年来已经发表不少……今后这些题材当然还可以写,但发表过多,会产生一定的消极影响"。①

在1981年批判《苦恋》时,中宣部明确规定:以后凡是揭露和批判性的文学作品,文学报刊必须送审。正是在这样的背景下,《作品与争鸣》于1981年4月15日召开"社会主义新人"研讨会,中宣部副部长贺敬之莅会讲话。此后,"新人"问题才"引起文艺界的普遍重视",②《文艺报》与各地方文学刊物,或召开研讨会,或组织笔谈,或开设专栏,纷纷展开关于"社会主义新人"大讨论。汹涌澎湃的伤痕文学、批判文学的浪潮,终于得到有效的抑制。

不难看出,"社会主义新人"大讨论,实际上是1979年"歌德"与"缺德"、"向前看"与"向后看"讨论的延续,在20世纪80年代中前期的文艺报刊上,刊发提倡"社会主义新人"的文章较多之时,往往也是批判伤痕文学、批判文学激烈之时。"社会主义新人"的积极提倡者,意在把文学从伤痕文学、批判文学的潮流中引导出来,发挥先进人物的正面引导功能。他们认为:主导文坛的伤痕累累的人物形象与批判现实的文学,虽具有批判"文革"的意识形态功能,但却不利于教育人民团结一致向前看,积极地投身四化建设;过多地反思历史的创伤,容易导致革命历史合法性的危机,过多地揭露现实的阴暗面,不利于增强读者对现实秩序的认同感,滋长对社会主义的怀疑和不信任情绪。

而倡导塑造"社会主义新人",正是为了扭转这个方向,使文学沿着社会主义的道路前进。

正是出于上述逻辑,贺敬之说:"我们不能回避和掩盖阴暗面,社会

---

① 《中共中央关于当前报刊新闻广播宣传方针的决定》,《三中全会以来重要文献选编》(下),北京:人民出版社,1982年,第686页。
② 阎刚:《再谈社会主义新人》,《山花》,1982年第12期。

主义文艺理应正确地发挥它对旧事物的批判功能。但是，我们必须重视积极的、前进的、光明的新事物。我们应当反映出新事物和旧事物的斗争，光明面与阴暗面的斗争，反映出光明必定战胜黑暗的历史必然性。因此，要充分肯定新生的、光明的事物存在，充分看到它的发展壮大。正因为这样，塑造社会主义新人——我们时代的光明和前进力量的代表者们的形象，就当然成为正确反映新时代的关键性的一环了。"[1]陆贵山则说，提倡塑造"社会主义新人"，"对防止或克服单纯暴露可能带来的迷惘彷徨和悲观失望的沮丧情绪是极为有益的"。[2] 在1983年"清污"中，丁玲等老作家在学习《邓小平文选》的讨论会上，尖锐地提出到底提倡伤痕文学还是提倡"社会主义新人"的问题，胡乔木在动员"清污"时也曾明确表示："文艺创作在描写和培养社会主义新人方面所付出的努力和取得的成果，同党和人民的要求还有相当的差距。"[3]上令下行，文学报刊也随之跟进，较多地刊发表现社会主义新人的作品。

二、对"社会主义新人"的不同理解

20世纪80年代初是个新旧交替、思想驳杂的时代，文艺界既有思想守成者，也有思想开放者。思想守成者主张继续批判资本主义思想，思想开放者主张重点批判封建主义的思想残余和官僚主义思想。因此，他们对"社会主义新人"的理解并不一致。

在当时，积极提倡"社会主义新人"的，多是文艺界领导、老作家和思想相对保守的学者。他们对"新人"的界定较为严格，更重视"新人"的社会主义觉悟，强调"社会主义新人"应该与资产阶级思想划清界限。贺敬之认为"社会主义新人""是在最后埋葬私有制度并清除它对人们

---

[1] 贺敬之：《总结经验，塑造新人——在〈作品与争鸣〉编辑部召开的"塑造社会主义新人"讨论会上的讲话》，《作品与争鸣》，1981年第6期。

[2] 陆贵山：《塑造新人形象和反映社会矛盾》，《文学评论》，1981年第4期。

[3] 人民日报评论员：《高举社会主义文艺旗帜坚决防止和清除精神污染》，《人民日报》，1983年10月31日。

精神上的影响这一人类历史上最伟大的变革时期产生的","当然在以私有制为基础的社会发展过程中产生的新人,和在社会主义革命和建设环境中产生的新人根本有所不同,前者总是以这种或那种方式和私有制的思想相联系,后者则是力求摆脱这种思想的影响","不论在现实生活中还是在文艺作品中,如果根本没有共产主义理想,是不可能成为社会主义新人的"。① 自称"歌德派"的丁玲,在评价柯岩的长篇小说《寻找回来的世界》时说:"我听到有人曾经对某些作品的评论,好像只要主人公勤于职守,毫无怨言,默默无闻就认为是社会主义新人。我不以为然;我只认为那是正派人,是好人,是可以同情的人……但这不是社会主义新人。"她认为柯岩小说中的徐问、陆娴、黄树林才是"新人",因为他们具有"自我牺牲"精神,"以马列主义为主导,以党的事业为重,办工读学校,改造我们年轻一代中的失足者而孜孜不倦,任劳任怨"。② 张炯在谈论"社会主义新人"时,也看重"新人"与"舍己为人"的社会主义伦理道德的联系,他认为丁玲笔下的杜晚香是"社会主义新人",因为她"不计报酬""大公无私",不断改造客观世界和主观世界,从而精神上越来越崇高、美好。③ 蒋守谦反对离开社会主义觉悟谈论"新人"的新品质,他认为"具有现代科学文化知识,解放思想,破除迷信,富于实干精神、改革精神、创业精神等,都只有同具有社会主义思想觉悟这样一个根本的大前提联系在一起",方能成为"社会主义新人"。④ 重视"新人"的社会主义属性,必然会看重"社会主义新人"与"无产阶级英雄"的历史连续性,不赞成过多地否定建国后"十七年"的革命文学传统。刘白羽在呼应邓小平塑造"社会主义新人"的倡议时,仍然使用的是"无产阶级英雄"的概念,并通过追索马列文论与革命文学史的方式,论证创造"新人"的重要性,根本没有意识到"新人"与"无产阶级英雄"的区

---

① 贺敬之:《总结经验,塑造新人——在〈作品与争鸣〉编辑部召开的"塑造社会主义新人"讨论会上的讲话》,《作品与争鸣》,1981年第6期。
② 丁玲:《丁玲致柯岩》,《光明日报》,1984年8月9日。
③ 张炯:《从萨菲到杜晚香》,《新文学论丛》,1981年第4期。
④ 蒋守谦:《社会主义新人形象塑造问题浅议》,《作品与争鸣》,1981年第8期。

别。① 在《文艺报》召开的研讨会上，不少与会者要求"新人"继续承担批判私有制和资本主义的功能，不赞成以"新人"排斥"无产阶级英雄"，并主张把后者列入"社会主义新人"的范畴，把他们作为"社会主义新人"中最优秀的人。② 这种观点，显然和当时不断肯定个人利益、价值和尊严的改革方向存在矛盾。在新旧意识形态转换过程中，注定会产生这一棘手的问题。张炯在1985年《红旗》杂志组织的一次座谈会上，就不无困惑地提出"什么是社会主义新人？80年代新人与50年代新人有何不同？什么是改革中的道德伦理？"③的问题。

而思想开放者对"新人"道德品质的界定较为宽泛，他们更强调"新人"新的思想素质，而回避资产阶级思想问题。1981年3月24日，周扬在1980年全国优秀短篇小说评选颁奖大会上所作的《文学要给人民以力量》的讲话中，把"社会主义新人"的品格界定为："他应当具有社会主义思想和现代科学文化知识，他敢于解放思想，破除迷信，富于实干精神、改革精神、创业精神。"这显然是为了服务于改革开放的大局，意在通过塑造"新人"形象，建立与四化建设相一致的新的道德伦理价值观念。而不少学者则主张："社会主义新人"要与过去"兴无灭资"的思潮划清界限，"社会主义新人"与"无产阶级英雄"之间存在根本区别。他们反对把梁生宝等过去作品中的英雄形象视为"社会主义新人"，梁生宝虽具有社会主义觉悟和优秀的道德品质，但缺乏思想解放和投身四化建设的思想光辉和精神素质，如果把新时期的"新人"与"文革"前的"英雄"等同起来，那就没有必要重新强调塑造"社会主义新人"了。

由于思想解放的程度不同，论者们在"新人"的"复杂化"与"单纯化"问题上时有争论。思想守成者看重社会主义与资本主义思想的区别，反对片面追求"新人"性格的"丰富性"和"复杂性"，致使"新人"失去社会主义的特征。蒋守谦不赞成"把无政府主义、个人主义、爱情至上、抽掉了阶级性的'人情'、'人性'当作新人的品质来渲染"，"一个人，只

---

① 刘白羽：《与新的时代，新的群众相结合》，《红旗》，1980年第20期。
② 孔周：《努力塑造光彩照人的社会主义新人形象》，《文艺报》，1981年第24期。
③ 阎纲：《第四次作家代表大会记忆》，《文汇读书周报》，2014年8月29日。

有当他接受了科学的社会主义思想体系……同一切剥削阶级的旧思想、旧道德、旧风尚划清界限,他才堪称一个社会主义新人"。①晓江既反对将"新人概念狭隘化",也反对将"新人概念扩大化",他认为"新人"可以有旧的思想杂质,但"新"应占主导地位,李顺大、盘老五、陈奂生等新旧交替时期的农民,不具备社会主义觉悟和品质,因此,不是"新人"。郭志刚明确反对把"性格复杂"作为"新人"的唯一或主要标志,他认为"新人"的思想和性格应该向着"净化"的方向发展:"在建设社会主义与共产主义的宏伟事业中,关于人物思想和性格的这种'净化'过程,必然还会继续进行下去,必然还会成为不可阻挡的历史趋势,塑造社会主义新人形象的任务,更是离不开这个过程。"余斌则反对把"社会主义新人"非政治化,他认为"新人"主要是一种政治思想倾向,坚持社会主义信念和思想解放是其质的规定,"陆文婷、冯晴岚、李铜钟展示的是道德精神的力量,而不是政治思想倾向,因此,不属于社会主义新人"。上述观点,更接近于"十七年"文学中的人物形象规范,当时作品中的许多英雄形象,都是按照上述理论创造出来的。

出于对过去把英雄神圣化、简单化的反感,思想开放的学者更重视"新人"的个性和内心世界的丰富性,并不担心人物性格的复杂性会破坏"新人"的社会主义性质。蒋子龙说:表现"新人"切忌假、大、空,不应该回避"新人"所具有的"生物性"的一面。阎纲主张"新人"形象应该复杂一些,"不论就现实和就人来说,复杂即是真实","真正成功的真实的而丰满的新人形象,一般都是性格复杂的形象","人物性格的复杂性不仅表现在人物性格的矛盾上,而且表现在人物性格的众多的因素方面。这些因素包括历史的、民族的、地方的、家庭的、习惯的、个性的,当然也包括哲学的、政治的、经济学的、伦理学的、心理学的等等"。在路遥《人生》中的高加林到底是"社会主义新人"还是"个人奋斗者的典型"的争论中,阎纲肯定高加林是个具有复杂性格的"新人","高加林无疑地正在探索社会主义新人的道路,看得出来,他把这种人生新人的探求放置

---

① 蒋守谦:《社会主义新人形象塑造问题浅议》,《作品与争鸣》,1981年第8期。

在相当艰苦的磨练之中"。①

在"新人"讨论中,现实与理想的关系,也是争论的焦点。鉴于"文革"文学的教训,多数人都主张描写"新人",不应回避现实生活中的矛盾。所不同的是,有些人主张描写"新人"可以理想化,有的人则反对理想化。缪俊杰主张在尊重生活真实的基础上,"要发掘生活中美好的东西,要表现人物美好的心灵",写出"新人"的崇高理想和坚定信念,他反对指责《乔厂长上任记》《天云山传奇》"太理想化",主张把表现理想和理想化区别开来。陈传才主张塑造"新人"不应排斥理想化,不应在反对"假、大、空"的理想化时,排斥符合时代的真实感和历史的分寸感的理想化。王春元则明确反对把"新人"理想化,他强调人类改造社会环境的实践对造就"新人"的重要作用,反对以强制性的思想改造塑造"新人",并认为"新人"的诞生和发展绝不是"帝王将相、英雄圣哲教导训诲"的结果,言外之意是,文学作品中理想化了的"新人",对生活中"新人"的诞生和发展,并无多大的意义。

在要不要把"新人"理想化的争论中,还延伸出关于"新人"与普通人关系的讨论。主张应该理想化的学者,不赞成把"新人"等同于普通人:"他们的思想品质中,有比一般的普通人更先进、更高尚的东西。这就告诉我们,描写普通人、一般的好人中的社会主义新人,应该挖掘出不同于普通人和一般好人的东西,描写出他们的社会主义的思想品质。"②而反对把新人理想化的作家们,则主张扩大"新人"的外延,强调"新人"也是普通人,有的甚至提出"凡是给人以鼓舞力量的文学形象都是文学新人"。苏叔阳主张:"新人的条件不可规定太严,标准不可过高,应当从普通人中去寻找,去收集,去塑造。使最普通的人感到他们生活在自己周围,看得见,学得到,发挥新人形象最大的感染力。这也许是降低了标准,但我认为无论如何,不要再塑造神仙了,新人不是神。"福建老作家郭风则希望青年作者不要把"社会主义新人"理解得过

---

① 阎纲,路遥:《关于中篇小说〈人生〉的通信》,《作品与争鸣》,1983年第2期。

② 缪俊杰:《关于塑造社会主义新人形象的几个问题》,《芙蓉》,1983年第2期。

于狭窄,不要只写雷锋、张志新、乔厂长式的英雄,还要写各式各样的普通劳动者和知识分子,使"新人"形象、性格更加多样化。王进则极力提倡描写普通人,他认为"'新人'的外延是广泛的,其中不仅包括英雄,也包括普通人","英雄也是普通人,英雄和普通人之间并没有一条不可逾越的鸿沟,普通人有着英雄的某些气质,英雄也有着普通人的某些因素,绝大多数普通人都有某种程度、某种意义上的英雄色彩,但却很难发现十全十美的英雄"。王进还特别论证说:从中外文学史发展来看,"文学形象从神到人,从英雄到普通人,这是文学艺术发展的必然趋势和结果"。① 正是在这一逻辑的基础上,20世纪80年代中后期出现了"非英雄化""反英雄化"的文学思潮。

三、对"新人"形象的意识形态分析

在当时的文学评论中,被广泛认可的"新人"形象有:《乔厂长上任记》中的乔光朴,《开拓者》中的车篷宽,《三千万》中的丁猛,《人到中年》中的陆文婷,《犯人李铜钟的故事》中的李铜钟,《天云山传奇》中的罗群、冯晴岚,《家务清官》中的梁羽,《祸起萧墙》中的傅连山,《报春花》中的白洁,《船长》中的贝汉廷,《励精图治》中的宫本言等。这些"新人"形象,既有"十七年"文学中英雄人物的精神素质,又有新时期思想解放的新鲜血液;既保持了历史的连续性,又适应了新时代的要求。此外,他们还把文艺的批判功能和歌颂功能很好地结合起来了,比如,《乔厂长上任记》《天云山传奇》《家务清官》《祸起萧墙》等作品,既批判封建思想和习惯势力对改革开放的抵制,又歌颂革命历史中传承下来的理想精神。这些作品能得到新旧杂糅的意识形态的认可,也是情理之中的事。但不难发现,在"社会主义新人"与过去的"无产阶级英雄"之间,已经出现某些明显的不同:

其一,所有的"新人"已不是高大完美的红颜色的"无产阶级英雄",而是全颜色的"新人";他们不再具有神性的光环,而是变得有血有肉、有人情味。他们具有普通人的缺点,如,承受着"文革"创伤的郑志桐

---

① 王进:《试论社会主义文学中的普通人形象》,《文学评论》,1981年第3期。

(《天山深处的"大兵"》),玩世不恭的刘思佳(《赤橙黄绿青蓝紫》),对生活冷漠的刘毛妹(《西线轶事》),闹过要转业念头的梁三喜和靳开来(《高山下的花环》)等。烦琐的日常生活开始进入他们的生活,如,女兵们嗑瓜子、月经等个人私事,都得到表现。他们既是普通人,又是英雄,并未彻底沦为凡夫俗子,在关键时刻都能显出英雄本色。

其二,两者的成长过程不同。"无产阶级英雄"是在党的思想教育下成长的,其成长具有历史的必然性,在成长的过程中,他们必须不断剔除思想的杂质(个性、温情与其他缺陷),以达到意识形态所需要的"高度"与"纯度"。在"新人"的成长中,党的思想教育作用被淡化,人物形象之间不再是引导与被引导的关系,而是在相互探讨和冲突中成长的。《赤橙黄绿青蓝紫》中的解净不是纯粹的引导者,刘思佳、叶芳也不是纯粹的被引导者,他们对解净的成长也有帮助,帮助解净克服了教条主义的思维方式,作者"摒弃了那种只有英雄人物教育一般群众,受教育者永远被人教育的老一套写法,通过对人物内在的和外在的错综复杂的矛盾纠葛、发展变化的描述,去刻画人物的性格,在矛盾的相互斗争中,人物之间的思想性格互相生发、互相渗透、互相克服"。①《燕儿窝之夜》中的几个女性,"她们并不是由于受到外来的思想强光的照射才突然成长为新人和英雄的,她们只是在时势的推动下,在劳动和与大自然的搏斗中,唤醒了劳动人民固有的崇高的斗争力量,尽了她们作为社会主义的公民的本分而已"。② 这曾引起批评家的不满:"《燕儿窝之夜》的严重不足就是没有很好地描写出由'庸常之辈'到'社会主义新人'和'英雄'的性格的形成历史,这种'社会主义新人'和'英雄'的产生带有很大的偶然性,缺乏历史发展规律的必然性,缺乏人物性格发展的逻辑力量,因而大大削弱了作品的感染力和教育作用。"③"社会主义新人"的成长,明显降低了对"高度"和"纯度"的要求,他们不必过多地舍弃个人性因素,其成长多伴随着各种突发性、偶然性事件,如,刘思佳在

---

① 刘士昀:《在四化建设的广阔背景上塑造新人形象——评蒋子龙的新作〈赤橙黄绿青蓝紫〉》,《思想战线》,1981年第6期。

② 曾震南:《评中篇小说〈燕儿窝之夜〉》,《光明日报》,1982年11月24日。

③ 罗宝田:《他们真是新人形象吗?》,《文谭》,1983年第3期。

大火中、刘毛妹在战争中、燕儿窝的姐妹们在洪水中,精神境界得到升华;梁三喜和靳开来在大敌当前时,爱国情操和革命信念战胜了平时的消极情绪。借助偶然性事件来完成"新人"的塑造,在当时曾发展为一种陈陈相因的写作模式,这也说明作家们对以思想教育造就"新人"的必然性缺乏信心。

其三,两者所承载的意识形态功能不同。"新人"已不再承担"兴无灭资"的功能,而是极左政治的批判者,改革开放政策的坚定支持者;他们是社会变革、干部管理体制以及政治和经济管理体制改革的先驱,推动社会向改革开放的方向发展;坚定的共产主义信念和无产阶级立场被逐渐淡化,而"开拓创新"(乔光朴)、"实事求是"(李铜钟)、"独立思考"(郑志桐、刘毛妹)、"尊重科学"(《土壤》中的辛启明与《无反馈快速跟踪》中的方亮)、"面向世界"(《高山下的花环》中的雷凯华痴迷于世界军事科技)等与四化建设相一致的品质得到强化。"无产阶级英雄"大公无私、舍己为人的道德品质,也逐渐被弱化。由于人道主义思潮崛起,个人价值与尊严逐渐得到重视,作家们笔下的"社会主义新人",已经不再沿袭过去从个人主义走向集体主义的成长道路,作家们更乐意描写主人公从"无我"状态中觉醒,逐渐认识到个人的价值、尊严和利益的过程,如,《乡场上》中的冯幺爸、《人生》中的高加林等。耐人寻味的是:冯幺爸与高加林是不是"社会主义新人",当时曾有不少的争论,但论者对这两个形象都是肯定的,因为他们对个人权利和价值的追求,并没有走向反社会的极端,在精神上也是积极向上的。这说明,即便是思想守成的学者,也在不断地解放思想,承认个人主体性的存在。而对于那些或多或少把个人与社会对立起来,或多少与怀疑主义、悲观主义(看破红尘走向宗教)、极端个人主义、反理性主义等思潮有瓜葛的人物形象,如,《在同一地平线上》《我们这个年纪的梦》《晚霞消逝的时候》等作品中的主人公,则不但不能获得"新人"的称号,反而遭到激烈的批判,而在批判者中也不乏以思想解放著称的改革派知识分子,可见,20世纪80年代中前期中国思想界的状况。

四、"新人"的淡出与旧人物形象规范的解体

在1981—1984年的文学报刊上,"社会主义新人"的概念曾经频繁地出现,王蒙、张贤亮等"复出作家",冯牧、唐达成、阎纲、缪俊杰、陈丹晨等批评家,都曾使用过这个概念。但此后的文学报刊上,这个概念就越来越少了,取而代之的是"血肉丰满的性格""复杂的人物形象""人物性格二重组合""富有深度的人物形象""人物性格的辩证法"等,而到了1986年之后,"非英雄化""反英雄化"等词语开始频繁地出现在文学报刊上。可以说,"社会主义新人"倡导之初,回应者寥寥;大规模讨论骤起,但后继乏力。这与20世纪80年代"经济上不断反左、政治思想上不断反右"的宏观政策有关。

首先,"社会主义新人"的概念,是与当时"经济上反左"的时代潮流相背离的。经济体制改革的大方向,是不断地肯定个人主体性,肯定个人的尊严、利益、情感和欲望。也只有肯定个人主体性,才能推动经济体制改革和生产力的发展。从这个角度来看,与"反资"联系在一起的"社会主义新人",并不能给经济体制改革提供多少思想资源和精神支持,并且有可能成为经济体制改革的阻力,在当时也确实有些力主革新的知识分子,把倡导"社会主义新人"的知识分子视为"左"的代表。而周扬、王若水等人的"人道主义"与"异化"、刘再复的"文学主体性"与"性格组合原理"等,则与当时的经济体制改革有着更多的一致性。刘心武在接受香港学者李怡采访时就说过:刘再复的理论探索,是与中国经济领域的改革相"配套"的,这正是他的复杂性格理论能够得到知识分子广泛认可的原因。① 在当时的文学创作中,"人物性格的复杂性""人物性格组合原理"等观念,为表现个人的情感、思想、诉求、欲望乃至非理性的层面开辟了道路。而被激活了的人的各种欲望,则被当时的改革派知识分子视为搞活经济的动力之源。"社会主义新人"被边缘化,由此就不难理解了。

---

① 李怡:《刘心武谈刘再复事件与中国文学思潮》,《九十年代》,1986年第6期。

其次，提倡塑造"社会主义新人"，是与当时"政治思想上不断反右"的发展趋势相一致的，它曾经成为反对资产阶级自由化的一种手段。1981、1983、1987年，文学报刊上"社会主义新人"出现频率较高，而使用这个概念的，大多是思想守成的学者和作家，他们试图利用这个概念来遏制文艺探索的新潮。动辄得咎的文艺探索者们，自然会对"社会主义新人"敬而远之。张贤亮是个明显的例子，他曾写作《龙种》《河的子孙》《男人的风格》等作品，探讨"社会主义新人"的问题。在清除精神污染中，张贤亮在批判的压力之下完成了《绿化树》，他有意和批判者对着干，改变了把主人公写成"社会主义新人"的初衷。具有强烈政治意识的张贤亮尚且如此，比他年轻一些的作家，就更不会把创作视野仅仅局限在政治的层面了。朦胧诗与现代派、寻根文学与先锋文学的作家们，更倾向于疏离文学与政治的联系，他们或钟情于"三无"小说，或致力于探索人的内心世界，或致力于开掘文化的岩层，或沉醉于文学形式的探索。在"现代派热""弗洛伊德热""存在主义热""文化热""形式热"等一次次潮涌之中，特别是在日渐崛起的拜金思潮的冲击之下，"社会主义新人"被冷落、被淡化，也在情理之中。

从这场讨论中，不难看出其背后复杂的意识形态冲突，看出意识形态的调整对小说中人物形象的深刻影响。在不断的讨论中，过去"写英雄"的规范与人物关系设置规范明显松动并逐渐解体。甚至连思想相对保守的康濯，在倡导处理好"新人"与反面的、中间的、落后的人物的关系时，也认同作家因生活积累等条件的限制，写没有"新人"的作品，"甚至干脆不写'新人'而只善于描写中间的、落后的人物乃至反动的人物"。① 由于政治和阶级问题逐渐被淡化，个人主体性和审美主体性逐渐确立，评价人物的标准也发生了变化，正面、反面与中间人物的界限日渐模糊：在旧意识形态中"兴无灭资"、大公无私的正面人物，在新意识形态中有可能成为思想僵化的反面人物；在旧意识形态中具有资产、小资产阶级思想，追求个人发家致富的反面人物，在新意识形态中恰恰可以成为正面人物。因此，有些学者试图从审美的角度，取消正反面人物形象的规范。姚定一认为：新时期文学中出现的许多复杂形象，对正

---

① 康濯：《努力描写社会主义新人》，《文艺研究》，1982年第3期。

反面的框框造成巨大冲击,非此即彼地划分正反面人物,是造成公式化、概念化的理论根源,严重违反了人物形象的辩证法,堵塞了人物形象多样化的道路。他异常尖锐地提出:"'正面人物'和'反面人物'的观点也应当进历史博物馆了。"①在受到批评后,作者又进一步从审美的角度论来消解正、反面人物的概念,他认为:过去按照政治、阶级观点来划分正面和反面人物,是以政治或道德标准规范文艺中的人物形象,"如果按审美特征、审美价值来估量,我以为一切优秀作品中的成功的艺术典型都是可以肯定的,因为他(她)们都具有审美价值。所以用肯定和否定来定义'正面人物'和'反面人物'也是不科学的"。② 后来,刘再复在倡导审美主体性时,也明显认同了这一思路。取消正、反面人物的界限,是不利于倡导塑造"社会主义新人"的。因此,有的学者坚持区分正、反面人物的必要性。季元龙认为:这种区分未必一定会导致公式化、概念化,"违反文艺特殊规律",未必就是非此即彼的形而上学,他坚持对人物作出政治的、道德的、审美的评价,并强调"对实现四个现代化是有利和有害,应当成为衡量一切工作的最根本的是非标准",塑造人物形象也是如此。③ 李庆信认为:"姚文把写人物性格的丰富性、复杂性,与区分正面人物和反面人物根本对立起来;似乎要写人物性格的丰富性、复杂性,就根本不能区分正面人物和反面人物,一区分正面人物和反面人物,就必然导致人物形象的公式化、概念化。这种看法本身就是把正面人物和反面人物的概念简单化、模式化了,同时,也把人物性格的丰富性、复杂性理解得至少是过于片面、狭窄,强调得过了头。"④ 李敬敏认为:取消正、反面人物界限的论调,既是一种文艺观,也是一种社会政治观。反对从政治、社会、阶级的观点划分正、反面人物,等于否

---

① 姚定一:《"正面人物"和"反面人物"质疑》,《四川师院学报》,1981年第1期。

② 姚定一:《关于划分文艺中"正面人物"与"反面人物"的几个问题——答李庆信同志》,《文谭》,1983年第7期。

③ 季元龙:《也谈"正面人物"和"反面人物"》,《四川师院学报》,1983年第4期。

④ 李庆信:《别连孩子和脏水一起泼掉——对〈"正面人物"和"反面人物"质疑〉的质疑》,《文谭》,1983年第3期。

定了现实生活中革命与反动、进步与落后、前进与倒退的分野,有可能模糊社会主义文艺的面貌。在社会生活发生变化的情况下,"不应该排除以对待四化建设的态度和行为效果为标准的正面形象、英雄形象以及反面形象、丑恶的形象这样两个方面,其中作为时代精神集中体现的主要是社会主义的新人形象"。①

20世纪80年代的生活和文学一样,是一步步向前发展的,每前行一步都伴随着不小的阻力。正是在反复的争论中,正面、中间与反面人物的内涵悄悄发生变化,按照阶级标准设置人物形象的规范逐渐解体,整个文学也渐渐挣脱了革命文学的轨道。其得其失,耐人寻味。

原载于《河南大学学报(社会科学版)》2015年第3期;人大复印资料《中国现代、当代文学研究》2015年第8期全文转载

---

① 李敬敏:《也谈"正面人物"与"反面人物"》,《当代文坛》,1984年第1期。

五四理想"人"的发现与初期
新文学主题、形态的确立

张先飞①

五四时期现代人道主义思潮运动最为重要的贡献之一,是对"人"的本质的重新发现。回溯历史,19世纪中后期以降,现代人道主义对"人"的本质的重新发现,是自实证科学时代与路德维希·费尔巴哈等改造黑格尔哲学以来,"人"的本质观与"人的生活"本质观巨变潮流的一部分,而且随着进化论后"人"的科学突飞猛进,还不断有着新的进展。五四时期新的"人"的本质观,便是当时最新的思想成果,按照五四现代人道主义理论代表周作人的定义,是建立在现代人道主义思想基础上的"人间本位主义"。②它包括两个层面的本质属性:一方面,作为自然人,其本质完全符合"灵肉一元观"的科学"人学"真理的规定,周作人将其概括为,"从生物学的观察上,认定人类是进化的动物;所以人的文学也应该是人间本位主义的。因为原来是动物,故所有共通的生活本能,都是正当的,美的善的;凡是人情以外人力以上的神的属性,不是我们的要求。但又因为是进化的,故所有已经淘汰,或不适于人的生活的,兽的属性,也不愿他复活或保留,妨害人类向上的路程"。如依周作人的说法来概括,这种"人"的本质,就是以作为进化的动物——"人"的生活本能为本位的"人间性"。周作人仍怕不能彻底说明,不厌烦絮,反

---

① 张先飞,男,河南西峡人,文学博士,河南大学文学院教授,河南省特聘教授,博士生导师。
② 周作人:《人的文学》,《新青年》5卷6号,1918年12月15日。

复强调这种"人间本位"一定要"适如其分","不要多,也不要少"。① 另一方面,作为社会人,"人"的社会存在与"人的生活"还需完全遵循"大人类主义"的"理想的人的生活"理念。②

由于初期新文学,即"人的文学",是五四现代人道主义运动的重要组成部分,因此,在现代人道主义观念启示下的理想的"人"的发现,也成为"人的文学"创作实践的核心主题之一,并在周氏兄弟的引领之下,引发了"人间性的发现"的创作热潮。学界对五四现代人道主义思潮运动中"人"的发现的系统研究,始于拙著《"人"的发现:五四文学现代人道主义思潮源流》(人民出版社,2009年),本文拟从五四现代人道主义的整体思潮运动背景出发,深入探寻理想的"人"的发现在四个层面的文学表现,具体展示初期新文学核心主题及形态的确立过程,以期对新文学的发生研究做出重要推进。

一、这也是一个人

依照周作人"人的发现"的观念,五四前期新文学家普遍认为,现今中国尚处在"辟人荒"的时代。究其根由,因为自古迄今"人的问题,从来未经解决,女人小儿更不必说了"。所以要彻底改造中国,"如今第一步先从人说起",也就是必须从现代人道主义"真理"出发,重新将人类以及中国人看作具有"人间性"的"一个人",以谋求理想的"人间的生活"。在此意义上,五四前期的新文学,即承担着"人的发现"时代重任的"人的文学",就是一种新的"人间性"的文学。五四前期"人的文学"家首先把目光集中投射于从未被当作"一个人"的最普遍的中国底层民众,还有"女人与小儿",③来阐明现代人道主义的"这也是一个人"的新觉悟。他们努力将这些被过往历史时代漠视为无声音、无面目、无"灵魂"的影子般的"氓众",重新树立为同样具有生活与精神世界的独特个

---

① 周作人:《新文学的要求》,《晨报·副刊》,1920年1月8日。
② 关于这两方面五四"人"的本质观,拙著《"人"的发现:五四文学现代人道主义思潮源流》(人民出版社,2009年)已作出较全面的分析、考察。
③ 周作人:《人的文学》,《新青年》5卷6号,1918年12月15日。

体存在。①"人的文学"自起步之初便发出如此鲜明的"这也是一个人"的声音,鲁迅居功至伟,因为他最早承担起这一任务。

　　1919年6、7月间鲁迅完成了一篇看似并不起眼的小说《明天》。②这篇小说自问世以来,一直很少得到论者的充分关注,并被视作普通、平常的作品。究其原因:一方面,由于鲁迅只是描写了千万底层妇女中一位毫无特色、最平凡的"粗笨女人",而且仅展示了单四嫂子最平庸不过的日常生活与粗糙的精神世界、心理活动;另一方面,小说的写法也似乎缺乏特点,不仅语言异常朴质,且纯为对日常生活与普通心理的原生态描摹,没有其他作品惯有的寓意结构。但事实上,这些均是因误解而生偏见。因为一旦我们从"人间的发现"角度重新看待《明天》,便会清楚地发现它是鲁迅对于"人间文学"小小的宣言书;而小说看似不足之处,实为作者表达主旨的着意安排。

　　《明天》讲述了年轻寡妇单四嫂子医患儿、葬幼子、思娇儿的简单故事,小说里出现最多的关键词语是:单四嫂子是个"粗笨女人",并且这样一种判断串联起整部作品的结构。鲁迅反复说明单四嫂子是个"粗笨女人",甚至在小说接近结尾处,为引起注意,还要特意提醒"我早经说过:他是粗笨女人",强调单四嫂子和蓝皮阿五、红鼻子老拱、王九妈等都是"粗笨"的底层民众。如此关注与在意他们的"粗笨",这种态度与旧的文学者完全摒弃最常见的万千普通蚁民的观念又有何区别呢?当我们细绎小说全文,就会发现,小说中最主要的陈述句是:单四嫂子虽然是个"粗笨女人",却有决断,并能考虑问题等,如"他虽然是粗笨女人,心里却有决断""他虽是粗笨女人,却知道何家与济世老店与自己的家,正是一个三角点;自然是买了药回去便宜了""单四嫂子虽然粗笨,却知道还魂是不能有的事"。应该说,鲁迅写作意图的重点就落实在这

---

① 现代人道主义"人的发现"的伟大贡献,在当时很多国家,尤其是中、日等后进国家影响巨大,如日本白桦派文学将此发现作为核心思想主题,周作人曾重点译介的江馬("馬",是日文汉字——作者注)修短篇小说《小小的一个人》(《新青年》卷56号),就是把一个普通孩童当作"溶化在人类的大海中的那小的一个人"来深切关怀的。

② 鲁迅:《明天》,《新潮》2卷1号,1919年10月30日。

个"却"字之后。这是在明确告知当时新文学的读者:单四嫂子虽是"粗笨女人"——既缺乏自觉的自我意识,很多情绪反应与行事作为均凭本能和习惯,又不能反省自己的情感,想不出太多东西,但不能因此就把她看成一个可以被完全忽略的存在物,如旧的文学者所惯常看待的那样。根本而言,单四嫂子实在与你我一样,是具有独立灵魂的真正的人,不仅有一个人应有的生活,而且拥有自己鲜活的思想情感,她既会被深切的痛苦、恐惧、幻梦、悲伤所困扰,也能感受深挚的爱与希望,虽然是有些懵懂、粗糙……总之,鲁迅用这样的转折语句,含蓄地将这些意蕴全部清楚地表现出来。

事实上,鲁迅正是通过一个"粗笨女人",在新文学中第一次正式宣告:底层民众"也是一个人",这是数千年来中国文学第一次立住了现代人道主义意义上的"活的人",当然还包括鲁迅之前在《孔乙己》(1918年冬作)、《药》(1919年4月25日作)中描绘的那些"粗笨人"。在这几篇作品中,尽有酸腐沦落的科举废人、勤勉愚昧的本分市民、自私龌龊却又热心肠的乡镇细民、痴愚哀痛的失孤老母、懵懂糊涂的少年儿郎、粗鲁阴狠的公门差役、在茶馆消磨生命的无聊闲人……这些从来无人关注的痴愚人、老实人、无聊人、混横人、堕落人、糊涂人、龌龊人等,在鲁迅笔下都成为一个个拥有灵魂、情感、思想的活生生的真实的人。"这也是一个人"的重大发现以及一个"活的人"的成功树立,是现代人道主义者"人间意识"的充分体现,因为五四前期"人的文学"家万分认同俄国安德列夫的著名论断:"我们的不幸,便是在大家对于别人的心灵,生命,苦痛,习惯,意向,愿望,都很少理解,而且几于全无。我是治文学的,我之所以觉得文学的可尊,便因其最高上的事业,是在拭去一切的界限与距离。"①他们将对别人心灵、生命等的发现,当作了群体的自觉追求。

二、这不是一个"人"

应该说,认识到"这也是一个人",仅仅是为"人的文学"家的"人的

---

① 周作人:《圣书与中国文学》,《小说月报》12卷1号,1921年1月10日。

发现"确立了一个基本前提。他们在这一时期的核心思考是如何成为"理想的人"并实现"理想人间生活"。这一思考充分体现于他们对人类生活的表现中，以叶绍钧《隔膜》系列小说（1919年2月24日—1921年4月30日）最具代表性。叶绍钧首先以这些理想观念作为标准来评判当今的人类生活，在其首篇表现现代人道主义新思想的小说《这也是一个人？》中，通过一个普通中国女性的悲惨遭遇，揭示出人类生存的真实现状：多数人仍然过着"非人"的生活。不过这并非自然主义式的无望惨剧，因为作者意识中始终高悬着"理想的人的生活"和"理想的人"的观念预设。他记述这一惨剧，目的是要以"理想的人"的观念来揭示当下人类的"非人"生活处境，并要以中国的"非人"生活唤醒人类去实现"理想的人的生活"与"理想的人"的目标，这应是叶绍钧以《这也是一个人？》作为《隔膜》系列小说首篇的真切意图所在。在"人的文学"家叶绍钧看来，所谓"非人"，不仅是指女主人公所承受的不人道的境遇，更重要的还在于，就个体意识的发展阶段而论，女主人公本身正是一个"非人"，因为她根本毫无"大人类主义"理想所要求的真正的"人"的意识，她"简直是狠（很）简单的一个动物"，如她对自己短暂生涯中所有经历均懵懂混沌，永远不明白那是什么意思，当她生了个孩子，"他（她）也莫明其妙"，而当孩子死了，全家吵闹埋怨之际，"他（她）听了也不去想这些话是什么意思，只是朝晚的哭"。① 当然也许在很多人看来，这只是个极端特例，因为他们觉得，虽然底层人民确实像动物般生活，但社会上总还有很多受过些教育、生活较安定幸福的人们，他们应会明白"人的生活"的真意。对此，作为"人的文学"家的叶绍钧绝不赞同，他指出即便这些人也同样毫无"人"的意识。他在第二篇小说《春游》中，便描绘了当时社会上多数中产阶级妇女的精神状况：她们从没有过自己的思想，以同阶级的女性生活方式为榜样，视丈夫为自己生活的全部。②

还有在小说《一个朋友》中，叶绍钧试图概括最为普遍的人类生活现状。他从朋友一家两代人的生活延续中，看到人们一辈辈浑浑噩噩

---

① 叶绍钧：《这也是一个人？》，《新潮》1卷3号，1919年3月1日。
② 叶绍钧：《春游》，《新潮》1卷5号，1919年5月1日。

地遵循着老例与习惯,在生、老、病、死无尽的循环往复中无意义地生活。① 此外,叶绍钧还有一篇主旨表达更为直接的论说文字《生活》,该文确切主题为"中国的人类的生活的真状",叶绍钧明显站在"理想的人的生活"的立场上,从总体上审视了中国社会中林林总总的人们的生活状态,力图"将种种阶级的生活结一个总数出来"。他发现人们都是些"同样的没有思想的动物",一天天不断重演着"和昨天和前月和去年和去年的去年全都一样"的老把戏,贯穿全文始终,叶绍钧都在反复慨叹"他们的生活就是这样了"。② 总之,叶绍钧的真实意图是在明确宣告:人类普遍过着"非人的生活",他们缺乏真正的"人"的意识。

三、这也能成为一个"人":"人的文学"的"抹布"主题

既然当今人类均身处"非人"生活境遇当中,那么岂不距离实现"理想的人类生活"目标十分遥远?对此,五四前期"人的文学"家却抱有十分乐观的态度,他们相信:一方面,令大多数人摆脱"非人"生活的不幸是完全可能的,另一方面,将大多数人彻底改造成为真正的"人"亦非难事。"人的文学"家之所以如此自信,其原因不只在于他们具有"这也是一个人"的共识,更重要的是,他们坚信每位"人类的一员"③心中都埋藏着"爱道德"和向往真、善、美的可贵的灵魂,这种现代人道主义人性论是"人的文学"家确信"非人"也能被彻底改造的主要观念基础。这种人性观是五四前期"人的文学"家的核心理念之一,笔者名之为"抹布的人"观念。此观念由周作人引入中国,并经周作人、沈雁冰等深度阐释,在五四新文艺界产生过深远影响,拙著《"人"的发现:五四文学现代人道主义思潮源流》第二章对此观念的引介与阐释情况已做深入研究,不复赘述,此处笔者再引用20世纪30年代初苏雪林一些文学史分析来加以说明。

---

① 叶绍钧:《一个朋友》,《小说月报》12卷2号,1921年2月10日。
② 圣陶(叶绍钧):《生活》,《时事新报》,1921年10月27日。
③ 周作人:《新村的精神》,《民国日报·觉悟》,1919年11月23、24日。

有时会固执偏见的苏雪林对叶绍钧小说的观察却细致而准确,她在考察、回顾五四新文学之时,紧抓住初期新文学的主要核心内容,即对"抹布的人"的发现,并敏锐地将其与叶绍钧小说创作主题紧密联结起来。苏雪林详细介绍了周作人所引介的"抹布的人"理念的主要观点,她在《新文学研究》中,引述周作人所译 W. B. Trites《陀思妥夫斯奇之小说》的核心论述:①

> 当五四运动前,周作人在《新青年》提倡"人的文学",又翻译波兰捷克等弱小民族的作品甚多。于俄国文学尤多介绍。俄国文学本有一种悲天悯人的博大同情,和一种四海同胞的主义。而十九世纪与托尔斯泰、柴霍甫鼎足而三之陀思妥夫斯奇尤为当时青年所欢迎。按英国 W. B. Trites 论陀氏所著小说《二我者》Dvojnik 主人公戈略特庚 Goljadkin 的性格,"他断不肯受人侮辱被人踏在脚下同抹布一样,但倘有人要将他当做抹布,却亦不难做到。他那时就不是戈略特庚而变成一块不干净的抹布。但并非寻常的抹布,乃是有感情,通灵性的抹布。他那湿漉漉的折叠中隐藏着灵妙的感情,抹布虽是抹布,那灵妙的情感却依然与人无异。陀氏著作就善能写出这抹布的灵魂给我们看。使我们听见最下等最秽恶最无耻的人所发的悲痛声音……他们堕落的灵魂原同尔我一样,他们也爱道德,也恶罪恶。他们陷在泥塘里悲叹他们不意的堕落,正同尔我一样的悲叹,倘尔我因不意的灾难同他们到一样堕落的时候"。按陀氏名著……差不多篇篇都是高贵的灾难图画,篇篇闪射着神圣的同情和怜悯的光辉……常为五四前后中国文学界所称道。②

苏雪林后来也经常申说"抹布的人"观念,尤其着重强调其中所含蕴的现代人道主义人性观,即世间最堕落者也有灵魂、亦能觉醒。③苏

---

① [英]W. B. Trites 著,周作人译:《陀思妥夫斯奇之小说》,《新青年》4 卷 1 号,1918 年 1 月 15 日。

② 苏雪林《新文学研究》,为其在国立武汉大学新文学课程讲义,其第三编《论小说》的第二章为《叶绍钧的作品》,国立武汉大学印刷,1934 年,第 158 页。为便于阅读,笔者略作标点。

③ 苏雪林:《叶绍钧的作品及其为人》,《自由青年》22 卷 3 期,1959 年 8 月 1 日。

雪林还认定叶绍钧就是此观念的文学实践者,"这些小说和理论初介绍到中国来时,思想比较敏锐即所谓感受性较强的人,自然会受到他的感染,一时模仿其作风者甚众,而叶绍钧则可算中国第一个成功的陀氏私淑者"①。

实际上,关于"抹布的人"主题,叶绍钧也有过明确陈述,他说关于"以'爱'为精魂的人道主义""俄国的文艺里,几乎无一篇不吐露这一种福音……不单是对于受痛苦者加以悲悯,尤能于堕落者之心灵中,抉出其未尝堕落的真性,以为若辈更生之勖厉"②。不过五四前期"人的文学"家思考"抹布的人"主题,与陀思妥耶夫斯基仍有较大差异,因为"人的文学"家并不关注世间最堕落、无耻者,而是把目光投射到底层世界中被侮辱、被损害的可怜悯者,以及"不足挂齿"的普通愚夫愚妇、学生幼童等。叶绍钧便是表现这些"抹布的人"的最成功的作家,他发现了他们灵妙的情感和灵魂,尤其惊喜地看到其中所饱含着的"无穷的生趣和愉快"与极深挚、丰富的慈爱,正如叶绍钧挚友顾颉刚在《火灾·序》中所概括的:

> 试看这几篇……在平常人的眼光之下,真是不足挂齿的人物,但这辈不足挂齿的人物的内心里,正包含着无穷的生趣和愉快。至于没人理会的蠢妇人,脑筋单简的农人和老妈子,他们也都有极深挚的慈爱在他们的心底里。他们虽是住在光线微弱的小屋里,过很枯燥的生活,虽是受着长辈的打骂,旁人的轻视,得不到精神的安慰,但是"爱,生趣,愉快"是不会给这些环境灭绝掉的。不但不会灭绝,并且一旦逢到了伸展的机会,就立刻会得生长发达。这时候,从前的痛苦一切都忘了,他们就感受到人生的真实意义了……我最爱读的是《潜隐的爱》……二奶奶的境遇可悲极了:没有人爱她,没有人理她,她又是一个蠢笨的妇人,她的生死和世界没有一点关系;但她的内心里蓄着极丰富的慈爱,而这极丰富的慈爱只能够偷偷摸摸的发泄在邻家的孩子身上……③

---

① 苏雪林:《新文学研究》,国立武汉大学印刷,1934年,第158页。
② 圣陶(叶绍钧):《文艺谈·二十二》,《晨报·副刊》,1921年5月8日。
③ 顾颉刚:《火灾·序》,叶绍钧著:《火灾》,上海:商务印书馆,1923年。

在"人的文学"家看来,这些"抹布的人"拥有的可贵的灵魂,正蕴含着支持"人"的精神得以迅速觉醒和复苏的根据,这是周作人、沈雁冰分析"抹布的人"观念时反复强调的思路。当然,关于世间的堕落者,"人的文学"家涵括的范围更广,因为从现代人道主义"真理"视角来看,世界之人没有多少不是精神的堕落者,叶绍钧等还将社会中一些特权人群考虑在内。比如,周作人注意到士兵、警察,写有诗作《背枪的人》(1919年3月7日作)、《京奉车中》(1919年4月13日刊)、《偶成》(1919年6月3日作),还在《游日本杂感》(1919年8月20日作)中描写过实业家、暴发财主、"新闻记者,官僚,学者,政治家,军阀"等①。叶绍钧诗作《我的伴侣!》(1919年8月23日作)则直抒己意,称"政客,官僚,军人"为"我的伴侣",并认定"你也有微妙和爱的心灵",但同时揭示他们的堕落:"走错了路""躺在泥潭里"。② 在认识到这一现代人道主义"真理"后,以《隔膜》系列小说为代表,叶绍钧等新文学初期"人的文学"家对"抹布的人"的精神觉醒做了深入思考与文学表现。

四、"爱的奇迹":"人"的觉醒体验的文学表现

作为一种欲彻底解决人类困境并重新书写人类历史的立意高远的社会改造理想,现代人道主义也在为人类社会把脉会诊。现代人道主义者判断,导致人类社会迄今未能实现"理想的人"与"理想的人的生活"的最根本病原,便是人与人之间不自然的"隔膜"状态,这正是最终的决定因素。要彻底疗愈,自然要从切断病原入手。因此,他们坚持一旦所有"人间"的"隔膜"被打破,每个人类一员自然就会觉醒,并自觉地去做真正的"人",实践真正"人的生活"。关于打破"人间""隔膜"的社会改造方案,他们提出要对人道"真理"产生理性觉悟,随即培养出诸如"爱与理解"和对他人哀乐感同身受的精神敏感性等精神能力,藉此使自己在理性层面觉悟后进而实现情感与精神的根本转变;人人因之走向觉醒,自觉地去做真正的"人",践行真正"人的生活";遵循此道,"人

---

① 周作人:《游日本杂感》,《新青年》6卷6号,1919年11月1日。
② 叶绍钧:《我的伴侣!》,《新潮》2卷1号,1919年10月30日。

间"之"隔膜"自破,社会变革也会易如反掌。这种观念成为五四前期"人的文学"家的坚定信念,决定了其文学思考、创作的主要方向。

不过,与他们在表述社会改造理念时强调悉数落实全套改造的方案不同,"人的文学"家在创作中只侧重表现个体觉醒过程中的某一阶段或方面,基本是围绕个体精神"觉醒"的瞬间来展开情节。他们大抵会设计一次"爱的奇迹"的历程:在人类爱的感召之下,即便心如顽石之人也会突然醍醐灌顶,幡然觉悟,并陷入宗教式的"入神""狂喜"与"忘我"状态之中,进入到与人类最高的"爱"的精神融合无间的情感巅峰状态。这种现代人道主义追求的人类精神合一的至高状态,在周作人宣讲"人的文学"的核心文献中得到反复强调,周作人正是用"狂喜""入神""忘我"等"神人合一"与"物我无间"等宗教性体验来比拟说明。如周作人在《圣书与中国文学》《宗教问题》(1921年5月15日刊)中明确说明艺术与仪式分离后,它的宗教的本质并未发生变化,仍然以"神人合一,物我无间的体验"作为至上追求。①

事实上,五四前期"人的文学"创作中,正是此类表现"爱的奇迹"主题的作品最易得到新青年界最大程度的共鸣,并产生最广泛、有效的影响。如初期新文学最著名的"《超人》事件"中,谢冰心一篇非常简单的小说《超人》描绘了一次"爱的奇迹",竟引发新青年界持续不断的强效感应。《超人》主人公何彬本是逃避人生的虚无的厌世者,因感于梦中白衣慈亲、天真赤子禄儿的挚爱深情,领悟到"爱的真谛"而觉醒。小说对于何彬觉悟过程的描写,既表现了他因爱而感动的情感转移过程,也细致说明了他在理性上得到的觉悟,因他明白地说出了人道"真理":"不错的,世界上的母亲和母亲都是好朋友,世界上的儿子和儿子也都是好朋友,都是互相牵连,不是互相遗弃的。"②

王统照的小说与冰心有近似之处,他在描绘情感转移的具体过程时,一般就将"爱"与"美"的"真理"直接道出。王统照名篇《微笑》描写窃贼阿根在狱中见到美丽女犯向他发出"神秘的不可理解的"微笑,他出于不良私欲打听情况,了解到女犯因教会女医生无私博爱受到感化,

---

① 周作人:《圣书与中国文学》,《小说月报》12卷1号,1921年1月10日。
② 冰心女士(谢婉莹):《超人》,《小说月报》12卷4号,1921年4月10日。

"忽然她的性情,与一切,都变化了。很安静地,忍受从前所不能忍的困难",而且"她对所有的人,与一切的云霞,树木,花草,以及枝头的小鸟,都向他们常常地微笑。把以前所有的凶悍的气概,全没有了"。① 当阿根领悟了女犯"广博的爱人类爱一切的慈祥的微笑"的含义后,② 即刻他的精神"另换了一付(种)深沉与自己不可分解的感触",在理性与情感上逐渐觉悟。最终女犯饱含人类爱的"有魔力"的微笑,成为阿根内在的道德要求:"诚敬地著在我心底;而且每天都如有人监视着督促着我",使他改造成为"有些智识"的工人。③

王统照表现"爱的奇迹"更具代表性的作品是《湖中的夜月》,小说描写一位否定人间生活与恋爱的老牧师,他看到湖上美丽纯真的青年的爱情,并听见他们赞美"爱力"的歌声:"本不是同根儿生,却为什么在秋江岸上相团结?为的是美丽!为的是清洁!因有这样爱力吸引着,便成了草木的夫妻,永没有分裂。……但是他们的根本是永久的团结。因为有无穷的爱力相依托!你们的美丽,你们的清洁,宛同那江上的清风,山中的明月,永没有变更,没有绝灭。"于是他深受感动,不仅死灰般的情感被搅动起来,而且精神发生变化,并立刻体会出"宇宙的真自然"与"神秘恋爱"的真谛。④

与偏重理智的谢冰心及喜欢直接宣讲"爱"与"美"的王统照不同,还有一些"人的文学"家更关注情感转移的过程与觉醒瞬间的"狂喜""入神""忘我"的体验。因为在已深悟现代人道主义"真理"的"人的文学"家看来,传播"爱的哲学"等理念自有"新青年"派思想家,而作为思想家的短板,情感转移过程与瞬间觉醒场景的客观呈现才是作家所长。此外,如从艺术传达效果考虑,的确只有此类内容最具戏剧张力与情感爆发的冲击力。在此方面艺术表现最为集中亦最成功的是叶绍钧《隔膜》系列小说的几部佳构:《春游》(1919年3月19日作)、《低能儿》

---

① 王统照:《微笑》,《小说月报》13卷9号,1922年9月10日。
② 茅盾:《导言》,茅盾编选:《中国新文学大系·小说一集》,上海良友图书印刷公司,1935年,第24页。笔者分析与茅盾作品解析较为接近。
③ 王统照:《微笑》,《小说月报》13卷9号,1922年9月10日。
④ 王剑三(王统照):《湖中的夜月》,《小说月报》11卷10号,1920年10月25日。

(1920年12月20日作)、《阿凤》(1921年3月1日作)、《潜隐的爱》(1921年4月19日作)等。

这类作品有着相对稳定的结构,《低能儿》便极具代表性。这是一个十分典型的像动物一样挣扎在生存边缘的"抹布"之家,8岁的阿菊只有一个极狭窄的生存空间与几乎空白的精神世界:从小在不见阳光的窄屋和门前污秽的小街生活,除此"没有境遇",除行人、小贩的声音,母亲的咳嗽和自己的学语、啼哭声,"没有听闻",除了母亲,也"没有伴侣",完全像个懵懂、混沌的低能儿,遑论有过爱与美的体会。阿菊偶得机缘,进入学校,作为教育工作者的叶绍钧极其细腻、准确地描摹了这类对世界和人间生活全无所知的儿童初入学校、初见人群时的窘急、惶恐和怯懦,因为"他的视官不能应接这许多活动不息的物象,他的听官不能应接这许多繁复愉快的音波,他的主宰此刻退居于绝无能力的地位了"![1] 这类似乎要令所有教育工作者绝望的对象,在叶绍钧笔下,其精神却依然能够醒觉。与阿菊所生活的黑暗而"狭窄的世界"相对,学校被塑造成光明而"宽阔的世界"——一个理想的爱的乐园,正像周作人所推重的俄国库普林的"幻想"小说《皇帝之公园》(1918年3月10日译介)中包围顽固帝王的理想社会。按顾颉刚所说,1917年以来叶绍钧与同志共建的苏州甪直镇吴县第五高等小学正是这样充满"爱的精神"和"爱的空气"的理想之域。[2] 仅只一天的校园生活,虽然一直表现得窘急、惶恐和怯懦,但阿菊始终被"爱的精神"与"爱的空气"所浸渍。这里既有被光明所照耀的运动场、课室、乐舞室,又有在女教师慈爱、清婉的询问与"温的,柔的,爱的接触"中所蕴藏的人和人之间浓郁的爱情,更有活泼、快乐地"正在创造他们新的生命"的游戏小儿,以及孩子们开朗的行止与率性的喧笑……处于这样的环境中,阿菊的生命力在不断复苏,那些被生活挤压而成的懵懂、痴愚也逐渐被软化,以致他终能发生情感的转移与瞬间的觉醒。这一幕发生在乐舞室中,从黑屋走出的愚钝贫儿阿菊听到"那妙美的,愉悦的,人心之花,宇宙之魂的歌声",他因"自顶至踵"承受了微妙、醉心的感动而猛然醒觉,在精神跃

---

[1] 叶绍钧:《低能儿》,《小说月报》12卷2号,1921年2月10日。
[2] 顾颉刚:《隔膜·序》,叶绍钧著:《隔膜》,上海:商务印书馆,1922年。

升的"狂喜"与"忘我"中拙劣舞动、歌唱,这成为五四"人的文学"中最为动人的场景:

  那位女教师揿着钢琴,先奏了一曲,便向群儿——他们环成一个圆圈站在乐舞室里了——说,"我们要唱那《蝴蝶之歌》哩。"他们笑颜齐开了,双臂都平举着,有几个已作蝶翅蹁跹的姿势。琴声再作,那妙美的,愉悦的,人心之花,宇宙之魂的歌声也随之而发。
  ……………
  阿菊立在群儿的圈子里,听不出他们唱些什么,但觉得自顶至踵受着感动,一种微妙,醉心的感动。他的呼吸和琴声,歌声应和着,引起一种不可描写的快慰,适意,超过他从前唯一的悦乐——衔着他母亲的乳睡眠。于是他的手舞动起来,嘴里也高高低低地唱起来;这个舞动呈个触目的,拙劣的姿势,没有别的孩子那般纯熟灵活;歌呢,既没词句,又没节奏,自然在大众的歌声里被挤了出来。然而这个与他何涉呢?他总以为是舞了,唱了。刚才的窘急,惶恐,怯懦……他完全和他们疏远了。①

  这正是一幕因"爱的伟力"瞬间觉悟的"神迹",不过阿菊的精神醒觉尚未完全体现出"爱的奇迹"更深广的意蕴,叶绍钧在此后几篇小说中又陆续做出更深入的探索。
  《潜隐的爱》主人公是十八九岁的孀妇陈家二奶奶,与《低能儿》中的阿菊十分相似,在世人眼中,既愚蠢又丑陋,且无人理、无人爱,生老病死都不会有人过问、关心,"生死和世界没有一点关系",②境遇极为悲惨,她只有一个"狭小的世界,就是自己"。这样一个"粗笨女人"遇见一位可爱幼童,激起她浓浓的爱意,她想抱抱亲亲孩子,一日终得偿所愿,内心便发生了巨大变化,叶绍钧描绘道,当"柔而湿的小脸庞贴在伊的颊上,伊满身感一种甜美的舒适,每一个细胞的内心都舒适",直到此刻,她才首次"尝到世间真实的快乐,觉得生活有浓美的滋味"!于是,她逐渐发生了醒觉的感受,"伊的生命里有一种新生的势力剧烈地燃烧着,'现在自己的归宿是什么?'此刻是不成问题了。伊那丑陋的脸上现

---

 ① 叶绍钧:《低能儿》,《小说月报》12卷2号,1921年2月10日。
 ② 顾颉刚:《火灾·序》,叶绍钧著《火灾》,上海:商务印书馆,1923年。

出心醉魂怡的笑,表示伊对于一切人们的骄傲"。进而她体验到与另一个体的无间融合,而此时她在精神上也已进入到一个新的理想世界,"当肥白的小手抚伊的额角,温软的小脸庞亲伊的颧颊时,伊觉得己和他已合而为一,遨游于别一个新的世界,是亲爱和快活造成的……那许多造成的旧世界,早已见弃于己,而且是毁灭了,没有了"。叶绍钧总结道,虽然其外形与境遇未变,但她在精神上解放了,"伊内面的生活变化了,伊的近二十年的往迹,悉数解放了对于伊的束缚,伊是幸福,快慰,真实,和光明了"!

当然,以上醒觉的出发点,更多是出于人类尤其女性本能的爱的欲望,而二奶奶的觉悟也仅局限于个体的精神解放,这些在"人的文学"家看来远远不够。因此,叶绍钧又描写了她进一步的觉悟,小说结尾,她观看到母子亲爱的场面,感受到更深刻的灵魂的震撼:

> 孩子睡在母亲的怀里,小手弄伊的嘴唇,嘻嘻的笑容依然是天真而可爱。母亲吻着他的两颊,微微合眼,表出静穆深挚的爱。他小臂举起,钩住伊的头颈。他们俩互相抱着,默默地歇了一会。伊唱道,"你是我的心!你是我的心!"声音清婉而微颤。他(她)也学着唱道,"你是我的心!你是我的心!"二奶奶坐在旁边看得呆了,全身像偶像一般,连眼皮也不动一动。然而伊比以前更了解了,彻底地了解了,这就是所谓"爱",自己也曾亲切地尝过的。更看四围,何等地光明!何等地洁净!而己身就在这光明和洁净里!

很明显,二奶奶从母子一体的亲吻、爱抚中,体会到"你是我的心!你是我的心"的人类一体的"爱"的真谛,就在这一瞬间,在人类一体的"爱"的照耀下,她的精神与这最高的理想的境界融合。叶绍钧描绘的这一幕场景,是宗教文本中惯常出现的"入神"与"狂喜"的情态,如同旧先知受上帝之光、使徒受基督圣光照耀顿悟时的景象:"更看四围,何等地光明!何等地洁净!而己身就在这光明和洁净里!"①

二奶奶的心路历程与《阿凤》中12岁的童养媳阿凤近似,愚笨、混沌的阿凤帮忙照看幼童,体会到生命永远的自由与快乐,"唱了一会,伊

---

① 圣陶(叶绍钧):《潜隐的爱》,《晨报·副刊》,1921年4月26—30日。一些标点显系手民之误,笔者稍作调整。

乐极了,歌声和笑声融合,末了只余忘形的天真的笑声。杨家娘的诅咒和手掌,勉强做粗重工作的劳苦,伊都疏远了,遗忘了。伊只觉伊的生命自由,快乐,而且是永远的,所以发出心底的超于音乐的赞歌——忘形的天真的笑声"。随后她又在与小猫玩耍中,寻找到从未经历过的"爱"的交流,"猫的面庞本来有笑的表情,这一只的白皙而丰腴,更觉得娇婉优美。他(它)软软地花着眼睛看着伊,似乎有求爱的意思。伊几曾被求爱,又几曾施爱?但是,现在猫求伊的爱,伊也爱猫",因此,"被阻遏着的人类心里的活泉"不仅被开启,而且"涌溢"出了。作者强调说,阿凤和猫"从今天此刻才成为真的伴侣",可以说,当阿凤与小伴侣快乐地游戏时,在这一瞬间,达到"忘我""入神"的精神体验的巅峰,她如同在宗教体验中与神合一的圣徒,从身上散射出作为世界本质的"爱"的光辉:"这个当儿,伊不但忘了诅咒,手掌和劳苦,伊并自己都忘了。世界的精魂若是'爱','生趣','愉快',伊就是全世界。"①

当我们审视叶绍钧这类主题写作时会惊讶地发现,叶绍钧所集中表现的精神觉醒与"爱"的巅峰体验,皆为被世俗视为混沌、愚痴者的经历。之所以出现这一情况,并非仅仅由于叶绍钧碍于"抹布的人"题材及个人游历的局限,还源于他的一个重要判断。据顾颉刚推断,叶绍钧思想的宗旨是认为已被"附生物"彻底遮蔽、掩盖的人类内心的真爱、生趣与愉快,尚在"小孩子和乡僻的人"内心无损害地保留着,他们甚至成为"世界的精魂"与"世界所以能够维系着的缘故"。按此思路继续推演,也就是说,在叶绍钧观念中,"抹布的人"主题说明了真爱本就生长在每个人的灵魂中,因此,要达到人的觉悟,只需将其重新唤醒即可。而全人类觉悟的开端,便要起始于精神未受严重损伤的"小孩子和乡僻

---

① 圣陶(叶绍钧):《阿凤》,《晨报·副刊》,1921年3月16—17日。

的人"的爱的醒觉。①

　　这种源于"爱的奇迹"的瞬间觉醒,也许会被现在的读者视作"神迹"或主义的狂想,因为他们可能觉得不仅理据缺乏,而且真实度不足。但在五四前期,"人的文学"家却认为这是不争的事实,这不仅是因为有国外人道主义文艺作品的示范,如周作人重点译介的库普林的《皇帝之公园》,这篇"幻想"小说描绘了理想时代最后的顽固分子在儿童"爱"的感召下觉醒、悔悟,并走向新生活的故事,②而且更为重要的原因是,确实曾有一些"人的文学"家真真实实地亲身经受、体验过这一"神迹"般的觉醒过程,最具代表性的是"人的文学"倡导者周作人的经历,他曾于《访日本新村记》中自述在日本日向新村瞬间觉醒并皈依人道理想的著名场景,其中充溢着近乎宗教"狂喜"式的体验:

　　　　我站在马车行门口的棚下……忽见一个劳动服装的人近前问道,"你可是北京来的周君么?"我答说是,他便说,"我是新村的兄弟们差来接你的。"旁边一个敞衣少年,也前来握手说,"我是横井。"……我自从进了日向已经很兴奋,此时更觉感动欣喜,不知怎么说才好,似乎平日梦想的世界,已经到来,这两人便是首先来通告的。现在虽然仍在旧世界居住,但即此部分的奇迹,已能够使我信念更加坚固,相信将来必有全体成功的一日。我们常感着同胞之爱,却多未感到同类之爱;这同类之爱的理论,在我虽也常常想到,至于经验,却是初次。新村的空气中,便只充满这爱,所以令人

---

① 顾颉刚:《火灾·序》,叶绍钧著:《火灾》,上海:商务印书馆,1923年。这种所谓的只保留在小孩子和乡僻的人内心的真爱、真趣与愉快,用朱自清的话概括,就是"我们所日夜想望着的'赤子之心'"。佩弦(朱自清):《白种人——上帝的骄子!》,1925年6月19日作,7月5日《文学周报》180期。需要注意的是,顾颉刚对叶绍钧很多所谓知己之论,如《隔膜·序》《火灾·序》,多数皆可看作顾颉刚个人的推断,不一定完全符合叶绍钧思想与创作宗旨。因此,在引述顾颉刚相关论断时,一定要结合叶绍钧文艺思想及创作实际,重新加以谨慎辨析。

② [俄]库普林:《皇帝之公园》,周作人1918年3月10日译介,4月15日《新青年》4卷4号。拙著《"人"的发现:五四文学现代人道主义思潮源流》对此部作品"爱的奇迹"主题进行过细致分析,北京:人民出版社,2009年,第101—105页。

融醉,几于忘返,这真可谓不奇的奇迹了。①

因此可以说,不少"人的文学"家所描写的精神醒觉时"神迹"般的觉悟场景,与宗教式的"狂喜""忘我"的巅峰体验,实际正是他们自己生命体验与精神上升过程的真实写照,如当我们看到叶绍钧《春游》中女主人公坐在湖边,在崇高、活泼的"人化"自然面前瞬间有所醒悟的场面,她"心中突呈一种奇异的感想;自己也不晓得是什么,不过晓得这感想超出以前所历的快乐之上……他女把已往的生活忘了……把自己也忘了!他女只觉的眼前的景物,自然,活泼,高洁;自己早和这自然,活泼,高洁融和了。他女那感想,深印脑筋,容貌上便显出一种快乐强毅的神彩(采)——从前不曾有的"②。我们会由衷感怀,这岂非正是"人的文学"家觉醒的实情描绘。

当然,关于"人间性的发现"与精神的醒觉体验,"人的文学"家还有其他方式的表达。其中经历特异的许地山表现出鲜明特色,他对"人间性的发现"与精神的醒觉不仅有独特的理论沉思,而且做出了别具风味的文学表现。不过他使用的并非"人的发现"的观念系统,而是另有渊源。许地山在创作中,对精神醒觉的主题感触深刻,不少篇目中主人公所表现出的,均是佛教徒的幡然醒悟或种种方式的彻悟。但如对许地山所要表达观念的内质细加考究,便会发现,许地山对此问题的认知,实为一种更深入的"人间性"思考,宗教只是加重了这一"人间性"思考的深度与广度。如散文小品《愿》便是他更加看重"人间"价值的直率表述,文中的妻子替叙述者发愿,愿他成全世间一切"美善事",满足护卫一切"有情",即佛教所讲六道内的世间众生:"我愿你作无边宝华盖,能普荫一切世间诸有情;愿你为如意净明珠,能普照一切世间诸有情;愿你为降魔金刚杵,能破坏一切世间诸障碍;愿你为多宝盂兰盆,能盛百味,滋养一切世间诸饥渴者;愿你有六手,十二手,百手,千万手,无量数

---

① 周作人:《访日本新村记》,《新潮》2卷1号,1919年10月30日。拙作《从普遍的人道理想到个人的求胜意志:论五四前后周作人"人学"观念的一个重要转变》对此精神历程有过细致分析,《鲁迅研究月刊》,1999年第2期。

② 叶绍钧:《春游》,《新潮》1卷5号,1919年5月1日。

那由他如意手,能成全一切世间等等美善事。"①这段感人誓词,既可以理解为佛教徒发下菩萨愿,更可以作为五四青年许地山忠实于"人间性"的宣言。同样,许地山小说处女作《命命鸟》中敏明、加陵两位青年各自大觉悟并欣然共赴此世的死境、从而大欢喜的故事亦应作如是解。因为他们所表现出的情怀,不是由僧侣及父辈灌输的观念所赋予的,而是源于其个体精神中独立发生的幡然觉悟,是他们对生命与"人间"本相存在意义新的觉醒后的大欢喜。他们愿选择此世之"死",是为了在另一个更加真实与美好的新世界中的"生",绝非在追求佛教徒所向往的常住、寂灭的大涅槃境界。小说结尾,作者奏起的欢乐的赞歌,正是另类的"人间性的发现"的赞歌,以及"人间性"的个体精神的飞升之歌。②

原载于《河南大学学报(社会科学版)》2016 年第 6 期;《新华文摘》网刊 2017 年第 4 期全文转载、《中国社会科学文摘》2017 年第 4 期论点转载

---

① 落华生(许地山):《愿》,《空山灵雨》(落华生散记之一),《小说月报》13 卷 4 号,1922 年 4 月 10 日。
② 许地山:《命命鸟》,《小说月报》12 卷 1 号,1921 年 1 月 10 日。

钱锺书与中国现代批评的困境

邵宁宁①

　　钱锺书是现代中国最具博见卓识的评论家,唯其一生,除早年一段时期外,甚少对现代文学——尤其是新文学,发表正式的评论。不过,从他其他作品一些,如小说《围城》《猫》,以及某些私下谈艺的诗文中,读者还是可以曲折地看到他对现代文学的某种态度。其批评方式的这种曲折性,反映了现代文学批评在美学原则与伦理原则时的一种微妙的矛盾、冲突,其所创造的"小说中之谈艺"的方式,也为现当代文学批评突破某些复杂的困境,提供了一种路径。

一、《落日颂》批评中的话语缠绕

　　钱锺书一生,与现代"文坛"颇有交往,但又总保持着若即若离的距离。三十年代初(1929—1933年)他在清华外文系读书时,正是"京派"形成,中国新诗由"新月派"转向"现代派"之际。其时的清华校内校外,也颇聚集了一批文坛精英。受时代及环境影响,学生时代的他也曾在《新月》等刊上发表他有关现代文学的评论②,其中如对周作人《中国新文学源流》的批评,对沈启无明代散文选本的评论等,都不独是纯学术

---

①　邵宁宁,男,甘肃秦安人,文学博士,海南师范大学教授,博士生导师。

②　在其师吴宓看来,钱锺书与新月派之间的关系,亦属不浅。按:《吴宓日记》1937年6月28日:"文学院院长冯友兰来……又言,拟将来聘钱锺书为外国语文系主任云云。宓窃思王退陈升,对宓个人尚无大害。惟钱之来,则不啻为胡适派即新月新文学派在清华占取外国语文系,结果宓必遭排斥。此则可痛可忧之甚者。"《吴宓日记》,北京:三联书店,1998年,第157页。

的文字,抑且对新文学的传统及流行风气,有独到的认识意义。其中尤为突出的,是对曹葆华诗集《落日颂》的一篇批评文字。

这篇原刊于1933年《新月月刊》四卷六期的短文,或许要算中国现代批评中最为奇特的文字之一。而它奇就奇在其对评论对象价值判断的自始至终吞吞吐吐、抑扬不定。对同辈友人诗作的批评,一般都是要表扬其成就的,但这篇文章开头就说"已往的诗人呢,只值得我们记忆了,新的诗人还值得我们的希望——希望到现在消灭为已往的时候,他也能被记忆着。"①接着又说,有一种诗人"读者不是极端喜爱他,便是极端厌恨他",《落日集》的作者正是这么一种诗人,他的两部诗集"从来没有碰到公正无偏颇的批评"。这自然很引起读者的期待。那么,接下去的钱氏,又要给他如何"公正"的批评呢?

> 在他的诗里,你看不见珠玑似的耀眼的字句,你听不见唤起你腔子里潜伏着的回响的音乐;他不会搔你心头的痒处,他不能熨帖你灵魂上的创痛……这种精神上的按摩,不是他粗手大脚所能施行的。不过(一个很大的不过),他有他的特长,他有气力——一件在今日颇不易找的东西。他的是原始的力,一种不是从做工夫得来的生力,像Samson。"笔尖儿横扫千人军",他大有此种气概;但是,诗人,小心者,别把读者都扫去了!

先是一连串的否定——不见,不会,不能,然后笔峰陡转,在一连串的欲扬先抑后,终于要指出作者的优点了,然而在像是卖了个大关子的"不过"之后,我们等来的,却只是一种"原始的力"。"不见"、"不会"、"不能"的,都是人们常欲从"诗"中觅得的东西;"不过"带来的,却只是"一种不是从做工夫得来的生力"。这里提到的Samson,通译参孙,指的原是《旧约·士师记》中一个力大无穷却不免有点有勇无谋的勇士。"笔尖儿横扫千人军"像是一种极高的赞誉吧,然而紧接而来的劝诫,以及"有了气力本来要举重若轻的,而结果却往往举轻若重起来",以致连作者的小诗,在他看来,也都不免于"笨拙"。好不容易从中找到一点"夷犹骀荡"之韵,却又发现是"旧诗的滋味"等等,处处一波三折,欲扬

---

① 《钱锺书集·写在人生边上;人生边上的边上;石语》,北京:三联书店,2002年,第309页。

先抑,扬而又抑,显见得其中流露的遗憾,远超于赞赏:"作者的雕琢工夫粗浅得可观:留下一条条纵着横着狼藉的斧凿痕迹,既说不上太璞不雕,更谈不到不露艺术的艺术,作者何尝不想点缀一些灿烂的字句,给他的诗增添上些珠光宝气,可惜没有得当……""在作者手里,文字还是呆板的死东西,他用字去嵌,去堆诗,他没有让诗来支配字,有时还露出文字上基本训练的缺乏。""作者的比喻,不是散漫,便是陈腐,不是陈腐,便是离奇。"

> 看毕全集后,我们觉得单调。几十首诗老是一个不变的情调——英雄失路,才人怨命,Satan 被罚,Prometheus 被絷的情调。说文雅些,是摆伦式的态度,说粗俗一些,是薛仁贵月下叹功劳的态度,充满了牢骚、佗傺、愤恨和不肯低头的傲兀……作者的诗不仅情绪少变化,并且结构也多重复。

这样的评论,真让人弄不清,他究竟是在夸赞,还是贬抑?所有的不足,都切实可见;所有的长处都捉摸不定或仅仅属一种可能、前景。文章最后的结论是:"作者最好的诗"是"还没有写出来的诗"。

这样的评论,不知曹葆华当时读了是何感受,但这样绕来绕去地说话,在钱锺书自己,恐怕也很难说从中能享受到多少审美和批评的快感。曹葆华是著名的清华校园诗人,他 1927 年考入清华外文系,1931 年考入清华研究院,1930 至 1932 年相继有《寄诗魂》、《灵焰》、《落日颂》等诗集出版。其创作一时颇得新月派文人赞誉,朱湘说《寄诗魂》"用一种委婉缠绵的音节把意境表达了出来,这实在是一个诗人将要兴起了的吉兆";徐志摩赞他"情文恣肆,正类沫若,而修词严正过之";闻一多说他"规抚西诗处少,像沫若处多。十四行诗,沫若所无。故皆圆重凝浑,皆可爱。"罗念生甚至说,读了《寄诗魂》,"好像在迷梦中忽听了均天的音乐"[①]。比照这些评论,再看钱锺书上面的批评,真不免让人疑心他是否真的有失"刻薄"?然而,翻检今天各类现代文学史,《落日颂》似乎的确不像当初那样得到看重也是真的。

---

① 吴晓东:《场视域中的曹葆华》,《文学性的命运》,广州:广东人民出版社,2014 年,第 180—181 页。

二、批评的美学原则与伦理原则

可以说,钱锺书这里所遇到的,是中国现代批评始终面临的一种困境。按理说,文学批评是一种审美实践,对一个艺术作品优劣得失的判断,首先应遵从美学原则的指引;然而,在实际中,所有的批评又都是在人际关系中进行,审美的批判不可能脱离现实伦理的制约。诚如马克思主义批评所指出,所有的人,都是社会生活中的人,都从属于具体的国家、民族、阶级、社群、团体、家庭,以及种种常被称之为"圈子"的伦理关系网格。无论任何时候,人们的说话、做事,都不得不受到这样的一种伦理关系的影响。不管是中国传统社会伦理中的为尊者讳,为亲者讳,还是现当代文学中的文艺为特定群体服务,都是这样一种批评原则的体现。也正是在这样的观念下,才有了汉赋中以"欲讽反谀"的特点;也有了当代文学中一度坚持的"政治标准第一,艺术标准第二"的次序。

自1950年代以来,文学批评多矛盾于政治标准与艺术标准之间,"政治标准第一"成为铁律。但追根究底,所谓政治标准,也不过是伦理标准的一个特殊的领域而已。批评者作为一个社会人,其立场、观点,必然也受到某些社会关系的制约,就此而言,要求批评者从某种特定的立场、观点(阶级、民族、国家等)出发看待问题的原则,其实也是对一种特定的伦理义务的申明而已。对此,钱锺书似乎也无异辞。然而,即便如此,也挡不住他在一些不影响"政治大原则"的领域,表达他对文学批评中美学原则绝对性的维护。

中国传统的理论话语,常将一个人所面对的伦理关系划分为这样一个方面:君臣、父子、夫妇、兄弟、朋友,也就是所谓"五伦"。这其中父子、夫妇、兄弟三对,都主要在家庭之内,君臣、朋友,则更涉及其与国家、社会、他人的关系。在现代生活中,君臣一伦,常被置换为个人与国家、社会的关系,朋友一伦,则更多涉及其与他人的关系。对文学批评而言,家庭内当代部关系,似乎不是主要的方面。除了一些特殊的时期,如二十世纪特别是"当代文学"中,国家(阶级、政党)政治的要求被特别突出之外,多数时候,困绕或影响批评之公正的,还是可以标志以"朋友"的各类社会关系。这里说到的批评的伦理原则,也就并不是历史上曾经流行的以道德意识为中心的那些批评实践,或现代更宽泛意义上的文本阐释指向,而是主要受人情影响而致批评失偏的那种看上去并不"高级"的现象。

现代批评同时受美学原则、伦理原则的制约,但两者并不总处于平衡的地位。相反,受种种政治/人情因素的制约,美学原则常受伦理原则的牵掣而发生不同程度的扭曲、变形,是为种种的伦理的考虑放宽/调整批评的标准,还是坚持艺术的原则不顾其他一切,这始终是一个问题。放远了说,客观、公正都是容易的。然而,很多时候,一个批评者一进入实际的批评情境,无论是从朋友立场,还是扶植新事物的需要,似乎都被隐隐召唤着多说点儿鼓励的话,但说这类鼓励的话该把握怎样的尺度,怎样既鼓励人,又不违背"谈艺之公论",却并不是一桩容易的事。理想的文学批评讲究知人论事,然而,批评者与批评对象关系的过于接近,也会带来新的麻烦。在这样的情况下,说,还是不说?就常是使一个严谨的批评者感到相当为难的问题。当初汪辟疆撰成《光宣诗坛点将录》,被章士钊刊载于《甲寅》之后,也是颇感两难:"惟余雅不欲于此时流布,又以录中所评诸人,寓贬于褒,且有肆为讥弹之词,而其中人又多健在,有不可不留为后日见面地者,故于校稿时,稍为更易,实乖本旨。"[①]在这种情况下,如何谨慎地选择批评话语,既能表达自己的真实感受,又不致损伤批评者的虚荣或自尊,就是一桩颇有难度的事。这就是说,批评者必须审慎,必须仔细地考虑该如何选择最恰当的方式表达那些负面的批评意见。曹葆华是钱锺书高两级的学长,这样的关系,必然导致一种复杂的批评心理。话语缠绕所体现出的,正是思想的困难。这种受伦理原则制约,改直率的批评为敷衍、客气或委婉的讽喻的现象,自古以来即以存在,追根究底,仍然是有违做人之"诚"与批评的本意的事。然而,自文学批评摆脱于简单的遵命政治之后,它实在已成当代批评最难克服的痼疾之一。

除了话语策略,这里还涉及批评的另一种标准问题。只要是批评,就必然要涉及价值判断。然而,评价尺度的选择,又必然涉及如何确定

[①] 汪辟疆:《光宣诗诗坛点将录定本跋》,张亚权编:《汪辟疆诗学论集》上册,南京:南京大学出版社,2011年,第130页。

参照系的问题。也就是说,当我们说一个作家、一个诗人取得了杰出成就时,必须同时考虑,你是将他放在什么样的参照系中进行评价的;当我们说一首诗、一部小说或戏剧是了不起的时,也须考虑,你究竟是从什么样的序列得出这样的判定。

艾略特说:"从来没有任何诗人,或从事任何一门艺术的艺术家,他本人就已具备完整的意义。他的重要性,人们对他的评价,也就是对他和已故诗人和艺术家之间关系的评价。你不可能只就他本身来对他作出估价;你必须把他放在已故的人们当中来进行对照和比较。"①也正因此,E·福斯特在《小说面面观》中才化历时为共时,想象中出一种古今作家都坐在大英博物馆里写作的竞赛场面。而艾略特在《传统与个人才能》的名文中,也将文学的"历史意识"表述为"一个人写作时不仅对他自己一代了若指掌,而且感觉到从荷马开始的全部欧洲文学,以及在这个大范围中他自己国家的全部文学,构成一个同时存在的整体,组成一个同时存在的体系。"②直到米兰·昆德拉,我们仍然看到,欧美文学传统中最优秀的那些作家,仍然坚持着的就是这样的"欧洲的"尺度③。到20世纪后,这个尺度甚至渐渐被放大到了全球,"五四"以后抱着"走向世界"梦想的中国作家,更常从世界文学或古今中外的角度,确立他们的文学标准④。一个最有趣的例证,或许是王晓明在《二十世纪中国文学史论》序里在忍不住地对20世纪文学,尤其是当代创作表达了不满足之后,对陀思妥耶夫斯基的《卡马拉佐夫兄弟》所表达出的那种景仰。而近些年来中国文学界对诺贝尔奖的超常关注及其某种失望,也正是来源于此。

由这样的理想的参照系或语境得出的判断,当然完全不同于将其

---

① [英]艾略特:《传统与个人才能》,李赋宁译注:《艾略特文学论文集》,天津:百花文艺出版社,1994年,第3页。

② [英]艾略特:《传统与个人才能》,李赋宁译注:《艾略特文学论文集》,天津:百花文艺出版社,1994年,第2页。

③ 有关论说参《小说的艺术》第一部分"塞万提斯的遗产",上海:上海译文出版社,2004年,第7页。

④ 王晓明主编:《二十世纪中国文学史论》,上海:东方出版中心,1997年,第12页。

限定于某种特定的情境的标准。然而,就大多数的批评实际而言,人们遵循的其实是另一种标准——相对的标准,也就是通过把艺术评价的参照系限定在某个具体的时代、具体的范围,从而为标准的"放宽"留出余地,而批评的美学原则也就正是这样悄悄地退让给了某些伦理的要求。正是在这种伦理原则的干预下,文学批评中才出现了一种美学相对主义,也正是在这样的原则下,本该是指对一些民族或文化共同体精神生活发生过决定性影响的文献的"经典"一词,也会被用于对某些特定时期,特定领域的典籍的评估,以至出现了"民国经典"、"当代经典"、"红色经典"一类的说法。在这样的情况下,如何维护批评标准的美学"绝对性"或"有效性",也就越来越成为一个问题。

三、坚持"谈艺之公论":
"虽即君臣父子之谊,亦无加恩推爱之例"

就这一角度看,1955年同样发生在钱锺书身上的围绕卢弼《慎园诗集序》的一段争执,就可谓当代批评史上一件颇有意义的事件,虽然在当时,它只是发生在很大程度上已退出公众视域的旧诗领域。

事情的缘起是:1955年,寓居天津的老诗人卢弼写信给钱锺书,要他为其《慎园诗集》写序,但不料序成后却引起他和卢弼及卢氏友人金钺之间的一场争论。原因在于钱序在高度评价卢诗的同时,却对其湖北同乡诗人樊增祥、左绍佐、周树模、陈曾寿颇多疵议,卢氏友人金钺因之批评钱锺书:

乃不嫌悉抑并世之人,藉与独扬作者,且不止于抑,直一一诋讥之。则其扬也,其果为修词立诚也否耶?恐读者亦将有所致疑也。向读此君著作,其浩博至可钦,而锋芒殊足畏。……为人作序,亦用此法,似欠含蕴,殆由积习使然欤?

于是,卢弼又写信给钱锺书请他修改序言,其中说:"窃以大笔溢美之辞,遂启下走怀惭之念……楚中三老,流誉京华,属在后进,曷敢辕轹乡贤。任先(陈曾寿)同学,伊吕伯仲,地丑德齐,互相割据。左右臧否人物,自有权衡,惟持于拙集中,辞气之间,似宜斟酌,无令阅者疑讶。如承修饰,益臻完璧,冒昧陈辞,伏希谅恕。"然而,钱锺书回信,仍然坚持一字不改。云：

> 慎之诗老吟几：前奉手教，正思作报，又获赐书，益佩长者之古心谦德。拙序属词甚拙陋，然命意似尚无大过，文章千古事，若以年辈名位迂回袒护，汉庭老吏，当不尔也。司空表圣之诗曰：'侬家自有麒麟阁，第一功名只赏诗'。唐子西之诗曰：'诗律伤严似寡恩'。严武之于杜甫，府主也，而篇什只附骥尾以传。鲁直之于无己，宗师也，而后山昌言曰：'人言我语胜黄语'。虽即君臣父子之谊，亦无加恩推爱之例。故杜审言、黄亚夫，终不得为大家。而《乐全堂十集》，未尝与王、朱、袁、赵之作，等类齐称。虽然，公自尽念旧之私情，晚则明谈艺之公论，固可并行不悖耳。和邵诸联，典丽之至，鄙言樊山不能专美，此即征验，公既逊让未遑，而复录尔许佳句相示，岂非逃影而走日中乎？一笑。……

卢弼又将此信给金钺看后，金钺复函承认："复书'汉庭老吏'、'谈艺公论'各说，适符管窥所及。"但仍认为，这样的评论"自为著书则可"，拿来作序则未必恰当"……若先轻议其人之乡邦群彦，借为推重其人出类拔萃之张本，试思即觌面语言，亦未为得体。……至援引乡贤为比，命意本佳，只措词稍未圆融，致落痕迹，未免使受者难安，读者生讶。"建议"可将此二札缀次序后，庶几彼此两全其美，而读者亦可无议于后，且不负知音见赏之盛意。"

其后，卢氏按金钺意见，将二人书信，并录《序》后，同时又作了一首《楚三老咏（樊樊山增祥、左笏卿绍佐、周沈观树模）》，以冲淡钱氏评论可能引起的对贤不恭的影响："钱君偶尔骋笔锋，一时兴到忘尔汝。高文自垂天壤间，貌躬跛踏窃不取。后生礼宜敬前贤，安敢自矜大言诩。赋诗陈词告来兹，庶几僭越憾可补。（钱君默存为拙吟撰序，称许逾量，感而赋此。）"

对于这场争执的具体是非，卞孝萱在详细比较诸家（包括王欣夫、金钺、甘鹏云、徐沅、胡先骕）对卢诗的评论后已指出：钱锺书"对卢弼的评价，与诸家对卢弼的评价，是相同的或相近的，钱自信为'谈艺之公论',是无愧的。"①

然而,这里涉及的批评标准或批评原则问题,仍然值得深思。钱氏所谓"谈艺之公论",涉及的正是批评的艺术标准或美学原则问题;而所谓"念旧之私情",则是批评涉及的人际关系或伦理原则问题。对于钱锺书,前者是根本的原则。杜甫说"文章千古事,得失寸心知";司空图说"侬家自有麒麟阁,第一功名只赏诗";唐庚说"诗律伤严似寡恩";都是将艺术的标准,当作不受任何其他干扰的独立标准的一种表达。虽说都是古人的话,却也表达了钱氏一生追求的根本。按这种标准,艺术的评价,"虽即君臣父子之谊,亦无加恩推爱之例","若以年辈名位迂回袒护,汉庭老吏,当不尔也。"也就是诗律之为律,颇类于法律,其中是非判断,是容不得任何的私情的。再往前看,钱锺书这种对诗艺批评标准美学绝对性的强调,也使人想到,1945年他在上海美军俱乐部谈中国诗时所说的"中国诗并没有特别'中国'的地方。中国诗只是诗,它该是诗,比它是'中国的'更重要。"②即便不是为了品评高下,亦可见在其观念深处,"诗"的标准或美学原则,从来都是和伦理性的要求不相干涉的。

在特定的历史时期,钱氏大概要算是唯一的坚持艺术标准第一的人,虽然事情的只发生只在比较私人的领域,但其中隐含的立场和逻辑,仍然深可回味。值得注意的还有,1957年《宋诗选注》完成后他在赴鄂道中写的那首诗:"晨书暝写细评论,诗律伤严敢市恩。碧海掣鲸闲此手,只教疏凿别清浑。"不知是否想起了他先前与湖北诗人之间的这一场争论,从唐庚的"诗律伤严似寡恩",到这里的"诗律伤严敢市恩",虽然只是两个字的差异,但却已将一种事态的描述("似寡恩")推进到了一种节操的坚守:"敢市恩"——向谁"市"呢?再看后面的两句,其中包含的块垒,显非对前述具体争执的回应所可道尽。

如何克服文学批评中的相对主义,是所有严肃的批评家都不得不

---

① 卞孝萱:《钱锺书三题》,《冬青书屋文存》,西安:陕西人民出版社,2008年,第498页。

② 钱锺书:《谈中国诗》,《钱锺书集·写在人生边上;人生边上的边上;石语》,北京:三联书店,2002年,第167页。

认真对待的问题。对于现代批评受伦理原则影响所发生的畸变,人们通常都注意政治影响,而较少将人情干扰当作重要的东西。然而,除了在一些特殊时期,通常情况下,不是宏大叙事的裹挟,而是人情的围困,才更是使批评陷于困境的原因。尤其是,当的政治的、意识形态的干预开始撤离之后,人情困扰往往就更成为影响批评公正的最重要的原因。正是在这一意义上,钱锺书对"谈艺之公论","虽即君臣父子之谊,亦无加恩推爱之例"的强调,就具有非常突出的意义。

钱锺书是现代中国坚持将美学原则放在第一位的人,为维护"谈艺之公论","虽即君臣父子之谊,亦无加恩推爱之例",这既造成了他的"刻薄",也造成了他的缄默。因为所谓批评的直率,即便是最真诚的直率,也是伤人的①。了解了这一点,也就容易理解批评过曹葆华的诗作之后,他再极少发表直接针对同代人的文学评论,也就能理解,为何早在四十年代,他就将对一些文学现象的看法放进小说,只是借小说人物之口曲折地说出。

四、小说中之谈艺:一种特殊的批评策略

读过小说《围城》的人,大概都不会忘记该书对其中那些文人的嘲讽。显而易见的是,相对于当年批评曹葆华诗歌时的吞吞吐吐,《围城》中的对其中的文人、文事的批评,均堪称痛快淋漓。

小说第三章方鸿渐曹元朗斗嘴,听完曹元朗是诗人的介绍,方鸿渐随口揶揄,说苏小姐《十八家白话诗人》再版,准会添进他算十九家。不料曹元朗一口否认,说那"决不会",因为他"跟他们那些人太不同了,合不起来"。还说苏小姐曾告诉他,她只是为了得学位写那本书,实际"并不瞧得起那些人的诗","她序上明明引着 Jules Tellier 的比喻,说有个生脱发病的人去理发,那剃头的对他说不用剪发,等不了几天,头毛压根儿全掉光了;大部分现代文学也同样的不值批评。"这颇使人想起波德

---

① 数年后,他在伦敦评论吴宓诗作,不意间造成对后者的情感伤害,到晚年得知后颇感愧悔,正是旁证。钱锺书:《〈吴宓日记〉序言》,《钱锺书集·写在人生边上;人生边上的边上;石语》,北京:三联书店,2002年,第233—234页。

莱尔所说的"现代性是短暂的、易逝的、偶然的,它是艺术的一半,艺术的另一半是永恒和不变的"之类的话①。虽然出诸小说人物之口,但真要算现代人对现代中国文学最尖刻的批评了。钱锺书对现代文学的冷漠,是否也包含着这样的判断,是一个颇堪回味的问题。曹元朗在小说中,本属嘲讽的对象,他的话当然不能说就是钱锺书的意见,不过,揆之钱氏一生,其对"大部分现代文学"的冷漠,却也不争的事实。

不过,对于是否可以将小说中人物的言论看作文学评论的一种类型,钱氏自己却早已有明确说法。《管锥编》第 2 卷有"小说中之谈艺"一节,云:

> 齐谐志怪,臧否作者,掎摭利病,时复谈言微中。夫文评诗品,本无定体。陆机《文赋》、杜甫《戏为六绝句》、郑燮《板桥词钞·贺新郎·述诗》、张埙《竹叶庵文集》卷三二《离别难·钞〈白乐氏文集〉》、潘德舆《养一斋词》卷一《水调歌头·读太白集·读子美集》二首,或以赋,或以诗,或以词,皆有月旦藻鉴之用,小说亦未尝不可。即如《阅微草堂笔记》卷二魅与赵执信论王士正诗一节,词令谐妙,《谈龙录》中无堪俦匹。只求之诗话、文话之属,隘矣。②

虽不能说这就是作者的夫子自道,但"小说中之谈艺",也可算文评诗品之一种,则当属毫无疑义。只是对于这些话究竟该怎么看,怎样合理区分其中的认真,其中的反讽,还的确不是一件容易的事。不过,也正是借了小说的"掩饰",作者才能更恣情恣意地表达出他对某些当代现象尖刻讽刺。这也就使得这种"小说之谈艺"成为中国现代文学批评中一种相当有趣的别体。

放开了看,现代文学中之借小说以谈艺,也不能完全说是钱锺书的独创。比如我们从鲁迅的《故事新编》,就已看到不少对当代文人、文事、文论的旁敲侧击,《补天》之讽胡梦华,《奔月》之刺高长虹,《理水》之嘲顾颉刚,《起死》之戏林语堂等等,都是显例。但像《围城》中这样直接借人物之口评说艺文得失,应该是还是钱锺书小说才有的一个突出特

---

① [美]马泰·卡林内斯库著,顾爱彬,李瑞华译:《现代性的五副面孔》,南京:译林出版社,2015 年,第 50 页。
② 钱锺书:《管锥编》第 2 卷,北京:中华书局,1979 年,第 656 页。

点,这既是他对中国古典批评传统的独到一种发挥,又是他在特定条件下突破现代批评困境的一种策略。

如前所述,《围城》对现代文学的批评,首先涉及一种整体判断。与之相应的是,书中对所涉及的文人文事所包含的讽刺,也是多重的。而这首先便是,他对附庸风雅的新旧文的那一种鄙薄。

中国现代作家的生活,既受传统文人的积习的影响,又吸纳了许多来自西方传统与现代的东西。钱锺书对现代文学的批评,常常先指向文人的生活方式。在短篇《猫》中,钱锺书就以其特有的笔法,对围绕在主人公爱默周围的一群京派文人做出了辛辣的讽刺。《围城》一开始,即给读者引见了一位因"做了一篇《中国十八家白话诗人》的论文"而新获博士的苏文纨小姐。其口气明显地含着嘲弄:"那女人平日就有一种孤芳自赏、落落难合的神情——大宴会上没人敷衍的来宾或喜酒席上过时未嫁的少女所常有的神情……"苏小姐学的是法国文学,博士学位论文做的却是《中国十八家白话诗人》,闺房里挂的又是"沈子培所写屏条,录的黄山谷诗,第一句道:"花气薰人欲破禅。"如此这般,亦中亦西,亦古亦今,不中不西,不古不今。这跟其后感叹董斜川谈诗,"一个英年洋派的人,何以口气活像遗少";以及苏小姐飞金扇面上"歪歪斜斜地用紫墨水钢笔写着"仿作的新诗(书写者又是一个政客),透露出同样的讽刺。

钱锺书对新、旧文人趣味的讽刺,也表现在他对诗人形象的刻画上。书中对"诗人"的嘲讽,最辛辣的当然是有关曹元朗那一段描写。人物未出场,先介绍背景说,他"在剑桥念文学,是位新诗人",接下去的笔墨,同样先从容貌起笔:"做诗的人似乎不宜肥头胖耳,诗怕不会好。忽然记起唐朝有名的寒瘦诗贾岛也是圆脸肥短身材,曹元朗未可貌相。"这种有意营构的"错位感",和后来他整个的人,以及那一首《拼盘姘伴》的诗给人的滑稽印象完全一致:

> 介绍寒暄已毕,曹元朗从公事皮包里拿出一本红木夹的法帖,是荣宝斋精制裱衣裱的宣纸手册。……
>
> 鸿渐正想,什么好诗,要录在这样讲究的本子上。便恭敬地捧过来,打开看见毛笔写的端端正正细明体字,第一首十四行诗的题目是《拼盘姘伴》,下面小注个"一"字。仔细研究,他才发现第二页

有作者自述,这"一""二""三""四"等等是自注的次序。自注"一"是:"Melangeadultere"。这诗一起道:

　　昨夜星辰今夜摇漾于飘至明夜之风中(二)
　　圆满肥白的孕妇肚子颤巍巍贴在天上(三)
　　这守活寡的逃妇几时有了个新老公(四)?
　Jug! Jug! (五)
　污泥里——Efangoeilmondo!(六)
　——夜莺歌唱(七)——

鸿渐忙跳看最后一联:

　　雨后的夏夜,灌饱洗净,大地肥而新的,
　　最小的一棵草参加无声的呐喊:"Wirsind!"(三十)

有人注意到,中国的现代性与殖民性是一同到来的,对"西崽"文化的讽刺,是鲁迅和许多现代作家的共同特点。就是像巴金、老舍这样的现代作家写到"女学生",也会时作讽刺之笔。与之相似的《围城》对留学生做派的这种讽刺,也可以说是一种特殊形式的"后殖民"批评吧。曹元朗的朋友说"现代人要国文好,非研究外国文学不可;从前弄西洋科学的人该通外国语文,现在中国文学的人也该先精通洋文。"这逻辑就是到今天,似乎仍然还很流行。

如果说钱锺书对那么他对"新诗人"的反感,主要在"西崽"气,那么,他对"旧诗人"的嘲弄,更在其"遗老"味。这两点到《围城》中的曹元朗,则能一身兼有之。不过,《围城》中对于诗人的批评,也并不单单指向新诗人,它同样指向当日的旧诗坛。

《围城》中的董斜川,一出场就忙着炫耀他与同光体诗人的关系。他夸赞自己的夫人:"内人长得相当漂亮,画也颇有家法。她画的《斜阳萧寺图》,在很多老辈的诗集里见得到题咏。她跟我游龙树寺,回家就画这个手卷,我老太爷题两首七绝,有两句最好:'贞元朝士今谁在,无限僧寮旧夕阳!'的确,老辈一天少似一天,人才好像每况愈下,'不须上溯康乾世,回首同光已惘然!'"卖弄、自得、貌新实旧,以及贯穿其中的或真或假的感伤,成为一种人物的画像。小说中说方鸿渐"奇怪这样一个英年洋派的人,何以口气活像遗少,也许是学同光体诗的缘故。"现实中的钱锺书,与同光体诸多名家如陈衍、夏敬观、李拔可颇多往来,其诗文中也颇多与他们的往来酬答的印迹,甚至还写过一篇记其向陈衍问学所得的《石语》。然而,即便如此,他对这些旧诗人的态度仍然颇有复杂之处。

值得注意的还有,董斜川的谈话,也涉及他对新诗的看法。读过小说的人,大约都会记得他"新诗跟旧诗不能比"的那一番宏论。特别是其中提到其与陈散原聊天,"偶尔谈起白话诗。老头子居然看过一两首新诗。他说还算徐志摩的诗有点意思,可是只相当于明初杨基那些人的境界"一类话。这究竟是在借人物之口批评新诗的境界不高,还是以之暴露旧文人的保守、狭隘、迂腐,似乎并不能做出简单的认定。董斜川对徐志摩的青眼与不屑,也颇使人想到钱基博在《现代中国文学史》中对新诗人的那点儿评论。波德莱尔在说完现代性的短暂易之后,接着说:"……至于这转瞬即逝的元素,你无权去轻蔑或忽视它。如果抑制它,你注定会陷入一种抽象的、无法确定的美的空虚性,就像犯下第一宗罪之前的女人的美的空虚性……总之,如果有一种特定的现代值得成为古代,就必须从中抽取人类生活不经意地赋予它的那种神秘的美……那些到古代去寻求纯艺术、逻辑和一般方法之外的东西的人是可悲的。他深深地一头扎入进过去,而无视现在;他弃绝情势所给予的各种价值和权利;因为我们所有的创造性都来自时代加于我们情感的印记。"①虽然在《围城》中,作者并没有对曹元朗及苏小姐的话给予明确的反驳,但从对董斜川谈新诗时的这点儿反讽,读者还是依稀可以看出作者对无端蔑视新文学的人的这种嘲弄。

五、《拼盘姘伴》:超现实主义诗歌的戏拟与反讽

《围城》对现代诗坛的讽刺,也指向新诗对中国或西方诗歌传统的模仿、抄袭。方鸿渐无意中指出苏文纨的题扇诗"是偷来的",或"至少是借"自德国十五六世纪民歌,虽然出之以小说中的游戏笔墨,但讽刺

---

① [美]马泰·卡林内斯库著,顾爱彬,李瑞华译:《现代性的五副面孔》,南京:译林出版社,2015年,第50页。

的,同样是现代诗歌史上常见的现象。早在1922年《学衡》创刊,梅光迪发表《评提倡新文化者》,即指"彼非创造家乃模仿家也";直至现在,人们批评新诗之失,仍多对其过重的翻译腔,以及对外国诗歌过度的模仿深致不满。

值得特别注意的还有,《围城》中有关新诗的讽刺,也指向一种新异的诗风。曹元朗的《拼盘姘伴》一诗,虽然是出自小说人物的戏作,但在中国新诗史上同样有特别值得认真对待的价值。一般说来,这首诗给人的印象,首先就在其诗句的怪异。方鸿渐说它"简直不知所云",说它"并不是老实安分的不通",而是"仗势欺人,有恃无恐的不通,不通得来头大。"虽未点明"仗"谁的势,"恃"什么力,但已暗示出他对它的反感,并非仅限于某个具体的诗人的故弄玄虚,而更与其对整个诗坛某种潮流的态度有密切关系。小说写方鸿渐看《拼盘姘伴》:

> 诗后细注着字名的出处,什么李义山、爱利恶德(T. S. Eliot)、拷背延耳(TristanCorbiére)、来屋拜地(Leopardi)、肥儿飞儿(FranzWerfel)的诗篇都有。鸿渐只注意到"孕妇的肚子"指满月,"逃妇"指嫦娥,"泥里的夜莺"指蛙。他没脾胃更看下去,便把诗稿搁在茶几上,说:"真是无字无来历,跟做旧诗的人所谓'学人之诗'差不多了。这作风是不是新古典主义?"
>
> 曹元朗点头,说"新古典的"那个英文字。……

然而,这未必不又是小说家的另一狡黠之处。20世纪西方文学中的新古典主义,主要指以艾略特为代表的那一股文学思潮和创作①。著名的《荒原》一诗,即以融会多种典故,引用多种语言著称。钱锺书清华读书时的老师叶公超,留学英国时就曾结识过艾略特,并成为当年向中国文坛介绍艾略特的第一人。然而,如今细看《拼盘姘伴》,不难发现,除了自加注释从它类似"自动写作"式的诗句看,它其实更让人联想到从20年代开始从法国兴起的超现实主义。新古典主义强调诗艺对传统的融会,自然也比较注重秩序和逻辑;而超现实主义,正如学者所指出,则"否定理性和传统逻辑是惟一的真理","其所使用的主要技巧

---

① [英]罗吉·福勒著:《现代西方文学批评术语词典》,成都:四川人民出版社,1987年,第40—42页。

包括自动写作、催眠、拼贴(collage)、奇谲的暗喻、吊诡的意象(paradox)、黑色幽默等"①。

唐小姐读完《拼盘姘伴》,说诗人对"没有学问的读者太残忍了",诗里的外国字"一个都不认识",曹元朗说他的诗"不认识外国字的人愈能欣赏",显然已背离了新古典主义的立场;又说"题目是杂拌儿、十八扯的意思,你只要看忽而用这个人的诗句,忽而用那个人的诗句,中文里夹了西文,自然有一种杂凑乌合的印象。""你领略到这个拉杂错综的印象","就是捉摸到这诗的精华",则正合于超现实主义诗歌"自动写作"和"随意拼凑"的特征。

至于说"不必去求诗的意义。诗有意义是诗的不幸"搬用的纯诗理论,则既是象征主义,也是超现实主义的共同主张。对诗的"意义"的否定,是现代派理论的一大发明。《超现实主义宣言》说:"超现实主义:纯粹精神的自行活动,人们依赖这种活动,以口头、书面或其他任何方式来表述思想的运转。思想的这种表述,完全摆脱了理性的控制,完全跳出审美或伦理的考虑。超现实主义基于这样的信念,即相信在它之前一直忽视的某些组合形式更高的现实,相信梦幻的力量、思想无利的活动,超现实主义旨在彻底摧毁精神的其他所有机制,并取而代之,来解决生活的主要问题。"②似乎仍然是纯诗理论的延续。

据学者考察,早在20世纪30年代初,超现实主义就已被介绍到了中国。到30年代中期,中国文坛对它的态度,已出现了两种不同的倾向:"一方'给以痛烈的批评和嘲骂',另一方给以热情的积极的宣扬"③,但在文学创作中却并没有发生明显的影响。中国诗人的创作中与超现实主义有关者,最早要算路易士(纪弦)写于1942年的《吠月的犬》,该诗"脱胎于米罗(JuanMiro)的同名画(20年代米罗与法国超现实

---

① 奚密:《从边缘出发:现代汉诗的另类传统》,广州:广东人民出版社,2000年,第158页。
② 转引自李玉民:《艾吕雅诗歌的主旋律》,《保尔·艾吕雅诗选》,石家庄:河北教育出版社,2003年,第3页。
③ 参许钧,宋学智:《超现实主义在中国》,《当代外语研究》,2010年第2期;奚密:《从边缘出发:现代汉诗的另类传统》,广州:广东人民出版社,2000年,第157—158页。

主义诗人画家一度过从甚密)。诗中意象的并置手法打破传统逻辑,创造一种诡异奇幻的效果——如仙人掌上的裸女——可视为纪弦对超现实主义的回应。"但类似的作品在当时,还不多见。超现实主义的诗歌在中国的真正大放异彩,还要等到五、六十年代台湾"创世纪"诗社的痖弦、洛夫、商禽、管管等的登台①。《围城》写作于1944—1946年间,小说中的故事发生在1937年。可以推想,早在抗战之前,包括钱锺书在内的那些留法知识分子中,对超现实主义诗歌已然有着比较切近的了解。《围城》中这首诗,即便不算是中国作家对超现实主义诗歌的戏仿,也可看作是对它最早的反讽性批评之一。

　　在今人有关论说中,《围城》常被比作是一部现代版的《儒林外史》,但如有研究者所指出,钱氏自己对《儒林外史》的评价,却不像一般说的那么高,其失之一则在"蹈袭依傍处最多"②,钱锺书的美学趣味,最要紧处是"天然"。这不仅见之于《围城》中对唐晓芙的描写,也见之于他谈艺常常提及的"水中盐味"和"眼里金屑"的比喻。因而,对于文学创作中的属于病态的一切,对感伤、对颓废,无论新旧,都持批评态度。

六、批评的突围:从鲁迅到钱锺书的"刻薄"与"世故"

　　《围城》中的这节讽刺,也是指向现代中国的诗歌评论或诗歌批评的。曹元朗读罢折扇上的诗,"又猫儿念经的,嘴唇翻拍着默诵一遍,说:'好,好!素朴真挚,有古代民歌的风味。'"不知是要讽刺他的无知,还是暗示他的圆滑(心知出处,却不揭破)。当代批评多敷衍之辞,这是众所周知的。但能将敷衍上升为吹捧,同时还振振有辞地发挥出一套"理论",则属许多"专业人士"的"特长"。苏小姐是因写《白话诗十八

---

① 奚密:《从边缘出发:现代汉诗的另类传统》,广州:广东人民出版社,2000年,第157—158页。
② 张治:《从〈围城〉到〈儒林外史〉:近代讽刺文学中的中国知识分子》,《汉语言文学研究》,2012年第3卷第3期。钱锺书语见《小说识小续》,《钱锺书集·写在人生边上;人生边上的边上;石语》,北京:三联书店,2002年,第148页。

家》而得了博士的"专家",她"看《拼盘姘伴》一遍,看完说:'这题目就够巧妙了。一结尤其好;"无声的呐喊"五个字真把夏天蠢动怒发的生机全传达出来了。Toutyfourmilledevie,亏曹先生体会得出。'"正可谓为这类批评提供了一个生动的范例。书中写:"诗人听了,欢喜得圆如太极的肥脸上泛出黄油。鸿渐忽然有个可怕的怀疑,苏小姐是大笨蛋,还是撒谎精。"也正是这类批评在现实中给人的不同印象的一种描绘。其中涉及的,不但有诗歌解读中的习见的过度阐释,更有批评态度的虚夸、浅浮。自新诗兴起以来,提倡者和批评者们出于维护新事物的目的,多赞誉而少批评,对现代诗的艺术解说,从一开始就存在某种程度的过度解读。如何在文本潜质与读者理解之间找到一种平衡,在维护读者的权利的同时,不过度发挥、解读。一直是一个未曾得到很好的解决的问题。正是因为采取了小说的方式,现实中难于直言的一切,才得到了至为直率的表达。

中国现代文学批评话语之最受"圈子"限定的事例,常常最突出地表现在诗歌批评领域。回看新诗初创期围绕胡适、汪静之诗歌等现象的批评,许多驳论,已不无"护短"之嫌。到今天许多批评对所言对象的褒扬,更常须作许多许多的限定才具准确意义。但即便如此,也仍然是有突出"人情"之围者。而所采用的方法,也常会突破了常规。

《围城》中这一段讽刺,也颇让人想起鲁迅在《"音乐"?》中对徐志摩的讽刺。1924年12月,《语丝》刊出徐志摩翻译的波德莱尔《恶之华》中的《死尸》一诗,诗前有徐氏题记,其中说:"我深信宇宙的底质,人生的底质,一切有形的事物与无形的思想的底质——只是音乐",又说"你听不着就该怨你自己的耳轮太笨,或是皮粗,别怨我。"其中的玄虚和自负引起了鲁迅的反感,因作如下戏仿讽刺徐志摩①:

……慈悲而残忍的金苍蝇,展开馥郁的安琪尔的黄翅,唵,颉利,弥缚谛弥谛,从荆芥萝卜玎珰溅洋的彤海里起来。Br—rrrtatatatahital无终始的金刚石天堂的娇袅鬼茱荑,蘸着半分之一的北斗的蓝血,将翠绿的忏悔写在腐烂的鹦哥伯伯的狗肺上!你

---

① 《集外集》,《鲁迅全集》第7卷,北京:人民文学出版社,2005年,第55—56页。

不懂么？咄！吁，我将死矣！婀娜涟漪的天狼的香而秽恶的光明的利镞，射中了塌鼻阿牛的妖艳光滑蓬松而冰冷的秃头，一匹黯黜欢愉的瘦螳螂飞去了。哈，我不死矣！无终……

  这或许要算是中国现代文学史上更早以戏拟手法讽刺新诗的一例。早有人注意到，除八十年代作社科院副院长时那一次表态性的发言，钱锺书论文绝少提及鲁迅①，但要说他对鲁迅的文章没任何了解，或不受一点影响，也不可靠。除了谢泳所提及者，《围城》中的不少幽默，也隐隐可见鲁迅的影子。譬如方鸿渐去三闾大学路上听到汽车夫发脾气时，要与汽车妈妈发生关系的粗话，就颇让人想到鲁迅《论"他妈的"》中类似的"纪实"与"反讽"："前年，曾见一辆煤车的只轮陷入很深的辙迹里，车夫便愤然跳下，出死力打那拉车的骡子道：'你姊姊的！你姊姊的！'"②说钱锺书于意识中未必然，于潜意识中又未必不然地受到了鲁迅讽刺手法的一些影响，应该不能说毫无根据。《围城》中对新诗这种戏拟，或许又是一例。

  当然，比起鲁迅当年的拟作，曹元朗这一首《拼盘姘伴》，已更像一首"诗"。鲁迅的拟作，直接讽刺的虽是徐志摩，间接也指向当时流行的象征主义诗学对音乐性的极端强调，以及其中故弄玄虚式的晦涩、神秘③。钱锺书的拟作，虽然尚不知具体的现实讽刺对象，但最终所指的，似应是当时已然兴起的超现实主义，特别是其所宣扬的"自动写作"的非理性及神秘。可以说，在从鲁迅到钱锺书的这种近乎戏谑的态度里，实际也体现着中国现代文学在面对西方时尚文化时的一种较为冷静的、理性的态度。虽然他们的批评，对具体的对象而言，也未必全然公允，但考虑到被他们戏拟、讽刺过的这一切，直到如今的诗歌实践中，

---

  ① 谢泳：《钱锺书研究四题·钱锺书与周氏兄弟》，《钱锺书和他的时代》，上海：上海辞书出版社，2009年。

  ② 《鲁迅全集》第1卷，北京：人民文学出版社，2005年，第245页。

  ③ 按：追求"音乐性"和"不明确性"曾是象征主义的基本目标之一。譬如曾对这一思潮产生重大影响的爱伦·坡就说："不明确性是真正的（诗的）音乐性的一个要素——我指的是真正的音乐性的表现……一种模糊不清的暗示的不明确性。"[美]埃德蒙·威尔逊：《象征主义》，杨匡汉，刘福春编：《西方现代诗论》，广州：花城出版社，1988年，第299页。

似乎仍然未能得到有效的克服,这种多带点文化保守主义味道的态度,仍然有积极的意义。时间虽已逝去了半个多世纪,但《围城》对新旧诗人的这些嘲讪,于今读起来,却仍然有一种令人会心莞尔的讽刺效果。而他们所采用的这种批评手法,虽然在比较正规的批评传统中未见传人,但在民间,尤其是在针对一些诗歌怪象——如"梨花体"、"羊羔体"、"乌青体"的网络批评中,仍然不时爆发出相当广泛的回响。

鲁迅与钱锺书,大概是现当代中国最多被指为"刻薄"、"爱骂人"的两个人。虽然细较起来,其间也颇有不同——鲁迅所骂,多与社会现实有关;钱锺书则更专注于"谈艺之公论":"虽即君臣父子之谊,亦无加恩推爱之例"。但这中间会不会也有点例外呢?当年他之过度揄扬卢弼,已是引人生疑。金钺说:"其扬也,其果为修词立诚也否耶?恐读者亦将有所致疑也"。到晚年的钱锺书,似乎更加频频地以一种"客气"的态度对待现实中的人和事。以致有不少人发现"钱锺书赞人,语多夸饰"①;有人说:"从缅怀钱先生诸多文章中,可发现被钱先生赞扬过的人和著作,实多不胜举。"②夏志清说到他写的信,也说其"太捧人了""客气得一塌糊涂。"③不过,仍然有人注意到,在这些信的末尾,"往往还会留下'容当细读'这样意味深长的词语。故而他的这些礼节文字,都是当不得真的"④,"信中高誉,未必是钱老真话,只是他的善意。"⑤积极点看,或许可以说,晚年的他已更加有意地区分了批评的伦理原则与艺术原则的不同应用场域,从而将正式的评论和私下的勉励分别对待。而这又让他在20世纪中国的文化名人中,再次与鲁迅一样被讥讽

---

① 韩石山:《钱锺书的赞语》,《路上的女人你要看》,北京:中国华侨出版社,2001年版第133页。
② 许德政:《与默存先生相处的日子》,丁伟志主编:《钱锺书先生百年诞辰纪念文集》,北京:三联书店,2010年,第206页。
③ 夏志清:《讲中国文学史,我是不跟人家走的》,《南方都市报》2008年7月30日。
④ 朱航满:《钱锺书的"Nocando"》,《书与画像》,合肥:安徽教育出版,2013年,第115页。
⑤ 刘诚龙:《客气话当善别当真》,《读者精华文摘·坐在路边鼓掌的人》,北京:煤炭工业出版社,2015年,第142页。

为"世故",这中间的酸甜苦辣及复杂意义,同样不能不令人对之深思。

原载于《河南大学学报(社会科学版)》2019年第1期;人大复印资料《中国现代、当代文学研究》2019年第4期全文转载

边缘人与采珠心:晚期常州词派的上海书写

谢 丽①

"晚近词坛,悉为常州所笼罩可也"②,作为近代社会转型语境下最有影响的一个词坛流派,晚期常州词派③的词人们在国家、民族被难的动荡岁月里取精用弘、并轨扬芬,产生了有别于前代的历史品格和美学特征。近年词学研究专家们注意在词史的整体进程中对常州词派作宏观的考察定位与深入细致的论述,力图对近代词发展过程做全景式描述。④ 对于晚期常州词派的研究,已引起较多研究者的关注,学者们从史料考证、理论分析、词作研究等不同角度深入探讨常州词派,勾勒出了清末民初词坛上该词派的基本面貌。⑤ 然而从已有的研究成果来看,综合观照的研究较少将晚期常州词派置于近代转型的社会、文化、

---

① 谢丽,女,河南固始人,文学博士,河南大学文学院副教授。
② 龙榆生:《晚近词风之转变》,《龙榆生词学论文集》,上海:上海古籍出版社,1997年,第381页。
③ 晚期常州词派主要指活动在光宣、民初年间的承袭常州词派宗风的王鹏运、朱祖谋、况周颐、郑文焯等词人以及上述词人的弟子们。
④ 如严迪昌:《清词史》,南京:江苏古籍出版社,2001年;莫立民:《近代词史》,北京:人民文学出版社,2010年。两书均以全局性坐标和系统性对照,对常州词派做了整体评价和重点把握。
⑤ 如朱惠国:《中国近世词学思想研究》,上海:上海古籍出版社,2005年;朱德慈:《中晚期常州词派》,南京师范大学博士学位论文,2003年;迟宝东:《常州词派与晚清词风》,天津:南开大学出版社,2003年;卓清芬:《清末四大家词学及词作研究》,台湾师范大学博士学位论文,1999年;莫立民:《晚清词研究》,北京:中国社会科学出版社,2006年。

学术的实际背景下,而无法全面准确地反映晚期常州词派的流衍进程、创作实践、审美选择等;点状的个案研究或局限于单一领域、或局限于个体词人,多是从单一层面、微观视角对晚期常州词派分而观之,将其从近现代文学的发展中孤立出来。

辛亥革命后常州词派词人们的活动空间呈现出向上海聚集的趋势,上海作为近代江南文化的中心,由此成为新的词学重镇。山河已改,江桑摇落,部分传统士人①在剧烈的转型面前走向了社会地位和文化的双重边缘化,同时这种边缘化又进一步加深了他们的身份认同危机。在风云多变的时代环境下,词人们通过参加传统文人圈的日常交往,获得安身立命的环境和一种暂时的身份;他们将主要时间和精力投注于文化或学术领域,或整理词籍,或著书立说,或奖掖后进;将时事激荡下积聚的幽愤娱乐发之于词,以强化政治与文化双重遗民②的身份认同并以之对抗新的政权。本文主要探讨民国初年寓居沪上的晚期常州词派词人们自身的变化以及由此引起的创作转变,展示晚期常州词派在面临多种话语冲突时所体现出的文化取向和审美选择,从而揭示其转化中的艰难历程。

一、上海聚集与文化下移

鼎革以还,大批文化名流纷纷避地租界,寄命其间以寻谋出路,"不

---

① "这部分人主要是旧学培育出的中下层知识分子(应该称传统士人)。他们的知识结构、思维方式、谋生之路皆因旧学内容定型或基本定型,因而面对剧烈的转型,面对传统儒学的没落他们一时难以适应,甚或困顿竭厥,挣扎在生活贫困线上。"孙燕京:《晚清知识层的差异及士人的边缘化》,《史学理论研究》,2006年第3期。

② 林志宏认为:"每当遭逢易代之际,便有少数人为了表达对故国旧君的眷恋,选择以自我放逐或反对的方式对待新朝,他们的举措便被视为'遗民'。"本文所述"遗民",采取此意。参见林志宏:《民国乃敌国也》,北京:中华书局,2013年,第3页。

死、不降也不隐,而是到租界里去做遗老"①。况周颐、朱祖谋、冯煦、徐珂、郑文焯、张尔田、吴梅等晚期常州词派词人先后移居沪上,"晚清词学大家由早期个别在沪或部分涉足沪上,至此时已几乎频繁至沪,或成为沪上寓公。"②词人的迁徙移居,带动了词学生产的新现场;作为晚期常州词派的代表人物,朱祖谋和况周颐终以上海为归宿,其行动的转移也意味着晚期常州词派词学重心的转移。"常派词风,复由北而南,俨然为声家之正统焉。"③况周颐与朱祖谋彼此倾慕多年,得以相识,这种"几与彊村日必相见"④的交往与切磋有力提升了彼此的词学造诣。

传统文人多视结社为建立联系的纽带和自身参与社会活动的基本方式。冯煦、朱祖谋在上海先后加入超社(后名逸社)⑤,社长始为瞿止庵,继为冯煦,文化名流集聚,社员因具有较为相同的政治态度和价值观而产生凝聚力,相互扶持、推崇,构成寓沪遗民之社交圈。1915年周庆云与徐珂、王蕴章等发起成立春音词社⑥,奉朱祖谋为社长,寓沪之词坛名家大半在社,盛时"皆命俦啸侣,特雇画舫,尽一日之乐。谒刘墓一集,尤兴会飚举"⑦,词人们利用社集提供的文化空间增强自我认同,以频繁的词学交流为保存传统词体的鲜活状态做出努力。

记载称彊村"不问世事,往来湖淞之间,以遗老终矣"⑧,似乎晚清遗民的生活是闲适的,然而政治情势与人际网络的交互使得现实是"你

---

① 熊月之:《辛亥鼎革与租界遗老》,《万川集》,上海:上海辞书出版社,2004年,第205页。
② 杨柏岭:《近代上海词人及词籍考略》,《文献季刊》,2004年第4期。
③ 龙榆生:《论常州词派》,《龙榆生词学论文集》,上海:上海古籍出版社,1997年,第403页。
④ 赵尊岳:《蕙风词史》,况周颐原著,孙克强辑考:《蕙风词话广蕙风词话》,郑州:中州古籍出版社,2003年,第478—480页。
⑤ 成员主要有沈曾植、梁鼎芬、樊增祥、陈三立、缪荃孙、吴庆坻、王乃征等,人员多老派遗民、前清达官、文化名人。
⑥ 该社先后有社员徐珂、夏敬观、袁思亮、吴梅、庞树柏、陈匪石、王蕴章、邵瑞彭、杨铁夫、林鹍翔等人。西神:《春音余响》,《同声月刊》,1940年第1卷。
⑦ 西神:《春音余响》,《同声月刊》,1940年第1卷。
⑧ 夏孙桐:《清故光禄大夫前礼部右侍郎朱公行状》,《词学季刊》,1933年第1卷创刊号。

谈政治也罢,不谈政治也罢。除非逃在深山人迹绝对不到的地方,政治总会寻着你的"①。新与旧、出与处的对立,无论是站在哪一方,政治成为本期词人们无可规避、必须回应的话题。朱兴和在《超社逸社诗人群体研究》中指出,逸社成员多怀有复辟梦想,1917年复辟的名单中,逸社成员有五位,而其中冯煦、朱祖谋均被委以重任。孙德谦在《秀道人修梅清课》序中云"临桂况夔笙先生……顷岁以来,遗世介立",事实上"遗世介立"有时也可以是政局未定选择保身的手段和借口。帝制君主政体的继续存在意味着政治道统秩序的精神继续存在,传统词人们一方面寄希望于复辟之事,另一方面又深知现实之境遇,他们必须考虑时代环境的不同而有所适应。

  大量的晚清旧臣因朝代鼎革而失去政治与社会地位,不得不在"江湖"上谋生,彼时出现了士人向下流动的密集性。传统士人选择上海为寓居地,不单为躲避战乱,还有维持生计的考虑。远离庙堂之高,居于江湖之遥,可供士人们选择的职业是多样化的,如医、商、相术、教塾、编撰等。尽管以儒士道德为评价标准的职业观念一定程度上禁锢了士人生存的自由度,然而失去官府、幕府庇护的士人们不得不在"非儒"的生存之路探寻,抛开道德偏见而求生于市井之中。晚期常州词派的词人如朱祖谋、况周颐、冯煦等多以卖文卖字为生,《蕙风词史》记载况周颐"患不继,辄鬻文自给,每岁致千金",为生计所迫,况氏于上海还开有书肆,甚至降格以求,"除了外国文外,不拘何事均可担任"②,行为之处充满了生活压力和无法掌控的忧虑。而朱祖谋则"月必数为之(题主),足资存活",江浙各地有人闻名而来,经常过访不值,告以外出为人题主。传闻其后来抱病出外,题主二次,因受风寒侵袭,病情增剧不起。③ 出卖字画看似出卖艺术,从深层来看,出卖的何尝不是昔日科举时代的社会地位与文化身份。

---

 ① 陈独秀:《谈政治》,《新青年》,1920年第8卷第1号。
 ② 吴书荫:《况周颐和暖红室〈汇刻传剧〉——读〈况周颐致刘世珩手札二十三通〉》,《文献》,2005年第1期。
 ③ 夏承焘:《天风阁学词日记》,《夏承焘集》(第5册),杭州:浙江古籍出版社,1997年,第266—267页。

随着大批士人的向下流动,士大夫文化出现了明显的分化与下移,下移中的文学主体也随之转型。近代商品经济的发展为文化下移提供了广阔的平台,也为文学主体转型提供了现实的支撑;它促进了市民阶层的进一步壮大,同时也带动了文化娱乐市场的繁荣昌盛。上海租界作为东亚近代文明的基地,无时无刻不在制造极乐园,"比日繁艳,愈胜昔时;舞榭歌台,连甍接栋",这种崭新的都市空间和现代生活给予人全新的体验,身处都市娱乐空间与现代商业空间的文人们被无法把握甚至无法意识到的潮流所裹挟。对于士人遵循的"达则兼济天下,穷则独善其身"的价值体系,转型时代的传统文人们因自身经历的不同对此有着不同程度的游移甚至是背离。伴随文化下移的进程,词人主体意识开始融入了世俗的文化取向和审美趣味。"海上繁华,胜于他处,遗老如鲫,视为桃源。"晚期常州词派的词人们并不拒斥这种都市体验的当下性,①沉溺于游宴、博弈、观戏、品书论画甚至是芙蓉癖中,体现出把玩现在、安闲自我乃至于麻醉自我的生命享受。

庙堂文化价值取向为"雅正"之音,市井文化价值取向为"淫哇"之声,文学总能在第一时间直接感性地再现空间转移所带来的不同的生存体验,文化娱乐市场的昌盛为娱情式"淫哇"之音的繁衍提供了肥沃的土壤,为下层文人提供了生存的机遇和空间,有力促进了文学主体的转型。这些具有满腹经纶人文素养的昔日的高雅读书人,在文化娱乐市场中不断地接近市民,沾染世俗的文化价值。易代之际,既不能获取科举、仕途之功名,又不愿作隐士高人,那么合乎常情的世俗生活,可能是很多遗民的首要选择,虽然这种选择本身含有降心屈己的成分,但却是最自然的选择。投身于世俗生活是对义理、道德遮蔽下的士人生活的一次背离,也是对自适人生的一次回归。"慨自清命既讫,道丧文弊,二十年来,先民尽矣。独有彊村、蕙风,嵎余海上,乐则为天宝《霓裳》,

---

① 如"蕙风有芙蓉癖,濡染彊村,微灯双枕,抵掌剧谈,往往中夜",又如"(彊村)暇辄行博,蕙风为赋词竹马子,以纪其事。或劝之曰:'久坐伤骨,久视伤脾。'彊村曰:'不坐伤心'"。参见张尔田:《词林新语》,唐圭璋编:《词话丛编》,北京:中华书局,2005年,第4371页。

忧则为殷遗《麦秀》,是可伤已"①,词学家蒋兆兰对晚期常州词派两位代表词人创作取向的点评,一定程度上反映了政治文化突变下部分传统词人价值取向和审美选择的转变。

二、故国追忆与文化认同

随着具有现代意义城市的崛起与发展,近代文人"经由城市社会的分工体系和职业空间,初步完成了由庙堂依附者向近代独立知识者的转型"②。晚期常州词派的词人们为这一进程提供了一种细节描述,词人借词作表现追思故国的意义,传达出一定的文化认同和身份认同。

(一) 故国追忆

在长期儒家思想以及家国同构的宗法制社会政治结构的影响下,中国古代的知识分子每到改朝换代之际,总会产生浓重的兴亡之感,创造出大量忆国思君之作。《诗经·王风·黍离》开启了中国古代文学中故国家园之思的先河,因此黍离之叹、麦秀之哀成为易代之际文学的一个重要题材内容。辛亥之变对前清遗民来说,如同天崩地坼一般,亡国哀伤成为词人心中无法排遣的情结,"辛亥国变,君幽忧哀愤,西台痛哭,尽托于词"③。寄居沪上的词人们面对时移世异,大力书写故国之思、黍离之悲,表现出了较为一致的审美趋向和风格取向。

词人们"到处登临怀故国"(郑文焯《玉楼春》),触目所见的是"更凄绝,斜日新亭路,山河异、风景是,举目成今古"(朱祖谋《祭天神》)。即使是重游故地,然而山河易主,自然有一种易代的隔离感,他们痛苦地发出"繁华故国今何世"(郑文焯《玉楼春》)的质问和"江篱摇落知多少?

---

① 蒋兆兰:《词说自序》,唐圭璋编:《词话丛编》,北京:中华书局,2005 年,第 4625 页。

② 叶中强:《上海社会与文人生活:1843—1945》,上海:上海辞书出版社,2010 年,第 191 页。

③ 康有为:《清词人郑大鹤先生墓表》,闵尔昌纂录:《碑传集补》(卷 53),台北:明文书局,1985 年,第 364—366 页。

一卷伤心稿"(朱祖谋《虞美人》)的悲吟。这些身临时代巨变、政治剧变、文化变革的传统文人们不仅遭遇了政治的边缘化，还多了层文化的边缘化，更多份不知何处是归处的情绪体验。

词人们或借助自然界的动植物来含蓄传达身心失据的惘然和悲伤感：将自身喻成归燕，"燕归怕重认雕梁"(况周颐《绕佛阁》)；喻为倦鹤，"倦鹤休归华表，怕百年乔木，半已摧薪"(冯煦《紫荑香慢》)；比作迷凤，"栖凤长迷处所"(朱祖谋《金缕曲》)。九鼎转移的社会巨变所触发的心灵震撼以及自身双重边缘化的情绪波动，被词人反复咀嚼。词人们这种复杂微妙、吞吐曲折的心理，与词体要眇宜修的深幽特质十分契合，政权更替、身遭巨变时许多不能直接言说的情感借助词作顺利地表现出来。或用时空来烘托世变、时变、事变，以强烈的时空感来表现与自身相冲突的活动环境。如"怅霜前荒江羁泊，相逢莫话萍因。记眠琴池馆，尽容尔梦中身"(冯煦《紫荑香慢》)，"沧江晚，斜阳回首，恨满烟林"(况周颐《多丽》)，"满目江山残金粉，到毫端、总是伤心料"(况周颐《金缕曲》)。或借助荆棘、禾黍、铜驼、殷墟、西山、梧桐井、空阙、杜宇、新亭等敏感的象征性语汇来强化怨悱之意，隐喻自我的忠君态度。如"付遗恨、与秦筝。荆驼尚余残照，且共汝、话春明"(况周颐《绮寮怨》)，"经年亡国恨，料铜盘冷透，铅泪潜痕"(朱祖谋《国香慢》)，"年年消受新亭泪"(朱祖谋《齐天乐》)。朱祖谋民国四年(1915年)至北京过玉泉山作《洞仙歌·过玉泉山》(残山剩帻)一词，选取了"残山""禾黍""西山""繁霜""栖鸦""衰柳""斜阳"等景物，以衰颓景象展现黍离之悲，具有较为明确的情感意蕴指向。

满清遗民词作和前朝遗民词相比主要有两点不同：

其一，由于没有新政权的压迫以及文字狱的枷锁，在宽松的政治和文化环境下，他们在言论表达上要自由得多。如朱祖谋《金缕曲》一词，序云，"井上新桐植七年矣，周无觉抚之而叹曰：'此手种前朝树也'"；年轻的邵瑞彭也发出"举目兴亡，不见前朝"(《曲玉管》)的直白。二人均明言"前朝"，毫无隐晦之意。然而，由于缺少新政权的压力，清遗民的黍离之悲就少了一些前代遗民的对抗性，在抒写忠臣的气节上显然少了一些意义指向。

其二，清亡后遗民的生活发生了很大的变化，在对一朝一代的审视中,他们逐渐超越时代的局限性,能够冷静、客观地予以理性的描述。在追忆往事、对比今昔时,往往会上升到物是人非和历史虚无感上。如徐珂的"逐鹿中原,问今日何世"(《望云涯引》(金台怀古)),千古兴亡的历史感增强了词作的厚度和深度,对于英雄的渴望,隐含着对于现实的失望之情。词人从今昔对比、物是人非之中,深刻体验到了人生的无奈、人世的无常;借助历史兴衰,抒发了对于历史的体认:朝代的兴亡更替是历史的必然规律。

常州词派周济提倡"词史"之说,"诗有史,词亦有史,庶乎自树一帜矣"①。"词史"说拓展了词的思想格局和境界,真正将词从"小道"和"诗余"中摆脱出来。晚期常州词派的词人并非单纯地困于麦秀之伤中,当前国事衰变、时势动荡也深深刺激着他们。面对着近代中国内乱频仍的社会状况,词人们用词书写历史事件,创作了一些"拈大题目,出大意义"的词作,显示出恢宏的气度。以徐珂为例,即创作了《玉漏迟》(楼外楼夜眺时吴淞战事正急)和《三姝媚》(赣沪战息汤伯迟有九江之行谱此赠别)等词作,发表于1913年度的《小说月报》上。这些时事感怀之作关注历史事件,词人胸中的家国之感和风云之气显然可见。该刊1915年第6卷第2号刊登其《减字浣溪沙》(民国三年九月十一日作时政府方以全欧战争波及青岛守局部之中立也)一词,"雁阵横空起暮寒,西风战叶太无端。画屏香梦几重山,曲槛半危犹倚笛。中庭小立只低鬟,笑啼宛转向人难"。词人继承着常州词派词学观念,从内在的身世之感提升为外在的时代忧患意识,创作出与时代脉搏相一致的词作,有效地推尊词体、开拓词境。

(二) 文化认同

对于清遗民而言,清室是政权的象征,也是传统文化的象征;不弃发辫、不变衣冠、不改正朔的行为体现出了遗民的文化认同。个体的身份认同既来自于自发性的创发,也来自于他者社群的压迫力量,往往在同一个雅集活动中词人们常常会表达相近的情绪体验。如在1915年

---

① 周济:《介存斋沦词杂著》,唐圭璋编:《词话丛编》,北京:中华书局,2005年,第1630页。

春音词社第三次社集时,周庆云携带其收藏的宋徽宗松风琴征题,朱祖谋、况周颐、叶楚伧、陈匪石、庞树柏、王蕴章都有即席之作。① 朱祖谋填《高山流水》(故宫法曲冷朱弦)一阕:"知音少,枨触孤臣老泪,怨拨哀弹。恨宫声不返,凄绝拢禽言。"②况周颐则有《风入松》四阕,其一(苍官拥仗凤鸾鸣):"孤臣心事流泉激,知音少、弦断谁听。惟有风烟乔木,黄昏吹角空城。"两首词均是睹物兴情、借物托志;悱恻以寓情,抒黍离之伤;沉郁以铸词,寄遗民之痛;俯仰之间透露出时迁世变中人生的感喟。

中国象征语言传达出来的信息是固定的,词人希望传达什么样的情感,眼前就有早已规定好的意象、语言来使用。晚期常州词派词人们反复地吟咏这种新亭故国的眼泪,无论是"罗衾寒恻作深秋,清泪味酸于酒"(况周颐《西江月》),还是"经年亡国恨,料铜槃冷透,铅泪潸痕"(朱祖谋《国香慢》),我们在前代遗民那里都可以找到相似的范本,如明遗民曹元方的"荆棘铜驼冷"(《金缕曲》)。晚期常州词派第二代词人徐珂的"歌舞地。铜驼几阅兴废。蓬莱宫阙易生尘,暮鸦四起。夕阳犹自恋江亭,秋声摇动葭苇"(《题孙谷纫秋思集西河》),词作呈现出较为相同的凄凉萧索的意境,交织着沧桑之感,昭然沿袭着前人的语言和情感。这样易代之际公式化的词作,我们与其将其刻上愚昧忠君的印记,不如视其为长期受中国旧文学格局影响的结果。

现在的认知往往取决于过去的史实;词人们还不断从历史上找寻与自己背景或经历类似的人物,"元遗山……神州陆沉之痛,铜驼荆棘之伤,往往寄托于词。《鹧鸪天》三十七阕,……蕃艳其外,醇至其内,极往复低徊、掩抑零乱之致。"③况周颐栉扯隔代遗民元遗山,不仅表现出对遗民文化的高度认同,而且为自己作词寻找了一个理论的渊源和体系。朱祖谋模仿元遗山宫体八首,写《鹧鸪天》感事抚时,传达"清旷一

---

① 杨柏岭:《春音词社考略》,《词学》,2007 年第 18 期。
② 朱祖谋:《彊村集外词》,朱孝臧辑校:《彊村丛书》卷 10,上海:上海古籍出版社,1989 年,第 8605 页。
③ 况周颐:《蕙风词话》,唐圭璋编:《词话丛编》,北京:中华书局,2005 年,第 4463—4464 页。

生宁无悔,却绣长幡礼世尊"的文化遗民心态。词人们不断从前朝遗民那里寻找行为方式的支持和相似的词作精神,意图由"过去"的形象来证明其现今处境和活动的合理性和有效性。对新政权采取逃避和不合作的态度,并将之作为缅怀旧朝、坚守品节的一大象征。

这里我们要特别注意出生于19世纪80年代的晚期常州词派的第二代词人,如叶恭绰、吴梅、王蕴章、邵瑞彭、陈匪石等,他们是第一代词人文、朱、况、郑的弟子,清朝逊国时不到三十岁,后均成功转型,在文化、学术或教育上有所建树,然而他们本期关于黍离之悲的词作并不少。我们可以从师承模仿的角度来理解这一现象,晚期常州词派人员构成关系基本以师生关系为主,学生由于敬仰老师的缘故,多对其师有模仿行为,因此早期作品会有浓重的师从色彩。当然对于流派而言,这种模仿行为更有利于流派内部题材与风格的一致性。

在文化转型的总体趋势中,老一代的郑文焯、况周颐、朱祖谋、冯煦、张尔田等逸出了既定的轨道,以文化遗民的身份而为时代所遗弃,况周颐1923年病中自作挽联:"半生沈顿书中,落得词人二字。十年穷居海上,未用民国一文!"这是逊清文化遗民身逢末世忧时伤世悲婉的内心告白。朱祖谋的绝笔词《鹧鸪天》:"忠孝何曾尽一分,年来强被减奇温。眼中犀角非耶是,身后牛衣怨亦恩。泡露事,水云身,枉抛心力作词人。可哀惟有人间世,不结他生未了因。"这种对遗民身份的忧愤、对以词人终生的不甘,呈现出政治与文化语境转型中词人主体心灵的困境与障碍。新一代的夏敬观、赵尊岳、邵瑞彭、徐珂、吴梅等词人沿着时代的轨道继续前行,更多表达的是身处新旧更迭中的喜忧掺杂的复杂情感。王蕴章与徐珂同游李文忠祠,用白石韵分别作词:一为《惜红衣》(淡柳扶烟),一为《惜红衣》(砌菊迎霜),两首词均以景起句,由辛亥后重建的铜像而引发兴亡之感,抒写朝代更替后作为个体的悲痛和迷惘。但词的情感并没有局限于一朝一代的悲叹中,两词均反映出词人自我解脱的努力,有意规避了前辈悲情落寞的词人形象,王词以"小山丛桂"的典故表现了个人洁身自好、退隐山林之志。徐词则化用骆宾王的"林泉姿探历,风景暂徘徊",表现了寄情山水的高远志向。

三、戏中人生与人生如戏

在以市民为主体的商业化文化市场中,晚期常州词派的词人们于时代位移下,不断调整自我,重新寻找新的文化舞台。他们通过提供娱情作品获得进入商业文化市场的入门券,词人的立场从精英立场渐而转为市民立场,世俗生活领域的题材大量出现在词作之中。

(一)戏中人生

末落名士选定现世实存之享乐,在清末民初的上海是个共性的现象。春音词社词人朱祖谋、况周颐、王蕴章、庞树柏、叶楚伧、陈匪石等常流连梨园,与优伶来往密切,"捧角"之风甚浓。这种娱乐风气和生活状态势在词作中也得以体现。梅兰芳来沪演出,况、朱二人联袂而至,仅况氏《菊梦词》中就有十一首咏梅剧词,"梅畹华演剧,驰誉坛坫。所编《散花嫦娥》诸曲,尤盛传日下。其来海上也,彊村翁与先生极赏之。先生前后作《满路花》《塞翁吟》《蕙兰芳》《甘州》《西子妆》《浣溪沙》《莺啼序》"。① 况周颐还邀吴昌硕为梅兰芳绘《香南雅集图》,图卷题者有况周颐、朱祖谋、王国维等四十余家,可见一时之盛。况周颐《戚氏》云"伫飞鸾。萼绿仙子彩云端。影月娉婷,浣霞明艳,好谁看。华鬟",描绘出了剧中人物的华艳形象。观戏词为配合舞台形象或剧中情节,往往选取剧中的唱词或物象,以增加词作的冲击力。观梅兰芳《散花嫦娥》剧,词《塞翁吟》云"冰轮凭阑见,嫦娥自昔,浑未肯多情向人";词《甘州》云"占取人天红紫,早频垣断井"。

词人和优伶的关系不能简单以娱乐消遣来概括,由此而产生的词作也不能以一概全。周邦彦有自度曲《绮寮怨》(上马人扶残醉)一词,词中化用白居易诗作《寄李苏州兼示杨琼》的杨琼一事,叙述了知音难觅的离愁别恨。况周颐、朱祖谋为伶人朱素云作有《绮寮怨》,则传达知音之意。有些词作还传达出词人对女伶的同情,如王蕴章为乐妓小慧

---

① 赵尊岳:《蕙风词史》,况周颐著,孙克强辑考:《蕙风词话广蕙风词话》,郑州:中州古籍出版社,2003年,第492页。

芬所作《减字浣溪沙》中云,"香叶无心巢翠羽,梦云着意护高花,还将歌哭送年华",直接表明对孤女的同情和保护之意。从伶人的角度,结交文化名流,可以借文人的文化资本(如绘图、题诗词等)抬高自身的知名度。从文人的角度,戏剧在内容上传达了前朝旧事,提倡忠孝节义,作为一种象征性的语言,更能激起他们的身份认同和人生感喟;另一方面词人通过作词可以显示自己的传统才华,则又是存在意义上的自我放大。

观剧词传达出来的情绪并不完全是快乐的、愉悦的,有时反而是复杂的感慨,甚至是深厚的悲苦。如况周颐的《满路花》,从梅兰芳的"嫦娥奔月"剧中引发了"凤城丝管,回首惜铜驼"之思。又如庞树柏的"休数人物江东,叹紫髯何在,红粉成空"(《金菊对芙蓉》),王蕴章的"鸾笺试诉情深浅,有潭水桃花能赋"(《玲珑四犯》),均为从戏中情节生发现实之感。

况周颐有《八声甘州葬花一剧,属梅郎擅场之作,为赋两调》词,词云:"向天涯、丝管已难听,何堪怨伤春。算怜卿怜我,无双倾国,第一愁人。仿佛妒花风雨,逐梦入行云。芳约啼鹃外,回首成尘。占取人天红紫,早颓圆断井,分付消魂。拚随波未肯,何计更飘茵。便三生,愿为香土,费怨歌,谁惜翠眉颦。肠回处,只青衫泪,得似红巾。"

词人以灵动之词心,对戏曲有着敏感的观照,在观剧的现实中体验到自身的生命悲感,在剧里剧外实现了情感的相通。词人细腻刻画了观葬花剧时的内心感受,曲折寄托了词人的末世感慨。从上片的"怜卿怜我"到下片的"只青衫泪,得似红巾",均展示了词人与剧中人(或者是伶人)之间的情感互动。对葬花剧情的感叹,交织的有伤人更伤己的悲苦。末句化用辛弃疾《水龙吟》中的"红巾翠袖,揾英雄泪"句,借此抒写抱负无从实现的失意和感慨。可见词人对于剧情的感叹,主要用意在于伤花悼己,正如赵尊岳所言"以己身融入《葬花》剧中,言剧而身世之感已明"[1]。

晚期词人身处二朝,蒿目时艰、风雨如晦,身世之慨、家国之忧,也

---

[1] 赵尊岳:《蕙风词史》,况周颐原著,孙克强辑考:《蕙风词话广蕙风词话》,郑州:中州古籍出版社,2003年,第493页。

洋溢在绮语艳词的字里行间,寄托在美人香草之中。况周颐有《二云词》,即以赠名妓傅彩云之《莺啼序》及名优朱素云之《绮寮怨》为名。《二云词跋》云:"以二云名,非必为二云作。"词人将不便直接说出的情感和意旨,寄托在伶人身上古戏之中;增强了词作的多义性、复叠性、多层次性、朦胧不确定性,在绮语丽词下蕴含词人的比兴深意,独具审美价值。

(二) 人生如戏

作为上海文艺市场上以"卖文为生"的文人,逊国后的词人们在现代语境和稿费制度的刺激下,不可避免地表现出一种商业化的批量生产,①这些词作为应酬而作,为稻粱而谋,体现着消遣、游戏的特征。词人们以文化娱乐者的身份摹写世俗人情,从言志跨越缘情走向了娱情,词作反映出了社会生活的广阔性与人情世态的丰富性。在晚期常州词派词人中,况周颐最先表现出对世俗娱乐的亲近,并引发了词派内部关于艳情的一次纷争。民国4年蕙风于《东方杂志》发表《眉庐丛话》,分咏美人由发至足词,对女性的容貌、肌肤等作立体化的描写,尽见轻薄,这种过分的关注,带有明显的游戏性质。尽管王国维认为况周颐的成就在王鹏运和朱祖谋之上,但是这些词作却明显违背了其"故艳词可作,唯万不可作儇薄语"②的评价标准。这类词作既是末代词人绝望之后玩世不恭的心绪表现,也是其走向颓废和低落的心路历程,作为一种娱乐消遣甚至是低俗化的摹写,都可看出词人放浪自我的转向,这些词反映出世俗生活中无道德束缚的性情愉悦,皆可将之归入"恶"词之列。

当然言说的背后,向我们展现了词人隐秘的内心世界,具有反文化意蕴和一定的人性价值和认识意义。时代剧变给清末文人心理投下了浓重的阴影,而况氏中年之后,渐入穷途,际遇悲凉,人生的抑郁无法排解,故而以歌酒为欢,德消情长。此时的况周颐把审美情趣由社会人生

---

① 如1924至1926年间况周颐在《申报·自由谈》上共发表30多首词作。从内容来看以题图词、题赠词、庆祝哀挽词居多,且多为应景之作。
② 王国维著,黄霖等导读:《人间词话》,上海:上海古籍出版社,2011年,第26页。

转向题红剪绿，由拯世济时转为绮思艳情，以深细婉曲的笔调、浓重艳丽的色彩、迷离幽深的意境写官能感受、内心体验。这种个体的创作突破了同一性的困囿，以恣意畅情的吟咏来迎合人性中荒纵无检的趣味，以倚红偎翠的即时幸福观来抗衡功名幸福观带来的精神压力。

以"滑稽玩世"为特征的自由自适的主体精神还体现在词人的金钱观上。"视金钱如粪土"代表了中国传统儒家金钱观，士人们耻于谈论名利，以"仁义"为上，表现出对于至高无上道德的集体认同。阶层的不同会导致对于金钱的不同态度，时代的变化也会带来价值观的变动或颠覆。面对朝不保夕的生活，在放弃政治理想之后，金钱成为生活的有利保障，这是传统文人在现实生存困境下的无奈选择。这一选择虽是无奈之举，但也有自觉的成分在里面。民国十年况周颐寓居沪上，曾邀吴昌硕为其作《唯利是图》，画折枝荔枝，用色鲜明，取"荔""利"同声也；并自题《好事近》词，发表于1925年10月4日《申报·自由谈》，摘录两阕：

"荔与利谐声，藕偶莲连为例。便作吾家果论，拜缶翁佳惠。多情为我买胭脂，艳夺紫标紫。风味铜山更好，问阿环知未。"

"荔下有三刀，利则一刀而已。刀作泉刀解诂，以多多为贵。甘如醴酪沁心脾，和峤最知味。照眼红云绛雪，是天然美利。"

词融雅俗于一炉，举重若轻，诙谐幽默。词作内容是关于市民阶层对于财利的追求，在词中使用很多白话口语，如"荔下有三刀，利则一刀而已。刀作泉刀解诂，以多多为贵"等。这样的词作虽被时人嘲笑，但却是况周颐后期词作的精髓所在，远远胜过那些思国伤君之作。词作已经看不出常州词派"古雅"的趣味宗尚，既不关骚雅，也无关醇雅，体现出市民阶层功利化的价值追求。这种自黑、自嘲、自谑的精神力量，这种自由自适的主体精神，打破了温柔敦厚的表达模式，令人惶恐不安，更令人无法直视自我。这一首词的情绪体验与近代中国社会的变迁是息息相关的，直接或间接地折射出时势变迁对词人的再塑造。词人生动地对自我的市民心态做了形象而立体的描摹和书写，展现出易代之际传统士人从功名意识到功利意识的转换。

对于晚期常州词派的词人而言，他们所处的时代不仅有怀才不遇、壮志难酬的悲愁，还有传统文化的衰落、精神的无可皈依，以及词作意义的无可附着。然而降志玩世必然伴随着深刻的苦闷,缶庐(吴昌硕)云,"夔笙属作是图,以玩世之滑稽,寓伤心之怀抱,可为知者道耳"。①词人援引心田的溪流,回环往复地咏唱难以消遣之愁曲,然而"最难消遣是今生",可谓是断人心肠,凄艳绝至。王国维用"彊村虽富丽精工,犹逊其真挚也。天以百凶成就一词人,果何为哉"②评价了况氏一生坎坷曲折的经历以及厚重沉着的词风。在对消遣今生的书写中,况周颐也许获得了一时的快乐和恣肆,然而这种玩世却往往带来的是"不成消遣只成悲",更多的是在看似繁华的喧闹中品尝孤独,在蕃丽的词句中散发着失意文人的幽怨之情。以世俗之欲为本体,摹写本我成为民国初年较为隐蔽的词体价值取向,它意味着在词派内部悄然而起的一股创作之流的出现。

结　　语

辛亥革命后,晚期常州词派的词人们在商业消费与艺术传承之间寻找支点,在推尊词体与回归娱情本色之间寻求平衡。在创作上,词人们以遗民书写和市民书写传达了易代文人的文化走向和审美选择:他们书写故国之思,表现出政治与文化双重遗民的身份认同和文化认同;摹写世俗人情,反映了文化下移后词人主体意识的世俗转向。这些均呈现出词派后期面临新质来袭时的曲折发展及局限所在。

原载于《河南大学学报(社会科学版)》2018 年第 6 期;人大复印资料《中国现代、当代文学研究》2019 年第 4 期全文转载、《高等学校文科学术文摘》2019 年第 1 期论点转载

---

① 况周颐著,屈兴国辑注:《蕙风词话辑注》,南昌:江西人民出版社,2000 年,第 528 页。
② 王国维著,黄霖等导读:《人间词话》,上海:上海古籍出版社,2011 年,第 70 页。

外国文学与比较文学研究

关于东方文学比较研究的思考

李伟昉[①]

在当今世界日趋全球化和文化多元共生共荣的形势下,在不同国家与民族间扩大文化认知、加强文化交流、增进文化互补,已是大势所趋,势在必行,并且应该达成默契,成为共识。特别是,我们不仅应该继续重视和增进同已熟悉国家与民族文化间的交往,而且更应该关注、加强和扩大同以往被我们关注不够、甚至实际上被弱化、被边缘化的、表面上知道其实陌生的国家与民族间的文化交往与研究。东方文化文学之间的相互比较与对话,就是一个亟待加强与重视的研究领域。加强与重视这个领域,不仅是基于我们自己作为东方人从整体上认知"东方"概念内涵的实际需要,而且是我们在全球化、多元化视野下积极建构与"西方学"平等对话的"东方学"的重要前提。

一

目前,东方文学的翻译和研究相对于西方文学的翻译与研究,显得很不对称,差距日趋增大。我国著名东方文学研究学者王向远几年前对这一现状就有如下总结:"在西方文学方面,在主要语种英、法、德、俄的文学译介上,我们已经进入了古典作品的大量复译,译本多样化,对当下文坛及作家作品同步跟进、及时反应和及时译介的阶段;而在东方文学方面,除了日本文学外,古典文学的翻译尚且不齐,当代文学的译

[①] 李伟昉,男,河南开封人,文学博士,河南大学比较文学与比较文化研究所教授,河南省特聘教授,博士生导师。

介完全是支离破碎的状态,我国读者对东方国家的文坛,基本处于雾里看花、模糊不清、支离破碎的隔膜状态,缺乏对当下东方各国文坛即时反应的能力。"①他认为造成我国外国文学翻译和研究领域如此明显倾向与不平衡的主要原因,就是重西方轻东方,因此呼吁东方文学"理应成为一个受到普遍重视的强势学科"。② 著名学者曹顺庆也认为,西方中心论的偏见"不但在许多西方学者头脑中根深蒂固,甚至在不少东方学者的头脑中也势力强大",例如"现在许多人喜欢讲全球化时代,但是,他们心中的思维'全球化',往往是'西化'"。③ "在这种交流中,我们舍近求远,更重视和西方的往来,而清谈中日或东亚自身的交流与建立。我们缺少一种东亚或亚洲的中心感,总是无法摆脱那种西方的中心主义和中心观。"④

西方中心观念所以根深蒂固,归根结蒂还是东西方发展严重失衡的结果。近代以降,以英法美等国为代表的西方,因较早的工业革命和现代化进程,在政治、经济、军事、外交、文化等领域开始全方位引导、影响着世界的发展,被普遍认为是代表着最先进、最发达、最文明的主流世界。而包括中国在内的许多东方国家,虽然也曾有过悠久的历史、辉煌的文明与伟大的盛世,但从近代以来多沦为西方列强的殖民地或半殖民地,这种屈辱的历史印记,被塑造、定格为一个落后、贫穷、愚昧、野蛮的边缘世界。当这个东方世界不甘落后奋起直追的时候,西方自然成为它效仿、追随的目标。西方民主、自由、平等、博爱等观念作为普世价值观,以压倒一切的强势话语在世界上被强势传播和推广。于是,西方中心、西方优势成为共识,西方框架、西方思维开始左右、主宰我们,让我们处于一种巨大的无所不在、无所不包的被影响的洪流之中。在这种态势之下,近现代东方文学也深受西方文学的浸润和影响。正是

---

① 王向远:《中国的东方文学理应成为强势学科》,《广东社会科学》,2007年第2期。

② 王向远:《中国的东方文学理应成为强势学科》,《广东社会科学》,2007年第2期。

③ 曹顺庆主编:《中外文论史》第1卷,成都:巴蜀书社,2012年,第2页。

④ 阎连科:《因为爱所以爱:让文学穿越我们彼此的隔离与阴影》,《中国比较文学》,2014年第2期。

这种影响的强大吸引力,让我们对西方文学的关注度远远超过对东方文学的关注度。从影响角度说,我们对日本文学的关注相比较而言多于东方其他国家,同样与日本现代化进程早、近代以来对中国影响大等因素息息相关。

然而,东方国家在近代的落伍并不能成为遮蔽甚至取代东方文化的理由。东方文化作为人类文明或世界文明的重要组成部分,不仅在历史上曾为人类文明做出过伟大贡献,给予西方文化以重要影响,而且自身也生生不息,不断自我更新自我净化,依然有着旺盛的生命活力,为世界的和平与发展发挥着重要作用。个别西方国家别有用心,企图以历史虚无主义来抹杀、诋毁东方文化的成就与贡献,同时用西方中心论建构起一整套话语体系,强调、抬高西方对世界的独有贡献,为主宰、称霸世界提供合法依据。但是,西方文化不应一枝独秀。历史悠久的东方文化博大精深,内蕴丰厚,需要我们积极主动地认真挖掘,发扬光大。为此,我们必须走出"被影响"的阴影,克服内心深处的文化自卑意识,重拾东方文化自信,确证身份意识,强化文化认同感,树立多元文化观。

那么,我们如何才能有效地加强东方文学的研究和传播呢?笔者认为,东方文学研究要走出弱势,彰显特色,自成体系,并且真正能够与西方文学展开平等有效地对话,需要积极规划,全盘考虑。前提条件是,我们必须逐渐摆脱以西方思维研究东方文学的习惯,从根本上着眼于东方文化传统,认真审视东方文学自身的特质、价值和意义。

二

法国著名比较文学学者梵·第根的代表性著作《比较文学论》中关于欧洲文学比较研究的思路,可以为我们的东方文学比较研究提供一些有益的借鉴。梵·第根把欧洲比较文学关系研究的内容划分为三种:一是古希腊与古罗马文学之间的关系;二是古希腊罗马文学与欧洲文学之间的关系;三是近代欧洲国家文学之间的相互关系。这是典型的在欧洲"古希腊一基督教文化圈"内进行的渊源研究。这三种研究将欧洲文学作为一个整体加以观照,既强调了欧洲文学的源头,又注重了欧洲文学内部的相互交流与影响关系，重点清晰，层次分明，线路多维，形成了网状结构。加之欧洲长期以来作为世界文化文学的中心，自然备受瞩目，成果众多。相比之下，东方文学研究还没有形成整体观照，没有形成体系结构，常常是零星散状，单打独斗，难以聚焦，难成规模，只见树木不见森林。

因此，笔者建议，东方文学比较研究可以从下面三个层面展开。

第一，我们需要摸清自己的家底，较为全方位地梳理东方文学的纵向发展，即东方各国文学内部的继承性发展。丰富东方各国别文学史研究成果，是东方文学比较研究得以展开的基础。具体来说，就是要有目的、有计划地聚集相关研究力量，按国别对相关国家的文学史予以整理和研究，特别是对一些还不完整、不成体系甚至尚属空白的国别文学史加强整理和研究。这需要研究者对相关国家的文学发展状况及其社会历史宗教文化背景等知识了如指掌，然后梳理、分析、判断、综合，做出开拓性的有价值的工作。这将是一个长期、艰苦、耐得住寂寞的过程。相比之下，我国的西方文学研究所以呈现繁荣景观，重要指标之一就是我们许多学者已经撰写了为数不少的西方主要国家的国别文学史，例如古希腊文学史、古罗马文学史、英国文学史、法国文学史、美国文学史、德国文学史、意大利文学史、俄国文学史、西班牙文学史等，每种国别文学史都可以找到多种不同的版本，可谓琳琅满目，覆盖性强。而目前，东方各国家的国别文学史则主要集中于日本、印度、伊朗（波斯）、朝韩、泰国、印度尼西亚和阿拉伯等一些国家，其他不少国家的文学史要么不能构成体系，要么一鳞半爪，要么鲜有人问津。而且，在中国高校，西方文学课的讲授覆盖率，远远高于东方文学课。因为一直以来受"西方中心论"的影响，西方文学就是高校外国文学课中讲授的重点，东方文学内容的讲与不讲，则要根据所在高校师资的具体情况而定。师资、研究队伍与传播力的长期薄弱状况，自然使大多数读者对东方文学的内容模糊不清，更不能形成整体认知。所以，没有较为完备的东方各国别文学史的积累与研究成果，难以对作为整体的东方文学进行深一步的比较拓展。比较文学作为一门学科所以能首先诞生在欧洲，并在欧洲迅速发展，其重要原因之一是，经过文艺复兴、古典主义到浪漫主义，欧洲各国文学及其研究均已获得了高度发展。

第二，重点梳理东方各国文学之间的相互接触的影响关系与无影响的平行关系。这个层面的研究是东方文学比较研究的核心内容。在东方各国文学之间关系的比较研究上，我们应该厘清思路，例如，这一研究领域如何具体展开？哪些比较研究相对更有价值和意义？这些研究能在哪些方面可能丰富、更新我们的传统认知？等等。首先，东方文学在发展过程中，并非各自处于封闭状态，而是在相互交流中发展的。这部分研究可以分两个大方面进行。一个方面就是中国文学与其他东方国家文学关系的研究。这一研究领域有待进一步加强和拓展。亚洲文学方面，过去我们在中日文学关系、中国与印度文学关系等研究领域成果较为丰硕，中国与东南亚、南亚、西亚国家的文学关系需要深入系统地展开研究；中国与非洲国家的文学关系研究也相对薄弱、单一。另一个方面是中国之外的东方各国文学之间的关系研究。这一研究领域同样薄弱。在东方文学研究中，因为东方各国语言、文化差异较大，所以固守自己的一亩三分地而不大关注其他国家文学状况的研究者比较普遍，以至于隔行如隔山，造成学术交流不畅。因此，我们有必要推动东方各国文学之间影响关系的比较研究。其次，在关注东方各国文学之间相互接触的影响关系时，还不能忽略东方各国文学之间无影响的平行关系研究。东方各国在史诗、诗歌、小说、戏剧等文学形态方面成果丰富，尤其是古代东方文学，其成果及价值远非西方文学所能比。因而我们可以从文类、主题、人物形象、审美意象等方面对东方各国文学进行平行比较，从而找出东方文学特有的一些创作规律、审美形态及其丰厚意蕴，形成东方文学自己的特色与话语，从而完成与"西方学"平等对话、有效互补的真正意义上的"东方学"的建构，拿出响当当的实绩、令人瞩目的成果引导话语，改变西方对东方的固有偏见。

需要注意的是，西方文学具有共通的"二希"文化基础，以及因统一的罗马帝国而形成的审美、价值观等方面的趋同，基本上没有跨越异质性的文化圈。而东方文学的情况则比较复杂，它具有多元性，汇聚着几个大的区别巨大、各具特色的文化圈，例如汉文化圈、印度文化圈、阿拉伯—伊斯兰文化圈、黑非洲文化圈等，其文学形式与审美之间的差异也远远超过西方。因此，要更好研究东方文学，不仅要认真梳理东方各国文学之间的相互影响，而且要对其实际存在的异质性加以探讨。这种情况无疑决定了东方文学研究的复杂性与困难度。其复杂性和难度在于,这种研究不是在同一个文化圈或两个文化圈内进行的,而是需要在跨越几个文化圈基础上进行的综合研究。我们常常强调中西方文学研究的异质性,而对东方文学内部的巨大差异性则关注不够。从文学的丰富性及异质性角度来看,东方文学内部同样具有巨大的可比性。对东方文化中的各文化圈间异质性的文学特征的平行研究,应该成为国际比较文学研究的新领域。对研究者而言,涉足这一领域可能需要更为广博的知识储备和认知视野,因为他面临并需要处理的问题,显然要比中西文学关系研究更为复杂和棘手。然而,这是必须迈出去的一步。对这一值得大力挖掘的被冷落已久却极富价值和内涵的领域的拓展研究,不仅能充分展示作为世界文化重要组成部分的东方文化的丰富多彩与独特魅力,而且能充分呈现出文化多元、价值多元的差异存在与平等对话的宽容沟通理念。

2012年四川巴蜀书社出版曹顺庆主编的四卷本《中外文论史》,在跨文化平行比较研究方面做出了开拓性的重要贡献,给了我们东方文学比较研究十分有益的启示。该著最令人称道的鲜明特色是,不仅跳出了"西方中心论",而且由原来的中西两极比较思维转向中外总体文学式的全方位的多极比较思维,全书横跨欧亚非美四大洲,超越了多个不同文化圈,涵盖了中国、希腊、罗马、埃及、印度、阿拉伯、波斯、意大利、英国、法国、德国、日本、朝鲜、越南、泰国、美国等多个国家的文论,真正实现了跨越古今中外不同文明的文论的比较研究,客观深刻地揭示了古今中外文论的共通性与异质性,视野宏阔,大气磅礴,充满了平等对话的精神和学术探寻的意识。相信该著的学术研究范式会在学界产生广泛影响。

第三,注重作为整体的东方文学与西方文学的相互交流情况。东方文学内部在相互交流的发展过程中,还与西方文学发生着不断的碰撞与交流。特别是近现代东方文学受到西方文学的深刻影响,已融入世界文学发展的大潮中,形成你中有我、我中有你的复杂格局。这种整体研究既可以从宏观角度探讨东西方文学的影响渊源、共性审美特征及其异质性事实存在,也可以选择东方文学内部相关文化圈中的作家作品同西方作家作品进行研究。在比较研究中,当然要重视那些获得诺贝尔文学奖的作家,如南非当代著名作家库切、土耳其当代著名作家帕慕克等,但也不能忽略其他有代表性的作家。这些作家深受西方文化文学思潮影响,却又在创作中有意识地顽强地保护着自身民族的一些传统文化基因,显示出置身于东西方不同文化冲突中的矛盾纠结、痛苦抗争和清醒的身份认同意识。因此,重视东西方文学的碰撞与交流,有助于更好地探寻东方文学的共性审美特征,更好地确认东方文学的特质和意义,建构成熟自律的东方文学,这样才能作为完整的生命有机体同强大的西方文学展开对话,进而可以领略东西方各异质文化圈的不同文化精神,认识到东西方各异质文化文学的特色及其互识的必要性和互补的巨大价值。我们今天强调"东方学"视野下的东方文学研究,不是西方学者所建构的有偏见的"东方学"视野下的东方文学研究,而是东方学者眼中货真价实的东方文学研究。这一研究本身就充满着积极的对话性和身份的认同感,其背后所体现出来的是加强东方文化战略、提升东方文化软实力的时代要求,是这个世界追求和平、和谐共生、携手并进的共同期盼。

三

我们前面已经对有效展开东方文学比较研究提供了三条思路。不过,要真正完成这个系统而整体的研究工程,其中有两个无法回避的关键性环节或重要问题,在这里必须再次重申和强调,即异质性研究和综合性研究。

先说异质性研究。在"东方"概念所囊括的亚洲和非洲北部地区中,国家与民族众多,各自都有灿烂的历史文明,各自都有属于自己的风俗习惯,而这种因彼此间的巨大差异而自然形成的异质性特征,构成了东方文学瑰丽多姿的丰富形态。而对这一巨大的差异性形态,前已述及,我们以往的东方文学研究则显得关注不够。然而,异质性是我们必须面对的重大课题,因为它是我们区分、识别不同国家不同民族个性的显著标志,也是最能引起我们的兴趣和关注之所在。关注异质性,就是宽容对待异己的客观存在,就是理性认同世界的丰富多元。关注异质性,也正是当下我们强调文学生态的应有之意。东方文学并非一种风格的文学，而是多元的文学。东方文学作品中鲜明地反映着属于各自不同国家民族的生活方式与风俗习惯，承载着属于各自不同国家民族的文化传统与审美趣味。只有对东方文学中所表现出来的不同国家民族的个性特征以及丰富的异质细节、场景等，进行细致入微的体味、理解和观照，才能深刻感悟异质性及其存在价值。因此，加大东方文学作品翻译和传播的力度，拓展东方文学作品研究的新领域，是让异质性之花绽放的必备要件。

而综合性研究，不仅仅是指从不同的角度把东方国家民族文学中的不同属性采集在一起加以考量，更是指寻找东方众多国家民族文学间的共通点，将其联系整合成为一个整体，进而从总体高度相互认知，互通有无。异质性引发吸引力和关注度，综合性则旨在沟通交往和积极对话，沟通产生共鸣，进而认同一致，协同进步。过去我们认为古代东方文学作为一个整体，在思维方式的内倾化、直觉化和追求主体内在的主观真实方面，在惩恶劝善、载道教化方面，在和谐、温雅、恬静的整体艺术风格和审美理想等方面，都具有明显的共性特征。这些特征显然有别于注重外在客观真实、强调灵与肉剧烈冲突、张扬自我中心等等的西方文学传统。这就是从综合性研究的角度得出的结论。然而，"近现代东方文学受到西方文学的深刻影响，虽然东方作家努力复兴民族传统，但近现代东方文学的主流趋势是日渐步入世界文学进程，是一种与古代东方文学不同的新文学。当然，传统影响的痕迹仍然深深烙印在新文学里。"[①]那么，作为已经发生新质变化的近现代东方文学，其共性特征又表现在何处？传统影响的痕迹作为共性特征又是如何呈现在近现代东方文学作品中的？这些都需要从综合性角度作出进一步的新探讨。

值得一提的是，作为仅有一百多年短暂历史的比较文学学科，之所以能成为颇有活力、广受瞩目的学科之一并取得世所公认的骄人成就，其研究理念与方法深刻地影响了世界文学及相关领域的研究，就在于对异质性研究和综合性研究的价值追求。这种价值追求既保护个性差

---

① 孟昭毅，黎跃进编著：《简明东方文学史》（修订版），北京：北京大学出版社，2012年，第9页。

异,又强调沟通对话,体现的是民主和谐的现代文明意识。

　　2014年3月27日,中国国家主席习近平在巴黎出席中法建交50周年庆祝大会上的讲话中明确指出,文明是多彩的,文明是平等的,文明是宽容的。是的,世界文明有多种多样,不应该一花独放,多种多样的世界文明不应该厚此薄彼,而应该是共荣共存,包容海涵。我们期盼着东西方文明和平交融的暖春的到来,期盼着这个世界不再有歧视,期盼着这个世界不再因文明的差异而导致暴力冲突和血腥战争。

　　原载于《河南大学学报(社会科学版)》2015年第6期;《新华文摘》2016年第6期、《中国社会科学文摘》2016年第4期论点转载

人类命运共同体的价值理念与全球视野的结构转向
——以比较文学研究视角为中心

李伟昉①

中国国家主席习近平在博鳌亚洲论坛 2015 年年会上发表的主旨演讲中,提出并全面系统地阐述了中国的"命运共同体"观念,例如必须坚持各国相互尊重、平等相待,坚持合作共赢、共同发展,坚持实现共同、综合、合作、可持续的安全,坚持不同文明兼容并蓄、交流互鉴等,呼吁各国携手共建人类命运共同体。他指出:"不同文明没有优劣之分,只有特色之别。要促进不同文明不同发展模式交流对话,在竞争比较中取长补短,在交流互鉴中共同发展,让文明交流互鉴成为增进各国人民友谊的桥梁、推动人类社会进步的动力、维护世界和平的纽带。"② 2016 年,习近平在 G20 杭州峰会致开幕词时呼吁:"同为地球村居民,我们要树立人类命运共同体意识。"③在十九大报告中,他再次强调坚持和平发展道路,积极推进人类命运共同体的构建。这一价值理念显示了开放性的眼光与世界性的胸怀。人类只有一个地球,各国共处一个世界;同时人类又面临着诸多共同的严峻挑战,这使得人类社会作为一个相互依存的共同体应该取得共识。人类命运共同体理念的本质内

---

① 李伟昉,男,河南开封人,文学博士,河南大学比较文学与比较文化研究所教授,河南省特聘教授,博士生导师。
② 习近平:《迈向命运共同体 开创亚洲新未来》,http://www.xinhua-net.com/politics/2015-03/28/c-1114794507.htm,2015 年 3 月 28 日。
③ 《2016,习近平外交关键词"人类命运共同体"》,http://www.xinhua-net.com/world/2017-01/06/c-129434584.htm,2017 年 1 月 6 日。

涵就是"和谐共处",然而"和谐共处"谈何容易!当今我们面临的全球化进程,就考验、挑战着人类社会的智慧与选择。

一、全球化时代的挑战

全球化深刻地改变着人类的生存方式、生产方式与思维方式。伴随着全球经济的快速发展、统一的世界市场的形成和互联网等信息技术的不断更新,世界越来越变成狭小的"地球村",不同国家、不同民族间的交往达到前所未有的高度,彼此在政治、经济、贸易、文化等方面开放包容,互相依存,联系愈加紧密,越来越形成谁也离不开谁的命运共同体。在这种态势下,世界越来越被视为一个有机整体,全球意识呼之欲出。随着全球化意识的扩张,种种难以避免的严峻挑战也令人类经受着前所未有的考验,例如金融危机的多米诺效应、恐怖主义的全球蔓延、气候变暖的生存威胁、分离主义与暴力冲突的全球影响,以及网络安全等等。其中,如何应对全球化带来的文化或文明的冲突,就是令人关注的焦点之一。这关涉着全球化时代里不同国家、不同信仰的人们如何更好地相处。这一敏感问题引起了国际上相关领域众多学者乃至国家首脑的广泛关注,他们纷纷寻求解决之道。

那么,全球化何以会带来文化或文明的冲突呢?首先,全球化进程虽然是一个必然的历史趋势,且不同历史时期的全球化进程情况各异,但它从来都不是自发形成的,而是由不同历史阶段的世界强国推动的发展进程。近代以来,特别是二次世界大战以来形成的林林总总的国际组织与贸易协定等,无不是强国主宰的结果。在此过程中,强国总是不断地对他国施加政治经济影响,表面上看似平等的国际组织与贸易协定背后,实际上隐藏着诸多不平等的因素。少数强国始终处在左右大局的强势地位,其他众多弱小国家要跻身于某些国际贸易组织,不得不妥协或让步,但依然艰难地为本国利益据理力争。从这个意义上说,全球化根本不能消弭强国与弱国之间的国家界限,它带来的不是真正的世界主义、国际主义,而是更为强大的民族主义。19世纪出现的所谓世界主义,实质上就是民族主义的表现形式。因此,全球化的过程,也是民族性彰显的过程,各个国家都把自身利益的获得视为国际关系的首要原则。其次,全球化时代,人们虽然相互依赖,但是为了追求各自的利益,又竞争激烈。因为只有竞争才能脱颖而出,才能获得丰厚资本。在竞争过程中,强国依然处在优势地位,而弱国则处于劣势或被动地位。再次,追逐利益的人是有文化属性的,他们都带着各自国家民族文化的印记。而经济发达、国力强盛的国家往往依仗着自己的强势、优势地位,不仅对他国施加政治经济影响,而且施加价值观念上的文化影响。这种强势文化与强势心理在全球化语境中必然造成不同价值观念、意识形态乃至民族国家之间的冲突。所以,从根本上说,经济全球化、一体化是可能的,但却无法让原本多元的文化趋于一元化。问题的关键在于,经济全球化的世界又同时面临着文化的多元化诉求,因而矛盾、冲突在所难免。

正因为如此,一些西方学者便基于"西方中心论"的价值立场,故意放大西方与非西方文化或文明间的对立与碰撞。例如已故美国哈佛大学著名学者亨廷顿就格外强调中国与西方的对抗与冲突,指出"属于不同文明的国家和集团之间的关系不仅不会是紧密的,反而常常是对抗性的。……未来的危险冲突可能会在西方的傲慢、伊斯兰国家的不宽容和中国的武断的相互作用下发生"[1]。他片面扩大差异性,把引发国家之间的血腥战争甚至世界大战的原因,一并归咎于文明或文化。但即便这样,他也不得不相信"在未来的岁月里,世界上将不会出现一个单一的普世文化,而是将有许多不同的文化和文明相互并存"[2]。由此他提出建立一种多元文明中的"共同性原则",即不同文明背景的人们都应该积极找寻不同于自己的其他文明在价值观念、行为方式等层面的共同因素。[3] 同时他还重申:"唤起人们对文明冲突的危险性的注

---

[1] [美]塞缪尔·亨廷顿著,周琪,刘绯,张立平,等译:《文明的冲突与世界秩序的重建》,北京:新华出版社,1999年,第199页。

[2] [美]塞缪尔·亨廷顿著,周琪,刘绯,张立平,等译:《文明的冲突与世界秩序的重建·中文版序言》,北京:新华出版社,1999年,第2页。

[3] [美]塞缪尔·亨廷顿著,周琪,刘绯,张立平,等译:《文明的冲突与世界秩序的重建》,北京:新华出版社,1999年,第370页。

意,将有助于促进整个世界上'文明的对话'。"①既然承认"共同性原则"和"文明的对话",也就意味着文明或文化间的合作、相融是必须面对的重要课题。

因此,全球化并不能让某一种单一文明或文化统领世界而泯灭其他不同的文明或文化。我们应该辩证理性地处理好经济全球化与民族文化多元化的关系,保护不同民族文化的独特性,并促进不同文化传统之间,包括强国与强国之间、弱国与弱国之间、强国与弱国之间的互动和欣赏。美国比较文学学者玛丽·普拉特也认为,虽然"世界加快了融合的步伐,人流、信息、货币、商品以及文化产品的流通日益迅速,并由此导致了意识上的种种变化",但更为重要的是,"第三世界开始参与到第一世界的对话中,并且第一世界认识到自身的构成要素之中也包括与外界的接触关系"②。需要更为广阔多样市场空间的全球化时代,让世界发达的强国也不能离开第三世界的发展中国家而独立生存、发展。一国或几国独大、主宰世界的格局毕竟已经成为历史,强国也需要调整心态,放下身段,遇事相商。只有坚持对话、求同存异,才能和谐共生、同谋发展。如果继续坚持霸权,延续冷战思维,势必危及世界和平与稳定。

那么,在全球化时代,作为一门国际性学科的比较文学,又能为构建人类命运共同体起到什么样的作用呢？

二、沟通：比较文学的历史进程

从比较文学作为一门学科的历史看,它诞生伊始就起着发现联系、寻求沟通与对话的桥梁作用。比较文学首先就是基于 19 世纪欧洲国家浪漫主义文学运动相互影响的结果。没有欧洲国家之间文学的联

---

① [美]塞缪尔·亨廷顿著,周琪,刘绯,张立平,等译:《文明的冲突与世界秩序的重建·中文版序言》,北京:新华出版社,1999 年,第 3 页。
② [美]玛丽·普拉特著:《比较文学与世界公民》,[美]查尔斯·伯恩海默编,王柏华,查明建,等译:《多元文化时代的比较文学》,北京:北京大学出版社,2015 年,第 64 页。

系和互动,也不会有比较文学的出现。比较文学法国学派提出了以"事实联系"为基础的影响研究,它旨在以实证方法探讨两个国家或民族的文学之间的影响关系。既然是跨越不同国家文学间影响关系的研究,那么这一研究必须要具有跨文化视域。在19世纪,欧洲文学研究者的视域已经开始试图跨越国家文学界限,将欧洲范围内的各国文学及其发展作为一个整体来研究。正如日本学者大塚幸男所说:"18世纪末至19世纪初期掀起的浪漫主义潮流,因其国际性特征的缘由,形成了即使在研究一国文学之际,也不能无视它同外国文学关系的风气。这样,便催发了比较文学这门新兴学科的萌生。"①

作为集法国比较文学理论之大成的泰斗梵·第根,之所以坚持比较文学是文学史分支的观点,就与国际性特征密切相关。他在专著《比较文学论》的导言中指出,比较文学研究"可以在各方面延长一个国家的文学史所获得的结果,将这些结果和别的诸国家的文学史家们所获得的结果联在一起,于是这各种影响的复杂的网线,便组成了一个独立的领域,它绝对不想去代替各种本国的文学史;它只补充那些本国的文学史并把它们联合在一起。同时,它在它们之间以及它们之上,纺织一个更普遍的文学史的网"②。从这段话可以看出,梵·第根真正关注的是在不同国家文学之间影响关系研究的基础上,"能够描绘、呈现出国际文学间相互影响的网络图,实现真正意义上的你中有我、我中有你的世界文学的理想。比较文学有别于国别文学史而且不会取代国别文学史,它是要扩大国别文学史的范围,弥补国别文学史关注不到的范围和领域,最终把各个不同的国别文学史原来各自独立的世界打开一个窗口,从影响的层面将它们有机地联系起来"③。这就从根本上揭示了比较文学研究的终极目标。

1896年,法国学者贝茨首次提出了比较文学应该探讨不同民族之

---

① [日]大塚幸男著,陈秋峰,杨国华译:《比较文学原理》,西安:陕西人民出版社,1985年,第12页。
② [法]梵·第根著,戴望舒译:《比较文学论》,北京:商务印书馆,1937年,第13页。
③ 李伟昉:《比较文学:文学史分支的学理依据》,《文学评论》,2010年第5期。

间如何互相观察的设想。这一研究方向,就是后来被称为形象学的研究领域。继而梵·第根也认为:"比较文学家应该考察的,不是他们实在是怎样,却是他们被别人认为怎样;他应该从这被传说所改变了的面目出发。"①至20世纪50年代初,伽列提出,可以将"不同民族之间的相互理解以及旅行和见闻等等所构成的历史"②列入比较文学的研究范畴。伽列的得意门生基亚更直截了当地指出:"比较文学的任务就是要研究对某个国家的种种阐述的产生及发展情况,……在这方面,比较文学可以帮助两国进行某种民族的心理分析——在了解了存在于彼此之间的那些成见的来源之后,双方也会各自加深对自己的了解,而对某些相同的先入之见也就更能谅解了。"③他认为影响研究向形象学的靠拢,"是近五十年来法国的一种远景变化,它使比较文学产生了真正的更新,给它打开了一个新的研究方向"④。因此,形象学研究方向的出现,就是旨在从文化上对有矛盾的国家之间进行沟通的一种有益尝试和努力。

当然,起初美国学派对形象学研究多有抵触。例如,美国著名学者韦勒克就曾说:"伽列和基亚最近的尝试,也同样不能令人信服。他们忽然把比较文学的范围扩大到包括民族幻想的研究,以及对国家之间互相渗透的固定看法的研究,……这样的研究仍然属于文学研究范围吗?确切地说,这岂不成了公众舆论研究?……这是民族心理学,是社会学。"⑤不过,形象学研究在批评声中获得了长足发展。特别是从20世纪90年代起,形象学作为比较文学一个分支学科在中国迅速崛起,成果引人瞩目。

---

① [法]梵·第根著,戴望舒译:《比较文学论》,上海:商务印书馆,1937年,第73页。

② [法]伽列:《〈比较文学〉初版序言》,北京师范大学中文系比较文学研究组选编:《比较文学研究资料》,北京:北京师范大学出版社,1986年,第43页。

③ [法]基亚著,颜保译:《比较文学》,北京:北京大学出版社,1983年,第16页。

④ [法]基亚著,颜保译:《比较文学》,北京:北京大学出版社,1983年,第106—107页。

⑤ [美]韦勒克著,黄源深译:《比较文学的危机》,干永昌,廖鸿钧,倪蕊琴等编选:《比较文学研究译文集》,上海:上海译文出版社,1985年,第124页。

需要指出的是,法国学派的影响研究强调的是不同国家文学之间的"事实联系",而不大关注并无事实联系的作家或作品之间的异同研究;而且,这种研究视野当时也还只主要局限于西欧文化系统之内,而排斥东欧的斯拉夫文学以及包括中国文学在内的东方文学。这就必然缩小了比较文学研究的疆域,阻碍了欧洲文学与欧洲以外其他国家文学之间的交流与对话。因此,到了20世纪50年代末,迅速崛起的美国学派对法国学派唯"事实联系"的影响研究提出了批评。以韦勒克、雷马克和韦斯坦因等为代表的美国学派打破了狭隘的以欧洲为中心的地方主义,把比较文学从对跨国界的有事实联系的文学关系的研究,扩展到了无事实联系的跨国界的文学异同研究以及跨学科研究,极大地拓宽了比较文学的研究领域。不过,最初仍然有美国学者对于跨越异质文化的比较文学研究不以为然。例如,美国著名比较文学学者韦斯坦因就指出:"我不否认有些研究是可以的……但却对把文学现象的平行研究扩大到两个不同的文明之间仍然迟疑不决。因为在我看来,只有在一个单一的文明范围内,才能在思想、感情、想象力中发现有意识或无意识地维系传统的共同因素。……而企图在西方和中东或远东的诗歌之间发现相似的模式则较难言之成理。"①当然,这一观点无法用学理依据来支撑,韦斯坦因后来也否定了自己早期的狭隘观点。

20世纪80年代后,随着中国大陆比较文学学科的复兴,中国比较文学学者更加重视东西方文学比较研究,强调"跨文明研究",关注"异质性"和"互补性"。这是因为无论法国学派还是美国学派,均属于同一个大文化背景,即古希腊—希伯来文化之树所诞生出来的欧美文化圈。西方学者从来也没有遭遇过像中国学者所面临的中国文化与西方文化的巨大差异,以及由此差异而导致的强烈的文化危机意识,因此他们基本上没有对异质文化间的文学比较进行过认真深入的探讨。而中国的比较文学学者自然要面对跨异质文明的问题,他们也必然会自觉地站在自己的文化立场上,担当起东西方异质文明之间的文化对话沟通和文化互补交融的责任与使命。从本质上讲,历经一百多年不断更新与

---

① [美]乌尔利希·韦斯坦因著,刘象愚译:《比较文学与文学理论》,沈阳:辽宁人民出版社,1987年,第5—6页。

发展的比较文学学科,不仅探讨不同国家文学与文化间的相互影响关系,而且更加彰显不同国家文学与文化间的差异和对话,进而构建互识互补、和谐共存的世界文学。由国际性出发,比较文学研究关注由单一文化内部的影响关系,扩大至无影响的平行关系,再到跨越异质文明间的比较研究,由形象学研究又拓展至文化研究等,都无不是基于强调东西方文学文化的沟通与对话。然而,我们必须清醒地认识到,这个发展过程是渐进的、艰难的,因为一来是欧洲中心论对这个世界的影响太大、太深了;二来是由于比较文学学科本身不断调整、更新研究对象及范围而不得不应对一次次被质疑的挑战。但这也正是比较文学研究大有可为及其重要意义彰显之所在。由于人类命运共同体这一理念,与具有全球视野和平等对话意识的比较文学研究的目标不谋而合,自然应当成为我们共同遵循的学术原则。

三、比较文学:跨文化对话的桥梁

早在1993年,时任美国比较文学协会会长伯恩海默以《世纪之交的比较文学》为题,发表了比较文学学科现状与发展的报告。这份报告最引人瞩目之处,是对新世纪比较文学研究的大方向提出了颇具价值的两点建议。其一,比较文学研究应该摒弃欧洲中心主义,将比较文学研究扩大到东西方,加强"西方文化传统(包括高层的和大众的)和非西方文化传统之间的比较"[①]。同时,比较文学还应当"积极参与经典形成的比较研究和对经典的重新思考","激发人们去进一步扩展经典"[②]。其二,比较文学研究还应该关注文学赖以产生的文化语境,坚持多元文化论。伯恩海默的报告不仅在美国,而且在国际比较文学界引起了广泛的共鸣,从根本上说,这是对已经存在的东西方不平等结构

---

① [美]查尔斯·伯恩海默:《世纪之交的比较文学》,查尔斯·伯恩海默编,王柏华,查明建等译:《多元文化时代的比较文学》,北京:北京大学出版社,2015年,第46页。

② [美]查尔斯·伯恩海默编,王柏华,查明建等译:《多元文化时代的比较文学》,北京:北京大学出版社,2015年,第49页。

以及西方对其他国家权力关系的颠覆,意味着21世纪的比较文学研究在关键性目标上达成了共识。

事实上,在美国比较文学界,破除欧洲中心论、强调文学多样性的工作,已经有不少学者在做。正如新世纪之初任美国比较文学协会会长、哈佛大学比较文学系主任的大卫·丹穆若什所说,比较文学学科"正经历着一次重要的范式转换。经济、传媒和文化的全球化正在对学术生活和学术工作的许多方面发生着深刻的影响,而最具戏剧性的影响则发生在比较文学领域"。因为"以前的比较研究大多聚焦于少数'大师'的经典,当代的比较研究则容纳任何地区、任何时代发表的任何文学作品"①。因此,"在过去十年间,世界文学的视野已有很大的拓展,其关注的焦点不再局限于原先的欧洲大国、大家的经典著作,也转向了其他国家的文学作品,这是当代比较文学研究领域中最显著的变化"②。丹穆若什在《什么是世界文学?》一书中,对世界文学这个"经典性"的问题给出了新的解释,认为世界文学应该是"民族文学间的椭圆形折射",它"不是指一套经典文本,而是指一种阅读模式——一种以超然的态度进入与我们自身时空不同的世界的形式"③。他强调世界文学具有多样性特征,并没有一套固定的模式,有多少种民族的视角,就有多少种世界文学。因为所有的文学作品都是在民族文学的范畴内诞生的,即使这些文学作品"进入了世界文学的传播中,它们身上依然承载着源于民族的标志,而这些痕迹将会越来越扩散,作品的传播离发源地越远,它所发生的折射也就变得越尖锐"④,正是这种多样性的世界文学,才成为比较文学关注的对象。这一观念不仅拓展了以往世界文

---

① [美]大卫·丹穆若什:《前言·21世纪的比较文学》,大卫·丹穆若什,陈永国,尹星主编:《新方向:比较文学与世界文学读本》,北京:北京大学出版社,2010年,第3页。
② [美]大卫·丹穆若什:《后经典、超经典时代的世界文学》,苏源熙编,任一鸣,陈琛译:《全球化时代的比较文学》,北京:北京大学出版社,2015年,第54页。
③ [美]大卫·丹穆若什著,查明建等译:《什么是世界文学?》,北京:北京大学出版社,2014年,第309页。
④ [美]大卫·丹穆若什著,查明建,等译:《什么是世界文学?》,北京:北京大学出版社,2014,第311页。

学的固有领域,而且开垦了比较文学研究的新视野,是对世界文学乃至欧洲少数名家一统天下的传统观念的解构。丹穆若什指出,当下比较文学学者所做的这些努力,都是旨在推动比较文学研究从欧洲中心到真正全球视野的结构转向。国际著名学者、美国哥伦比亚大学比较文学与社会中心主任斯皮瓦克提出的轰动一时的比较文学"学科之死"的观点,其实并不是说比较文学没有存在的必要了,恰恰相反,她是在强调过去那种以欧美为中心的旧的比较文学研究模式已经行不通了,因为那种强权话语、强势视角与多元文化主义格格不入。① 她期盼的也是一种从欧洲中心到全球视野的新的比较文学研究的出现。丹穆若什对此回应道:"当前比较文学向全球或星际视野的扩展与其说意味着我们学科的死亡,毋宁说意味着比较文学学科建立之初就已经存在的观念的再生。"②

2010 年西方权威的《诺顿理论与批评选集》(第 2 版),首次收入了美籍中国思想家、美学家李泽厚的论文《美学四讲》。虽然《美学四讲》不是李泽厚最经典的代表作,但它的入选却标志着"经典化"过程的开始,可以视为西方主流学界主动打破西方中心主义藩篱的一个善意之举,是英语文学理论界对中国当代文学理论关注与认可的开始,"预示着曾长期为欧美理论家所把持的国际文学和文化理论界也开始认识到西方中心主义的缺陷了,他们需要听到来自西方世界以外的理论家的声音,尽管这些声音中依然夹杂着不少西方的影响,但却带有更多的来自非西方国家的经验、本土特色和文化精神"③。

在全球化时代,中国比较文学研究任重道远。习近平总书记在《在哲学社会科学工作座谈会上的讲话》中特别强调,必须"着力构建中国特色哲学社会科学","注意加强话语体系建设",从根本上扭转中国在

---

① [印]加亚特里·斯皮瓦克著,张旭译:《一门学科之死》,北京:北京大学出版社,2014 年。
② [美]大卫·丹穆若什:《一个学科的再生:比较文学的全球起源》,大卫·丹穆若什,陈永国,尹星主编:《新方向:比较文学与世界文学读本》,北京:北京大学出版社,2010 年,第 41 页。
③ 王宁:《再论中国文学理论批评的国际化战略及路径》,《清华大学学报》(哲学社会科学版),2016 年第 2 期。

国际上"有理说不清、说了传不开的境地"。为此,"这项工作要从学科建设做起,每个学科都要构建成体系的学科理论和概念"①。中国比较文学学科及其研究应该在这方面做努力,发挥积极的引领作用。

首先,我们需要继续加强与国际比较文学与理论界的交流与对话。例如,近年来,我们已经在通过不同的渠道和方式加强与美国比较文学界同行的交流,并得到了美国比较文学界的积极响应和共鸣。正如丹穆若什在自己主编的《新方向:比较文学与世界文学读本》一书的前言中所表达的那样,"本读本的一个特殊目的就是在近年来卓然兴起的比较文学领域中增进中美两国的对话……中美两国学者有许多相互学习的地方……编者希望本读本将促进中西文化间的学术对话,期待读者能在字里行间发现将在自己的研究中予以探索的众多路径"②。丹穆若什既明确提出了中美两国学者间加强互通与交流的诉求,又坦诚地表达了彼此间在许多方面可以相互学习的良好愿望。为了让中国学术界及时了解美国学者的最新成果,我们先后翻译出版了《新方向:比较文学与世界文学读本》《全球化时代的比较文学》《多元文化时代的比较文学》《一门学科之死》等著作。同时,我们开始更加有意识地主动把自己的声音和见解传递出去,让西方主流学界能更多地了解我们比较文学研究、理论研究的动态和观点。

在这方面,曹顺庆和张江两位著名学者为我们树立了积极主动与国际学术界开展对话的典范。2013 年,国际著名出版社斯普林格在海德堡、伦敦、纽约同时出版了曹顺庆的英文专著《比较文学变异学》。③ 该书在质疑比较文学法国学派实证性的影响研究不能有效解决形象学及跨文明语境研究中的变异问题,以及美国学派平行研究的求同思维模式不能有效回答跨文明语境研究中的异质性问题的基础上,首次从"跨语际变异学""跨文化变异学""跨文明变异学"等层面,系统而详尽

---

① 习近平:《在哲学社会科学工作座谈会上的讲话》,http://www.xinhua-net.com/politics/2016-05/18c-1118891128.htm,2016 年 5 月 17 日。

② 大卫·丹穆若什,陈永国,尹星主编:《新方向:比较文学与世界文学读本》,北京:北京大学出版社,2010 年,第 9—10 页。

③ SHUNQING CAO. The Variation Theory of Comparative Literature, Springer-Verlag Berlin Heidelberg ,2013.

地阐发了中国学者关于比较文学变异学理论的核心内涵与特点,这是中国学者继比较文学法国学派和美国学派之后,对世界比较文学学科理论建构的重要突破与创新成果。该著一出版便受到国际学界的广泛关注。譬如,欧洲科学院院士多明格斯、美国科学院院士苏源熙等著名学者在其专著《比较文学引介:新动向与运用》中,称作者为"比较文学一种必然的研究方向做出了重要贡献"①;丹穆若什在致作者的信中称:"对变异的强调提供了很好的一个视角,一则超越了亨廷顿式简单的文化冲突模式,再则也跨越了普遍的同质化趋向。"佛克玛在为该著所写的序言中也强调,它对于中国学者"跨越语言障碍以及摆脱文化封闭性局限来说,是一次极有益的尝试",它"旨在与国外学者展开对话",而且"是对已有的过于强调影响研究的法国学派和受新批评影响只关注于审美阐释的美国学派不足的回应。我们的中国同行正确地意识到了之前比较文学研究的缺憾,并完全有权予以修改和完善"。② 2018年3月,在奥地利萨尔兹堡举办的欧洲科学与艺术院年会及接受新院士典礼仪式上,曹顺庆以他在比较文学研究领域的突出成就和世界性影响,当选为欧洲科学与艺术院院士。张江与美国著名文论家希利斯·米勒以两轮通信方式展开的对话,刊发在国际比较文学协会和美国比较文学学会主办的《比较文学研究》2016年第52卷第2期和第3期上。③ 这是《比较文学研究》自创刊以来首次连续发表一位中国文论家与西方文论家的通信对话,显示着中国学者"已经不满足于仅仅被动地被西方和国际学界'发现'",不再"满足于仅仅实践西方现有的文学

---

① CESAR DOMINGUEZ, HAUNSAUSSY, DARIO VILLANUEVA. Introducing Comparative Literature: New Trends and Applications, London: Routledge, 2015, p.50
② CAO SHUNQING. The Variation Theory of Comparative Literature, Springer-Verlag Berlin Heidelberg, 2013, Foreword V.
③ 通信译文参见张江:《确定的文本与确定的主题——致希利斯·米勒》,[美]希利斯·米勒:《"解构性阅读"与"修辞性阅读"——致张江》,《文艺研究》,2015年第7期;张江:《普遍意义的批评方法——致希利斯·米勒》,[美]米勒:《希利斯·米勒致张江的第二封信》,《文学评论》,2015年第4期。

批评理论",而是通过质疑和对话"提出中国批评家的理论建构"。① 另外,聂珍钊提出的跨学科的文学伦理学批评,近年来不断获得国际学界的高度评价与赞誉;2016 年中国学者张隆溪第一次被选举为国际比较文学学会主席,同时,中国还获得了 2019 年国际比较文学学会第 22 届年会的举办权。这些事实证明,中国比较文学在国际比较文学领域正在发挥着越来越重要的作用。

其次,我们还要继续加强东方文化文学内部的沟通与对话,一方面是中国文学与其他东方国家文学关系的研究,另一方面是中国之外的东方各国文学之间的关系研究。在关注东方各国文学之间的相互影响事实时,也不能遗漏对东方各国文学之间无影响的平行关系的探讨。同时,也要"注重作为整体的东方文学与西方文学的相互交流情况。东方文学内部在相互交流的过程中,还与西方文学发生着不断的碰撞与融合。特别是近现代东方文学受到西方文学的深刻影响,已融入世界文学发展的大潮中。这种整体研究既可以从宏观角度探讨东西方文学的影响渊源、共性审美特征及其异质性事实存在,也可以选择东方文学内部相关文化圈中的作家作品同西方作家作品进行研究"②。

再次,要真正使具有多样性特征的"世界文学"阅读模式成为现实,我们就必须打破大语种和小语种的老套观念,重视培养和造就一大批小语种专业翻译人才,使欧美主要国家以外的多样化的民族文学得以广泛的翻译和传播。这是不断拓展经典文学范围的重要前提与基础。长期以来,由于受"欧洲中心论"的影响,我们奉行的关于世界文学的经典教育观,主要就是把文学经典限定在欧美主要国家的狭隘范围内,东方文学则主要集中在印度与日本等几个主要国家上,且常常是只见树木不见森林,颇不成体系。这种情况只要翻看一下我们编写的各种外国文学史教材的目录即可一目了然。不能不承认,近四十年来,我们的外国文学史教材编写在内容上陈陈相因,观点相似,求变、拓展、创新速

---

① 王宁:《再论中国文学理论批评的国际化战略及路径》,《清华大学学报》(哲学社会科学版),2016 年第 2 期。

② 李伟昉:《关于东方文学比较研究的思考》,《河南大学学报(社会科学版)》,2015 年第 6 期。

度较为缓慢。要改变这一状况,首先必须打破传统的外国文学经典教育观,加强对世界上不同国家多样化优秀文学作品的大力翻译,然后以翻译带动阅读和研究,持续不断地从不同角度对翻译过来的文学作品加以阅读和研究。经典需要创造,更需要阅读和阐释,唯此,那些具有多样化个性特征、且能彰显出人类普遍价值内涵的优秀文学作品,才有可能在持续的多元化阅读与研究中成为经典。近年来,世界文学之所以日益成为国际比较文学界的热议话题,就在于彰显了比较文学研究在世界更大范围内对共同性与具有普遍价值的追求与揭示。从这个意义上说,"作为比较文学研究对象的世界文学,不是从文本层面意义上而言的,而是指世界文学共同体中的文学性和文学性间性关系"①。所以,不重视翻译、研究丰富多彩的世界文学,不仅比较文学研究的范围得不到拓展,而且会削弱它自身的价值与意义。

总之,在迈向人类命运共同体的过程中,不同国家间的文化虽然会面临这样或那样的冲突与挑战,但是只要我们积极应对,进行有效的对话,以平等态度、宽容心态来聚同化异,就可以减少或避免冲突。唯有如此,和谐共处的和平环境才能得到维护和持续。比较文学研究就是从文化、学术层面,努力践行不同国家间平等对话原则并传播正能量的有效途径之一。中国比较文学更应该为人类命运共同体的理想做出自己应有的贡献。

原载于《河南大学学报(社会科学版)》2018年第6期;《中国社会科学文摘》2019年第3期全文转载、人大复印资料《外国文学研究》2019年第3期全文转载

---

① 查明建:《比较文学视野中的世界文学:问题与启迪》,《中国比较文学》,2013年第4期。

莎士比亚作为"哥特诗人"的形成及其文化意义

马 衡 李伟昉①

英国作家霍勒斯·沃波尔 1764 年创作的《奥特朗托城堡》,以遥远的中世纪的异国他乡为背景,以哥特城堡为主要场景,描写了一个充满神秘恐怖的故事。这部小说后来被誉为西方哥特小说的开山之作。作为哥特小说之父,沃波尔把古代与现代传奇融为一体,将超自然与恐怖纳入小说叙述的主要对象,试图挑战 18 世纪中期英国文学中表现日常生活的现实主义原则,重建新的文学规范。1765 年 4 月,他在小说第二版序言中高调称赞莎士比亚是真正的独创天才和富有想象力的文学典范,并且坦承:"自然的伟大主人,莎士比亚,就是我模仿的对象"②。通观《奥特朗托城堡》,我们不难看到莎士比亚戏剧中阴森的城堡、复仇、恐怖的死亡、坟墓,以及鬼魂、预兆、女巫和幻象等重要超自然因素的描写对沃波尔创作的深刻影响。沃波尔从英格兰"最聪明的天才"莎士比亚身上为他的文学试验找到了有迹可循的依据。在《奥特朗托城堡》之后,莎士比亚的戏剧因素便以各种各样的方式融入哥特小说创作之中,以至于"任何一部哥特小说的深处都有莎士比亚的影响。"③1769

---

① 马衡,女,河南三门峡人,河南大学博士生,周口师范学院文学院副教授;李伟昉,男,河南开封人,文学博士,河南大学文学院教授,河南省特聘教授,博士生导师。
② E. J. CLERY, ROBERT MILES, Gothic Documents: a Sourcebook 1700—1820, Manchester and New York: Manchester University Press, 2000, 124.
③ Jerrold E. HOGLE, The Cambridge Companion to Gothic Fiction, Cambridge and New York: Cambridge University Press, 2002, 30.

年,伊丽莎白·蒙太古夫人在《论莎士比亚的创作与天才》一文中,从文学审美批评角度阐述了莎士比亚戏剧的超自然因素,并把莎士比亚尊为"我们的哥特诗人"①。自此,为获得文学上的合法性,哥特小说家们与相关的文学批评家根据自己的美学原则不断地发掘、解释莎士比亚的作品与哥特文学之间的内在关系,并在18世纪英国历史文化语境中完成了对莎士比亚"哥特诗人"的形象构建。因此,莎士比亚在作为"哥特诗人"的构建过程中扮演着重要角色,具有不可低估的深远的文化意义。关于这个问题,国内学界迄今尚缺乏正面的系统深入的研究,所以本文拟从莎士比亚作为"哥特诗人"的形成及其文化意义的层面详加探析。

一、莎士比亚:"哥特诗人"的形成与哥特小说创作

在莎士比亚戏剧作品中,有两部戏剧与哥特人直接相关:《皆大欢喜》和《泰特斯·安德洛尼克斯》。在《皆大欢喜》中,当试金石发现自己身处亚登森林,周围都是淳朴的乡下人时,他说:"我在这里陪着你和你的山羊,就像那最富幻想的诗人奥维德在一群哥特人中间一样。"②在这里,试金石用奥维德与哥特人的比喻来说明文明与野蛮的对照。《泰特斯·安德洛尼克斯》叙述了罗马人与哥特人恩怨的历史故事。戏剧以哥特皇后和罗马大将的复仇为主要情节,形成了罗马人与哥特人的对立。戏剧中的"哥特人"指的是居住在欧洲北部的民族。像文艺复兴时期意大利人文主义者那样,莎士比亚认为,哥特人是与罗马人敌对的存在,是罗马文化的腐蚀者和破坏者。如果罗马人代表着文明进步,哥特人就是野蛮落后的象征。"哥特与罗马的对比并置,是各种用法中不

---

① E. J. CLERY, ROBERT MILES, Gothic Documents: a Sourcebook 1700—1820, Manchester and New York: Manchester University Press, 2000, 37.
② [英]莎士比亚著,朱生豪译:《莎士比亚全集》增订本第5卷,南京:译林出版社,2016年,第144页。

变的因素,可能也是唯一恒定的因素"。① 所以,莎士比亚笔下的哥特人是一种历史存在,与18世纪中后期的"哥特式小说"本不相同。

  西方有学者指出:"莎士比亚变成'哥特式'这个词语的任何一个现代意义,仅仅在于或通过挪用的行为。这是由沃波尔、蒙太古夫人、理查德·赫德等以及哥特复兴的其他倡导者于18世纪发起的一个文化重估的运动。在18世纪末和19世纪初期,许多超自然小说不断复制莎士比亚作品的各个方面,使得这一过程得到巩固。"②换言之,莎士比亚作为"哥特诗人"的形成是由两方面的因素促成的:一方面,在借鉴莎士比亚的优秀遗产时,小说家自觉地有选择地将莎士比亚创作中相关的因素融入自己的小说中并加以强化,使莎士比亚因素化作早期哥特小说的重要文学特征,客观上又让莎士比亚的戏剧带有了现代意义上的哥特式色彩,成为哥特小说创作之源;另一方面,文学批评家对莎士比亚的价值进行重新评估,给莎士比亚打上"哥特诗人"的鲜明印迹,使其成为反古典主义的典范。总之,"哥特诗人"莎士比亚是哥特小说家与文学批评家不断提高莎士比亚的声名、合力共同塑造的结果。由于英国文学批评家对莎士比亚作为"哥特诗人"的推崇,同法国启蒙思想家、批评家伏尔泰围绕莎士比亚的论战密切相关,也更为直接彰显着其中的文化意义,所以该部分内容我们放在稍后的第二部分与文化意义一并论述。这里仅集中探讨第一个方面的问题。

  早期哥特小说家之所以不断借鉴莎士比亚的戏剧,是因为他们自身的需求以及莎士比亚戏剧的特点对其需求的内在契合。在哥特小说兴起的18世纪,古典主义是文学创作与批评的主流。它模仿古代的美学原则,要求一切文学作品都以古代经典为标准,即使是原创作品也需要古代经典的庇护。早期的哥特小说家在古典主义美学原则的范畴中进行创新。莎士比亚所处的文艺复兴时代恰恰"是启蒙思想家向往的

---

  ① DAVIED PUNTER, A New Companion to the Gothic, Malden: Blackwell Publishing Ltd., 2012, 26.
  ② DAVID PUNTER, A New Companion to the Gothic, Malden: Blackwell Publishing Ltd., 2012, 43.

一个较近的古代"。① 17 世纪的欧洲迈入"现代"的初期，新与旧交织、光明与黑暗相伴、进步与衰落并存。莎士比亚生活的时代正是欧洲中世纪神秘主义与现代理性文明相混融的时代。莎士比亚受到转折时期思想、文化的影响，其作品不可避免地体现出中世纪的、天主教的思想文化与文艺复兴时期人文主义思想的碰撞与融合，积极地回应着当时的社会问题。莎士比亚也往往被认为是具有广泛包容性的作家，他跨越社会界限与文化思想界限，将各种观念融为一体。莎士比亚的戏剧既是精英文化所探讨的剧场中的宗教改革，反映了从亨利八世到伊丽莎白女王统治时期天主教与新教之间的矛盾，同时它又反映了中世纪大众文化中民间谣曲、口头文学中流传的鬼魂传说对彼岸世界的认识。莎士比亚是伊丽莎白统治神话的重要组成部分。他的戏剧遵循都铎神话构建着英国中世纪民族历史，充斥着强烈的民族主义情绪。"对莎士比亚而言，中世纪特指英国的中世纪，它与同时代的民族主义运动相连。同时代的民族主义运动首次坚称，英国能够与欧洲最好的国家和古典时代并驾齐驱；英国性的关键因素是它自己的过去，是从中世纪继承而来的本国传统。"②在民族主义国家兴起的背景之下，莎士比亚对于中世纪的重塑让他成为英国民族文化的象征。

此外，在 18 世纪，莎士比亚戏剧集的不同版本被编辑出版，中等教育和高等教育开始普及莎士比亚的戏剧，公共场所树立起了莎士比亚的纪念碑和雕像，莎士比亚的戏剧被不断改编演出。1769 年，著名演员和经纪人大卫·盖利克首次在埃文河畔的斯特拉福德组织纪念莎士比亚的活动。③ 这些活动进一步将莎士比亚变成英国民族主义的偶

---

① 范昀：《艺术与启蒙：十八世纪欧洲启蒙美学研究》，杭州：浙江大学出版社，第 39 页。
② HELEN COOPER, Shakespeare and the Medieval World, London: Bloomsbury Arden Shakespeare, 2010, 3.
③ DOBSON MICHAEL, The Making the National Poet: Shakespeare, Adaptation and Authorship, 1660－1769, Oxford: Oxford University Press, 1992, 3.

像,他"不只是一个作家,他是一个名人,民族神话的一部分"①。因此,莎士比亚在18世纪的文学批评、戏剧演出、纪念活动中得到了全面重估,其代表的英国性被不断强化和扩大,成为英国流行的民族文化典范。

  在内容上,莎士比亚戏剧十分喜爱鬼魂、坟场、死亡用品、活动雕像、神秘变化等一切非理性的人类经验;②在戏剧形式上,悲喜剧混杂,不合规范,"为那些希望利用超自然和迷信思想的人所效仿,也为那些希望忽视新古典主义所强调的'规范'的理性界限的人所效仿"③。哥特小说家在莎士比亚的遗产中不仅发现了语言、形象、主题、结构等可以模拟的丰富资源,而且也找到了突破新古典主义规范、建立新的美学原则的合法依据。所以,哥特小说家在莎士比亚中寻找庇护时,莎士比亚的戏剧材料与哥特小说融为一体,难解难分。例如,在《奥特朗托城堡》的序言中,沃波尔称:"我所说的所有结果是,把我自己的勇敢掩盖在至少是这个国家所产生的最聪明的天才创作的真实作品之下。"④沃波尔要以莎士比亚为范本进行写作,"《奥特朗托城堡》是《哈姆莱特》的一个改写版"⑤,而且是有明确选择性的改写版。在内容上,《奥特朗托城堡》中的谋权篡位、乱伦、恐怖的死亡、鬼魂显现等等都呼应了《哈姆莱特》。

  沃波尔之所以选择《哈姆莱特》作为模仿对象,是因为该剧在18世纪的影响力和剧中恐怖气氛的营造。《哈姆莱特》是18世纪英国讨论最多和演出场次最多的戏剧,它"在18世纪的有史可查的演出就有601

---

  ① EMRY JONES, The Origins of Shakespeare, Oxford: The Clarendon Press, 1977, 1.

  ② 黄禄善:《境遇·范式·演进——英国哥特式小说研究》,上海:上海外国语教育出版社,第94页。

  ③ CHRSTY DESMET, ANNE WILLIAMS, Shakespearean Gothic. Cardiff: University of Wales Press, 2009, 87.

  ④ E. J. Clery, ROBERT MILES, Gothic Documents: a Sourcebook 1700-1820, Manchester and New York: Manchester University Press, 2000, 124.

  ⑤ JOHN DRAKAIS, DALE TOWNSHEND, Gothic Shakespeares. London and New York: Routledge, 2008, 4.

场以上;该戏剧不仅以单行本的形式,而且还在连续的作家全集中重复刊印"①。《哈姆莱特》已经占据戏剧舞台的中心,坟场、死尸、骷髅和鬼魂的意象,使整个作品弥漫着哥特小说家所欣赏的恐怖氛围。哈姆莱特在墓地遇到两个掘墓人,他们唱着歌,扔着骷髅。他觉得那可能是"政客的头颅""朝臣"的头颅、"律师的骷髅"、男人或女人的骷髅;还有"这一个骷髅,先生,是国王的弄人郁利克的骷髅。"②所有这些都是"死亡之舞"的排演,骷髅们拉着国王、朝臣、弄人、律师,恋人和婴儿跳进坟墓。哈姆莱特利用郁利克的骷髅调侃人们的容颜老去,不可避免的死亡;即使是亚历山大,在地下也是这副形状,有同样的臭味,也会化成泥土。③哈姆莱特还对尸体腐烂的时间感到好奇,小丑谈论腐烂的尸体;当哈姆莱特杀死波洛涅斯时,他想到蛆虫在波洛涅斯身上大快朵颐,国王和乞丐只是蛆虫的两道不同的菜。④莎士比亚描绘骷髅、腐烂的尸体、蛆虫等死亡的形象,演绎人类不可避免的死亡结局,制造恐怖的氛围。"他使人感受到正当精力充沛然而却得知自己即将死亡时那种可怕的不寒而栗的感觉。在莎士比亚的悲剧中,不论是儿童还是老人,也不论是罪恶的家伙还是有美德的人,都有一死,他们把人之将死的种种自然的状态都表现出来。"⑤

鬼魂来自死后的世界,是死亡形象的延续,也是莎剧众多超自然描写中最突出的形象。在复仇剧《理查三世》《裘力斯·凯撒》《哈姆莱特》《麦克白》和《辛白林》中,莎士比亚精心塑造了一系列鬼魂的形象,其中最有魅力的形象是老哈姆莱特的鬼魂。格林布拉特认为,鬼魂是预兆

---

① MARCUS WALSH, Shakespeare, Milton, and Eighteenth-century Literary Editing. Cambridge and New York: Cambridge University Press, 1997.113.
② [英]莎士比亚著,朱生豪译:《莎士比亚全集》增订本第5卷,南京:译林出版社,2016年,第384页。
③ [英]莎士比亚著,朱生豪译:《莎士比亚全集》增订本第5卷,南京:译林出版社,2016年,第385页。
④ [英]莎士比亚著,朱生豪译:《莎士比亚全集》增订本第5卷,南京:译林出版社,2016年,第361页。
⑤ 杨周翰:《莎士比亚评论汇编》上,北京:中国社会科学出版社,1985年,第361—362页。

的形象,是历史噩梦的形象,是内心深处困扰的形象。事实上,在他看来,鬼魂的形象是天主教与新教在剧场中的较量。而且,"在所有这些形象中半隐蔽的是第四重图景:鬼魂是戏剧形象。"① 莎士比亚将鬼魂的形象作为戏剧中的审美形象,并非舞台上的装饰,对恐怖氛围的营造和故事情节的推动都有重要意义。莎士比亚通过时间安排、人物内心感受以及事件来营造鬼魂出没时的恐怖气氛。在时间选择上,老哈姆莱特的鬼魂连续两天都在午夜出现,"夜晚总是充满了无限的神秘感和恐怖感"②。在第一幕第一场厄耳锡诺城堡前的露台上,一连两个晚上,勃那多和马西勒斯都在午夜看到已故国王的鬼魂。霍拉旭也是在不早不晚的寂静时辰看到了鬼魂。在看到鬼魂时,他说,"它使我充满了恐惧和惊奇",③以至于浑身发抖,脸色惨白。霍拉旭向哈姆莱特讲述了鬼魂显现时勃那多与马西勒斯的恐惧:鬼魂浑身上下身披甲胄,像是前国王的人形,迈着庄重的步伐来到他们身边,"在他们惊奇骇愕的眼前,他三次走过去,他手里所握的鞭杖可以碰到他们身上;他们吓得几乎浑身都瘫痪了,只是呆立着不动,一句话也没有对他说"④。虽然鬼魂没有跟他们说话,但是他们认为这是预兆,是凶兆,暗示丹麦内部有社会矛盾、奸人当道,外与挪威失和。在第一幕第四场中哈姆莱特见到鬼魂时,他说,"你这已死的尸体这样全身甲胄,出现在月光之下,使黑夜变得这样阴森,使我们这些为造化所玩弄的愚人充满了不可思议的恐怖"。在第一幕第五场中,鬼魂引哈姆莱特到露台的另一侧,向他讲述了恐怖的事件:鬼魂在硫磺烈火里的煎熬,谋杀的惨案,背德的乱伦。在这里,"哈姆莱特父亲的阴魂却是来要求报仇,来揭露秘密的罪恶;它既不是没有意义,也不是硬被拖上来的;它被用来证实有一种主

---

① STEPHEN GREENBLATT, Hamlet in Purgatory, Princeton: Princeton University Press, 2001,157.
② 李伟昉:《英国哥特小说与中国六朝志怪小说比较研究》,北京:中国社会科学出版社,2004年,第135页。
③ [英]莎士比亚著,朱生豪译:《莎士比亚全集》增订本第5卷,南京:译林出版社,2016年,第281页。
④ [英]莎士比亚著,朱生豪译:《莎士比亚全集》增订本第5卷,南京:译林出版社,2016年,第289页。

宰自然的看不见的力量。"①也就是说,老哈姆莱特的鬼魂是一种超自然的存在,是激发哈姆莱特复仇的动力。在第四幕第三场中,老哈姆莱特的鬼魂最后一次出现在乔特鲁德的卧室里,阻止哈姆莱特伤害王后,提醒他复仇的责任。"莎士比亚剧中的鬼魂出现在庄严的时刻,引人恐怖的夜的寂静中,它是真正从阴间来的,能激起观众的恐惧与怜悯。"②老哈姆莱特的鬼魂一再出现于霍拉旭、勃那多、马西勒斯和哈姆莱特面前,时隐时现,萦绕盘旋,阴森凄厉。它"是行走在现实世界的真实幽灵,是一种具有可见性的存在"③,制造无尽的恐怖氛围,让"信鬼或不信鬼的人都会毛发悚然"④。

哈姆莱特遇见鬼魂的场景成为沃波尔表现"恐怖"的模板。他在小说中三次表现鬼魂,与老哈姆莱特的鬼魂形成了对应。第一次,当曼弗雷德企图霸占伊莎贝拉时,曼弗雷德"祖父的肖像,画中的人像发出一声长长的叹气,并挺起了他的胸膛。""曼弗雷德看见画中人从画幅中走了出来,带着严厉而阴沉的神气,并示意要他跟自己走。"⑤沃波尔描述的曼弗雷德祖父的画像与老哈姆莱特的鬼魂相似,有神态描写,并且有手势示意曼弗雷德。曼弗雷德遇到移动的画像与哈姆莱特遇到父亲的鬼魂形成对应。第二次,杰罗姆密会西奥多,向他揭露真相,并且告诫他奥特朗托城堡的危险,要求他采取行动。在西奥多心目中,杰罗姆已经去世很久,杰罗姆的出现犹如鬼魂一样。西奥多与杰罗姆的关系就如老哈姆莱特与王子的关系。第三次,在希波莉塔的房间里,骷髅鬼魂出现。这与老哈姆莱特的鬼魂出现在乔特鲁德的卧室又形成对应。通

---

① 杨周翰:《莎士比亚评论汇编》上,北京:中国社会科学出版社,1985年,第353页。
② 杨周翰:《莎士比亚评论汇编》上,北京:中国社会科学出版社,1985年,第233—235页。
③ 张薇:《当代英美的马克思主义莎士比亚评论》,北京:中国社会科学出版社,2018年,第115页。
④ 杨周翰:《莎士比亚评论汇编》上,北京:中国社会科学出版社,1985年,第233页。
⑤ [英]贺拉斯·瓦尔浦尔著,伍厚恺译:《奥特朗托城堡》,成都:四川人民出版社,2005年,第10页。

过这些对应,沃波尔不仅将莎士比亚戏剧中的恐怖因素融入自己的作品,而且把"恐怖和害怕作为自己的主要描写对象"①。

另外,沃波尔在自己的作品中大量引用莎士比亚的典故,并借鉴莎士比亚作品中违反古典主义原则而富有争议的内容。通过莎士比亚富有民族性的文学因素,沃波尔建立了适合操作的文学规则。"他成为将'Gothic'使用在小说题目中的第一个英国作家,标志着一个新的融恐怖的暗示、死的超自然意象与传统的骑士和浪漫主题于一体的小说类型的产生。"②《奥特朗托城堡》在创作上遵循混杂性原则,在体裁上把中世纪传奇与现代小说相结合,"在风格上大多亦庄亦谐,在恐怖、阴森中夹杂有仆人们近乎荒唐可笑的愚蠢与啰嗦"③。

其他早期哥特小说家,例如安·拉德克利夫、刘易斯等人也不断对莎士比亚进行摹写。安·拉德克里夫对莎士比亚众多作品的引用、模仿和化用,让她有"传奇作家的莎士比亚"④之称。刘易斯的《修道士》全书题辞有三分之一出自莎士比亚的戏剧,开篇题辞和主人公安布罗斯阅读莎士比亚的戏剧表现了作者对莎士比亚的敬意。《修道士》中的修士、修女和魔鬼等人物以及变装、诱奸等情节,都是对《一报还一报》的改写。奥斯汀的《诺桑觉寺》也是对哥特小说的戏拟。主人公凯瑟琳沉迷于哥特小说,尤其对《尤多尔弗的奥秘》情有独钟。她对城堡和寺院浮想联翩,诺桑觉寺在她看来就是莎士比亚戏剧中的麦克白城堡,其中有谋杀老王邓肯的隐秘事件或者有梦游的麦克白夫人;同时它又更像是《哈姆莱特》中老哈姆莱特的鬼魂出没的厄耳锡诺城堡。凯瑟琳要做女主角,需要读很多书,其中就有莎士比亚的作品。记住莎剧中的名言警句,可以"应付熟悉多变的人生,也可以聊以自慰",还可以"从莎士

---

① 李会芳:《沃波尔的〈奥特朗托城堡〉及其文化意味》,《外国文学评论》,2007年第4期。

② 李伟昉:《西方文学经典与比较文学研究》,上海:复旦大学出版社,2016年,第79页。

③ 苏耕欣:《哥特小说:社会转型时期的矛盾文学》,北京:北京大学出版社,2010年,第37页。

④ E. J. CLERY, ROBERT MILES, Gothic Documents: a Sourcebook 1700—1820, Manchester and New York: Manchester University Press, 2000, 162.

比亚那里学到大量知识"①。

可见,盛行于18世纪后期至19世纪初的哥特小说既不是哥特人创作的小说,也不是有关哥特人的作品,而是当时的哥特小说家从莎士比亚的戏剧作品中汲取丰富的材料来源,对莎士比亚戏剧的场景、情节、结构、主题进行重写的产物。因此,当哥特式文学批评确立之后,"莎士比亚不仅自己是哥特式的,而且是其他人的哥特风格的起因。在更大的环境中,莎士比亚致力于超自然的资源,把对幽灵、坟墓的热爱以及死亡、移动的雕像、神秘的变形、对非理性的强调当作人类的一种经历,从而使他的戏剧被描述为'哥特式的'"②。

二、莎士比亚:文学批评中的"哥特诗人"及其文化意义

莎士比亚作为"哥特诗人"形象的形成,除了上述哥特小说家在创作中努力拉近与莎士比亚的关系外,还与英国文学批评家对作为"哥特诗人"的莎士比亚的推崇和强调密切相关。而英国文学批评家之所以推崇和强调莎士比亚,又与围绕以法国伏尔泰为代表的倒莎活动而展开的针锋相对的辩论直接关联。18世纪以降,莎士比亚被奉为英国的民族诗人得到大力宣传。原因之一就在于他的戏剧已经具有了早期民族主义萌芽的特点,例如其历史剧表现了英法百年战争中的爱恨情仇,正契合着18世纪英法之间的紧张关系。英国的民族认同感是"一种反对法国文化的产物"③,是在英法之间对照关系的基础上产生的。莎士比亚自然成为英法之间争夺文化声誉的主要战场。

作为启蒙思想家和晚期新古典主义的杰出代表,伏尔泰对莎士比

---

① [英]简·奥斯丁著,孙致礼译:《诺桑觉寺》,南京:译林出版社,1997年,第6页。

② JOHN DRAKAKIS, DALE TOWNSHEND, Gothic Shakespeares, London and New York: Routledge, 2008, 1.

③ 陈晓律:《1500年以来的英国与世界》,北京:生活·读书·新知三联书店,2013年,第101页。

亚及其英国文化所持的态度是复杂的。1726—1728年旅居英国期间，伏尔泰不仅广泛接触了英国的政治、经济和文化，而且与英国贵族和文学界名人多有交往。在《哲学书简》(1734)中，伏尔泰以启蒙思想家的世界主义思想及宽容心态，向法国介绍了莎士比亚和英国文化。不过，伏尔泰旅居英国期间已经形成了他在戏剧上的古典主义原则。因此在他的介绍中，虽然对莎士比亚充满崇敬之情，称赞他"具有充沛的活力和自然而卓绝的天才"，但又基于古典主义立场贬斥他"毫无高尚趣味，也丝毫不懂戏剧规律。我可以告诉您一件偶然巧合的事情，但这是真实的：那就是这位作家的功绩断送了英国的戏剧；他那些通常被人们称为悲剧的怪异的笑剧，穿插了一些美丽的场面和伟大而恐怖的片段，从而使这些剧本在演出中总是获得很大的成功……"①伏尔泰对莎士比亚戏剧的批评主要集中在文类混杂、得体说和规范性(三一律)等方面。他认为《哈姆莱特》"是个既粗俗又野蛮的剧本"。例如情节安排不合理，人物身份和行为不得体，剧中人物疯疯癫癫，王子与小丑一样插科打诨说着脏话，国王、王子和王后唱歌、争吵、厮打，简直就是"一个烂醉的野人凭空想象的产物"②。随着莎士比亚在法国的流传，伏尔泰于1761年发表《向欧洲各民族呼吁》，号召全欧洲反对莎士比亚。他在文中反复强调，"仅仅在本土受人欢迎的一位作者(如莎士比亚或者洛佩·德·维加)，不可能是真正伟大的、规范的"③。在他看来，莎士比亚不符合古典主义的规范，其名声也只能限于英国本土。到了18世纪70年代，伏尔泰对莎士比亚的批评已经不限于美学原则方面，还对他进行了人身攻击，痛斥莎士比亚是"怪物""野蛮的戏子""乡村丑角""有一定想象力的野蛮人"。④

---

① 杨周翰：《莎士比亚评论汇编》上，北京：中国社会科学出版社，1985，第347页。

② 杨周翰：《莎士比亚评论汇编》上，北京：中国社会科学出版社，1985，第352页。

③ ［美］雷纳·韦勒克著，杨自伍译：《近代文学批评史》第1卷，上海：上海译文出版社，2009年，第47页。

④ ［美］雷纳·韦勒克著，杨自伍译：《近代文学批评史》第1卷，上海：上海译文出版社，2009年，第38—39页。

伏尔泰在18世纪的声誉，不仅迟滞了法国读者对莎士比亚的接受，而且破坏了莎士比亚作为民族诗人在英国最初建立的神话。然而，伏尔泰的倒莎活动在英国却产生了巨大的反作用，成为激励英国文学批评界统一思想的动力。英国批评家与伏尔泰展开了针锋相对的辩论，从而拉开了英国民族诗学的序幕。

英国的18世纪被认为是转型时代，在文学和文化发展中也表现出转型的特点。在文学中，自文艺复兴以后至18世纪，新古典主义一直是欧洲文学批评的主流。然而，由于英国远离欧洲大陆，英国新古典主义文学思想并没有完全复制法国的原则。即使在古典主义兴盛的17世纪，英国学界的古典主义思想仍充满争论。受英国当时的历史、社会状况、政治意识形态的影响，英国文学批评家往往通过文学来阐释文化理论及政治问题。其中，伏尔泰对莎士比亚的诋毁便首先成为英国文学批评的靶子。在驳斥伏尔泰的批评时，蒙太古夫人、沃波尔等人明确提出"我们的哥特诗人"这个概念，努力为莎士比亚辩护，提高莎士比亚的声望。"哥特诗人"中的"哥特"富有与古典主义分庭抗礼的特定意义。莎士比亚的"哥特诗人"形象不仅体现了莎士比亚自身的开放性与多义性，而且扮演了改变文学批评原则的角色，动态地反映了18世纪中期英国文学批评转型的特点，蕴含着深刻的民族主义情绪。

在1766年到1799年间，英国文学批评家对于伏尔泰的回击主要集中在整一性、得体说、悲喜剧的混杂和无韵对话等方面。在《关于骑士精神与传奇文学的书简》中，理查德·赫德论述了文学发展的连续性，强调英国古代民族文学对后世作家的影响，重估了中世纪文学文化的价值。他认为，哥特式美学原则与古典主义美学原则形成对照，具有独立合法的理论体系。哥特文学艺术所遵循的美学原则完全不同于古典主义美学原则，评价标准也应自成一体。哥特式所指的就是民族传统，天然的英国民族性。赫德旨在通过比较证明哥特式美学原则优于古典主义原则。他承认古典文学对英国作家的重要影响，认为正是由于荷马和维吉尔对英国文学的影响，才让英国文学成为世界文学的一部分。但是，他强调，哥特式的影响远远超过古典主义的影响。斯宾塞、弥尔顿和莎士比亚正是由于受到本民族超自然因素的滋养，并在本民族传统中写作，才成为真正优秀的作家。

赫德特别看重哥特式的表现手法和技巧的长处。他认为，优秀的诗人善于运用表现手法。荷马与莎士比亚之所以比其他诗人优秀，不在于他们发现新的形象，而在于他们极高的天赋使他们能够熟练运用有说服力的表现手法，来传播古老的内容。他坚持认为，如果将哥特式的手法与古典主义技巧、表现手法加以比较，就能够发现前者更有优势："我对莎士比亚无话可说，因为他天才的崇高性（神性：如果其他词语不适合描述他，那就姑且这么说吧）不是记录特定的人群，而是不顾一切风险涉足人类生活和方式的所有领域。因此，即使经过充分思考，我们也几乎无法指出他喜欢什么，或他拒绝什么。然而，有一件事是清楚的：与使用古典主义手法和技巧相比，他在使用哥特式手法和技巧上甚至更加伟大。这就让我们回到了同样的观点：在创造崇高上，由于其性质和倾向，前者拥有后者的优点。"①所以，赫德说，骑士的表现方式和哥特式的迷信思想比古希腊英雄时代的表现方式和神话故事更富有诗意。"哥特诗人"中的"哥特"与古典主义形成对照的意义，不仅是表现手法和技巧上的，也是民族性上的。

蒙太古夫人在《论莎士比的创作与天才》中认为，文艺批评必须摆脱教条主义，评价作品不应该以三一律形式为准则，而应注重作品的艺术效果。作品应该表现人的真挚情感而不是表面上的得体。她指出，伏尔泰批评莎士比亚是魔鬼式闹剧的作者，把他的野蛮和无知归于他的民族，原因在于英国和法国对戏剧有着不同的认识。"每个英国绅士所受到的教育都让他早早熟悉古代的作品"，②"伦敦剧院每个看戏的观众可能听到在雅典讲话的悲剧缪斯，和正在巴黎或在意大利讲话的缪斯。"英国人能够认识不同国家的古典主义的不同表现形式，并且能够"识别她在人心中表达的自然语言和仿造的方言"③。法国戏剧对亚里士多德的整一性亦步亦趋。蒙太古夫人认为，正是由于莎士比亚的

---

① E. J. CLERY, ROBERT MILES, Gothic Documents: a Sourcebook 1700—1820, Manchester and New York: Manchester University Press, 2000, 74.

② BRIAN VICKERS, William Shakespeare: the Critical Heritage Vol. 5, London and New York: Routledge, 2005, 245.

③ BRIAN VICKERS, William Shakespeare: the Critical Heritage Vol. 5, London and New York: Routledge, 2005, 246.

原创性,才让他摆脱了古典主义整一性的束缚。莎士比亚的天才让他超越规则,并且先于规则。她相信亚里士多德的本意并不是要求剧作家只有遵循他的悲剧法则,才能创作出好的悲剧。莎士比亚违反法国古典主义规则是"自然"的体现,这让他成为独特的英国天才。莎士比亚自由的精神是自然与想象共同作用的结果。她还把莎士比亚对历史的利用和他的天才联系起来,认为莎士比亚的天才就是举起镜子照自然。"哥特诗人"莎士比亚完全没有遵守高乃依和拉辛所代表的法国新古典主义规范,这也是莎士比亚的戏剧优于法国古典主义戏剧之所在。莎士比亚的戏剧在形式上就像"一座古老威严的哥特式的建筑",庄严宏伟,虽然要经过黑暗、古怪和陌生的走廊,但最终可以进入纷繁富丽、绚烂夺目的殿堂。① 所以,"哥特诗人"中的"哥特",同样指向莎士比亚创作的自由及其作品在形式上不受约束的自然。

莎士比亚戏剧中的超自然因素被普遍认为是英国民族传统的表现。蒙太古夫人没有为莎士比亚戏剧中的超自然因素进行辩解,而是认为它本来就是不列颠民族流行传统的表现,莎士比亚深深根植于这个传统之中。她说:"在哥特式野蛮的黑暗阴影笼罩下,莎士比亚没有其他材料,只有行走于无知和迷信之夜,或触及民间愤怒与不睦潜在的激情。当他唤起残忍的幽灵或者竖起战争的旗帜时,他肯定能最好地取悦他暴躁而野蛮的观众。如果我们考虑到他生活的时代,便会知道他对这些主题的选择是明智的;他对这些主题的处理如此巧妙,以至于他在所有时代都将受到尊敬。"② 蒙太古夫人对中世纪的看法和文艺复兴以来的态度一致,认为哥特时代是迷信、野蛮、无知的时代。从作家创作来看,作者的生活时代决定了他取材的内容。从读者接受的角度来看,哥特时代的观众喜欢奇迹、血腥的内容,他们的接受趣味决定莎士比亚对戏剧主题的选择。莎士比亚作品中的超自然内容,是其天才与自由想象的创造力的结合,这让他获得了所有时代的尊敬。所以,

---

① BRIAN VICKERS, William Shakespeare: the Critical Heritage Vol. 3, London and New York: Routledge, 2005, 303.

② BRIAN VICKERS, William Shakespeare: the Critical Heritage Vol. 5, London and New York: Routledge, 2005, 250.

"哥特诗人"中的"哥特"又具有内容上的意义。莎士比亚是"我们的哥特诗人",在某种意义上代表着英国本土的文学传统,或者是英国本土文学传统的缩影;其戏剧的超自然性继承了英国"民族迷信思想",远远超过埃斯库罗斯古典的超自然性。①

蒙太古夫人运用古典主义拟古原则,通过比较莎士比亚与古代诗人,来确定其文学地位。"莎士比亚明白流行的迷信对古代诗人们多么有用;他觉得它们是诗歌本身必须的……鬼魂、仙女、妖怪和精灵对莎士比亚同样是有益、有帮助的,同时为他的虚构作品增添了许多崇高和奇迹的色彩,就像古代吟游诗人作品中的仙女、撒提尔、小鹿、三体怪兽革律翁。我们的诗人没有将他的超自然因素带出流行传统的界限。毫无疑问,他大胆地施展他的诗歌天赋和魔法圈里(除了他,还从没有人敢于涉足其中)的令人神往的力量,但是他既明智又大胆,将自己纳入其中。"②她认为,莎士比亚已经意识到,英国的传统迷信思想对古代诗人产生了影响,成为文学创作不可或缺的因素。莎士比亚遵循诗歌根植于民族传统的原则,运用自己的天赋和技巧,把民族传统中的奇迹因素融入自己的作品。因此,莎士比亚对超自然因素的使用不仅让他拥有了和古代吟游诗人同样重要的地位,也增加了莎士比亚作品的崇高性。

尽管蒙太古夫人、赫德等文学批评家们对莎士比亚的评论仍然未能完全超出古典主义的文学原则,"哥特"仍带有原始野蛮的贬义色彩,但是,在对伏尔泰观点的驳斥中,他们赋予了"哥特诗人"中的"哥特"以形式、内容、表现手法和技巧、民族性的丰富内涵。他们对原创、自然、天才和想象的讨论已彰显出探索英国民族诗学特征的自觉。

值得一提的是,沃波尔对伏尔泰的反击也已经不仅仅局限于文学批评的领域。克莱德·基尔比系统论述了沃波尔对伏尔泰作为作家、

---

① JOHN DRAKAKIS, DALE TOWNSHEND, Gothic Shakespeares, London and New York: Routledge, 2008, 68.
② BRIAN VICKERS, William Shakespeare: the Critical Heritage Vol. 5, London and New York: Routledge, 2005, 263.

历史学家、批评家和作为人的全面批评。① 沃波尔指出,作为作家的伏尔泰,文学能力不足;作为历史家学家,他对英国历史一知半解;作为批评家,他的文学批评仅仅出于个人的智慧而缺乏批评的能力,过于强调古典主义的规范。关于莎士比亚悲喜剧混杂的特点,沃波尔为莎士比亚辩护说:"不妨把本·琼生的喀提林与莎士比亚加以比较。前者满是迂腐和华而不实。鬼魂、王后或哈姆莱特的皇家尊严被各种来自普通生活的熟悉事件降低了吗?这些普通生活事件是悲剧的开始。如果亚里士多德、博苏不允许这些情感发生,那么他们的规则都是荒唐愚蠢的。"②沃波尔在讽刺伏尔泰的英语时说道,虽然伏尔泰的英语比其他任何一个外国人都要好,但要让他来评价英国最伟大的作家或者说是世界最伟大的作家,那么他是不胜任的,因为他没有准确的读写能力。作为一个人,伏尔泰充满嫉妒。他早年因为嫉妒本国的作家,而将莎士比亚介绍到法国;现在莎士比亚功成名就,他又嫉妒、贬低莎士比亚。沃波尔对伏尔泰的评价未必完全客观公允,但却与伏尔泰对莎士比亚的批评一一照应。沃波尔犀利而准确地击中了伏尔泰的弱点,"英国人很快将他的对手逼入绝境"③。

沃波尔对莎士比亚"哥特诗人"形象的论述本身也具有复杂的政治文化意义。沃波尔是辉格党的成员,辉格党的自由政治思想影响了他为莎士比亚辩护的观点:"莎士比亚常是一个自由想象力的保护者形象,一个来自黄金时代的声音,那时代表新古典主义专制的清规戒律和统一性尚未到来。对于沃波尔,他也是英国美学自由的象征,是抵御伏尔泰操控的法国专制规范的盾牌。"④莎士比亚作为民族诗人的身份受到以伏尔泰为首的法国批评家的攻击,是法国专制统治下权力错位的

---

① JESS M. STEIN, "Horace Walpole and Shakespeare", Studies in Philology, 31(1934).

② CLYDE S. KILBY, "Horace Walpole on Shakespeare", Studies in Philology, 38(1941).

③ JESS M. STEIN, "Horace Walpole and Shakespeare", Studies in Philology, 31(1934).

④ 苏耕欣:《哥特小说:社会转型时期的矛盾文学》,北京:北京大学出版社,2010年,第123页。

牺牲品,也是以法国趣味和时尚为中心的偏见与不公的牺牲品。沃波尔是一个爱国主义者,"巴黎重新点燃了我内心深处那份与生俱来的激情,即对祖国荣誉的爱"①。他的文学态度源于爱国主义的情绪,是文化民族主义的表征。

从背景看,18世纪中后期英国学界关于新古典主义的论争已经与初期大不相同。18世纪初期,新古典主义学者的争论集中于是否以亚里士多德所建立的整一性为标准来衡量莎士比亚作品的价值;到了18世纪中后期,英国的莎评已经带有明确的政治意识形态意义。新古典主义常常与代表贵族和大资产阶级利益的价值观相联系,莎士比亚则常常与代表新兴中产阶级利益的价值观相联系。在英国国内,1688年"光荣革命"之后,英国完成了社会政治体制的转型,走上了资本主义蓬勃发展的道路。1707年苏格兰与英格兰合并,联合王国建立,"这是一个新型的、代表英国工商业利益的民族国家。在爱国主义的旗号中,无论男人还是女人都能够在某种程度上参与利益的分享。"②从1689年到1760年的七十多年里,英国国会的统治力量都是代表商业金融资产阶级和资产阶级化的贵族利益的辉格党。在辉格党执政期间,英国的政治局势相对稳定,经济进入急速发展和扩张期。18世纪中叶以来,金融资产阶级和殖民地商人成为辉格党中的强大力量;英国成为工商业资产阶级的民族国家,倡导英国制造。"中产阶级力量的崛起得益于光荣革命后英国灵活的、开放性和流动性较强的社会结构,正是在这样一种宽松的社会环境中成长和壮大起来的中产阶级成为推动近代英国社会变革的重要力量。"③同样,中产阶级也需要在文学和文化上寻找代言人。在社会问题的论争中,辉格党人将莎士比亚视为民族身份的象征,莎士比亚的作品也随之成为阐释当代政治问题的例证。

蒙太古夫人、赫德、沃波尔等人对伏尔泰的抵制体现了"民族之间

---

① [英]大卫·埃德蒙兹,[英]约翰·艾丁诺著,周保巍,杨杰译:《卢梭与休谟:他们的时代恩怨》,上海:上海人民出版社,2016年,第67页。

② 陈晓律:《1500年以来的英国与世界》,北京:生活·读书·新知三联书店,2013年,第91页。

③ 曹瑞臣:《18世纪英国中产阶级崛起研究》,《合肥工业大学学报(社会科学版)》,2012年第3期。

批评传统的差异,显然和不同的政治制度及历史事件相联系,即英国抵制法国体制是基于爱国主义的动机"①。在英国综合国力不断增强的背景下,英国的民族性在18世纪开始正式产生。英国对外执行强硬的扩张政策,不断发动对外战争,民族意识得到强化。尤其是在1756—1763年的英法七年战争中,英国民族主义爱国情绪高涨,民族意识浓厚。在对外关系的文化较量中,英国与法国的争论主要是为了争夺民族文化的声誉。为了打破法国文化长期霸居欧洲的优势,英国需要建立自己迥异于法国的文学传统。于是,莎士比亚成为英国的文化符号和英国民族性的象征,"17世纪下半叶至18世纪,莎士比亚的天赋诗才得到德莱顿、蒲柏、约翰逊、扬格等人的肯定。这些著名诗人、文学文化批评家延续并发扬了琼生表达的民族自豪感。他们为英国本土作家、为莎士比亚的诗名辩护,将莎士比亚视为民族的骄傲"②。显然,莎士比亚满足了英国日益增长的民族主义情绪和对外文化扩张、输出的需要。

三、民族主义与世界主义张力下的"哥特诗人"

18世纪西欧近代民族主义与世界主义的同时兴起,深刻地影响了英国文学批评对莎士比亚形象的建构。近代民族主义强调民族自身的光荣和伟大,"赞美民族的文化传统,抵御外来文化的侵蚀,对本民族怀有着一种强烈的自豪和优越感"③。而世界主义"指涉一个总体的世界,而非关注个别的地区或社群",旨在打破民族—国家的界限。虽然它与民族主义、爱国主义并非全然对立,却是截然相对的存在。当民族主义的相对性与世界主义的普遍性被用于文学批评时,就会表现出不同的立场,并得出相异的结论。文学批评家站在民族主义的立场上,

---

① [美]雷纳·韦勒克著,杨自伍译:《近代文学批评史》第1卷,上海:上海译文出版社,2009年,第14页。
② 王守仁,林懿:《莎士比亚何以成为英国最具代表性文化符号》,《外语研究》,2014年,第4期。
③ 李宏图:《西欧近代民族主义思潮研究——从启蒙运动到拿破仑时代》,上海:上海社会科学出版社,1997年,第8页。

"往往强调该作品在特定的民族文化中的相对意义和价值";世界主义"则更注重其在世界文学史上所具有的普遍意义和普世价值"。① 英国哥特文学批评与法国伏尔泰对莎士比亚的批评,就鲜明地呈现出了这种两极的立场。

"18世纪三四十年代,一场声势浩大的反世界主义的中产阶级运动在英国轰轰烈烈地开展起来,这对艺术史影响重大。"②这场运动拒绝法国宫廷趣味,反对单纯用世界性的眼光来看待文艺作品。莎士比亚批评正是在英国民族主义浪潮中进行的。莎士比亚戏剧对英国中世纪的建构、浓厚的宗教气息、自由的形式以及丰富的民族语言,在当时的文学批评家看来,都彰显了英国民族性特征。"哥特诗人"莎士比亚鲜明的民族性,让他超越了文学批评的范畴,逐渐变成民族主义崇拜的对象。而世界主义正是法国启蒙思想家所倡导的思想,"绝大多数启蒙思想家的立场不是爱国主义和民族主义的,而是世界主义的"③。伏尔泰的世界公民观念,体现了他的世界主义思想。他在《哲学书简》《天真汉》中明确表达了这种观念:反对狭隘民族主义的爱国者将自己局限在本国的范畴之内,仇视他国,制造战争。在文学批评方面,他认为莎士比亚的名声也仅仅局限于本国,不具有普遍的意义。正因为如此,伏尔泰批评英国人崇拜莎士比亚是狭隘的爱国主义。

英国文学批评对伏尔泰的回应,也是英国中产阶级对贵族的不满情绪的宣泄。伏尔泰旅居英国的经历让他与贵族阶层联系密切。他广泛接触了各个领域的重要人物,例如文学界的蒲柏、康格里夫、斯威夫特等;政治领域的重要人物如英国国王、内阁首相、王子、公主以及公爵等;他还结识了科学领域的皇家学会会员,这使他在"伦敦的上流社会和知识分子之间广受欢迎"④。英国贵族对伏尔泰的礼遇,对世界主义

---

① 王宁:《西方文学关键词:世界主义》,《外国文学》,2014年第1期。
② [英]马修·克拉斯克著,彭筠译:《欧洲艺术:1700—1830》,上海:上海人民出版社,2016年,第115页。
③ 范昀:《艺术与启蒙:十八世纪欧洲启蒙美学研究》,杭州:浙江大学出版社,2013年,第65页。
④ [美]威尔·杜兰著,幼狮文化公司译:《世界文明史》,北京:东方出版社,1999年,第310页。

的津津乐道,体现了他们对法国风尚的痴迷。所以,世界主义与民族主义之间的对立暗含了英国贵族精英与英国中产阶级之间的对立,法国与英国的对立。莎士比亚的"哥特诗人"身份是英国中产阶级发动的反对世界主义运动的结果,也是英国贵族价值观的衰落和资产阶级价值观兴起的表现。从这个意义上说,"哥特诗人"中的"哥特"体现了民族主义与世界主义、英国诗学与法国诗学之间的对立关系,"哥特风格展示了英国本民族传统的建立如何依靠英格兰和法兰西之间的对照。英国人将英国与自由联系起来,将法国与专制联系起来,从而影响它们相互之间所有的文化比较,从文学的巨人到他们对待自然的态度。莎士比亚与伏尔泰的区别呼应了自然自由生长于其中的野生的英国哥特式花园(按照英国园丁们的说法,他们也把它用于英国和政府的形象)和抑制自然的人工的法国古典主义大花园之间的对照。"①"哥特诗人"莎士比亚不仅呈现了独特的英国民族的文化价值,而且通过彰显民族性成功地跻身于世界文学之林。

顺便指出的是,莎士比亚无论是作为了不起的"我们的哥特诗人",还是作为英国的杰出戏剧家,他能成为世界文学宝库中的经典,乃至世界文学经典的中心,再次深刻地演绎了民族文学与世界文学的关系:没有脱离民族性的世界性,世界性由民族性中而来;世界的首先是民族的,只有民族特征鲜明的作家和作品,才有可能真正走向世界,为众多民族所接受而赢得世界性的声誉。正如美国著名学者丹穆若什所强调的那样,一切文学作品都是在不同的民族文学的范畴内诞生的,即使这些文学作品"进入了世界文学的传播中,它们身上依然承载着源于民族的标志,而这些痕迹将会越来越扩散,作品的传播离发源地越远,它所发生的折射也就变得越尖锐"②。因此,"世界文学具有多样性特征,并没有一套固定的模式,有多少种民族的视角,就有多少种世界文学。"③

---

① MAGGIE KILGOUR, The Rise of the Gothic Novel, London and New York: Routledge, 2006, 228.
② [美]大卫·丹穆若什著,查明建等译:《什么是世界文学?》,北京:北京大学出版社,2014年,第311页。
③ 李伟昉:《人类命运共同体的价值理念与全球视野的结构转向》,《河南大学学报(社会科学版)》,2018年第6期。

至于说到世界主义与民族主义,两者也不应该是简单的泾渭分明的对立关系。倡导世界主义,不能无视、甚至泯灭民族主义,任何无视民族主义的世界主义都只能是无法实现的空中楼阁。

总之,莎士比亚作为"哥特诗人"的形成是英国哥特小说家与文学批评家不断提高莎士比亚的声名、合力共同建构的结果。英国哥特小说家从莎士比亚的戏剧中获得丰富的戏剧资源,并不断对其加以改写,使莎士比亚因素成为早期哥特小说的重要文学特征,莎士比亚的戏剧也因此成为哥特式的。英国的文学批评家企图通过对莎士比亚"哥特诗人"形象的塑造,突破法国新古典主义在文学上的统治,并确立英国自由美学的原则。"哥特诗人"中的"哥特"不仅具有"野蛮""中世纪"和"超自然"三种含义,①还包含英国的民族性,是政治、文化上的自由与文学创作上的自然的表征。莎士比亚作为"哥特诗人"的形象在文学批评上具有内容与形式的意义,也富含政治和文化的深层意蕴。"哥特诗人"莎士比亚是18世纪英国社会转型的一个标志性事件,也是经济繁荣、国力强盛、政治稳定的象征。它强调了英国的民族身份,体现了英国中产阶级对本民族文化高度的认同感。它不仅是英国中产阶级与上层贵族之间、英国与法国之间较量的结果,也是民族主义与世界主义等各种张力综合作用的产物。凡此种种,都体现了18世纪英国中产阶级的文化自信。

原载于《河南大学学报(社会科学版)》2019年第2期;人大复印资料《外国文学研究》2019年第8期全文转载、《文学研究文摘》2019年第3期文摘

---

① 李伟昉:《黑色经典:英国哥特小说论》,北京:中国社会科学出版社,2005年,第3页。

责任、利益和机会:《威尼斯商人》中朗斯洛特的交易欲望化身

华有杰①

朗斯洛特是莎士比亚(以下简称莎翁)喜剧《威尼斯商人》中的一个小丑,学界对其研究相对不多。目前可见研究有的关注了朗斯洛特所体现的寓言艺术②;有的聚焦于朗斯洛特所承载的法律关系③;也有学者认为,朗斯洛特是戏剧中最基本的中间人角色④,但其研究的核心是"生产"的问题⑤,聚焦于鲍西娅与夏洛克之间的关系,相对忽略了朗斯洛特的经济身份内涵挖掘。史蒂文·门兹则分析了朗斯洛特所体现的多话语经济学(Polyglot Economics),认为"朗斯洛特·高波在以经济关注为核心的批评中占据着关键位置,他是戏剧中说话最直言不讳的仆

---

① 华有杰,男,江苏于都人,贺州学院外国语学院副教授,山东大学外国语学院博士生。

② FORTIN, RENÉ E., "Launcelot and the Uses of Allegory in The Merchant of Venice", Studies in English Literature, 1500—1900, 1 April 1974, Vol. 14(2), pp. 259—270.

③ COLLEY, JOHN SCOTT, "Launcelot, Jacob, and Esau: Old and New Law in The Merchant of Venice", The Yearbook of English Studies, 1 January 1980, Vol. 10, pp. 181—189.

④ SHELL, MARC, Money, Language, and Thought: Literary and Philosophic Economies from the Medieval to the Modern Era, Baltimore: Johns Hopkins, 1982, p58—79.

⑤ SHELL, MARC, Money, Language, and Thought: Literary and Philosophic Economies from the Medieval to the Modern Era, Baltimore: Johns Hopkins, 1982, 48.

人,并且从一种实用的经济交换的贸易视角审视问题,发出声音,而这正是戏剧中富裕贵族人物易于忽略的一点,帅尔的批评也忽略了这一点。"①这些研究的共同点在于它们都"没有探讨戏剧中富裕贵族的经济希望如何由仆人如朗斯洛特·高波落实到实处"②。朗斯洛特的经济身份内涵研究有利于为这些研究所共同忽略的问题提供一种学理回答。

莎士比亚在《威尼斯商人》中以次要人物朗斯洛特的经济身份描述出重商主义时期人与金钱之间的关系,阐释出莎士比亚时代"交换本身时刻的滑移和机会"③。朗斯洛特既不是富有的商人,也不是出生正统的贵族子弟,他只是一个没有任何社会地位的仆人,但是,从新经济批评(new economic criticism)④的视角而言,他的角色在剧本中特别重要,因为他承载着三种经济身份:经济行为决策者、经济交换的中介者和交易欲望化身。从戏剧艺术的视角而言,他的经济身份是推动戏剧主要情节发展的铺垫性艺术要素。

---

① MENTZ, STENVEN R., "The Fiend Gives Friendly Counsel: Launcelot Gobbo and Polyglot Economics in The Merchant of Venice", Money and the Age of Shakespeare: Essays in New Economic Criticism. Ed. Linda Woodbridge, New York: Palgrave Macmillan, 2003, 178.

② MENTZ, STENVEN R., "The Fiend Gives Friendly Counsel: Launcelot Gobbo and Polyglot Economics in The Merchant of Venice", Money and the Age of Shakespeare: Essays in New Economic Criticism. Ed. Linda Woodbridge, New York: Palgrave Macmillan, 2003, 178.

③ MENTZ, STENVEN R., "The Fiend Gives Friendly Counsel: Launcelot Gobbo and Polyglot Economics in The Merchant of Venice", Money and the Age of Shakespeare: Essays in New Economic Criticism. Ed. Linda Woodbridge, New York: Palgrave Macmillan, 2003,179.

④ 马克·奥斯延和玛莎·伍德曼西(Mark Osteen and Martha Woodmansee)为1991年中西部现代语言学会(MMLA)大会主持组织一个名为"新经济批评"的小组座谈会时,他们用"新经济批评"这个术语指称一种"基于经济范式、经济模式和经济隐喻的文学、文化批评的一种新兴现象"。其核心观点是:文学与经济学之间的共性在于同族性(Homology)或同构性(Isomorphism)或相似性(Analogy)。作为一种新兴出现的文学和文化批评方法,新经济批评在研究方法、研究内容和研究模式三个方面都具有自己独特的特征。

一、经济行为决策与经济责任担当

朗斯洛特的经济身份在戏剧整个结构中不可或缺。就艺术而言，选择为巴萨尼奥服务而离开夏洛克使得朗斯洛特成为戏剧后续情节的铺垫性环节。就主题而言，朗斯洛特基于自己的仆人身份又超越自身的身份限制，成为莎士比亚时期英格兰经济微观图景的一个缩影。"新的世俗经济特征正在变得越来越清晰明朗，莎士比亚反映和刻画了中世纪到早期现代英国的变化。"① 莎士比亚用朗斯洛特这个丑角形象刻画出早期现代时期英格兰商品化冲击下的经济变化特征，展示出其行为背后的经济责任担当，突显出经济决策所遵循的经济理性原则。

首先，朗斯洛特是一名经济行为的决策者，自主做出决策。戏剧中一出场，他就在思索自己的未来，为自己的经济行为做出艰难决策。他不确定是留下来继续服务于夏洛克好还是辞去旧主服务于巴萨尼奥好。这种决策行为突显出朗斯洛特的经济行为决策者角色，直接决定了作为仆人的朗斯洛特的社会地位和经济收入来源，具有至关重要的经济内涵。主人的经济地位和社会地位与成为仆人的朗斯洛特的经济收入和社会地位直接相关。主人越富有，仆人经济收入大的可能性越大；主人社会地位越高，仆人有可能获得的社会认可度越高。几乎每个人都会有面对利益的诱惑做出决策的时机。朗斯洛特也不例外，选择比夏洛克更为穷困的巴萨尼奥作为服务对象。与巴萨尼奥的对话表明，朗斯洛特清楚地知道他更换新主意味着这样一个事实：他要投靠的新主人巴萨尼奥并不比夏洛克富裕。巴萨尼奥问为何要更换主人时，朗斯洛特说："他有钱；您呢，有上帝的恩惠。"（2.2.104）② 朗斯洛特选择为夏洛克服务意味着选择富有的主人，选择为巴萨尼奥服务则意味

---

① ［英］彼得·阿克罗伊德著，谭学岚译：《莎士比亚传》，北京：北京师范大学出版社，2014年，第96页。

② 本文对该剧原文的引文均取自朱生豪的译本，2.2.109 表示所引用文字在《威尼斯商人》中所在的幕、场、行数，幕、场、行数标注则以外语教学与研究出版2008年出版的《莎士比亚全集》为准。

着选择贫穷的主人。贫穷的主人则意识着朗斯洛特有可能遭受一定的经济损失。更换新主是朗斯明确知道其行为结果后做出的一种选择。朗斯洛特清楚地意识到自己的选择可能要承担经济损失的风险,他完全自主决定自己的经济行为选择。经济选择是朗斯洛特的自主选择行为。

其次,做出经济行为决策时,朗斯洛特也承担着相应的经济责任。朗斯洛特自主决定自己的经济行为选择,独立承担其选择的风险与责任,是一名真正的经济行为决策者。朗斯洛特基于自己仆人身份的现实,对自己的行为选择和经济行为做出理性反思。在魔鬼和良心的冲突中,朗斯洛特犹豫着:

> 要是我从我的主人这个犹太人的家里逃走,我的良心是一定要责备我的。可是魔鬼拉着我的臂膀,引诱着我,对我说,"高波,朗斯洛特高波,朗斯洛特,快撒开你的腿儿,跑吧!"我的良心说,"不,留心,老实的朗斯洛特。留心,老实的高波。"……凭良心说话,我的良心劝我留在犹太人家里,未免良心太狠。还是魔鬼的话说得像个朋友。我要跑,魔鬼,我的脚跟听从着你的指挥。我一定要逃跑。(2.2.1—32)

朗斯洛特听从"魔鬼"的指挥,选择巴萨尼奥为服务对象。首先,朗斯洛特的经济选择具有"突破静止状态而趋向变动的喜好"①的特点,使得他比剧中其他任何人物更加追求变化。他的独白是一种静止的样态,但其结果一种动态:更换主人。他的决策是要追求变化,这使他成为剧本中经济循环的促进者。但这种变化本身就意味着朗斯洛特现有既得利益的变化。把持贫困的主人可能要遭受的一定程度的经济损失本身就意味着朗斯洛特要承担相应的经济责任。其次,朗斯洛特的经济选择使他成为经济交换的对象本身。他可以选择静态,也可以选择动态。当他选择变动而不是静止时,在"魔鬼本身"和"就是魔鬼的化

---

① MENTZ, STENVEN R., "The Fiend Gives Friendly Counsel: Launcelot Gobbo and Polyglot Economics in The Merchant of Venice." Money and the Age of Shakespeare: Essays in New Economic Criticism. Ed. Linda Woodbridge, New York: Palgrave Macmillan, 2003,182.

身"的夏洛克之间选择的困境就得到了解决。朗斯洛特的经济选择促产了一种新的交换:寻求一名新主人替代旧主人,也就是说,他的经济选择本身就成为一种交换。就如在其独白结尾处所强调的那样,他"一定要逃跑"。朗斯洛特抛弃了忠诚的"坚定良心",也抵制住夏洛克财产的诱惑,他最终服从于他内心渴望,以寻求一种更好的机会。他本身就成了威尼斯市场交易中的交易对象。再次,朗斯洛特抛弃了忠诚的"坚定良心"也意味着他要承担相应的经济伦理责任。抛弃旧主换新主这种行为有可能会给朗斯洛特个人的信用和名声造成很大的压力。"十六世纪上半叶,几乎所有的买卖都涉及到信用问题;在这样的国家里,几乎所有的家庭或个人,无论是平民家庭还是皇室家族,都被陷入到不断复杂化的信用和债务当中。"①

表面上看,远离夏洛克的财富而就近巴萨尼奥的贫穷这种行为决策表明,朗斯洛特舍弃了经济行为选择的理性原则,他舍弃了有利于自己的经济自我利益(比如,拥有一位富有的主人),也打破当下的社会约束。以世俗眼光来看,朗斯洛特选择新主人的决策行为缺乏道德支持和逻辑支持,但事实上,朗斯洛特遵循着其自身的理性经济原则,因为他遵循寻求变化的愿望,遵循内心的交换变化欲望。甚至夏洛克都支持朗斯洛特更换新主人的选择,向巴萨尼奥推荐朗斯洛特。"莎士比亚时代经济发展的三大特征是交换价值的概念、个人实用利益的最大化和高利贷收取利息。"②这种经济发展特征必然产生其自身的经济理性原则。更换新主人是朗斯洛特追求变化、促进威尼斯城邦中经济循环运行的一种理性经济行为。对朗斯洛特而言,变化即意味着新的机会。朗斯洛特的经济决策行为意味着自由和经济责任,其背后的体现出经济主体行为的理性反思。

在某种意义上说,莎士比亚对朗斯洛特经济行为决策者经济身份

---

① MULDREW, CRAIG, The Economy of Obligation: The Culture of Credit and Social Relations in Early Modern England. Houndmills, Basingstoke, Hampshire: Macmillan, 1998, 95.

② 华有杰:《〈威尼斯商人〉中的经济主题研究》,济南:山东大学出版社,2018年,第6页。

及相应经济责任的描述是其自身经历的一种反思。1581年年底,"托马斯·海斯基斯爵士——霍顿把'莎士皮雅'推荐给了他的那个人——也被送进了监狱,罪名是他未能有效遏制天主教在其家仆中蔓延和传播。"①年轻的莎士比亚在于1581上半年在霍顿家里供职,"年轻的莎士比亚在一个信奉天主教的家庭里干的是演员的话儿"②。这个天主教家庭的主人就是理查德·霍顿。莎士比亚由霍顿推荐来到托马斯·海斯基斯爵士,而剧本中朗斯洛特则由夏洛克推荐成了巴萨尼奥的仆人。霍顿遭受诉讼,剧中夏洛克也受到法庭审判。托马斯被送进监狱之际,"此时不走,更待何时,年轻的莎士比亚或许自然要寻机脱身了。"③莎士比亚在旧主遭受变故时更换新主人面临着不忠于主人的道义指责,他也承受到内心良心的拷问。莎士比亚把其自身换主的经历艺术化成朗斯洛特的戏剧人生,表达出其对商品化冲击下年轻时饱受经济压力的普通人生活样态的反思。莎士比亚似乎是要强调这样一个事实:一个人一来到这个世界,就要对自己的一切行为负责。

朗斯洛特的经济决策行为及其相应的经济责任是莎士比亚时期商品经济发展中诸多经济行为决策者经济身份的缩影,表明了莎士比亚对当时经济行为决策者所拥有的自主性及所承担的经济风险的一种艺术思索。莎士比亚似乎想表明一个道理:在威尼斯经济市场,经济主体完全具有决定自己经济行为选择的权力,遵循其自身的经济理性原则;同时,经济主体也要对自己所做经济行为选择完全负责。

二、经济交换中介与自我利益诉求

朗斯洛特不仅仅是经济决策者,他还是经济交换的中介者。经济决策者是朗斯洛特经济身份的基础,而经济交换中介者是其经济决策

---

① [英]彼得·阿克罗伊德著,谭学岚译:《莎士比亚传》,北京:北京师范大学出版社,2014年,第96页。
② [英]彼得·阿克罗伊德著,谭学岚译:《莎士比亚传》,北京:北京师范大学出版社,2014年,第92页。
③ [英]彼得·阿克罗伊德著,谭学岚译:《莎士比亚传》,北京:北京师范大学出版社,2014年,第96页。

行为在现实经济生活中的延伸和具体化,表达出他对自我利益追求的欲望,揭示出重商主义时期经济交易、性交易、宗教改易的复杂关系,蕴含着丰富的经济社会文化内涵。

首先,朗斯洛特的经济交换中介者身份体现在三个方面:巴萨尼奥和夏洛克之间经济活动的中间人、罗兰佐与杰西卡爱情经济的中介人、杰西卡皈依基督教的促进者。

第一,朗斯洛特是夏洛克和巴萨尼奥之间经济交易的中介者,在巴萨尼奥和夏洛克之间传递信息。成为巴萨尼奥仆人后,朗斯洛特接受了巴萨尼奥给的"漂亮的新衣服"(2.2.71)。"漂亮的新衣服"是朗斯洛特经济交易中介者身份的标志,既是他的一种自我利益,也是他服务于巴萨尼奥而追求自我利益的一种权力象征。受巴萨尼奥之托,朗斯洛特邀请夏洛克赴宴。朗斯洛特的经济交易中介者身份的艺术功能在于推动戏剧中"一磅肉"契约这个主要情节的发展。朗斯洛特是戏剧的次要人物。就戏剧艺术而言,先后为夏洛克和巴萨尼奥的仆人,他代表巴萨尼奥邀请夏洛克显得很自然,其经济交易中介者角色只是保证了夏洛克和巴萨尼奥之间生意宴会的可能性,维系着戏剧主要情节的发展。作为经济交易的附属性中介者,朗斯洛特的作用不在于引出夏洛克或巴萨尼奥的出场,而是展示出商重主义时期的经济交易如何发生,提示出经济交易最微观最平常的场景。莎士比亚对经济交易有特殊的敏感性,因为"莎士比亚一直是一个精明的生意生"①。

第二,朗斯洛特也是爱情经济和性交易的中介者,揭示出重商主义时期经济交易和性交易之间的复杂关系,使得杰西卡与罗兰佐之间跨宗教婚姻成为性交易的一种隐喻。隐喻式爱情经济和性交易的汇合与冲突能够提供对莎士比亚深层次的主题关注②。在当时,犹太教信徒杰西卡和基督徒罗兰佐之间跨宗教信仰的婚姻不可接受,故他们只能选择私奔。私奔前杰西卡在犹豫,"罗兰佐啊!你要是能够守信不渝,

---

① [英]彼得·阿克罗伊德著,谭学岚译:《莎士比亚传》,北京:北京师范大学出版社,2014年,第357页。
② GRAV, PETER F., Taking Stock of Shakespeare and the New EconomicCriticism, Shakespeare, 2012(8): 111-136, 116.

我将要结束我内心的冲突,皈依基督教,做你的亲爱的妻子。"(2.3.16—19)皈依基督教成了杰西卡与基督徒罗兰佐结婚的前提,而犹太教信仰成了她与罗兰佐结婚的阻碍,跨宗教婚姻在威尼斯城邦不可接受。朗斯洛特奔走于罗兰佐与杰西卡之间,使得不能接受的跨宗教婚姻成为现实。"早期现代时期的伦敦人似乎把重商主义化的影响看作异族通婚的一种形式,如帕尔默设想的那样,而不是把婚姻看作对不规范的经济和性交易的一种治疗。"①

朗斯洛特的爱情经济和性交易中介者身份突显出婚姻与财富之间密不可分的关系。"婚姻实践展示出一个社会的范畴观念和这个社会对这种范畴进行控制的企图。"②第四幕威尼斯法庭对夏洛克的审判突显出跨宗教婚姻与财富的密切关系,展示出重商主义时期性交易与经济交易之间关系的复杂内涵,"杰西卡的婚姻就是承担着财产传递功能。"③"他必须当庭写下一张文契,声明他死了以后,他的全部财产传给他的女婿罗兰佐和他的女儿。"(4.1.395—397)而朗斯洛特的中介者身份在至少在两个方面揭示出婚姻与财富之间的复杂关系。其一,朗斯洛特促成了杰西卡与罗兰佐之的性交易过程直接与经济交易融合为一体。朗斯洛特暗中传递信息,使得杰西卡与罗兰佐成功偷取了夏洛克的大量财物。他们的婚姻直接与财富联系在一起,私奔的过程也是他们窃取夏洛克财富的同一过程。其二,朗斯洛特的中介者身份直接

---

① NUGENT, TERESA LANPHER, "Usury and Counterfeiting in Wilson's The Three Ladies of London and Three Lordsand Three Ladies of London, and in Shakespeare's Measure for Measure." Money and the Age of Shakespeare: Essays in New Economic Criticism. Ed. Linda Woodbridge. New York: Palgrave Macmillan, 2003, 213.

② PALMER, DARYL W., "Merchants and Miscegenation: The Three Ladies ofLondon, The Jew of Malta, and The Merchant of Venice." Race, Ethnicity, and Power in the Renaissance. Ed. Joyce Green MacDonald. NewBrunswick, NJ: Associated University Press, 1997, 37.

③ DARCY, ROBERT F., "Freeing Daughters on OpenMarkets: The Incest Clause inThe Merchant of Venice."Money and the Age of Shakespeare: Essays in New Economic Criticism. Ed. Linda Woodbridge. New York: Palgrave Macmillan, 2003, 193.

威胁到夏洛克家庭既定的经济秩序和伦理秩序,因为"杰西卡私奔这种家丑的公开化表明夏洛克对女儿控制的失败,不但意味着他丧失了自己亲爱的女儿,还表明他的经济权威和新活力的丧失。"①

第三,朗斯洛特也是杰西卡皈依基督教的建议者、促进者。他与杰西卡讨论基督教,批判杰西卡家庭的犹太教,建议杰西卡皈依基督教,坚定了杰西卡私奔的决心。杰西卡私奔之前,朗斯洛特对杰西卡说:"If a Christian did not play the knave and get thee, I am much deceived."②If 引导的从句既可以指基督徒与杰西卡母亲私通而生下杰西卡,也可以指基督徒罗兰佐与杰西卡窃取夏洛克家的财物然后私奔。无论是哪种情形,这话都给夏洛克家庭犹太教信仰带来了彼此对立的基督徒③。朗斯洛特的中介者经济身份促使他自己接受了魔鬼的"公正建议",也在暗中损毁了夏洛克对杰西卡的嫉妒式慈父照顾,彻底毁灭了夏洛克精心维护的犹太教信仰和家庭宗教秩序。莎士比亚似乎是要表明一个事实:在重商主义时期,不仅仅金钱可以用于交换,性、种族和宗教也可以用于交换。

其次,经济交换中介者身份是表达出朗斯洛特对自我利益追求的欲望,展示出莎士比亚时期经济运行的微观图景,因为"在17世纪初期,出现了迫切的自我利益需求,这意味着一个人不但可以在更大的经

---

① DARCY, ROBERT F., "Freeing Daughters on Open Markets: The Incest Clause in The Merchant of Venice."Money and the Age of Shakespeare: Essays in New Economic Criticism. Ed. Linda Woodbridge. New York: Palgrave Macmillan, 2003, 193.

② SHAKESPEARE, WILLIAM, William Shakespeare Complete Works, Houndmills: Macmillan, 2008, 432.

③ 因为他影响了杰西卡皈依基督教,这个事实使我们有理由相信,朗斯洛特本人是基督徒,否则他建议杰西卡皈依基督教这个行为就没有可靠的逻辑依据。而夏洛克对杰西卡说的话却表明,朗斯洛特是一名穆斯林教徒,因为朗斯洛特对杰西说完话之后离开,夏洛克就问杰西卡说,"那个夏甲后裔说些什么?"夏甲是穆斯林的代名词。尽管文本的证据表明了他是穆斯林这一事实。或许,莎士比亚这样做的目的是为了突显出朗斯洛特作为交换欲望化身对交易变化的追求。游走于基督教徒和穆斯林身份的事实进一步突显出朗斯特作为交易欲望化身的属性,朗斯洛特游走于经济、性、宗教等不同领域者以寻求交易变化的机会。

济集体中可以有自己的利益诉求,而且这还是一种权利"①。莎士比亚通过朗斯洛特经济交易中介者身份,表达出其对自我利益兴起的一种复杂态度。一方面,莎士比亚用朗斯洛特丑角的形象来突显自我利益本身就直接降低了朗斯洛特经济身份内涵的严肃性。同时,朗斯洛特的次要人物的地位似乎也解构了朗斯洛特经济交换中介者身份经济内涵的深刻性。另一方面,莎士比亚似乎又在提倡自我利益的重要性,表达出对自我利益的高度关注。莎士比亚在戏剧文本中在细节中突显出朗斯洛特的自我经济利益。受限于其仆人身份,朗斯洛特的自我经济利益在戏剧体现为"漂亮的衣服",罗兰佐与杰西卡给予朗斯洛特的钱。朗斯洛特的经济交换中介者身份是《威尼斯商人》中威尼斯社会的经济内涵的文学表达,在这个社会里,交换原则是所有人际关系的基础。朗斯洛特的身影出现在戏剧的很多情节要素中,突显出自我利益追求,在"一磅肉"契约情节中代巴萨尼奥邀请夏洛克赴宴,在私奔情节中为杰西卡和罗兰佐之间游走,跟随巴萨尼奥参加匣子征婚事宜,在第五幕中宣布巴萨尼奥回到贝尔蒙特等。"一磅肉"契约、私奔、匣子征婚三个情节在经济本质上而言没有什么本质区别,都是一种利益的追求,只不过安东尼奥与夏洛克是采用契约的形式进行利益交换,杰西卡和罗兰佐则以偷盗的形式窃取夏洛克的经济利益,巴萨尼奥参加匣子征婚以期获得自身的经济利益,对这一点他自己有明确的表述。为了向安东尼奥借钱到贝尔蒙特参加匣子征婚,巴萨尼奥向安东尼奥坦白,"我的最大的烦恼是怎样才可以了清我过去由于铺张浪费而积欠下的重重债务。"(1.1.129-132)这些情节中所有的意向与目的的主体性者已经消除,"因为人变成了交换的符号,他们的个体性被变得没有区别"②。这样一来,货币有效地抹平了所有不平等的性质,货币与自我利益等价起来。

---

① INGRAM, JILL PHILLIPS, Idioms of Self-interest: Credit, Identity and Property in English Renaissance Literature. New York: Routledge, 2006, 16.

② GRAV, PETER F., Shakespeare and the Economic Imperative: What's aught but as 'tis valued? New York: Routledge, 2008, 126.

三、交易欲望化身和交换机会追寻

作为交易欲望化身,朗斯洛特突破仆人的低微社会地位、忠诚于主人的基本良心、社会伦理道德的三重束缚,极力追求经济交换的机会,突显出自我经济利益诉求。在一系列的经济决策行为和交换中介的经济行为中,身分卑微的朗斯洛特融入到威尼斯经济活动中,使自己成为交易欲望化身。

仆人—皮条客—经纪人的经济身份决定了朗斯洛特本身必然成为交易欲望化身。作为仆人,朗斯洛特不安于现状,不断的寻求新的机会。朗斯洛特并没有留恋"犹太富翁"夏洛克的钱财。对交易变化和机会的渴望使朗斯洛特总是想突破现状,但是仆人的低微社会地位、忠诚于主人的基本良心又使朗斯洛特犹豫起来。经过反复斟酌,朗斯洛特决定遵从"魔鬼"的建议,抛弃犹太富翁夏洛克而成为身无分文的没落贵族巴萨尼奥的仆人。良心、夏洛克的富有、仆人的低微社会地位都无法限制朗斯洛特离开夏洛克而走向巴萨尼奥的决心与欲望。促进朗斯洛特更换新主的决定性因素是他本身就是交易欲望的化身。除了对交易变化的追求和欲望,没有什么东西可以合理阐释朗斯洛特在第二幕第二场开头展示出来的犹豫和思想斗争,没有合理的依据可以说明朗斯洛特为何会离开夏洛克而成为巴萨尼奥的仆人。

朗斯洛特的仆人身份蕴含着重要的经济学意义。首先,朗斯洛特的仆人身份展示出重商主义时期商品化对普通老百姓日常生活的影响。朗斯洛特仆人的卑微身份象征着威尼斯经济市中的普通人,朗斯洛特莎士比亚时期重商主义影响下普通人在日常生活中对经济利益追求的缩影。商品化的触角在莎士比亚时期的英格兰已深入到社会生活的每个角落。"莎士比亚时代英格兰商业发展迅速"[1]。朗斯洛特先后服务于夏洛克和巴萨尼奥,而"夏洛克是《威尼斯商人》中最充分地体现

---

[1] 华有杰:《论〈威尼斯商人〉中安东尼奥忧郁的经济根源》,《英美文学研究论丛》,2018年第1期。

商品化、自我利益最大化和高利贷特征的经济主体"①，巴萨尼奥则是"商品化影响下从没落贵族身份向新兴商人身份转型的经济主体"②。朗斯洛特的经济身份内涵不可避免地受到主人商人身份的影响，成为重商主义时期威尼斯城邦商品化发展的镜子。其次，朗斯洛特的仆人身份折射出重商主义时期经济运行的微观现状。朗斯洛特替巴萨尼奥邀请夏洛克赴巴萨尼奥为借三千达克特而设的生意宴会，表明了威尼斯城邦融资过程中的部分真相。朗斯洛特为成杰西卡和罗兰佐之间性交易的中介者，突显出重商主义时间经济交易与性交易之间的复杂关系。朗斯洛特伴随巴萨尼奥到贝尔蒙特从事风险投资活动，因为"巴萨尼奥的贝尔蒙特之行在经济本质上是一种风险投资行为"③，或多或少折射出重商主义时期风险投资商业活动的具体特点。朗斯洛特卑微的身份总从某个角度折射出重商主义时间商业活动的微观侧面。

朗斯特洛的舞台皮条客身份促成了杰西卡的私奔，也促使杰西卡下定决定皈依基督教，从而揭示出性交易和宗教变化的可能性。利益驱动是朗斯洛特趋向变化、寻求机会的推动因素之一。朗斯洛特作为性交易中介者身份的经济学意义已经远远超越了朗斯洛特在这个过程中获得的个人经济利益的范围，它使朗斯洛特作为巴萨尼奥和夏洛克之间经济交易的中介人的内涵更加丰富，打破了夏洛克在威尼斯城邦的原有经济秩序和伦理秩序，使朗斯洛特成为促进威尼斯城邦基督徒与夏洛克之间的经济和宗教冲突的诱发人。朗斯洛特的经济身份清晰地展示出莎士比亚时代商业化在人们日常生活发生、发展的微观意象。朗斯洛特成为日常生活中商业化运行的交易欲望化身。莎士比亚对朗斯洛特寻求机会的心态能够把握得非常精准，因为"莎士比亚也不例

---

① 华有杰：《〈威尼斯商人〉中的经济主题研究》，济南：山东大学出版社，2018年，第156页。

② 华有杰：《〈威尼斯商人〉中的经济主题研究》，济南：山东大学出版社，2018年，第157页。

③ 华有杰：《〈威尼斯商人〉中的经济主题研究》，济南：山东大学出版社，2018年，第62页。

外,他在理财方面何止头脑冷静,简直可说是很有一套"①。

朗斯洛特的经济交换中间人身份促进了巴萨尼奥与夏洛克之间的经济往来,成为"一磅肉"契约主要情节发生的铺垫性因素。交易的欲望使朗斯洛特不断的寻求新的交易机会,成为他变换新主人的根本动力,使他游走于罗兰佐和杰西卡之间。第五幕中,朗斯洛特用双关语预示巴萨尼奥即将返回贝尔蒙特。在朗斯洛特的双关语中,邮筒角(post-horn)变成了利息的量筒(the horn of excess)。

朗斯洛特在戏剧前四幕的出场意味着资源匮乏基础上交易变化或交易机会。巴萨尼奥的贫困与负债,安东尼奥在威尼斯城邦因现金缺乏而借高利贷,罗兰佐从夏洛克家偷出杰西卡并窃取大量财物等事实都成了威尼斯城邦资源缺乏的象征。资源匮乏既是朗斯洛特追求交易变化或交易机会的基础,更是促使其成为从事经济交换活动的动力之一,也是促使其成为交易欲望化身的外在现实基本要素。

朗斯洛特成为交易欲望化身意味着经济交换的变化和机会。朗斯洛特在第五幕的出现意味着一种新的资源富有出现:鲍西娅的巨额财富和她拥有的使安东尼奥从夏洛克"一磅肉"契约中解脱出来的语言与智慧。这种丰富性使得一直主导戏剧前四幕的困难问题迎刃而解:资源匮乏导致安东尼奥无法如期偿还债务。莎士比亚的这种艺术安排似乎是要突显出欲望化身所带来的喜剧结果。然而,如帅尔所说,"没有单独的契约是真正被取消,被救赎"②。在这种新经济中,资源对每一个在贝尔蒙特鲍西娅家中的人都是可以获得的,而夏洛克的钱却被散布以资助基督徒。

朗斯洛特突破社会道德的约束,不断寻求交易和变化机会。首次登场是他为选择夏洛克还是巴萨尼奥为主人而犹豫,展示出其寻求机会的决心。然后,他伪装成贵族少年出现在盲人父亲面前,这种伪装赋

---

① [英]彼得·阿克罗伊德著,谭学岚译:《莎士比亚传》,北京:北京师范大学出版社,2014年,第148页。

② SHELL, MARC, Money, Language, and Thought: Literary and Philosophic Economies from the Medieval to the Modern Era, Baltimore: Johns Hopkins, 1982, 82.

予朗斯洛特一种匿名属性,表明其从贵族中寻求机会的渴望。父亲是社会伦理道德约束的隐喻。父亲无法阻止他更换主人。这意味着朗斯洛特彻底抛弃了社会道德的约束。伪装的匿名属性强化着朗斯洛特更换新主人的欲望追求。朗斯洛特在自己掌纹中寻找支撑成为交易欲望化身的外在理由。无论是伪装还是掌纹的命学依据都是非理性要素,成为朗斯洛特追求交换变化的外在理由。交易欲望的内在追求支配着朗斯洛特,使他突破各种束缚,不顾一切地走向新机会。罗兰佐评价朗斯洛特说,"竟是一个机会都不肯放过!你想把你的全部才智在一转眼里全部和盘端出吗?"(3.5.38—39)罗兰佐精准地描述出朗斯洛特作为欲望化身寻求一切变化或交易机会的特征。

朗斯洛特的每一次出场都意味着一种新的机会或变化。第二幕第三场,朗斯洛特为罗兰佐和杰西卡之间传递情书,成为舞台皮条客。第二幕第四场,他为巴萨尼奥邀请夏洛克赴宴而做准备,突显出其经济交换中间人身份。第二幕第五场,朗斯洛特到夏洛克家中邀请夏洛克赴宴,并暗中为杰西卡传递罗兰佐的信息,突显出其性交易和宗教交易中间人身份。第三幕第五场,朗斯洛特评论杰西卡与罗兰佐私奔对威尼斯城邦猪肉价格的影响,然后与罗兰佐辩论,提示出朗斯洛特作为欲望化身的市场化影响。第五幕第一场,朗斯洛特宣布巴萨尼奥即将返回贝尔蒙特,喻指作为欲望化身的朗斯洛特直接参与市场的完成。朗斯洛特代表的是交换所主导的经济系统:交易欲望化身意味着重商主义时间机会的滑动。

莎士比亚对朗斯洛特的三种经济身份之间密不可分关系的反思完全基于其人生经历,因为莎士比亚"一直在四处寻找最好的机会,总之,他老在跳槽,从一个剧团跳到另一个剧团"①。决策是作为欲望化身的朗斯洛特寻求交易机会时必然要作出的一种行为,中介者身份则是其在市场中成为欲望化身和交易对象本身的实现路径。故交易欲望本身是朗斯洛特经济身份内涵的核心。朗斯洛特的经济决策突显出经济中介者身份的动态特征,而经济中介者身份则使朗斯洛特自身真正市场

---

① [英]彼得·阿克罗伊德著,谭学岚译:《莎士比亚传》,北京:北京师范大学出版社,2014年,第148页。

化,他本身就成了威尼斯市场交易中的交易对象。

四、朗斯洛特身份的本质

朗斯洛特虽然是戏剧中的次要人物,但其所承载的三种身份的经济学内涵赋予这个小丑角色极其重要的作用,展示出威尼斯城邦经济交换活动的真实样态,表明重商主义时期经济交易发生的意象和交易的多样化。朗斯洛特的出场成为戏剧主要情节的铺垫要素。同时,朗斯洛特预言巴萨尼奥返回贝尔蒙特,预示着重商主义时期风险投资经济与自给自足的自然经济之间的融合。朗斯洛特经济身份内涵的阐释是解读《威尼斯商人》中经济交换的一种新视角,有利于打破关于《威尼斯商人》传统的二元对立矛盾结构(商人/高利贷者、基督教/犹太教、仁慈/公平)解读,把文学系统与经济系统之间的联系置于相互蕴涵之批评的跨学科话语中。

朗斯洛特的经济身份关注能够解构关于《威尼斯商人》的传统解读。就戏剧艺术本身而言,朗斯洛特扮演着舞台皮条客的角色,并不是严格意义上的经济中间人;但就经济内涵而言,其舞台皮条客身份成为经济人的隐喻,喻指莎士比亚时期性交易的可能。文学系统与经济系统之间的同族性联系表明,皮条客的戏剧功能与经济学中的中间人功能相似。朗斯洛特的仆人一皮条客一经纪人的角色使得他成为莎士比亚戏剧中真正意义上的经济经纪人,展示出威尼斯城邦经济交易在微观层面的历史痕迹。朗斯洛特经济身份内涵阐释是一种有异于对这部戏剧传统理解的一种更为宽泛的经济解读尝试,这与传统的鲍西娅—夏洛克冲突解读不同。他把戏剧中二元对立矛盾结构(商人/高利贷者、基督教/犹太教、仁慈/公平)中的对抗性张力重新置于相互蕴涵之经济批评中,展示出阐释《威尼斯商人》中经济交换的多维视角。朗斯洛特经济身份的内涵及其背后所蕴含的经济内容在以经济关注为核心的批评中占据着关键位置。他是戏剧中地位卑微的仆人,他的经济身份使他能够从一种实用的经济交换的贸易视角审视自身周边的经济问题,发出声音,而这正是戏剧传统解读易于忽略的一点。

朗斯洛特经注身份表明莎士比亚通过朗斯洛特勾画出一种特殊的

经济位置。朗斯洛特所占据的特殊经济位置特殊性就在于对滑动变化机会的隐喻，在于对自我利益不懈的追求，在于对威尼斯城邦既定经济社会秩序的颠覆。这种经济位置既不同于安东尼奥、巴萨尼奥所代表的经济位置，也不同鲍西娅、夏洛克所处的经济位置。正如前面提到的，朗斯洛特的宗教也处于一种特殊的位置。朗斯洛特经济位置和宗教位置的特殊性把戏剧的关注点引向交易本身的任意性、超意识形态本质。朗斯洛特穿梭于威尼斯市场中最为真实的交换中。他放弃为夏洛克服务的仆人工作，而投入到巴萨尼奥的门下，成为其仆人，成为抛弃富裕犹太人的威尼斯第一人，表明经济交换是威尼斯城邦人际关系的基础；他与杰西卡讨论（或许是建议杰西卡）皈依基督教，颠覆了夏洛克家庭的原有宗教秩序；他帮助别人把杰西卡从夏洛克那里偷出来，解构了夏洛克家庭的原有经济秩序和伦理秩序；他使得一个莫尔妇女怀孕，展示出利益驱动的内在动力。

朗斯洛特经济身份内涵表明，经济发展真正的内在驱动力是那些为数众多的普通老百姓，而是不是那些贵族。首先，朗斯洛特的经济身份指向威尼斯经济市场最为平凡、最为真实的经济现状。对朗斯洛特的关注与朗斯洛特在戏剧中的次要人物地位并不冲突。最为平凡的人物往往最能真实地反映社会生活真实。戏剧中把朗斯洛特的十次露面置于与安东尼奥、夏洛克、巴萨尼奥和鲍西娅的经济秩序中，对经济关系的理解不外乎有三种情形：一是朗斯洛特打破夏洛克的经济、伦理、宗教秩序；二是为朗斯洛特作为交换的服务者和促进者拓展交易空间；三是突显自我利益驱动下的交易欲望化身。对这三种关系的解读表明，戏剧中的威尼斯是这样的一个社会，在这个社会中，所有人与人之间的关系都以交换关系为基础，而自我利益追求是交易欲望的内在驱动力，自我利益不仅仅是一种迫切的诉求，更是一种权力。以自我利益驱动为内在动力的经济交换成为威尼斯社会经济发展的根本动力。朗斯洛特的经济身份是威尼斯经济市场中的基础性力量的隐喻。其次，朗斯洛特的经济身份展示出重商主义时期威尼斯城邦最具活力的微观经济力量。交易欲望化身本身既是威尼斯经济社会发展活力的象征，揭示出经济交换的活跃程度和发展趋势。同时，作为普通人的朗斯洛特寻觅经济交换机会的全过程展示出普通人参与威尼斯经济市场的微观图景。朗斯洛特既参与到安东尼奥和巴萨尼奥的经济秩序中,也颠覆了夏洛克庭家庭经济秩序,揭示出交易欲望化身对威尼斯经济市场原有部分经济秩序的破坏作用。莎士比亚似乎是想说,代表着那些不屈不挠地推动作为早期资本主义新兴意识形态组成部分的交换发展的力量不是那些地位显赫的商人、高利贷者、女继承人,而是那些普普通通的老百姓,如朗斯洛特这样的仆人。朗斯洛特经济身份表明,经济交换本身将导致社会原有经济秩序的混乱,甚至是高利贷契约已经神奇解决之后也是这样;行为选择总是遵循其内在理性,富有并不总是仁慈。莎士比亚把朗斯洛特置于夏洛克的贪婪和鲍西娅的仁慈之间的第三种位置,这是一个很容易被人忽略的位置。在这种语境中,朗斯洛特既为犹太人服务,也为基督徒服务。他是威尼斯城邦中潜在的多元文化的一名代表,展示出一种多元化经济学,揭示出经济社会发展中最为基础、最为平凡的普通人在经济发展中不可或缺的作用。《威尼斯商人》中朗斯洛特的身上蕴藏着比对戏剧次要人物传统理解有着更丰富的内涵。

原载于《河南大学学报(社会科学版)》2020年第5期;人大复印资料《外国文学研究》2020年第12期全文转载

存在时间与钟表时间:《喧哗与骚动》中的现代性时间体验

张诗苑　杨金才①

从理查逊《克拉丽莎》的分秒记述,到斯特恩《项狄传》的时间试验,西方小说的兴起之初即开始了对时间的探索,随着爱因斯坦与柏格森提出崭新的时间观,于20世纪20年代普鲁斯特、茨威格、伍尔夫、乔伊斯等作家的笔下达到高潮。福克纳(William Faulkner, 1897—1962)的经典作品《喧哗与骚动》(The Sound and the Fury, 1929)便是上述时间网格中的重要节点,学界对此亦有诸多关注:首先,在文学叙事方面,杨金才提出多角度叙事摆脱一维时间流程,意识流手法颠倒时序,使小说呈现一种回旋往复的艺术整体感②。其次,时间哲学成为透视小说时间内涵的棱镜。安德森(Deland Anderson)利用圣奥古斯丁及海德格尔的时间哲学分别分析迪尔西与昆汀的时间观,认为前者诞生于"基督教的黎明",后者根基于"现代性的黄昏"③。冯文坤从梅洛-庞蒂的时间—主体间性出发,以小说人物的时间体验为切入点,揭示人与时间的共在,探索主体的虚无与存在④。同时,现有研究亦将时间形式与社会现

---

① 张诗苑,女,辽宁盘锦人,南京大学外国语学院博士生;杨金才,男,江苏吴江人,文学博士,南京大学外国语学院教授,博士生导师。
② 杨金才:《〈喧哗与骚动〉的整体感与意识流小说结构》,《当代外国文学》,1994年第1期。
③ DELAND ANDERSON, "Through Days of Easter: Time and Narrative in The Sound and the Fury", Literature and Theology, 3 (1990).
④ 冯文坤:《论福克纳〈喧哗与骚动〉之时间主题》,《外国文学研究》,2007年第5期。

实相连。格芬（Arthur Geffen）将小说中的时间划分为世俗、神圣与邦联三个维度，由此探讨其宗教、历史和南方背景①。而在《镜像视野下威廉·福克纳时间艺术研究》一书中，李常磊、王秀梅结合拉康的主体理论，将福克纳的时间艺术落实于南方的过去传统、现在审视与未来出路之上。在上述讨论中，现代性作为时代背景、社会思潮与发展目标，常常有所提及，但是对于现代性的时间意蕴及其与小说中时间体验的关联仍分析的不够透彻。

现代性具有深刻的时间内涵。卡林内斯库曾区分两种现代性：作为西方文明历史阶段的现代性，以及作为美学概念的现代性。前者包括对进步、科技、理性、自由、成功的信仰与追求。后者则通过无政府主义、末世论以及自我流放等手段反抗中产阶级价值观，孕育先锋艺术，实则是对前一种资产阶级现代性的拒斥②。二者均与时间紧密相关：首先，现代性是伴随着资本主义的发展而诞生于欧洲殖民主义浪潮及世界市场之中的历史意识，其形式随着时间而发生变化。其次，作为对庸俗现代性的反抗，审美现代性在波德莱尔及福楼拜推崇的"最新时间"下运作③。由此，现代性作为"时间体验的新形式"④展开了双重维度：以钟表时间为代表的进步、效率与规约，以及意识流动式的个人存在之感。这种双重性在20世纪初的美国南方体现得尤为明显：较之国家整体的现代性进程，贫穷落后的南方地区一度成为"逆现代性"的代名词。然而，一场文艺复兴却于文学领域兴起，形成了艺术实验与地方

---

① ARTHUR GEFFEN, "Profane Time, Sacred Time, and Confederate Time in The Sound and the Fury", Studies in American Fiction, 2 (1974).

② MATEI CALINESCU, Five Faces of Modernity: Modernism, Avant-garde, Decadence, Kitsch, Postmodernism, Durham: Duke University Press, 1987, 41-42.

③ PETER OSBORNE, The Politics of Time: Modernity and Avant-Garde, London: Verso, 1995, 12.

④ PETER OSBORNE, The Politics of Time: Modernity and Avant-Garde, London: Verso, 1995, 15.

主义共存,棉花种植与立体主义并行的景观①。《喧哗与骚动》便诞生于两股逆流之中,海德格尔式的存在时间与机械钟表时间发生强烈碰撞,展现作者对个人存在及现代性的深刻反思。

一、过去与现在:迷失于时间

波德莱尔论述"现代性就是过渡、短暂、偶然",其最显著的特点是试图在转瞬即逝中把握一种感官的现在,以对抗过去之传统。本雅明认为,现代性首先是对传统的破坏,涉及到新形式的历史意识的诞生。在对文学现代性的讨论中,保罗·德曼直言:历史是现代性最富成果的敌人②。可见现代性由一系列"现在时间"连缀而成。然而,昆汀在此似乎是一个走向现代性反面的异类,试图于历史与过去之中寻觅自身的归宿。他从父亲那里习得:钟表作为"所有希冀和欲望的陵墓"将杀死时间,而昆汀在其短暂的生命中恰恰意图从钟表的牢狱中解放时间,在时间性的地平线上追逐海德格尔式的存在③,由此暴露出与现代性当下内涵之间的冲突。

不堪忍受家庭的衰落与丑闻,昆汀最终选择自杀。正如萨特所言,其被过去窒息,未来已经关闭④。在海德格尔的语境中,死亡却是连接过去与将来的通道。死亡代表着未来最本己的、不可逾越的可能性,但"死所意指的结束不是此在的存在到头,而是这一存在者的一种向终结

---

① DAVID A DAVIS,"Southern Modernist and Modernity", The Cambridge Companion to the Literature of the American South, ed. Sharon Monteith, Cambridge: Cambridge University Press. 2013, 89—91.

② PAUL DE MAN, Blindness & Insight: Essays in the Rhetoric of Contemporary Criticism, New York: Oxford University Press, 1971, 144.

③ 存在(Sein),最直接的意思是系词"是",即英文中的"being",是所表示的东西的显现,而时间是存在的意义得以显现的境遇。

④ JEAN-PAUL SARTRE,"On The Sound and the Fury: Time in the Work of Faulkner", Aspects of Time, ed. C. A. Patrides, Manchester: Manchester University Press, 1976, 209.

存在"①,由此,海德格尔颠倒了惯常理解中"过去—现在—未来"式的前进时间走向。"曾在源自于将来,其情况是:曾在着的将来从自身放出当前。"②这意味着,由于将来的死亡已经确定,那么现在的存在即在一种回忆当中,是曾在的过程。和普鲁斯特富有怀旧意味与死亡气息的《追忆似水年华》相似,昆汀过去时态的叙述亦是从"结束的视角回望,仿佛重返曾在"③。正如萨特将昆汀的自杀比喻成一堵静止的墙,而他本人不断倒退着接近。

海德格尔的向死存在实际上强调一种先行能力,"这种先行把放弃自己作为最极端的可能性向生存开展出来,并立即如此粉碎了每一种僵固于已达到的生存之上的情况"④。这暗示出海德尔格立足未来的回忆出自于清醒决绝的信念,而非摒弃其他可能的绝望。然而昆汀所流露的"向死"意味却是极度消极的,其对时间进程的理解实则与海德尔格相反:由"曾在"起始,过渡到"曾在着的",并因不堪忍受过去的重负而选择死亡。作为日渐衰落的康普生家族的长子,昆汀囿于过去的梦魇:凯蒂失贞怀孕并嫁给一个浮夸的商人,家里卖掉最后一片土地来负担他的哈佛学费,20世纪初美国北方的城市化和现代化愈加暴露出南方的分裂、贫穷与地方主义。由此种种都滋生了"根植于一种曾在状态"的可能情绪:无聊、悲伤、忧郁、绝望,甚至走向死亡。

现代性的当前意义在昆汀的叙述中并未缺失。小说中的现在时间由手表、钟等计时工具所象征,因为"钟表使用的生存论时间意义表明

---

① [德]马丁·海德格尔著,陈嘉映,王庆节译:《存在与时间》,北京:商务印书馆,2018年,第306页。此在(Da—Sein)指的是所有存在得以源起的根,让万物的存在得以显现;是哲学存在论角度的人。

② [德]马丁·海德格尔著,陈嘉映,王庆节译:《存在与时间》,北京:商务印书馆,2018年,第402页。接下来的一句是对时间性(temporality)的定义:"我们把如此这般作为曾在着的有所当前化的将来而统一起来的现象称作时间性"。时间性是存在得以展开的场域。

③ WALTER BIEMEL, Trans. J. L. Mehta, Martin Heidegger: An Illustrated Study, London: Routledge & Kegan Paul, 1977, 54.

④ [德]马丁·海德格尔著,陈嘉映,王庆节译:《存在与时间》,北京:商务印书馆,2018年,第328页。

自己为周行的指针的当前化……以当前化方式追随指针的位置,这种活动就是计数"①,而所计之数便是现在。昆汀近乎病态地沉迷于听表和数钟,恰恰暗示了现在时间的逼近。昆汀一节的开篇即为"我又在时间之中了,听着表"②。年少时因为计数钟声常常被打断,以至于从来不能伴着铃声准时放学出来,大学期间这种病态更是加剧。此种强迫、错乱的时间体验在心理学上可能由抑郁导致,本雅明曾化用波德莱尔的诗句展现"忧郁"的时间感,"分分秒秒像雪片似的将人覆盖"③。昆汀便是在此种可感的时间下负重前行,直到被钟表齿轮分分秒秒的咔哒声消耗殆尽。

海德格尔将钟表视为在当前化之际"可以借其有规律的重复通达它的一种上手事物"④。由此,昆汀拧下手表指针的举动变得意味深长。他想逃离的恰恰是由钟表所代表的现在,最终却带来双重的讽刺。首先,尽管手表被毁坏,但"原始的此在会测量某种随时可资利用的存在者抛下的影子"⑤,影子是此在无需随身携带的钟表,正如昆汀发现,"窗扇的影子还在那,我可以从中读出的时间大约精确到分钟"⑥。第二重讽刺在于,由来自南方的、自负的布兰德母子所代表的当下烦扰最终追赶上昆汀,根据日程,昆汀本应与他们在一起,而这也导致了他的时间错乱:把自己和杰拉德的打架误认成和凯蒂孩子的生父,道尔顿·

---

① [德]马丁·海德格尔著,陈嘉映,王庆节译:《存在与时间》,北京:商务印书馆,2018年,第511页。

② [美]威廉·福克纳著,方柏林译:《喧哗与骚动》,南京:译林出版社,2015年,第68页。部分译文有改动。

③ [德]本雅明著,汉娜·阿伦特编,张旭东,王斑译:《启迪:本雅明文选》,北京:三联书店,2008年,第203页。

④ [德]马丁·海德格尔著,陈嘉映,王庆节译:《存在与时间》,北京:商务印书馆,2018年,第503页。上手指的是有用、有益、合用、方便。器具是在被使用的过程中,而不是在理论性的、对象性的直观观察下才作为"它所是"的东西来照面,器具与其所用结缘。

⑤ [德]马丁·海德格尔著,陈嘉映,王庆节译:《存在与时间》,北京:商务印书馆,2018年,第505页。

⑥ [美]威廉·福克纳著,方柏林译:《喧哗与骚动》,南京:译林出版社,2015年,第82页。

埃姆斯的争斗。一如坏表的齿轮仍在咔哒作响,昆汀忘记了父亲的嘱咐,"我给你这块表不是让你记住时间,而是让你时不时地忘记它,不要拼尽全力地去征服时间,因为这类战斗从未赢过"①。在一天的死亡准备之后,黑暗中昆汀听着表,喃喃自语"我过去是,我现在不是。我听到某处的钟声响起。密西西比或马萨诸塞。我过去是,我现在不是。密西西比或马萨诸塞"②。这段独白充分暴露了个人和家乡的今昔之别。从高贵的出身到凯蒂毁掉家族残存的荣誉,从杰斐逊宣扬的南方优越性到落后的农业制度与穷白人的涌现。"……和我暂时的和他是世界上最悲伤的字眼除此之外别无他物它不是绝望除非时间到了它甚至都不是时间除非过去是"③,如果将昆汀这段自杀前的呓语断句成"是(was)——世界上最悲伤的字眼",那么其直指过去的悲剧之感,而"was"又恰恰是系词"存在"("是")的过去时态。

二、资本主义与日常性:落后于时间

当卡林内斯库谈到西方文明下现代性对时间的关注时,他指的是"一种可度量、可买卖的时间,因此和其他商品一样是可用金钱度量的等价物"④。在资本主义制度下,马克思将商品与劳动时间相连接,视时间为衡量价值的维度。齐美尔则将货币经济的精确性归结为"受到怀表普及的影响",认为"一个稳定、客观的日程表"是都市生活的必备

---

① [美]威廉·福克纳著,方柏林译:《喧哗与骚动》,南京:译林出版社,2015年,第68页。
② [美]威廉·福克纳著,方柏林译:《喧哗与骚动》,南京:译林出版社,2015年,第156页。
③ [美]威廉·福克纳著,方柏林译:《喧哗与骚动》,南京:译林出版社,2015年,第160页。
④ MATEI CALINESCU, Five Faces of Modernity: Modernism, Avant-garde, Decadence, Kitsch, Postmodernism, Durham: Duke University Press, 1987, 41.

要素①,并批评现代性通过金财买卖将不同质的事物夷平化为仅具量的属性。在上述基础上,列斐伏尔以时间属性为桥梁,联通了现代性与资本主义框架下的日常生活。

如果说昆汀没能逃脱钟表时间,那么杰生则是未能追赶得上。海德格尔在流俗时间的概念下讨论对时间的计算,流俗时间在"天文时间计算和历法时间计算的操劳活动的视野上发生"②。作为非本真的时间概念,"流俗的时间渊源于源始时间的敉平"③。由于实际此在计算时间而未从生存论意义上领悟时间,非本真的生存者"不断丢失时间继而没'有'时间"④。讽刺的是,当昆汀看到游泳的男孩们时,他心生羡慕:"如果我有时间。等我有时间"⑤。杰生则这样向母亲抱怨,"我可从来没时间这样。我从来都没时间上哈佛,没时间喝得烂醉如泥……(如果我有时间)我能整天看着她(昆汀四世)"⑥。而当杰生安排拉斯特给车里放置备胎时,拉斯特的回答竟在内容与结构上均与上述主人的说辞十分相似:"我没有时间。妈妈在厨房忙完之前没人能看着他(班吉)"⑦。与昆汀章节相比,"watch"在此应用新的含义,为时间主题增加了规训的维度,而这恰恰与现代性时间的标准化与合理化相关。

---

① GEORGE SIMMEL, Trans. Kurt H. Wolff, "The Metropolis and Mental Life." The Sociology of George Simmel, ed. Kurt H. Wolff. Glencoe: The Free Press, 1950, 412, 413.

② [德]马丁·海德格尔著,陈嘉映,王庆节译:《存在与时间》,北京:商务印书馆,2018年,第501页。

③ [德]马丁·海德格尔著,陈嘉映,王庆节译:《存在与时间》,北京:商务印书馆,2018年,第493页。时间性即为源始时间;此处敉平(level down)与齐美尔的夷平化(levelling process)存在相通之处。

④ [德]马丁·海德格尔著,陈嘉映,王庆节译:《存在与时间》,北京:商务印书馆,2018年,第499页。

⑤ [美]威廉·福克纳著,方柏林译:《喧哗与骚动》,南京:译林出版社,2015年,第122页。

⑥ [美]威廉·福克纳著,方柏林译:《喧哗与骚动》,南京:译林出版社,2015年,第162页。

⑦ [美]威廉·福克纳著,方柏林译:《喧哗与骚动》,南京:译林出版社,2015年,第167页。

饶有意味的是,正是因为拉斯特拒绝安放备胎,杰生随后的爆胎成了"非上手"事物,打断了杰生对昆汀四世的追赶,也打断了"时间内"的连续体验,暗示了杰生落后于时间的处境。

计算同时是现代性尤为重要的行事依据,并和金钱紧密相连。当杰生向约伯分析马戏团的敛财之道时,明显流露出"时间就是金钱"的信条:"怎么解释你花十分或十五分钱买一盒也就值两分钱的糖果?怎么解释你听乐队演奏时浪费的时间?"①。而在和姐姐凯蒂打交道时,杰生对时间的计算变得更加极端与冷血。凯蒂希望私下看望女儿,她许诺杰生,"如果你能帮我这个忙,让我看看她(see her a minute),我就给你五十美元"②。杰生讨价收下一百美元却仅仅在漆黑的路口,在车窗前举起孩子让凯蒂远远地看了一眼,便猛抽马车离开。面对凯蒂的质问,他狡猾地反驳,"我难道没做我答应的所有事?我难道没说过就看她一分钟(a minute)?"③。讽刺的是,杰生实际上是计算时间与金钱的失败者,15年来他私吞的四千元赡养费与辛苦攒下的三千元钱最终全部化为泡影。

时间测量锻造时间的公共化④。实际此在愈是斤斤计较地计算时间从而明确地操劳于时间,时间的公众性也就愈咄咄逼人⑤。这一点在资本市场上体现得尤为明显。杰生操心于自己棉花市场上的股票,而通知行情的电报却总是滞后。

  他递给我一份电报。"这什么时候来的?"我说。

  "大约三点半,"他说。

---

① [美]威廉·福克纳著,方柏林译:《喧哗与骚动》,南京:译林出版社,2015年,第204页。

② [美]威廉·福克纳著,方柏林译:《喧哗与骚动》,南京:译林出版社,2015年,第182页。

③ [美]威廉·福克纳著,方柏林译:《喧哗与骚动》,南京:译林出版社,2015年,第182—183页。

④ [德]马丁·海德格尔著,陈嘉映,王庆节译:《存在与时间》,北京:商务印书馆,2018年,第509页。

⑤ [德]马丁·海德格尔著,陈嘉映,王庆节译:《存在与时间》,北京:商务印书馆,2018年,第500页。

"现在都五点十分了，"我说。

"……我也只是买了一点点，还以为电报公司会及时通知我行情涨落呢。"

"消息一来，我们就立刻发布的。"他说。

"是啊，"我说。"在孟菲斯人家可是每十秒钟就在黑板上更新一次。"①

电报与资本市场是现代性钟表时间的鲜明象征，杰生求而不得的同时性蕴含在公共化时间的世界性质之中，工业化的人们诞生于钟表，后者指向与他人共同在世的存在。在资本主义现代性语境中，共时性是一种协定，是世界时间与工作时间，有着现代性和帝国的烙印②，而这恰恰是这位商店员工所追赶不上的。

不难发现杰生的叙述处于日常生活的时间框架下，尤以他的一日三餐与在商店的工作为代表。与流俗时间不同，海德格尔所言的"日常状态"（everydayness）是一种生存的时间状态，意指"此在依以'进入白日生活'的'如何'"③。而杰生章节中暴力冲突、不欢而散的早餐和晚餐，推迟以及错过的午餐无疑成为其落后于最基本的时间进程的隐喻。回家吃午餐甚至还引起了与雇主的争执，讽刺的是，这仅仅是南方小镇上的一间小商店，与北方孩子口中"正儿八经的工厂"和"芝加哥、纽约的血汗制衣厂"相差甚远。毫无疑问，这样的生活会不断循环下去，尽管日常操劳始终期备着明日之事，但这明日之事却是"永久的昨日之事"④。列斐伏尔认为，资本积累的时间性以现代性为外衣，通过自然循环及量化的机械劳动的方式，将自身加诸寻常、重复的当下。尽管日

---

① ［美］威廉·福克纳著，方柏林译：《喧哗与骚动》，南京：译林出版社，2015年，第214—215页。

② DAVID SCOTT, "The 'Concept of Time' and the 'Being of the Clock': Bergson, Einstein, Heidegger, and the Interrogation of the Temporality of Modernism", Continental Philosophy Review, 39 (2006).

③ ［德］马丁·海德格尔著，陈嘉映，王庆节译：《存在与时间》，北京：商务印书馆，2018年，第452页。

④ ［德］马丁·海德格尔著，陈嘉映，王庆节译：《存在与时间》，北京：商务印书馆，2018年，第452页。

常生活受到现代性的压迫，但二者实则彼此加冕又隐藏，揭示又掩盖①。作为日常生活的失败者，杰生在其奋力追赶的现代性时间中被淘汰。

三、未来之维与进步之问：他者的时间救赎

一反柏拉图与亚里士多德对循环时间的秉持，圣奥古斯丁认为宇宙是"单一、不可逆、不能重复且直线的运动，以一维形式在时间中展开"②。此观念经由文艺复兴的继承，小说兴起时的内转，进化论下地质深时间的探究，在19世纪的进步话语中形塑了时间的有限性、不可逆与线性发展。如此时间特性为致力于改变的现代性扫清了道路。同时，现代性的时间观念亦包含对传统概念的颠覆，首当其冲的即为永恒性。巴门尼德（Parmanides）所坚持的"稳定持久"与圣奥古斯丁所倡导的"永恒现在"被废除，取而代之的是由差异、分离、他性、多元、新颖、进化、革命、历史凝结而成的未来③。现代性由"变化"原则掌管，历史以进化和革命两种形式演变，并具有相同的含义：进步④。对此，康普生家的黑人仆人迪尔西展现了她在有限性、救赎与进步方面的现代性时间体验。

如果说福克纳在这部小说中用现实主义的笔触描写了一个人的衰

---

① HENRI LEFEBVRE, Trans. Sacha Rabinovitch, Everyday Life in the Modern World. New York: Harper & Row, Publishers, 1971, 24. 列斐伏尔的日常生活批判指向所有高级、专业的结构性活动的剩余物，以及体现社会关系总和的活动的集合。海德格尔的日常状态则是从生存论的角度考察某种存在方式。

② C. A. PATRIDES, "Introduction: Time Past and Time Present", Aspects of Time, ed. C. A Patrides. Manchester: Manchester University Press, 1976, 5.

③ OCTAVIO PAZ, Trans. Rachel Phillips, Children of the Mire: Modern Poetry from Romanticism to the Avant—Garde, Cambridge: Harvard University Press, 1974, 17.

④ OCTAVIO PAZ, Trans. Rachel Phillips, Children of the Mire: Modern Poetry from Romanticism to the Avant—Garde, Cambridge: Harvard University Press, 1974, 24.

老,那么这个人便是迪尔西。不同于久病卧床的女主人、英年早逝的昆汀、永远三岁智力的班吉,以及神话般的凯蒂,迪尔西从活力健壮到风湿跛腿最后几近失明,展现了一个普通人的生命历程。她坦然接受生命的有限性,当丈夫罗斯克斯抱怨康普生老宅不吉利时,迪尔西反驳道,"给我看看有谁是不死的"①。小说开篇,凯蒂两次向迪尔西询问姥娘的葬礼,迪尔西的回答均为"你到时候就知道了"(You'll know in the Lawd's own time)②。对称的是,在小说的结尾,听完一场震撼人心的布道后,迪尔西又两次重复"我看到了始,也看到了终"③。这似乎是对上述问题的最终答复,迪尔西相信并悦纳时间的不可逆。

然而,与现代性对永恒的拒斥不同,迪尔西依旧坚持着某种事物的恒久性。得知女主人给毛莱改名为班吉后,迪尔西对凯蒂说:

> 我的名字从我记事以前就是迪尔西,等人都把我忘了我还是迪尔西。
>
> 等人都忘了你,又怎么知道迪尔西呢,凯蒂说。
>
> 亲爱的,都在生命册上记着呢。白纸黑字写着呢。
>
> 可是你会认字吗,凯蒂说。
>
> 不需要,迪尔西说。他们会给我念的,我只要说到就行。④

此时,终局展开了未来的维度,但迪尔西信仰中的未来不是海德格尔向来我属的死亡,而是列维纳斯原初的、回应他者的时间性。在列维纳斯看来,真正的时间只能是与他者的关系。由于死亡永远不会在生存的现在中出现,所以"我们与死亡的关系是一种与未来的独特联

---

① [美]威廉·福克纳著,方柏林译:《喧哗与骚动》,南京:译林出版社,2015年,第25页。
② [美]威廉·福克纳著,方柏林译:《喧哗与骚动》,南京:译林出版社,2015年,第21,22页。
③ [美]威廉·福克纳著,方柏林译:《喧哗与骚动》,南京:译林出版社,2015年,第260,262页。
④ [美]威廉·福克纳著,方柏林译:《喧哗与骚动》,南京:译林出版社,2015年,第51—52页。

系"①。但死亡之外的时间不属于我,而属于他者。因此,"未来是不可掌握、降临并抓住我们的事物。未来即为他者。与未来的关系就是与他者的关系"②。如迪尔西章节的第三人称叙事所暗示,福克纳似乎努力将迪尔西塑造成他者的形象,甚至以陌生化的语言展现了列维纳斯所言的他者之脸:

> 她过去身材高达臃肿,现在骨架都突了出来,无依无靠的皮肤松松地搭在骨架上,只是到了鼓胀似的肚子那儿才重新绷紧,仿佛那身肌肉和组织都曾经是勇气,是坚忍,历经岁月之消磨,只剩一身骨架,如同废墟与里程碑⋯⋯那张脸塌陷了,给人印象不像是皮包骨,简直是骨包皮。③

脸,在列维纳斯的伦理学中意指暴露他者极端脆弱性的场域。然而,从某种程度上相反于主仆关系,小说中恰恰是"仆人他者"迪尔西承担了对"主人"康普生一家的生命责任。迪尔西是仁爱善良的母亲的化身,在时间的流转中操持着一大家子的生活。与此同时,T.P,弗兰妮,拉斯特等后代象征着未来的无限性,黑人一家的繁衍生息暗示了迪尔西能够"穿越不可避免的死亡的局限,在他者之中延续自身"④。此时亦更加凸显出白人家庭的冷清荒芜,小说开篇姥娘的葬礼即预示了康普生一家的衰败。

迪尔西能够通过一台只剩一根指针的钟准确知晓时间。"它显示出一种神秘的深沉,因为它只有一根指针,它滴答响着,然后随着清嗓子似的第一声,它敲了五下。'八点了。'迪尔西说。"⑤此时,迪尔西似

---

① EMMANUAL LEVINAS, Trans. Richard A. Cohen, Time and the Other, Pittsburgh: Duquesne University Press, 1990, 71.
② EMMANUAL LEVINAS, Trans. Richard A. Cohen, Time and the Other, Pittsburgh: Duquesne University Press, 1990, 71.
③ [美]威廉·福克纳著,方柏林译:《喧哗与骚动》,南京:译林出版社,2015年,第232—233页。
④ EMMANUAL LEVINAS, Trans. Alphonoso Lingis, Totality and Infinity, Hague: Martinus Nijhoff Publishers, 1979, 282.
⑤ [美]威廉·福克纳著,方柏林译:《喧哗与骚动》,南京:译林出版社,2015年,第239页。

乎已经高于海德格尔意义上的流俗时间，实现了列维纳斯式的超越与本雅明式弥赛亚的外在性。然而现在时间并非弥赛亚本身，仅仅是弥赛亚力量存留的一个场域。接纳全部过去的救赎只有到审判日，即时间的终点时才会到来①。因此，是新天使而非弥赛亚回望着历史，并将其视为一整场灾难而非线性的进步。小说附录中的最后一句话流露出对进步史观相似的拒绝。当福克纳写到迪尔西时，寥寥数字胜过万语千言——"他们忍受（They endure）"②。"endure"来自于晚期拉丁语"endurare"，意为"使坚硬"，词根"deru"的意思是坚固的、固体的。这种忍受不仅代表了黑人们坚忍的性格，同样暗示着南方社会的顽固停滞，以及并未真正改善的黑人生存状况，一如昆汀在北方公交车上、游行队伍里遇到的衣冠楚楚的黑人对比南方骡背上温顺木讷的"汤姆叔叔"。福克纳在小说中设置了不同的现代性时间频率，即南方落后于北方、黑人落后于白人③。经济贫穷、种族歧视、严酷的棉花种植以及私刑依旧是黑人群体挥之不去的阴影，移居北方的黑人同样面临重重困难。迪尔西一定程度上超脱、稳定的地位恰恰是对线性进步时间观的反驳。

四、蒙太奇与空间的入侵：真正的现代性时间体验？

小说题目的《麦克白》出处已广为人知，然而如果完整地重温这段独白，会发现这也是一则关于时间的寓言："明天，明天，再一个明天，一天接着一天地蹑步前进，直到最后一秒钟的时间。我们所有的昨天，不过替傻子们照亮了到死亡的土壤中去的路"④。如果说上述三种时间

---

① PETER OSBORNE, The Politics of Time：Modernity and Avant−Garde, London：Verso, 1995, 142.

② [美]威廉·福克纳著，方柏林译：《喧哗与骚动》，南京：译林出版社，2015年，第297页.

③ CHARLES M. TUNG, Modernism and Time Machines. Edinburgh：Edinburgh University Press, 2019, 145.

④ [英]莎士比亚著，朱生豪译：《麦克白》第五场，《莎士比亚全集》，南京：译林出版社，1999年，第173页.

体验均与现代性相龃龉,那么小说中的愚人班吉或许从正面直接展现了现代性的时间体验。

班吉的意识流叙事与现代主义标志性的蒙太奇技巧存在相通之处:"对时空进行快速的跳跃式切割,再通过明显的视觉参考将不同的时间和地点连接起来"①。由于仅有三岁智力,班吉并不能准确区分过去与现在,因此在他的叙述中,发生在不同时间里的事件常常不加任何过渡地同时出现,或者通过火光、镜子、雨和颜色等意象勾连,具有爱森斯坦所言"蒙太奇作为戏剧性并列"的意味,并实现一种"永恒的现在"的效果。更重要的是,意识流与蒙太奇的手法暗含了典型的现代性时间体验——瞬时、短暂、跳跃、破碎,班吉一节共有22个不同的时间节点,时间转换多达90次。瞬息万变、繁复交错的意识流动突破了情节的限制,传统叙事让位给更加复杂分裂的现代性时间体验。

班吉叙述的特殊之处还在于其表现了空间的入侵。小说的开篇与结尾有一组精心设计、意蕴丰富的空间对称:班吉坐在马车里经过广场上的一座南方士兵雕塑。临近末尾,班吉突然失控,因为马车没有从左到右而是要以反方向经过雕塑,幸而杰生出现制止。小说最终以班吉眼中复归原位的景色作结:"建筑的檐口和正脸再次由左至右平滑掠过,电线杆和树,窗户、门口和照片都各当其位,井井有条"②。海德格尔论述,人类存在首先意指在"世界之中",而在世的空间性呈现出去远(de—distancing)与定向(directionality)的特征。由于此在"在之中"有一种求近的本质倾向,因此"去远"指的是使相去之距消失不见③。那么,一辆前往墓地的马车同时"去"南方士兵雕塑"之远",使过去的历史存在到近处来照面,无疑是一则衰落南方的隐喻。同时,此在的"在之中"亦具有定向的性质。"凡接近总已先行具备了向着一定场所的方向,被

---

① DOUNG BALDWIN, "Putting Images into Words: Elements of the 'Cinematic' in William Faulkner's Prose" The Faulkner Journal, 1/2 (2000/2001).

② [美]威廉·福克纳著,方柏林译:《喧哗与骚动》,南京:译林出版社,2015年,第280页。

③ [德]马丁·海德格尔著,陈嘉映,王庆节译:《存在与时间》,北京:商务印书馆,2018年,第137页。

去远的东西就从这一方向来接近,以便能够在其位置发现它"①。左右不再是主观感受,而是"被定向到一个总已上到手头的世界里面去的方向"②。由此,小说结尾班吉眼中从左至右的井井有条或许并非讽刺或无意义,而是经由空间的入侵,揭示出此在时间性的另一个切入口:接近、去远、定向都基于一种属于时间性的统一的当前化(making present)之中③,当前化把某种东西带至近前。而唯当上手事物在场,当前化才会与之相遇,所以它也总是遇到空间关系④。从而班吉的空间体验仍然与时间之流交织在一起,强调操劳在世的现时之感。

但是,上述所言的当前化并非是本真的当下。在海德格尔看来,本真的当下应从将来到时,而当前化却有涂抹、掩盖之嫌,这一点体现在班吉的遗忘上。在附录中,福克纳补充道:

> 他最喜欢三种东西:一是牧场,它被变卖了,好给坎迪斯置办婚礼,以及供昆汀上哈佛,二是姐姐坎迪斯,三是火光。这三种东西他都没有失去,因为他并不记得姐姐本人,只记得姐姐不在了,火光依旧是入睡时那样明亮的形状,牧场卖掉比没卖时更好了。⑤

班吉的当下建立在对过去的遗忘上。只有基于这一遗忘才能"眷留于有所操劳、有所期备的当前化"⑥。对海德格尔来说,遗忘并非虚无或只是记忆的缺失,遗忘是"曾在状态固有的一种'积极的'绽出样

---

① [德]马丁·海德格尔著,陈嘉映,王庆节译:《存在与时间》,北京:商务印书馆,2018年,第141页。
② [德]马丁·海德格尔著,陈嘉映,王庆节译:《存在与时间》,北京:商务印书馆,2018年,第141页。
③ [德]马丁·海德格尔著,陈嘉映,王庆节译:《存在与时间》,北京:商务印书馆,2018年,第449页。
④ [德]马丁·海德格尔著,陈嘉映,王庆节译:《存在与时间》,北京:商务印书馆,2018年,第450—451页。
⑤ [美]威廉·福克纳著,方柏林译:《喧哗与骚动》,南京:译林出版社,2015年,第294—295页。
⑥ [德]马丁·海德格尔著,陈嘉映,王庆节译:《存在与时间》,北京:商务印书馆,2018年,第417页。

式,为非本真的自身筹划创造可能"①。班吉"无忧无虑"的生活正是基于对所爱之物、阉割之伤的遗忘,才使当前得以继续。更令人惊心的是,此种遗忘实则立足于无知之上。而现代性对当下的追求同样可能经由对曾在的遮蔽掩盖,此种对过去的告别时而是必需,时而是无奈,时而却是失责。

与此同时,南方士兵雕塑自身亦象征着一个不再存在的世界,并作为一度在那个世界之内的东西现成存在着②。其中包含两个层面的时间意义:首先,这种世内存在者其本身就是有历史的,堪称世界历史事物③。近年来美国南方各州对此类雕塑的大批拆除无疑暗示了其历史内涵,表达了新时代的呼声。其次,"世界历史"同时意指上手事物与现成事物在世之内的"演历",即时间同样流转于雕塑本身之中,如伯格森所言的无机物的绵延与物质世界的连续性。基于"周围世界对给定空间的包含"与"空间分裂在位置之中"的哲学思考,海德格尔在《艺术与空间》一文中表示"雕塑并不与空间打交道,雕塑是地点的化身"④。一些雕塑形象中蕴含着地方精神,表达着归属感,进而激活地域的内在本质。不言而喻,在小说中,此地便是南方。福克纳通过"愚人所讲的故事"直接展现了现代性时间体验中短暂、瞬间、当下之感,而南方的过去无论作为被掩盖的对象还是现世的存留都始终在场。

结　　语

现代性时间强调当下、计算、进步,沉溺于过去的昆汀、落后于日常生活的杰生,以及看似超越实则忍受的迪尔西分别从历史与现实、资本

---

① ［德］马丁·海德格尔著,陈嘉映,王庆节译:《存在与时间》,北京:商务印书馆,2018年,第417页。

② ［德］马丁·海德格尔著,陈嘉映,王庆节译:《存在与时间》,北京:商务印书馆,2018年,第464页。

③ ［德］马丁·海德格尔著,陈嘉映,王庆节译:《存在与时间》,北京:商务印书馆,2018年,第473页。

④ W. J. T. MITCHELL, What Do Pictures Want?: The Lives and Love of Images, Chicago: The University of Chicago Press, 2005, 249.

主义经济和进步观念的角度展现了他们与现代性相斥的时间体验,而福克纳选择通过班吉意识流及蒙太奇式的叙事,从正面直接表现瞬时、短暂、破碎的现代性时间感受,以及由空间感知和遗忘所带来的当下性体验。南方的停滞落后与现代性的入侵,社会的保守与文学的先锋造成并强化了矛盾分裂之感,众声喧哗的现代主义讽刺性地将愚人的乱语设置成现代性时间体验的真相。福克纳并不意在利用永恒瞬间的感受幻觉逃脱时间的禁锢,而是置身于时间丛林之中,揭露个人存在时间与社会钟表时间的摩擦龃龉,投射出个体及南方对现代性的惶恐不安。小说附录中,福克纳借一位图书管理员的插曲写道"现在是六点钟,你合上封面……把它放回……宁静而永恒的书架上",似乎最终在泥沙俱下、波涛汹涌的时间洪流中将文学叙事视为一只牢固的锚,于渺远的时间维度实现历史的回溯,文学的创新,以及生命体验的探幽。

原载于《河南大学学报(社会科学版)》2021年第4期;人大复印资料《外国文学研究》2021年第10期全文转载

论《安东尼与克莉奥佩特拉》的戏剧主题

彭 磊①

《安东尼与克莉奥佩特拉》（以下简称《安》）是莎士比亚晚期剧作之一，有着篇幅长、幕次多、人物多、情节繁复等特点。在莎评史上，《安》曾遭到诸多批评，批评者大多指责《安》情节主线不突出，缺乏戏剧统一性等。② 如何从《安》繁复而琐碎的情节中提炼出明确的戏剧主题，是一项颇为不易的任务。一些评论者曾给出凝练的概括，比如称《安》"展现了两种莎士比亚式的至高价值——战争或帝国与爱——之间的对立"，③或称其完全融合了爱与权力两大主题。④ 这样一种概括固然能从宏观上把握这部剧的精髓，但并不能有效地串联起整部剧的情节。如何从整体上把握这部剧依旧困难重重。本文尝试从帝国、命运、爱欲三个主题出发，梳理《安》的情节，重建《安》的戏剧统一性。

---

① 彭磊，男，山东兖州人，哲学博士，中国人民大学文学院副教授。
② H. H. FURNESS ed., A New Variorum Edition of Shakespeare: The Tragedie of Antonie and Cleopatra, J. B. Lippincott Company, 1907, 487.
③ G. WILSON KNIGHT, The Imperial Theme: Further Interpretations of Shakespeare's Tragedies including the Roman Plays, in Bloom's Shakespeare through the Ages: Antony and Cleopatra, ed. Harold Bloom, Infobase Publishing, 2008, 112, 115.
④ HAROLD C. GODDARD, The Meaning of Shakespeare, Vol. II, The University of Chicago Press, 1960, 184－185.

一、帝国的来临：戏剧的历史主题

从历史层面来说，《安》呈现了罗马共和转向帝国的最后时刻，刻画了共和制与帝制之间的巨大差异。在共和制中，执政官、民众和元老院三者相得益彰，达成内部力量的均衡，并推助罗马开疆拓土，成为强大的征服者。但罗马的强盛致使权力逐渐集中在少数领袖人物手中，共和制日趋衰朽，在历经了凯撒被刺引发的动乱之后，罗马最终迈入君主制，由奥古斯都统治广大的帝国。

在《尤力乌斯·凯撒》(*Julius Caesar*，以下简称《凯》)和《科利奥兰纳斯》(*Coriolanus*)中，民众喧哗不息，力量惊人。但在《安》中，民众完全沉默，他们被甩向历史的边缘，并由历史的主宰者肆意支配。安东尼称他们"反复无常"(1.2.170)，凯撒则称"民众(common body)就像漂浮在水上的芦苇，起伏不定，如仆人般随波逐流，直到在涌动的水流中湮灭腐烂"(1.4.48—50)。① 元老院同样消失不见，因为凯撒、安东尼和雷必达(Leipidus)三巨头成了"这个广大世界仅有的元老"(2.6.11)。对元老院所在地"圣殿"(Capitol)的唯一一次提及，出自罗马共和的遗少庞培(Sextus Pompey)之口：他称颂当初布鲁图斯(Brutus)和卡修斯(Cassius)在圣殿刺杀凯撒是为了捍卫罗马的自由，阻止凯撒称王(2.6.17—21)。然而，庞培很快也暴露了自己的私心，并被清除出局。罗马不再是《科利奥兰纳斯》中的蕞尔小邦，而成为整个广大的世界，②"这个三角的世界"将要结束，"天下太平"(universal peace)将要开始(4.6.5—7)。

帝国意味着什么？在《安》中，没有人像布鲁图斯那样"爱罗马胜过

---

① 除特殊说明外，文中夹注数字皆为《安》的幕、场、行次，所据版本为罗选民译：《安东尼与克莉奥佩特拉》，北京：外语教学与研究出版社，2015 年，中译文略有修正。《尤力乌斯·凯撒》《科利奥兰纳斯》亦据外语教学与研究出版社的版本。

② "世界"一词在剧中共出现 45 次，此外还有天、地、日、月等诸多宇宙性的意象，从而强调了《安》中异常宽广的时空观念。参见 MAURICE CHARNEY, Shakespeare's Roman Plays: The Function of Imagery in the Drama, Cambridge: Harvard University Press, 1961, 79—92.

爱凯撒","为了罗马的利益杀死了我最好的朋友"(《凯》3.2.19—20,36—37),罗马人不再共同效力于罗马,而效力于各自的"主人"(剧中反复出现 sir,lord,master,captain,emperor 等称呼),对主人的忠诚取代了对城邦的忠诚。然而,如果主人缺乏足够卓越的德行,这种忠诚必然缺乏牢靠的根基,势必会因个人利益的考量而摇摆不定。

莎士比亚忽略普鲁塔克《安东尼传》第中关于帕提亚远征的详细叙述,①但单独设置了一场戏展现文提狄乌斯(Ventidius)对帕提亚人的胜利(3.1),这场戏看似多余,实际正是为了凸显罗马精神的变质。文提狄乌斯赢得了辉煌的胜利,但他拒绝追击溃逃的帕提亚人,因为他所考虑的只是如何取悦于自己的主帅:

在战场上,一个人的军功把主帅掩盖,那就成了主帅的主帅;拥有雄心壮志是将士的美德——而他宁可输掉一场战斗,也不愿赢得一次胜仗,而让主帅的光芒黯淡。我本可以为安东尼做得更好,但只怕这反而会招惹了他;他要是被激恼,我的功劳便化为乌有了。(3.1.23—27)

文提狄乌斯没有提到罗马,他是为自己的主人而战,但为了个人的升迁,他不惜损害主人的利益。他还要谦恭地向安东尼报告,自己是靠着安东尼的威名、安东尼的旌旗和安东尼的雄师(3.1.33—35)取得了非凡的胜利。

文提狄乌斯的"忠诚"实际是一种欺骗和谄媚,这呼应了剧中非常重要的一类角色:信差。信差们穿梭于广大的世界,屡屡登台向各自的主人禀报最新的消息,莎士比亚由此强调时代充满激烈的变化,如剧中人所说,"这时代孕育的消息真多,每一分钟就会来一个"(3.7.97—98)。然而,究竟应该尽职尽责如实传报消息,还是应该歪曲事实以取悦主人的耳朵,也成为信差要仔细掂量的问题。

一个信差惧怕向安东尼禀报帕提亚的战况,因为"人们不爱听坏消息,进而憎恨那报告坏消息的人"(1.2.65),安东尼却宽慰他说,"只要讲真话,即使话里藏着死亡,我听上去也会像他在恭维我一样"(1.2.88

---

① [希]普鲁塔克著,席代岳译:《希腊罗马名人传》卷 3,长春:吉林出版集团,2009,第 1666—1677 页。

—89),由此信差才说出刺耳的消息。我们不知道,安东尼接到文提狄乌斯的消息时会得意忘形还是会清醒意识到其中的恭维。与这场戏相对应的是,信差向克莉奥佩特拉如实禀报安东尼与渥大维娅的婚姻,却无辜受到克莉奥佩特拉的毒打,克莉奥佩特拉不愿接受这一消息,反过来教导信差说谎:"把坏消息告诉人家,即使句句属实,总不是一件好事;好消息不妨大肆渲染,噩耗还是缄口不言,让那身受的人自己感到的好"(2.5.103—106),到第三幕第三场,学乖了的信差在克莉奥佩特拉面前贬损渥大维娅,他明显是在说谎,却得到克莉奥佩特拉的奖赏(第一幕第五场中艾勒克萨斯[Alexas]禀报的消息显然也是为了取悦克莉奥佩特拉)。

莎士比亚表明,走向帝国的罗马正在变为另一个埃及,不仅因为罗马人像埃及人那样臣服于某位至高的主人,也因为罗马人已经丧失共同的善好(common good),转而追求私人的善好(private good)。基于个人利好的忠诚很容易走向背叛,剧中演绎的诸多背叛昭示了这一点。① 如研究罗马剧的学者帕克(Barbara L. Parker)所说,在这个激荡的时代,每个人都可以自由选择主人,并且基于对个人利好的考量选择背叛或依附,主仆之间的关系有似于一种娼妓般的爱。②

莎士比亚对帝国的刻画看上去颇为负面,但我们不能由此认为莎士比亚反对君主制、赞成共和制,毕竟莎士比亚的其他戏剧又包含着对君主制的赞美和对共和制的批评。③ 毋宁说,莎士比亚是指出了君主制可能的危险,即沦为谄媚和欺骗的主奴关系,好的君主应当能够激发每个人自愿的忠诚和热爱。

---

① 诸如茂纳斯(Menas)背叛庞培(2.7.79—81),阿克兴海战失利后凯尼狄厄斯(Canidius)率领部下背叛安东尼(3.11.39),艾萨克勒斯(Alexas)、以诺巴布(4.6.13—16)、德尔西特斯(Dercetus,4.14.132)、普洛丘里厄斯(Proculeius)背叛安东尼(5.2.37以下),道拉培拉(Dolabella)背叛凯撒(5.2.85以下),塞琉克斯(Selecus)背叛克莉奥佩特拉(5.2.169以下)。

② BARBARA L. PARKER, Plato's Republic and Shakespeare's Roman Plays, Newark:University of Delaware Press, 2004, 92—93.

③ PAUL CANTRO, Shakespeare's Roman Trilogy, Chicago and London:The University of Chicago Press, 2017, 13—15.

二、命运:戏剧的显见主题

真正的主人不过是凯撒和安东尼两个,世界历史是凯撒和安东尼之间的较量。凯撒"乳臭未干"(1.1.22),"正值风华正茂"(3.13.25—26),安东尼则久经沙场,"壮年的棕发已露出一缕缕灰白"(4.8.22);① 安东尼能征善战,屡被称为"战神"(Mars),凯撒打仗远不如安东尼——我们犹记得,在追讨布鲁图斯的腓立皮(Philippi)之战中,是安东尼主导了胜利,而凯撒无所作为(莎士比亚仅让他在战前和战后出现),布鲁图斯形容说,"渥大维带领的那支军队打得很没有劲"(《凯》5.2.4;比较《安》3.11.36—40)。

凯撒究竟凭靠什么赢得了整个世界?在莎士比亚笔下,命运主宰并推动了主干情节的发展,构成戏剧最显见的主题。文学批评家柯默德(Frank Kermode)指出,《安》中"命运"(fortune)出现的次数远远高于莎士比亚的其他戏剧,从而使全剧具有浓厚的命定论色彩。② 在第一幕第二场,一位占卜者预言了克莉奥佩特拉侍女们的命运;而第二幕第三场,安东尼私下里问这位占卜者,是自己的还是凯撒的命运更为强盛,占卜者直言不讳,说凯撒的命运更强盛。

> 安东尼呀,不要留在他的身旁:只要凯撒的守护神不在场,保护您的神灵就高贵、勇敢、一往无敌。但是一挨近凯撒,您的守护天使就黯然失色,好像被他的遮掩了一般。所以,您最好离他远一点。……无论跟他玩什么游戏,您都必输无疑;因为他天生幸运,即便您本领再高强,他也会把您打败击沉。凡是有他的光辉闪烁,您的星途注定黯淡。(2.3.20—31)

安东尼虽心有不悦,但他也不得不认同占卜者所言,因为他在与凯撒玩任何游戏时,"我的高超技术就是敌不过他的好手气"(2.3.38—

---

① 另见 3.11.14—16:"白发埋怨棕发太鲁莽,棕发嘲笑白发太胆小、太糊涂";3.13.21:"鬓发斑白的头颅"。

② FRANK KERMODE, Shakespeare's Language, New York, 2000, 221.

39)。这段戏撷取自普鲁塔克的《安东尼传》第 33 节,①词句几乎原封未动,可见莎士比亚非常看重普鲁塔克的这段记载,特意借之指引读者理解凯撒与安东尼的差异。

纵观全剧,莎士比亚明里暗里都强调凯撒在诸多方面输于安东尼。第二幕第二场,安东尼返回罗马与凯撒和谈,他上场时对文提狄乌斯发布命令,凯撒上场时却回答梅西纳斯"我不知道,去问阿格里帕"(2.2.19—21),但等两人坐到一起,凯撒咄咄逼人,安东尼处处忍让,直到最后接受与渥大维娅的婚姻。

阿克兴海战中,安东尼一方在海上处于劣势,但他选择海战并非完全盲目和愚蠢,而是制定了审慎的作战策略:烧掉多余的船只,剩下的船只配备满额的将士;从阿克兴埠口出发迎击逼近的凯撒,采取防守型策略,紧贴埠口,避免腹背受敌;如果海上失利,陆上还有后手。单就海战而言,安东尼的策略极为有效,尽管凯撒的战船和军力占有绝对优势,但双方"就像一对双胞胎难分胜负,毋宁说咱们还略占上风"(3.10.12—13),安东尼在阿克兴甚至有取胜的机会,即便在海上失败,他也能在陆上扳回一城。但随着克莉奥佩特拉的惊逃,安东尼"像一只痴心的公鸭"随之而去,丢弃"主帅的经验,男子汉的气概,英雄的荣誉"(3.10.24—28),由此才致使镇守陆上的凯尼狄厄斯率领部下归降凯撒。②

亚历山大之战中,安东尼收拾残卒,依旧击退了凯撒的进攻(4.7),第二天凯撒在海上发动进攻,安东尼慨然应战,若不是他的舰队突然向凯撒投降(4.12.11—15),让他以为克莉奥佩特拉背叛了自己(4.12.26—31),从而彻底丧失斗志,他未必会放弃陆上的力量,选择自杀。

安东尼的失败有很多偶然因素,一方面可以归因于对克莉奥佩特拉的爱迷惑了他的理智,另一方面要归因于命运——亚历山大之战的失败尤其如此。普鲁塔克和莎士比亚都没有明确说克莉奥佩特拉策动

---

① [希]普鲁塔克著,席代岳译:《希腊罗马名人传》卷 3,长春:吉林出版集团,2009,第 1663 页。

② JAN H. BLITS, New Heaven, New Earth, Shakespeare's Antony and Cleopatra, Lexington Books, 2009, 126.

了安东尼舰队的叛变(比较普鲁塔克《安东尼传》第76节),①毕竟克莉奥佩特拉并不能完全操控安东尼的舰队,而且之后她也的确没有投靠凯撒(她的仆人称之为"绝无事实根据的事"[which never shall be found],4.14.147)。莎士比亚借这一突转要强调的是"命运",因为在海战之前出现了不祥的预兆:燕子在克莉奥佩特拉的船上筑巢,占卜官们都不敢说出实情(4.12.4—7)。莎士比亚实际把普鲁塔克笔下阿克兴海战前的预兆(《安东尼传》第60节)②挪到了这里。在亚历山大之战的前夜,安东尼的士兵们听到空中的神秘乐声,并认为这表示"安东尼敬爱的天神赫拉克勒斯现在离开了他"(4.3.21—22)。③层层叠加的讯号暗示,命运已经离弃了安东尼,如安东尼自己所说,"命运之神和安东尼就此分手,就在这儿让我们握手分别"(4.12.20)。

　　安东尼清醒地意识到,自己的对手实际是命运:阿克兴海战后安东尼给自己鼓气说,"命运之神知道,她越打击我,我越不把她放在眼里"(3.11.81—82);亚历山大之战前,安东尼又意气风发地说,"要是我们今天得不到命运女神的眷顾,那都是因为我们向她挑战的缘故"(4.4.5—6)。尽管如此,命运一次次挫败安东尼,并给予他致命的碾压:克莉奥佩特拉为了试验安东尼听到她的死讯是什么反应,就派人谎称自己自杀,安东尼由此决定自杀,尽管克莉奥佩特拉意识到这个玩笑会酿成不幸的后果,等她再次派人说明真相的时候,安东尼已经奄奄一息。这

---

　　① [希]普鲁塔克著,席代岳译:《希腊罗马名人传》卷3,长春:吉林出版集团,2009,第1696页。

　　② [希]普鲁塔克著,席代岳译:《希腊罗马名人传》卷3,长春:吉林出版集团,2009,第1684页。

　　③ 普鲁塔克则称是安东尼向来模仿和跟随的酒神离开了安东尼(《安东尼传》第75节),莎士比亚这一改写的用意显而易见:酒神意味着狂欢、快乐,而赫拉克勒斯代表英勇和力量,正是安东尼当下最需要的东西;就在安东尼最亲密的下属以诺巴布背叛他的夜晚,安东尼的守护神离弃了他,他的失败是天意。普鲁塔克笔下的安东尼是赫拉克勒斯的后裔,但其生活方式逸乐放荡,常自比于酒神([希]普鲁塔克著,席代岳译:《希腊罗马名人传》卷3,长春:吉林出版集团,2009,第1640、1644、1655页)。莎士比亚的安东尼褪去了酒神的印记,更加像赫拉克勒斯——克莉奥佩特拉称他为"赫拉克勒斯似的罗马人"(Herculean Roman,1.3.100)。

一异常滑稽的情节无非彰显了命运的愚弄,克莉奥佩特拉追悔莫及,"高声咒骂那主司命运的婆娘,让她恼得把命运之轮摔个粉碎"(4.15.49—51)。

命运似乎特别青睐凯撒,一路扶助他击败所有敌人,夺得整个世界。凯撒唯一的失败是克莉奥佩特拉的自杀。最后一场戏是两个人智谋的交锋。① 凯撒准备把克莉奥佩特拉及其儿女遣送回罗马,作为战利品在凯旋仪式上游街示众,以便让这场凯旋游行永恒不朽(5.1.75—76)。为防克莉奥佩特拉自杀,他口口声声说会给予克莉奥佩特拉尊崇和优待,会答应克莉奥佩特拉的一切请求(5.1.65—69,5.2.24—31,151—160,164,211—221),同时又派密探武力控制住克莉奥佩特拉。克莉奥佩特拉早已笃定要自杀(4.15.29—30),但她故意戏弄凯撒,一方面对凯撒表示恭顺,让凯撒以为她不过是个贪生怕死的弱女人,另一方面探查凯撒真实的意图,在骗得凯撒信任后趁机自杀,为的是"叫他们像傻瓜一样白忙一场,叫他们这荒谬可笑的如意算盘落个一场空"(5.2.267—268),她自杀前甚至得意地"把那伟大的凯撒称作一头没有谋略的蠢驴"(5.2.345)。

克莉奥佩特拉的死赢得了凯撒的敬重,凯撒曾自信地说到"让一切依照命运的安排达到它们最后的结局"(3.6.95),似乎他是洞悉并掌控命运的主人,而今他或许学到,他自己也是命运的奴仆,受制于命运无常的变迁(5.2.2—3)。这让我们想起马基雅维利的著名断言:"命运之神是一个女子,你想要压倒他,就必须打她,冲击她"。② 与这种"征服命运"的观念相反,莎士比亚对命运的理解更贴近古典立场,他借《安》表明,主宰这段历史的是命运,人不是命运的主人,而是命运的奴仆。

---

① BARBARA L. PARKER, Plato's Republic and Shakespeare's Roman Plays, Newark: University of Delaware Press, 2004, 101—103.

② [意]马基雅维利著,潘汉典,薛军译:《君主论·李维史论》,长春:吉林出版集团,2011年,第98—101页。

三、新旧爱欲：戏剧的深层主题

最后的问题是，命运为何宠幸凯撒而冷落安东尼？答案要追溯到凯撒与安东尼不同的性格特质，亦即其不同的爱欲上。只有细致比较莎士比亚对两个人物的塑造，我们才能发现这一深层主题。

关于莎士比亚笔下安东尼的形象，布拉德雷（A. C. Bradley）的评论堪称经典：

> 安东尼是卓越的战士，出色的政治家，雄辩的演说家，可他并不是天生要统治世界的人。他乐于做一个大人物，但并不热爱为了统治而统治。权力对于他主要是获得快乐的手段。他需要极大的快乐，因此就需要极大的权力。但是，半个甚至三分之一的世界足矣。他不会忍气吞声，但他丝毫没有表现出要除掉另外两位巨头、独自进行统治的意愿。他从不介意屈服于尤力乌斯·凯撒。他不仅受女人吸引，也受女人统治，从克莉奥佩特拉对他的奚落中，我们可以看出他受制于富尔维娅。他也缺乏一个天生的统治者具有的坚忍不拔或坚定不移。他反复无常，倾向于选择眼前最容易的做法。他同意迎娶渥大维娅的原因就在此。这么做似乎是摆脱困境最便捷的方式。他甚至没有想过试着忠于渥大维娅。他不会考虑长远的结果。①

安东尼不渴望也不能够成为世界唯一的主人。他身上有太多共和时代的印记，无法担当开创一个新时代的使命。他珍视荣誉，"若我失去荣誉，就失去了自己"（3.4.24）；凯撒指责他破坏盟约，他回应说："他现在说我缺乏荣誉，而荣誉于我至为神圣"（2.2.104）；凯撒拒绝他在陆上发起的挑战，他却不愿拒绝凯撒在海上发起的挑战（3.7.35—43）；他崇尚个人决斗，两次向凯撒发出一对一的挑战（3.7.39, 3.13.30—32），结果被凯撒嘲笑为"老贼"（old ruffian, 4.1.5）。我们也不禁觉得，

---

① A. C. BRADLEY, Oxford Lectures on Poetry, St. Martin Press, 1965, 295—296. 布拉德雷综合了《凯》与《安》中安东尼的形象，实际两者有差别，详见下文。

安东尼的这些做法老派而不合时宜。

最重要的是，安东尼身上还保留着共和时代罗马人对城邦的热爱。安东尼起初从埃及返回罗马，是因为收到了两则消息，一是他的妻子和兄弟联手攻打凯撒，战败后被逐出意大利（I.2.77—83,112—116），另一是帕提亚人进犯亚细亚，侵扰帝国东部边疆（I.2.90—94）。按普鲁塔克的记述，安东尼接到这两则消息后如大梦初醒，立即前往阻击帕提亚的军队，途中得到妻子的死讯后，改变行程返回意大利（《安东尼传》第30节，另见第28节）。① 在莎士比亚笔下，安东尼直接返回了罗马，并且他向以诺巴布和克莉奥佩特拉说明返回罗马的原因时，着重强调了庞培对罗马的威胁（普鲁塔克迟至《安东尼传》第32节才提到庞培）："我们的意大利闪耀着内乱的剑影刀光"（1.3.54），庞培势力的增长可能危及整个世界（1.2.177—178）。

通过这一改写，莎士比亚意图把安东尼塑造成保卫罗马、保卫三角世界的英雄，安东尼满足于三分天下有其一。为了共同对付庞培，安东尼才会对咄咄逼人的凯撒那么忍让。尽管谁都瞧不起雷必达，安东尼却对雷必达异常友善且不乏敬意（2.2.203—205）。日后雷必达被凯撒逮捕和废黜，安东尼还曾公开指责凯撒（3.6.31—33），并私下里为雷必达的愚蠢抱憾（3.5.6—14）。安东尼对雷必达的友善或许是出于权宜，但毕竟迥异于《凯》剧中安东尼对待雷必达的冷酷和轻蔑。② 三巨头通过与庞培缔结和约解除了危机，但日后凯撒再次对庞培宣战，侵吞了庞

---

① ［希］普鲁塔克著，席代岳译：《希腊罗马名人传》卷3，长春：吉林出版集团，2009，第1660—1661页。

② 在《凯》中，安东尼、雷必达、渥大维最初缔结三头执政时（《凯》4.1），安东尼称雷必达是一个不足挂齿的平庸之辈，只配受人差遣，不配分享世界（a slight unmeritable man, meet to be sent on errands）；没有独立的精神（A barren-spirited fellow），只配当作一个工具（property）。《安》中的凯撒利用并废黜雷必达，实际践行了《凯》中安东尼的教诲。从对待雷必达的态度可以看出，莎士比亚有意把《安》中的安东尼塑造成一个全新的人物，"《凯》中安东尼的马基雅维利主义在《安》剧中转移给了凯撒"，而安东尼则成了"单纯、大度、冲动、勇敢的战士"。见 Ernest Schanzer, The Problem Plays of Shakespeare, New York: Schocken Books, 1963, 141—143.

培在西西里的领土。庞培最后死于安东尼的一名将官之手,在莎士比亚所依据的素材中,实际是安东尼命令手下杀死了庞培,而莎士比亚调整了这一形象,是这一将官擅作主张杀死了庞培,安东尼对此大为光火,扬言要予之严惩,"用利刃割断他的喉管"(3.5.15—16)。① 由此可见,安东尼不想结束三头执政的局面,与凯撒决一胜负。

的确,安东尼有太多打动我们的品质,比如他的大度和宽容,他对待部下和仆人的真挚(以及部下和仆人对他的忠诚),还有他对克莉奥佩特拉的爱。亚历山大之战时,他以为克莉奥佩特拉出卖了自己,扬言要报复和杀死克莉奥佩特拉,但当他听到克莉奥佩特拉的"死讯",他瞬间怒气消散,毫无犹豫地追随克莉奥佩特拉奔赴死亡;事后,他并没有埋怨克莉奥佩特拉的欺弄,而是马上要人把他抬到克莉奥佩特拉身边,给予她最后一吻,并叮嘱她要让凯撒保证她的安全和荣誉以及应该相信谁,也就是说,他希望克莉奥佩特拉更好地活下去,而不是随他一同赴死。② 安东尼固然在政治上失败了,但他与克莉奥佩特拉最终摆脱了相互猜疑,两人的爱变得牢固而坚定。我们由此不再认为两人仅仅是一对儿淫纵的情人,而是会赞叹他们是爱的典范和极致。③

安东尼富有情感,他对克莉奥佩特拉的爱欲胜过他对统治的爱欲,

---

① Thomas North 据 James Amyot 的法译本翻译的《希腊罗马名人传》问世于1579年,1603年再版时增录了其他几个人物的传记,其中有法国加尔文派神学家 Simon Goulart 编写的《渥大维传》(The Life of Octavius Caesar Augustus) 的英译,1612年的版本亦收录其中。普鲁塔克未为渥大维作传,也未记述庞培之死,是 Simon Goulart 的《渥大维传》说安东尼命令副官杀死了庞培。莎士比亚应参考了这一记述并予以改写。见 David Bevington ed., Antony and Cleopatra, Cambridge University Press, 1990, 164.

② A. C. BRADLEY, Oxford Lectures on Poetry, St. Martin Press, 1965, 298; ALEXANDER LEGGATT, Shakespeare's Political Drama, London and New York: Routledge, 1988, 174.

③ 克莉奥佩特拉在死前呼告安东尼为"丈夫",称要以自己的勇气来证明自己不愧是安东尼的"妻子"(my title, 5.2.325)。这是剧中唯一一次称两人为"夫妻",尽管两者从未缔结实际的婚姻,渥大维娅才是安东尼的合法妻子。凯撒最后决定将克莉奥佩特拉与安东尼同穴而葬,让一座坟墓环抱着"如此有名的一对情侣"(5.2.408—410),这代表了习俗世界对两者爱情的承认。

由此,他注定不能成为一个帝国的统治者。① 凯撒在诸多方面与安东尼截然相反。凯撒虽然有妻子(5.2.198),但他对女人没有爱欲,对他而言,女人是不屑一顾的弱者:"女人在最幸福的时候也意志薄弱,一旦陷入困穷,冰洁圣女也难守贞操"(3.12.34—36;比较 5.2.148—150)。除了安东尼,尤力乌斯·凯撒(Julius Caesar)、格奈乌斯·庞培(Gnaeus Pompey)曾先后拜倒在克莉奥佩特拉的石榴裙下(1.5.35—37,3.13.141—143),只有这位凯撒抵挡住了爱欲的侵蚀,对克莉奥佩特拉的"迷魅之网"无动于衷,没有成为"下一个安东尼"(5.2.395—397)。

私人爱欲的缺乏使得凯撒的性格异常空洞和冰冷,他唯一显露的人性温情,或许是他对胞姐渥大维娅的爱,但他的爱是否真诚深为可疑。他口称"从没有一个弟弟像我一样深爱姐姐"(2.2.178—181),"你是我最亲的人"(3.6.97),但我们很难不怀疑,他把渥大维娅嫁给安东尼是一番精心算计,借以稳固他与安东尼的关系,若是安东尼背叛这段婚姻,他就可以借机讨伐安东尼,代表天神为自己的姐姐主持公道(3.6.97—100;参考以诺巴布的预言,2.6.143—147)。② 凯撒唯一的爱也服务于他对权力的追求,渥大维娅和其他人一样只是他达至目标的工具。

凯撒具有全新的爱欲,他唯独热爱的是统治和权力,他只有一个想法,那就是成为世界唯一的主人。尽管他个人并不勇敢善战,也不崇尚荣誉,但他头脑清醒而克制(2.7.98—104,124—129),行事异常敏捷(3.7.26—29),发布命令斩钉截铁,他的耳目遍布世界,时刻掌握着世界的变化(1.4.36—37,1.4.51,3.6.70—71)。他对待民众和叛降将士的冷酷(2.1.16,4.7.10—19),面对克莉奥佩特拉所展现出来的狡狯

---

① Paul A. Cantor 把"(私人)爱欲的解放"视为帝国来临的标志,并认为安东尼的悲剧根源于他所处的时代,即共和式的荣誉不再值得追求,政治生活的价值变得可疑,私人性的爱欲转而受到推崇。这一解释极其有助于理解《安》剧中罗马的转变,但未能注意到安东尼的人物特质,有类型化之嫌。PAUL A. CANTOR, Shakespeare's Rome: Republic and Empire, Cornell University Press, 1976, 127—183.

② A. C. BRADLEY, Oxford Lectures on Poetry, St. Martin Press, 1965, 289.

令人咋舌。他善于因应时势的变化而变化自己，一切对于他都是权宜，这使他的形象飘忽不定，难以捉摸。

比如，凯撒一开始与安东尼势不两立，欲置安东尼于死地(3.12.26)，或者生擒安东尼(4.6.2)，可当他听到安东尼的死讯，他随即痛哭哀悼，声称自己向安东尼开战是逼不得已，是两人"不可调和的命运"让两人彼此为敌。但当他看到埃及信使上场，他马上停止了悲悼。就在这个间歇，莎士比亚有意揭穿了凯撒的"伪善"（普鲁塔克并没有说到克莉奥佩特拉派信使求见凯撒）。凯撒向信使表示会尊崇和优待克莉奥佩特拉，因为"凯撒向来不是一个冷酷无情的人"(5.1.68—69)，可信使一下场，凯撒又向属下亮明了自己的真实意图：他一定要把克莉奥佩特拉活着带回罗马，来彰显他所取得的辉煌胜利。凯撒的冷酷和功利不由让人怀疑，他对安东尼的哀悼是否出自真诚的情感。为了显得仁慈和正义，凯撒还向部下展示他与安东尼的信来证明他不情愿卷入这场战争，如此他便能免去残酷之名。剧末，凯撒赞美安东尼和克莉奥佩特拉，宣布要以隆重庄严的仪式为两人举行葬礼，他这样做的意图也同样含混不明。

凯撒遵循了马基雅维利的教诲，"注意使那些看见君主和听到君主谈话的人都觉得君主是位非常慈悲为怀、笃守信义、诚实可靠、讲究人道、虔敬信神的人"，因为"每一个人都能够看到你，但是很少人能够接触你；每一个人都看到你的外表是怎样的，但很少人摸透你是怎样一个人"。① 他是莎士比亚笔下的又一位表象君主(prince of appearance)。② 在莎士比亚看来，凯撒并不高贵，他的权宜除了指向个人的胜利，并没有一个更高贵的目的。但他也并不邪恶，毕竟他是罗马帝国的缔造者。"他不是理查三世那样的恶人，也不是麦克白那样因野心而疯狂的人。他像伊阿果那样冷酷，但他并不为他所做的恶事而洋洋自得。他甚至

---

① ［意］马基雅维利著，潘汉典、薛军译：《君主论·李维史论》，长春：吉林出版集团，2011年，第70页。

② ［美］苏利文著，赵蓉译：《表演家：马基雅维利的"表象君主"亨利五世》，阿鲁里斯、苏利文编，赵蓉译：《莎士比亚的政治盛典》，北京：华夏出版社，2011年，第145—176页。

不知道这是恶事。"①虽然罗马无凯撒不成为帝国,但莎士比亚并不推崇凯撒这样的人,因为凯撒的成功依赖于时代和命运,凯撒其人是否值得效仿依旧悬而未决。

结　　语

概言之,《安》展现了罗马帝国来临之际安东尼与凯撒之间的角逐。决定这场角逐的,既有无常的命运之轮,又有两人殊异的性格特质或说爱欲,帝国、命运和爱欲交织成戏剧的多重主题。莎士比亚一方面表明,安东尼式的旧爱欲不可避免地会败给凯撒式的新爱欲,在现实中占上风的是凯撒式的权宜和伪善,陨落的是安东尼式的高贵;他另一方面又强调,凯撒对安东尼的胜利出自命运,凯撒式的新爱欲是否必定胜出仍是未知。莎士比亚没有偏执一端,而是辩证地呈现命运与爱欲的微妙关系,正说明他深谙政治现实,却不屈身于政治现实。这就是《安》的戏剧主题所暗含的思想意蕴。

原载于《河南大学学报(社会科学版)》2021年第3期;人大复印资料《外国文学研究》2021年第8期全文转载

---

① HAROLD C. GODDARD, The Meaning of Shakespeare, Vol. II, The University of Chicago Press, 1960, 186.

《裘利斯·凯撒》:"诗与哲学之争"的隐微书写

于艳平　李伟昉①

"诗与哲学之争"是西方历史上历久弥新的问题,自公元前6世纪和公元前5世纪希腊诗人与哲人拉开争论的序幕后,这一问题就一直以各种不同的形式存在着。其焦点在于诗人与哲人究竟谁更具有智慧,诗与哲学孰优孰劣、二者是否融通。古希腊罗马和中世纪时期,哲学表现出的霸权使得两者之间的平衡倾向于哲学,诗成为众矢之的。文艺复兴时期,人们在"诗与哲学之争"问题的认识方面,更是仁者见仁、智者见智。莎士比亚同时代的作家锡德尼和哲学家培根都曾公开发表过对这一问题的看法。莎士比亚,作为文艺复兴时期的文化巨人和哈罗德·布鲁姆眼中"仍将继续重新占据西方经典的中心"②的伟大诗人与戏剧家,对"诗与哲学之争"这一古老的显性问题不可能无动于衷。虽然就目前掌握的资料看,莎士比亚并未公开发表过相关言论,但"在莎士比亚写作的时代,常识依然认为诗人的作用是制造快乐,而伟大诗人的作用是通过快乐教诲人们什么是真正的美"③。科勒律治也曾说:"任何人不可能成为伟大的诗人,除非他同时是一位伟大的哲学

---

① 于艳平,女,河南焦作人,河南大学文学院博士生,郑州大学外国语与国际关系学院副教授;李伟昉,男,河南开封人,文学博士,博士生导师,河南大学莎士比亚与跨文化研究中心主任,河南大学文学院教授,河南省特聘教授。
② [美]哈罗德·布鲁姆著,江宁康译:《西方正典》,南京:译林出版社,2005年,第39页。
③ [美]阿兰·布鲁姆,[美]哈瑞·雅法著,潘望译:《莎士比亚的政治》,南京:江苏人民出版社,2009年,第5页。

家。"可见,莎士比亚是诗人眼中的哲学家,哲学家眼中的诗人,兼具诗人和哲人的双重身份。此外,美国政治理论教授亚瑟·梅尔泽的实证性研究表明,在人类文明的历史长河中,哲人与文学、政治和宗教作家们都有隐微交流与隐微写作的惯例。① 安娜贝尔·帕特森也认为,若要恰如其分地理解16世纪至19世纪的英国文学,就要采用她所创建的"审查阐释学"。该学说提醒读者,为躲避审查,富有创造性的作家总是会求助于某种隐微的写作习惯。根据格林布拉特的研究,莎士比亚终其一生都是受制于君主的臣民,生活在言论和出版物均受到监管的严格的等级社会之中。② 据此,我们认为莎士比亚必然通过自己的文学实践活动隐微式地阐释时代的显性话题——诗与哲学的关系,表达他对文艺复兴时期英国社会的思考。

莎士比亚在《裘利斯·凯撒》中重构凯撒遇刺身亡这一重大历史事件,表面上,他是在讲述具有不同政治诉求的共和派和民主派间的矛盾、冲突与斗争,实际上却是在书写两派代表人物思维方式间的差异与较量。本文拟对《裘利斯·凯撒》中两派代表人物的思维方式与其行动结果间的关系予以分类分析,试图探讨莎士比亚在"诗与哲学之争"问题上的立场和见解,并借此对该剧进行深入的隐微式解读,挖掘其中的丰富意蕴,为学界的进一步探究抛砖引玉。

一、共和派代表性人物的"诗"与"哲学"之争

莎翁笔下的人物,特别是主要人物从来都不是单一的形象,而是有着鲜活、饱满、圆润、丰富而复杂的多面性的典型。雨果认为:"一个典型并不重新再现任何个别的人。他不会完全与某个个人相重叠。他是在人的形态下概括和集中一群性格和一群人物。一个典型不会去'缩

---

① [美]亚瑟·梅尔泽著,赵柯译:《字里行间的哲学:被遗忘的隐微写作史》,上海:华东师范大学出版社,2018年,第202页。
② GREENBLATT, STEPHEN. Shakespeare's Freedom, Chicago: University of Chicago,2010,1.

写'别的人物,它是在浓缩。它不是一个,而是全体。"①在《裘利斯·凯撒》中,莎士比亚塑造了四个典型人物。其中,勃鲁托斯和凯歇斯属于共和派代表人物,而凯撒和安东尼则是民主派代表人物。两派代表人物在社会身份与政治地位方面与普鲁塔克在《希腊罗马名人传》中的记载相吻合,然而,莎士比亚别具匠心地将这四个典型人物放置在"罗马历史上的决定性时刻":"共和国的高峰和帝国的门槛"②。莎士比亚运用天才的想象力在重大历史语境中重构他们的欲望、思维方式、选择、行动及命运间的复杂关系。正是通过具有诗性思维的人物与具有哲性思维的人物之间的矛盾、冲突与较量,莎士比亚实现了他对"诗与哲学之争"的隐微书写,间接传达了他对当时社会的思考以及对未来社会发展的期盼。

勃鲁托斯和凯歇斯打着"共和"的旗号刺杀凯撒,他们行动的背后有着怎样的思维方式?这种思维方式与他们的个体生命及国家命运之间又有着怎样的交织呢?

(一)勃鲁托斯:斯多葛主义者

在《裘利斯·凯撒》中,勃鲁托斯是追求自由的贵族和元老院德高望重的一员,是典型的斯多葛主义者。他的斯多葛主义表现在两个方面:第一,勃鲁托斯参与刺杀凯撒活动的行为动机源自其自然法神圣不可动摇以及追求人人平等的思想。莎士比亚对勃鲁托斯和凯撒的关系未作过多说明,只是借第一幕第二场凯歇斯的独白"凯撒很不喜欢我;可是他很喜欢勃鲁托斯"③及凯撒遇刺倒地前那句"勃鲁托斯,你也在内"的著名台词,来暗示二人关系的非同寻常。这让观众或读者对其亲密关系不免心生好奇又不乏困惑。普鲁塔克对相关历史场景的描述或许有助于揭开真相:勃鲁托斯曾是庞培派的一员,凯撒战败庞培后,勃

---

① [法]雨果著,丁世忠译:《莎士比亚传》,北京:团结出版社,2005年,第154页。
② [美]阿兰·布鲁姆著,秦露等译:《巨人与侏儒》,北京:华夏出版社,2003年,第173页。
③ [英]莎士比亚著,朱生豪译:《莎士比亚全集》第5卷,南京:译林出版社,2016年,第204页。

鲁托斯成为俘虏,凯撒不仅没有杀他,反而宽恕他的行为,同时对他非常礼遇,"把他看成自己最受尊敬的朋友"①；在勃鲁托斯和凯歇斯竞选市政法务官时,凯撒力挺勃鲁托斯,对他的幕僚说道："虽然卡休斯具备更好的条件,我们还是要让布鲁特斯出任首席法务官。"②显然,凯撒对勃鲁托斯恩重如山。勃鲁托斯秉承斯多葛派哲学主张,一切以理性为行动圭臬。虽然在参与谋杀活动前,他有过激烈的内心挣扎,但捍卫罗马人的自由,维护罗马的神圣律法和既定的共和秩序的理念不允许他犹豫不决,也是他依然决然行动背后坚不可摧的主要动力。当然,勃鲁托斯的动机并非纯粹高尚,没有任何私欲。这也解释了凯歇斯为何能够成功说服他参与谋杀事件。因为凯歇斯深知,勃鲁托斯内心深处渴望荣誉,正如其本人所言,"倘若那是对大众有利的事,那么让我的一只眼睛看见光荣,另一只眼睛看见死亡,我也会不偏不倚地正视着两者；因为我喜爱光荣的名字,甚于恐惧死亡"③。凯歇斯极尽奉承之能事,把勃鲁托斯抬高到和凯撒一样的高度,他说："把两个名字写在一起,您的名字并不比他的难看；放在嘴上念起来,它也一样顺口；称起重量来,它们是一样的重,正像凯撒,它们呼神唤鬼,勃鲁托斯也可以同样感动幽灵,正像凯撒一样。"④勃鲁托斯自然无法拒绝凯歇斯的谄媚,因为凯歇斯正道出了他欲与凯撒平起平坐的心声。可见,勃鲁托斯正是在捍卫自然法和追求平等的双轮驱动下,才萌生了刺杀凯撒这一冒天下之大不韪的邪恶想法。

第二,作为"道德圣徒"的勃鲁托斯,信奉理性至上思想。在刺杀凯撒后,他想当然同意会见安东尼,并坦言"我知道我们可以跟他(安东

---

① [希]普鲁塔克著,席代岳译:《希腊罗马名人传》第3册,长春:吉林出版集团有限责任公司,2011年,第1756页。
② [希]普鲁塔克著,席代岳译:《希腊罗马名人传》第3册,长春:吉林出版集团有限责任公司,2011年,第1758页。
③ [英]莎士比亚著,朱生豪译:《莎士比亚全集》第5卷,南京:译林出版社,2016年,第198页。
④ [英]莎士比亚著,朱生豪译:《莎士比亚全集》第5卷,南京:译林出版社,2016年,第199页。

尼）做朋友的"①。尽管凯歇斯表达了自己的隐忧"可是我对他（安东尼）总觉得很不放心。我所疑虑的事情，往往会成为事实"②，但是勃鲁托斯不仅保全了安东尼的性命，而且允许其为凯撒捡尸，甚至允许其为凯撒举行追悼仪式。这一切皆缘于他斯多葛式的理性：如果能够除去凯撒精神，就不必杀死凯撒；既然凯撒肉体已亡，凯撒精神也会随之消失；"王"已亡，包括安东尼在内的"王"的左膀右臂就不可能对其行动造成任何威胁。事实上，正是他过于理性的判断，使得以他为首的共和派的政治行动由利好形势陡转直下，最终以失败告终，而他和凯歇斯也一道命丧天涯。观众或读者不禁要问，勃鲁托斯为什么在刺杀凯撒后愈加坚守"理性的正义"？普鲁塔克的作品似乎又一次为我们拨云见日。原来，勃鲁托斯认为，如果在外表上让人看出他们忽略对正义的坚持，就无法逃脱刑责，只能听任凯撒的朋友给予他们不公正的惩处。③ 可见，勃鲁托斯以"正义"为名的行为背后，是其理性主导一切的思想。其行为与其说是出于正义，不如说是出于理性，因为正义是虚，理性是实。

值得注意的是，莎翁笔下的勃鲁托斯与普鲁塔克笔下的勃鲁托斯有着本质的不同。在普鲁塔克笔下，勃鲁托斯虽被划归为"弑君杀父者"行列，但其个性善良、气质严肃而不乏温和。"虽然他用阴谋暗算的手段对付凯撒，那些仇敌看到整个事件发生以后，有的地方还能讲究荣誉和恕道，全部归之于布鲁特斯的善意，就把野蛮和残酷的行为算在卡休斯的头上。"④此外，普鲁塔克借助对凯撒生前种种行为表现的描述，暗示勃鲁托斯谋杀凯撒不无道理。显然，普鲁塔克一定程度上是在为勃鲁托斯的谋杀罪行予以开脱，但莎士比亚却剥夺了勃鲁托斯刺杀凯撒的任何实质性理由。勃鲁托斯多次提到罗马人民可能遭受的暴行和

---

① ［英］莎士比亚著，朱生豪译：《莎士比亚全集》第5卷，南京：译林出版社，2016年，第232页。
② ［英］莎士比亚著，朱生豪译：《莎士比亚全集》第5卷，南京：译林出版社，2016年，第232页。
③ ［希］普鲁塔克著，席代岳译：《希腊罗马名人传》第3册，长春：吉林出版集团有限责任公司，2011年，第1782页。
④ ［希］普鲁塔克著，席代岳译：《希腊罗马名人传》第3册，长春：吉林出版集团有限责任公司，2011年，第1752页。

奴役,并为此表示担忧,但却提供不出任何有力的证据。莎士比亚在第二幕第一场借助勃鲁托斯的自言自语表明其谋杀行为的非正当性。"我们反对他的理由,不是因为他现在有什么可以指责的地方"①,而是担心凯撒的权力再扩大,会后患无穷;甚至在第三幕第二场勃鲁托斯向人民解释谋杀凯撒的原因时,还在强调"并不是我不爱凯撒,可是我更爱罗马"②。可见,在勃鲁托斯看来,似乎凯撒一旦称王,罗马就会失去自由,罗马人民就会处于受奴役的状态。换言之,勃鲁托斯是在竭力捍卫共和的形式,而非真正谴责帝王行为的存在。更确切地说,他不反对披着共和外衣的帝制。于是,出于对没有暴行的"暴君"的恐惧与隐忧,勃鲁托斯下定决心参与谋杀。

作为元老院德高望重的一员,勃鲁托斯本应发挥国家护卫者的重大作用,却因过度的理性产生"弑君"的念头,并与品性欠佳的凯歇斯为伍,共同策划并参与为人不齿的谋杀行动。同样,过度的理性,使之政治经验匮乏,对实际政治局势缺乏精准判断,以致军事决策出现重大失误,不仅自己付出生命的代价,也使罗马陷入群龙无首的混乱与动荡之中。不仅如此,莎士比亚还将勃鲁托斯与"愁云密布"的脸、"易失眠"的体质以及面对鲍西亚之死而无动于衷的"无情"性格联系在一起。莎士比亚似乎以此暗示他对勃鲁托斯一类国家护卫者的微词,表达自己对没有经过审判和定罪的司法程序,就擅自杀害凯撒的盲动冒进行为的不满。与此同时,莎士比亚对以勃鲁托斯为首的共和派的政治理念予以质疑:共和制一定可以捍卫人民的自由与平等么?以"王"为象征的帝制一定意味着人民受到束缚与奴役么?

(二) 凯歇斯:伊壁鸠鲁主义者

如果说勃鲁托斯是典型的斯多葛主义者,那么凯歇斯则堪称十足的伊壁鸠鲁主义者。他的实用主义思想贯穿在刺杀凯撒事件的整个过

---

① [英]莎士比亚著,朱生豪译:《莎士比亚全集》第 5 卷,南京:译林出版社,2016 年,第 211 页。

② [英]莎士比亚著,朱生豪译:《莎士比亚全集》第 5 卷,南京:译林出版社,2016 年,第 236 页。

程中,具体表现在刺杀动机的缘起、刺杀活动的策划与准备及刺杀活动后如何处理与勃鲁托斯的分歧三个方面。

首先,凯歇斯的刺杀动机缘于其自私自利的本性。一方面,凯歇斯嫉妒凯撒的领导和军事指挥才能;另一方面,他担心凯撒一旦称帝,将要对德行上有着种种污点的自己予以惩治。于是,他有了除掉凯撒的最初想法并精心谋划。

其次,凯歇斯基于现实,策划、推进刺杀活动。当他意识到自己的势单力薄和美德的缺失后,首先锁定自己的第一目标:拉拢德高望重的勃鲁托斯。在庆典活动进行时,他有意离场,主动接近勃鲁托斯,以朋友身份与之交流。他吹捧勃鲁特斯和凯撒齐名,完全有理由取代之。这番话极大地满足了勃鲁托斯的虚荣心,在他的"心中激起了这一点点火花"①。当晚,凯歇斯又以罗马市民的口吻假造匿名信丢进勃鲁托斯的窗里。信中表明:罗马人将勃鲁托斯视为罗马的救世主。这无疑激起了勃鲁托斯强烈的使命感,使之坚信只有带领共和派除掉凯撒,才不会辜负罗马人民对他的厚望,才对得起他引以为豪的荣誉。就这样,凯歇斯成功说服勃鲁托斯加入刺杀行动中。

再次,关键时刻,凯歇斯甘愿妥协,以退为进。与勃鲁托斯联手后,每当发生意见分歧时,政治经验丰富的凯歇斯明知勃鲁托斯的某些决定行不通,但出于对勃鲁托斯中途退出的担心,他总是选择妥协。例如:在刺死凯撒后,凯歇斯认为必须除掉安东尼,但勃鲁托斯认为安东尼不必放在心上。结果,正是勃鲁托斯政治策略的幼稚和凯歇斯出于实用主义的考虑对勃鲁托斯的一味妥协,最终造成他们在政治行动胜券在握之时,反而全盘皆输。

凯歇斯的一切行动皆屈从于实用的目的。为了实现自己的私欲与私利,他可以想出谋杀的卑劣手段,可以放弃人格尊严,极尽奉承、阿谀之能事,可以假借人民的名义给勃鲁托斯写信,以欺骗的方式赢取勃鲁托斯对他刺杀凯撒行动的支持。为获取军事行动所需物质资料,他不择手段地敛财。凯歇斯种种品格上的污点皆源于他的伊壁鸠鲁主义

---

① [英]莎士比亚著,朱生豪译:《莎士比亚全集》第5卷,南京:译林出版社,2016年,第200页。

思想。

　　莎士比亚不仅凸显凯歇斯的伊壁鸠鲁主义思想,而且将他的实用主义思想与其体格外貌上的不尽如人意结合起来,通过凯歇斯"形容憔悴"及"太用心思",莎士比亚成功勾勒出一个阴险可恶的政治投机者的形象。凯歇斯虽然不乏政治经验与军事才能,但其自私自利、阴险狡诈以及善恶观的缺乏,显然不是莎士比亚讴歌的国家护卫者的形象。所以剧中由凯歇斯发起的这场谋杀凯撒的政治活动,必然以失败而告终。莎士比亚如此推进戏剧叙事,不仅是对历史史实的尊重,也是对凯歇斯这类政治人物政治命运所作的预测。因为奉行伊壁鸠鲁主义的凯歇斯不择手段、德行上污点丛丛,离柏拉图提出的个人对"至善"的追求相差甚远,如此一个形象,怎么可能把国家的"共善"放于心上？即便行动取得胜利,这样的政治投机者又能给国家带来什么呢？恐怕只会给国家带来更多的麻烦、骚动与不安。

　　值得注意的是,莎翁笔下的凯歇斯与普鲁塔克的凯歇斯在形象与性格方面多有吻合,正如普鲁塔克所言,"卡休斯的性格极其暴躁,他之所以痛恨凯撒完全出于私人的宿怨,并不是为了爱护共和国,或者是凯撒要当暴君,激起他的怒气高举义帜"①。但莎氏笔下,勃鲁托斯与凯歇斯的关系有别于普鲁塔克的叙述。《希腊罗马名人传》中提及勃鲁托斯要凯歇斯将经费分一部分给他,理由是这些钱财运用他的力量才能累积起来。凯歇斯的幕僚劝他三思而行:"布鲁特斯的说法并不公平,这些钱财是你靠着俭省才能保有,遭到很多人的怨恨才能获得,不能就这样交给他(勃鲁托斯)去建立人脉和争取士兵的好感。"②虽如此,凯歇斯还是将财产的三分之一交给勃鲁托斯。而在第四幕第三场,勃鲁托斯严厉指责凯歇斯:"为了分发军队的粮饷,我差人来向你借钱,你却拒绝了我;凯歇斯可以这么么？"③

---

　　① [希]普鲁塔克著,席代岳译:《希腊罗马名人传》第 3 册,长春:吉林出版集团有限责任公司,2011 年,第 1759 页。
　　② [希]普鲁塔克著,席代岳译:《希腊罗马名人传》第 3 册,长春:吉林出版集团有限责任公司,2011 年,第 1778 页。
　　③ [英]莎士比亚著,朱生豪译:《莎士比亚全集》第 5 卷,南京:译林出版社,2016 年,第 252 页。

以上分析表明，莎士比亚在书写共和派代表人物时，均对人物形象进行了一定程度的减损或贬抑的处理；在情节设置上有意离间勃鲁托斯和凯歇斯的关系，让共和派内部产生矛盾、发生内讧。莎士比亚似乎是在借此质疑抑或否定以勃鲁托斯和凯歇斯为代表的共和派人为干预历史发展进程的做法。既然凯撒死后，共和派也要进行权力分割，人民甚至一度也拥护勃鲁托斯为王来接替凯撒，那么，共和派所追求的共和与民主派的集权专制又有何本质区别？将"蛇蛋"杀于未孵化之前，又有何意义？

二、民主派代表性人物的"诗"与"哲学"之争

在凯撒一案中，处于当权地位的民主派代表人物凯撒及其属下安东尼的思维方式又如何？他们的思维方式究竟在这场悲剧中扮演着怎样的角色？

（一）凯撒：意志至上者

莎士比亚有意凸显凯撒一切行为背后的意志至上思想，即其行为的主要动机取决于其个人主观意愿，具体表现在以下三个方面：

第一，凯撒对待罗马传统的态度是依据能否符合个人主观意愿来确定的。当罗马传统符合自己的意愿时，他便极力去遵守、去维护。例如，在凯旋仪式中，凯撒特意命令安东尼，竞跑时一定要触摸一下凯尔福尼亚的身体，因为他相信罗马古老的传说，即勇士触摸不孕女人的身体，就可以解除乏嗣的咒语。这一古老传说无疑迎合凯撒想要儿子的热切愿望，因为儿子意味着他的宏伟大业后继有人。他吩咐安东尼要严格遵守仪式。但是，当罗马传统成为他行动的羁绊时，他便执意违反规则，置若罔闻。例如，按照罗马传统规则，罗马将领要成功举行凯旋式，必须具备下述条件：在一次战役中杀死5000多名敌人；凯旋者必须为具体负责这一战事的最高将领；凯旋仪式须由凯旋者向元老院提出申请，经元老院核实，得到批准才能进行。其中，元老院的批准尤为重要。元老院既有权为得胜的将军举行盛大的庆典，以表彰他为国家作

出的贡献,也有权不让将军获得凯旋荣誉。① 据史料记载,凯撒在公元前45年的孟达会战中彻底摧毁了庞培派的势力,因此他执意"为了庆祝胜利举行的凯旋式,使得罗马人极其不悦,因为不是击败外国的将领或蛮族的国王,只是绝灭一个何其不幸的罗马伟大人物(庞培)的子女和家属。这样一来,他等于拿凯旋式来庆祝自己国家的灾难,他对自己所发起的战争,除了确有所需之外,没有任何言辞可以向神明或人民辩解,还要为血腥的成果而兴高采烈实在说不过去。除此之外,他一直没有写信或派遣使者,到罗马去宣布他对同胞所获得的胜利,看来他自己也认为这并非什么光荣的事,可能还认为很难为情"②。莎士比亚对凯撒举办的庆典活动是否征得元老院同意并未作任何说明,而是有意使用"留白"的方式,让观众与读者去遐想。不过,莎士比亚很快就借助护民官对前来参加凯旋式的市民们的辱骂,来暗示凯撒此举既不合情,又不合法。他既未顾及有着和护民官一样心情的罗马市民的感受,又极有可能未征得元老院的批准,向世人炫耀自己的胜利似乎构成其行为的主要动机,这无疑是对罗马传统和元老院的公然蔑视。

第二,无论与凯撒对话的人身份地位如何、行为动机如何,只要所言内容与其主观意愿不符合,凯撒就直接无视或断然拒绝,反之,他就"言听计从"。庆典仪式上,当预言者提醒凯撒当心三月十五日时,他的第一反应是不以为然,"他是个做梦的人,不要理他"③,因为此时的凯撒醉心于显摆胜利的荣耀。当妻子梦中出现不祥之兆、力劝他不要去元老院时,他却言,"凯撒一定要出去。恐吓我的东西只敢在我背后装腔作势,它们一看见凯撒的脸,就会销声匿迹"④。当献祭的结果同样表明凯撒出去只会凶多吉少时,他依然毫不动摇,口口声声强调"自己比危险更危险,凯撒一定要出去"。虽然之后在妻子的跪求下,他有过

---

① 杨共乐:《罗马的凯旋仪式及其价值》,《河北学刊》,2014年第5期。
② [希]普鲁塔克著,席代岳译:《希腊罗马名人传》第2册,长春:吉林出版集团有限责任公司,2011年,第1314页。
③ [英]莎士比亚著,朱生豪译:《莎士比亚全集》第5卷,南京:译林出版社,2016年,第196页。
④ [英]莎士比亚著,朱生豪译:《莎士比亚全集》第5卷,南京:译林出版社,2016年,第220页。

片刻的迟疑,甚至决定要改变计划,但最终他选择相信狄歇斯对此梦是大吉大利之兆的解释:"您的雕像喷着鲜血,许多欢欢喜喜的罗马人把手浸在血里,这表示伟大的罗马将要从您的身上吸取复活的鲜血,许多有地位的人都要来争夺您的纪念品"①。之所以如此,是因为狄歇斯的解释迎合了凯撒本人执意前往元老院的决定,使得他自认为自己的行动是合理的,不但无害,反而有益。究竟是什么原因使得凯撒不顾个人安危、执意前往元老院呢?剧中有两处暗示。莎士比亚在第一幕第三场悲剧发生前借凯斯卡之口提到:"他们说元老们明天预备立凯撒为王;他可以君临海上和路上的每一处地方,可是就是不能在意大利。"②在第二幕第二场狄歇斯也提醒凯撒:"元老院已经决定要在今天替伟大的凯撒加冕。要是您叫人去对他们说您今天不去,也许他们会变了卦。"③可见,急于获得加冕,又担心自己缺席会让元老们变卦,是凯撒执意前往的重要原因。但同样值得思考的是,关于凯撒加冕的这一提案究竟是元老们主动为之还是不得已而为之?莎士比亚又一次"留白",故不明言。普鲁塔克的历史记述或许能够弥补这一空白:"因为他们(元老们)是应他(凯撒)的召集才来开会,并且准备一致投票通过,宣布他为意大利以外所有各行省的国王,无论他经由海路或陆路到意大利以外的地方,都可以戴着王冠。"④这表明凯撒是此次元老院会议的发起人,元老们只是按凯撒的意愿行事。凯撒深知这次会议对他而言意义非凡,缺席意味着他将失信于元老们,导致个人威信的下降;缺席更意味着元老们可能随时搁浅甚至改变同意他加冕的计划,那他内心深处渴望的君临意大利以外各行省的威权就无法及时合法化。于是,无论妻子的爱有多深,或占卜天意的祭司有多忠诚,在凯撒眼中都无足

---

① [英]莎士比亚著,朱生豪译:《莎士比亚全集》第5卷,南京:译林出版社,2016年,第222页。
② [英]莎士比亚著,朱生豪译:《莎士比亚全集》第5卷,南京:译林出版社,2016年,第207页。
③ [英]莎士比亚著,朱生豪译:《莎士比亚全集》第5卷,南京:译林出版社,2016年,第222页。
④ [希]普鲁塔克著,席代岳译:《希腊罗马名人传》第2册,长春:吉林出版集团有限责任公司,2011年,第1321页。

轻重,只因他们所言内容与他内心的想法不一致。凯撒只选择听从与他内心相一致的狄歇斯的言语,不管说话者的动机如何。可见,凯撒的行为几乎不受外界干扰,行为背后体现的是他坚定的个人意志,反映了他想成为帝王的强烈欲望。

第三,在公共事务决策上,凯撒固执己见,独断专行,丝毫不顾及其他元老的态度与感受。当麦泰勒斯·辛伯在元老院会议上为自己遭遇放逐的兄弟求情时,凯撒的一席话足以表明其唯我独尊:"要是我也跟你们一样,我就会被你们所感动;要是我也能够用哀求打动别人的心,那么你们的哀求也会打动我的心;可是我是像北极星一样坚定,它的不可动摇的性质,在天宇中是无与伦比的……让我在这件小小的事上也向你们证明这一点。我既然已经决定把辛伯放逐,就要贯彻我的意旨,毫不含糊地执行这一个成命,而且永远不让他再回到罗马来。"①

莎士比亚精心塑造了一个个人意志决定一切行动的凯撒。然而,莎士比亚似乎并非止于此,他进一步精心布控,让秉持意志至上思想的凯撒与衰退的体格相结合。历史上,关于凯撒的故事很多。莎士比亚在此剧中选取的并非意气风发、精力充沛、活力四射的年轻凯撒,而是击败庞培、重返罗马的年老体衰的凯撒。这时的凯撒已然显露出种种病态,耳背、疾病不定时发作。在凯旋仪式如此隆重的场合,当民众因其三次拒绝安东尼献给他的王冠而高声欢呼时,凯撒却昏倒在地,"嘴边冒着白沫,话都说不出来"②。戏剧叙事节奏的突然中断,似乎是莎士比亚在有意提醒民众注意即将有可能成为皇帝的凯撒的身体状况。如此年迈、耳背甚至不堪忍受喧闹热烈场面的凯撒,能否很好地承担管理国家的重任?莎士比亚对凯撒史料的选取,显然不是在讴歌他的崇高与伟大,似乎是在有意减损他的王者气概,引发观众或读者关注并思考王者的体格、健康状况。在莎士比亚后来创作的悲剧《李尔王》中,李尔因年老体衰,逐渐表现出昏庸,以至于仅仅听凭三个女儿对他爱的程

---

① [英]莎士比亚著,朱生豪译:《莎士比亚全集》第5卷,南京:译林出版社,2016年,第229页。

② [英]莎士比亚著,朱生豪译:《莎士比亚全集》第5卷,南京:译林出版社,2016年,第202页。

度的语言表述，就将国土进行了划分。花言巧语的两个姐姐各自取得半壁江山，成了李尔事业的继承人，而忠诚、善良的小女儿却被李尔远嫁法国，什么也没得到。其结果则是李尔遭遇两个大女儿的抛弃，而整个国家也因"王"的分裂而面临外敌侵袭。不难看出，在莎士比亚笔下，王者的体格和王者的思维方式间似乎存在一定微妙的关系。莎士比亚在对王者体能的较高要求上，无疑与罗马的传统认识是一致的。这是否意味着莎士比亚已经意识到，统治者的年迈体衰已经不适合理政；统治者的体能下降，有可能导致思维方式上的混乱，以至于过多倾向于感性而忽视理性，而理性的忽视又继而引发政治智慧的下降，从而导致国家内部的混乱与动荡呢？这些我们不得而知，但可以确定的是，莎士比亚在剧中有意夸大并增饰了凯撒体格、性格上的缺陷。当意志至上思想与存在种种缺陷的体格相结合，凯撒的悲剧似乎在所难逃。凯撒意志至上的思想，在当时的罗马显然是行不通的。罗马人讲究法律，特别是自然法，上层统治阶级中的元老院、护民官等是自然法的护卫者。凯撒居功自傲、唯我独尊，不顾元老院的求情与护民官的反应，甚至将预言者的预言、妻子的不祥之梦用自己的意志加以"控制"，从而让一切都服从自己的意志，让自己的一切行动、一切决定变得"合情合理"。他毫无节制、不分场合地表明自己的自信与高傲。殊不知，这种绝对权威的形象，让元老院的贵族望而生畏。勃鲁托斯担心罗马的共和秩序会遭到破坏，凯歇斯则担心凯撒一旦称王，会对德行上有污点的自己痛下毒手。凯撒的言行在元老院成员的眼中，无疑构成对罗马传统的威胁。这一切均为刺杀凯撒的行为提供了充分的理由与动机。在某种意义上，甚至可以说凯撒本人的意志至上思想需要为这场政治叛乱负责。凯撒的结局注定是悲剧性的。他的悲剧不仅是个人的，也是国家的。最高执政者的思维方式不仅左右其个人行动、影响个人命运，更是牵涉国家发展的走向。上述分析表明，莎士比亚不看好意志至上的思维方式，特别是当这样的思维方式作用于国家执政者时。

不过，莎士比亚并没有全盘否定凯撒，他通过字里行间的描述让读者意识到凯撒的智慧。作为战庞培的凯旋将领，其军事智慧不言而喻。凯撒注意到了凯歇斯的不同寻常，断言这个"形容憔悴""太用心思"的人是个危险分子。而后来发生的事情足以证明他的精准预判，充分说明其敏锐的观察力与远见卓识。遗嘱中爱民惠民的举措,表明其懂得得民心者得天下的政治策略。凯撒表现出的坚定的个人意志是国家最高执政者维护政治权威不可或缺的品质。然而,凯撒不懂得对个人意愿的弹性控制,表现出绝对的无妥协性或不变性,以致身遭不测,也让罗马陷入未知的恐惧。通过对凯撒的形塑,莎士比亚不仅批判了意志至上思想,而且激发人们思考王者思维方式,以及思维方式与体格、政治智慧间的关系。

(二)安东尼:诗性哲人

勃鲁托斯、凯歇斯、凯撒三人行为背后的哲学理念一定程度上割裂了诗性思维与哲性思维的关系。凯撒过分依赖个人意志,让意志成为一切行动的推动力;勃鲁托斯崇尚斯多葛主义,奉行理性至上,一切以罗马的律法、"传统"为行为准则;凯歇斯推崇伊壁鸠鲁主义,一切以实用、利己为出发点。安东尼则与他们有着显著的不同。性情爱好方面,安东尼喜欢"陶情作乐",但是,他并非一切以感性判断为尺度,他的思维方式也非固化,而是处在一种动态的流动中:当一切安好时,他表现更多的是闲情逸致;而当危机四伏时,他便动用所有潜在的感性和理性的能量,去和"共和派"进行英雄式的对决。得知凯撒被刺身亡后,他并没有出于明哲保身的想法而立刻逃离罗马,而是尽其所能去捍卫以凯撒为首的"民主派"的共同利益,表现出绝对忠诚的美好品质。凯撒遇刺后,现场一片慌乱。在敌众我寡之时,安东尼并未采取任何反抗行动,而是借用特莱包涅斯的话"吓得逃回家里去了"①。安东尼深知"小不忍则乱大谋"的真理,他明白混乱中的一切决定必然有失稳妥,而且可能给自己带来杀身之祸。于是,他采用了"三十六计,逃为上策"的方法先保命,而后谋划对策。安东尼是机智的,作为凯撒的左膀右臂,凯撒的被刺一定让他义愤填膺、悲哀不已,然而愤怒与悲伤并没有俘获安东尼。他立刻化悲伤为力量,运用自己的理性与智慧,与反对派进行斡旋。他先派仆人送信给勃鲁托斯,注意是勃鲁托斯而非凯歇斯,尽管两

---

① [英]莎士比亚著,朱生豪译:《莎士比亚全集》第5卷,南京:译林出版社,第230页。

人都是身兼重职的要人。如果说安东尼之前对凯歇斯的判断出现了失误——凯撒和安东尼第一次谈论起凯歇斯时,凯撒认为凯歇斯这种人很危险,而安东尼却说:"别怕他,凯撒,他没什么危险。他是一个高贵的罗马人,有很好的天赋。"①但凯撒遇刺后,安东尼学会了谨慎,学会了更加理性地分析、判断政治局势。他之所以选择送信给勃鲁托斯,是他意识到了勃鲁托斯的德行显然高于凯歇斯。安东尼在信中请求勃鲁托斯在保证其人身安全的情况下允许他见自己一面,并向他解释凯撒何以致死的原因。当勃鲁托斯承诺用名誉担保其安全后,他才去圣殿会见勃鲁托斯。为赢得公开讲话的权利,安东尼采取欲擒故纵的方式,"先是巧言令色,极力骗取布鲁多(勃鲁托斯)的信任"②,然后当众向他提出两点请求:第一,对凯撒的死做出解释;第二,请求把凯撒的尸体带到市场上去,自己以朋友的地位,在讲坛上为凯撒说几句追悼的话。安东尼的要求并不过分,因为按照当时罗马人的习俗,贵族死后,为他一生的德行作以回顾与评价是不可避免的仪式之一。正因其要求合理,理性至上的勃鲁托斯自然无法拒绝,并且"同意凯撒可以得到一切合礼的身后哀荣"③。安东尼的行为动机并非看上去那么简单,他实际上是要借助明誉暗毁的演说试探人民对于弑杀凯撒这一暴行的反应,是要捍卫、复活脱离凯撒肉身的凯撒精神,是要"反戈一击,矛头直指布鲁多(勃鲁托斯),让布鲁多猝不及防,陷于绝境"④,并以此与共和派展开殊死搏斗。凭借情理交融、声情并茂的雄辩之才,安东尼成功压倒勃鲁托斯,使得勃鲁托斯关于刺杀凯撒动机的辩解显得苍白无力。正是由于安东尼思维灵活,能够因地制宜采取相应举措,才使得以勃鲁托斯和凯歇斯为首的政治叛乱难以修成正果,并使得在凯撒遇刺后陷入未知恐惧中的罗马民众被成功说服,开始倒戈并支持安东尼一方。

显然,安东尼具有诗人思维方式的灵活和哲人思维方式的理性与

---

① [英]莎士比亚著,朱生豪译:《莎士比亚全集》第5卷,南京:译林出版社,第201页。

② 李伟昉:《朱东润〈莎氏乐府谈〉价值论》,《外国文学研究》,2019年第2期。

③ [英]莎士比亚著,朱生豪译:《莎士比亚全集》第5卷,南京:译林出版社,第234页。

④ 李伟昉:《朱东润〈莎氏乐府谈〉价值论》,《外国文学研究》,2019年第2期。

得体,兼具诗人与哲人的双重智慧。他年轻力壮、身姿矫健,危难时刻更是勇往直前、急中生智。他时而充满闲情逸致,时而沉着冷静,对待朋友忠心耿耿,对待国家敢于担当。这与普鲁塔克笔下的安东尼形象大相径庭。普鲁塔克在《希腊罗马名人传》中,将安东尼列入"美色亡身者"行列,并借那些位阶较高和重视品德的人士之口表明他本人对安东尼生活方式的深恶痛绝。为了让自己的观点更具说服力,他甚至详细列举了安东尼的种种恶习:经常纵饮酗酒、奢华挥霍、荒淫无度,白天不是睡觉就是毫无目的在各处乱逛,到了夜间全都用来宴饮或观剧,或者是参加喜剧演员或丑角的婚礼。① 在此基础上,普鲁塔克对凯撒当政期间安东尼的政治作为作出综合评价:"总而言之,凯撒施政所能获得的良好名誉,全都被他的朋友所损毁。在这些友人之中,安东尼托付的责任最重,所犯的过错最大,所以大家都认为他难辞其咎。"② 可见,普鲁塔克笔下的安东尼,虽然也有急中生智、英勇善战的一面,但总体却是一个骄奢淫逸、恶习缠身的浪子或罪人形象。与之迥异的是,莎士比亚在《裘利斯·凯撒》中略去了安东尼上述的种种恶习,甚至根本没有提及其行为的任何不当之处。

莎士比亚在葬礼演说等细微情节的设置与处理上也体现出他的别出心裁,经过一番粉饰,莎士比亚笔下的安东尼具有了唯一原创性或不可复制性。莎士比亚似乎正是借助这一精心塑造的独特的安东尼形象在讴歌诸如安东尼一般的国家护卫者,其忠诚、担当、果敢与智慧是安邦兴国的坚强后盾。

三、"诗与哲学之争"的阐释及其寓意

莎士比亚在《裘利斯·凯撒》中把凯撒的意志至上思想与体格上的衰弱、性格上"唯我独尊"的缺陷联系在一起,把非理性哲学思维带给他

---

① [希]普鲁塔克著,席代岳译:《希腊罗马名人传》第3册,长春:吉林出版集团有限责任公司,2011年,第1644页。
② [希]普鲁塔克著,席代岳译:《希腊罗马名人传》第3册,长春:吉林出版集团有限责任公司,2011年,第1642页。

个人的命运悲剧和国家政局的混乱与动荡联系在一起，自然让人做出凯撒不是莎士比亚心中最高统治者的理想代表的猜测。勃鲁托斯严格奉行律法，恪守自己心中认定的"罗马传统"，一味追寻所谓的民主与自由，心甘情愿接受凯歇斯的阿谀奉承。他口口声声为了罗马、为了共和，对外更是标榜为有德行的人，却一心想要利用凯歇斯靠德行上的污点挣来的钱财为自己的政治事业服务，这很大程度上证明了他的伪善。勃鲁托斯和凯歇斯决定联手刺杀凯撒，他们的行为却以失败告终。这表明一切以理性与实用为出发点的行为必然受挫，必然无法实现行动者本身的最高追求。除了思维方式的欠缺外，二者德行上的污点也必然导致他们行动的失败。莎士比亚以此暗示政治革命的成功取决于政治行为动机的合理性和政治行动背后思维方式的恰当性，二者缺一不可。靠叛乱而取得的政权终究是非法的，注定要失败；理性主义思想与实用主义思想主导下的行为有着致命的缺陷，不可能实现价值目标。安东尼的故事表明：只有行为动机本身的正义，只有让诗性思维与哲性思维处于相互制衡的状态，个人才有可能获得智慧，他的行动才可能导向成功。但如果仅仅停留在人物背后思维方式与行动结果之间关系的认识，那么我们就没有真正理解莎士比亚创作该剧的良苦用心。

莎士比亚创作《裘利斯·凯撒》无疑有着深刻而复杂的所指。莎士比亚并非简单地通过戏剧来还原历史上凯撒的故事，也不仅仅通过对剧中人物行动背后思维方式的剖析，表明诗与哲学的关系。如果这样，莎士比亚戏剧不免流于肤浅。事实上，这部罗马剧创作的背后，莎士比亚可能有着多重的考量。

首先，剧中人物诗性思维与哲性思维的较量，不仅是对中世纪时期哲学霸权强压给诗人的屈辱的有力回击，也矫正了诗与哲学的理性关系。文艺复兴时期，莎士比亚的同时代作家锡德尼从诗人的视角出发为诗进行强有力的辩护，驳斥哲学家们对于诗人是谎言家和内在腐化的诟病；身为哲学家的培根也从理性的角度为诗进行辩护。如果说锡德尼和培根以公开、直接、有声的，充满感性或理性的言辞性的方式为诗进行辩护，那么莎士比亚则通过诗剧以隐性、间接、无声的充满感性和理性的方式为诗进行辩护；如果说锡德尼和培根为诗作了理论层面的辩护，那么莎士比亚则为诗进行了实践层面的辩护；如果说锡得尼和培根为诗辩护表现出了自觉的担当意识，那么谁又能否认莎士比亚所做的一切不是在本能地捍卫诗与诗人的尊严呢？

莎士比亚不但表明自己通过诗剧创作参与社会、改造社会的热情，不但呈现出诗剧中不同人物在不同思维方式的引导下行为结果的差异性，而且把思维方式的特点有意"固化"到特定社会阶层人身上。例如作为"统治者"的凯撒与意志至上思想相结合，作为贵族和国家捍卫者的勃鲁托斯与斯多葛主义相结合、凯歇斯与伊壁鸠鲁主义相结合、安东尼与诗性哲人的思维方式相结合，而民众与情绪化、多变无常的思维方式相结合。不仅如此，莎士比亚还有意使特定思维方式与特定体格、性格、德行相结合。意志至上的凯撒体能衰退、性格专断、盲目自信，理性至上的勃鲁托斯伪善、自命不凡，有着实用主义思想的凯歇斯形容枯瘦、卑躬屈膝、谄媚，而以理性思维与诗性思维相互制衡的安东尼勇猛、有胆有识、忠于职守、急中生智。不同思维方式指导下，人物的命运也相差甚远。凯撒、勃鲁托斯、凯歇斯过度的非理性、理性或实用主义思想分别导致个人事业流于失败，生命也因此走到尽头，而诗性思维与哲性思维兼具的安东尼却能够化险为夷、力挽狂澜，不仅成功捍卫自己与凯撒的友谊，尽到护卫的职责，而且为自己的政治事业开拓了新的局面，让凯撒死后陷于恐惧与黑暗的罗马民众看到了一丝希望与安慰——难道这不是对诗性思维所代表的诗的智慧的有力阐释么？与文艺复兴时期为诗辩护的诗人与哲人所不同的是，莎士比亚在肯定诗的智慧和力量的同时，并不否定哲性思维的重要性，诗性思维只有在哲性思维的制衡下方能显示出其神奇的能量。只有当诗与哲学既发挥各自特长，又能够相互融合，方会产生出真正的智慧。《裘利斯·凯撒》表明：当一个诗人用理性的目光来观察、分析他所处的时代及其社会问题时，诗人就成了哲人。诗人与哲人一样醉心于预言、担负着智者的使命。如此看来，在诗与哲学关系的认识上，莎士比亚是超越于其所处时代的。

其次，莎翁将不同阶层人物的思维方式与政治命运相结合，以此艺术地各有侧重地暗示自己的政治见解，即王者要像安东尼一样年轻、健壮、勇猛、充满生命的活力，懂得运用语言的艺术，特别是要掌握公共演讲艺术，只有这样才能够在国家面临危难之际从容不迫，并擅于运用演说术安抚情绪失控的民众,让国家处于可控状态;王者应拥有勃鲁托斯般的德性,秉承国家利益至上的理念,在关键时刻敢于挺身而出,捍卫国家利益;王者要有凯歇斯的政治智慧,能够预见事态发展趋势,防患于未然;王者要像凯撒那样懂得通过为民众谋福利的方式,赢取民心,最大限度地获得民众支持。这样看来,兼具哲性思维与诗性思维的双向思维能力,同时又不乏政治智慧的智者似乎更符合莎士比亚心中理想的王者形象。对此,莎士比亚并没有给出一个清晰的答案,他只是激发观众或读者透过这部罗马悲剧去思索任何政体都无法回避的一个严肃的政治问题,即王者的德行、思维方式、政治智慧影响甚或改变着一个国家的命运。

再次,故事的场景选在罗马,正应了英国文艺复兴时期观众对罗马历史的热情,容易引起观众的共鸣。16世纪末的观众似乎更关心当时一些敏感的政治和社会问题,如王位继承和国家的长治久安,这大概就是为什么历史剧在1600年前颇为流行的主要原因。① 剧中人物的哲性思维方式与英国当时盛行的哲学思想相吻合。莎士比亚也借此书写了文艺复兴时期人们的普遍信仰,即人的命运掌握在自己手中,取决于自己的思维方式与行动方式。

最后,《裘利斯·凯撒》以凯撒被刺为线索是莎翁"心怀当下,情系英伦"的有力佐证。1599年该剧创作时,执政的伊丽莎白女王已66岁,国内正面临着爱尔兰人在中世纪对英国统治的最后一次大反抗,史称蒂龙叛乱(1594—1603年)。王位不稳、国家动荡、阴谋事件层出不穷,这正是令女王头疼的事情。英国统治阶级的思维方式也到了几近偏执的地步,政府下令不允许任何作家以任何方式谈论英国的政治。尽管这些真实的阴谋在莎剧中没有出现,但阴谋这一现象本身以及人们对它的恐惧是显而易见的。② 莎士比亚把"政治叛乱"这一类似的情节安排在剧情中,正反映出他的爱国情怀与忠君思想。他不允许反动

---

① 王佐良,何其莘:《英国文艺复兴时期文学史》,北京:外语教学与研究出版社,2018年,第138页。
② [美]尼尔·麦克格雷著,范浩译:《莎士比亚的动荡世界》,郑州:河南大学出版社,2016年,第173页。

分子武装叛乱非法夺取政权,他为英国的前途与命运而担忧,为他所敬爱的女王出谋划策。虽然罗马在凯撒死后处于未知状态,但在剧中兼具诗性思维与哲性思维的安东尼身上,英国当权者或许能够看到希望,得到评定叛乱的法宝。他们需要凯撒般置个人安危于不顾,把亲民惠民政策落到实处的政治首脑,只有如此,他们的政权才会得到民众的支持。更为重要的是,他们需要安东尼般的国家护卫,懂得如何运用理性思维与感性思维交织状态下的智慧去引导缺乏政治立场、无常多变的民众,这样,他们的政权方可得以维护与巩固。

索尔·贝娄曾言:"如果必须把艺术家的事业解释成有目的的,那么诗人——艺术家——应当赋予人类新的眼光,使他们能够从不同的角度认识这个世界,转变僵化的经验模式。"①在赋予人类新的眼光方面,莎士比亚无疑是成功的艺术家。莎士比亚通过《裘利斯·凯撒》成功介入同时代人的生活中,并以新的方式阐释诗与哲学的关系,启发观众或读者从体能、性格、欲望、思维方式、德行、政治智慧等方面去建构理想国家执政者形象,思考执政者形象与国家命运间的关系。

结　　语

莎翁的作品之所以能成为永恒的经典,乃是因为它蕴含了生命中永恒的话题。《裘利斯·凯撒》不仅展现了人类理性与感性的较量,而且艺术地探讨了文明社会不可回避的问题:究竟哪一种政体更合理、更有益于人民,理想的国家最高统治者究竟应该具备哪些核心素养。虽然莎士比亚并未给出清晰的答案,但这也正是他的高明之处。因为影响政体选择的因素有很多,而且每一种政体都有自身无法克服的弊病,孰优孰劣只能在相对的历史语境中才能得以评判,适合此国未必适合彼国,适合此时代,未必适合彼时代。虽然这个问题自国家诞生之日就存在,现在也依然存在,在未来很长一段时间内仍将继续存在,但莎士比亚能够引发读者去思考这个世界性命题本身就是伟大的。他能够把

---

① [美]艾伦·布卢姆著,战旭英译:《美国精神的封闭》,南京:译林出版社,2011年,第8页。

文学创作与政治共同体、个人追求的至善与国家追求的共善等问题相联系,满怀政治情怀,关注当下社会问题,这已足矣。莎士比亚不仅拥有明澈的智慧,而且拥有充沛的感情,同时它们没有相互抵触、彼此削弱。静心聆听莎士比亚能够重获生命的完满,重新发现并找回失落已久的和谐之路。因此可以说:莎士比亚既不是单纯的文学的莎士比亚,也不是纯粹的哲学的莎士比亚,更不是简单的政治的莎士比亚,而是将文学、哲学、政治融为一体进行综合考量的莎士比亚。他的《裘利斯·凯撒》明显流露出对当时英国社会的忧思,具有鲜明的时代特征与问题意识,正如"雨果把莎士比亚看作是集诗人、历史学家和哲学家于一身的杰出天才,这同时兼具的三重身份使莎士比亚在文学史上获得了至高无上的地位"①。

原载于《河南大学学报(社会科学版)》2021年第2期;人大复印资料《外国文学研究》2021年第7期全文转载、《高等学校文科学术文摘》2021年第3期论点转载

---

① 李伟昉:《雨果莎评及其特色论:以〈莎士比亚传〉为中心》,《河南大学学报(社会科学版)》,2016年第3期。

文艺理论与艺术学研究

中国当代文艺理论的分歧及理论解决

邓树强　熊元义①

20世纪80年代中期以来,中国当代文艺理论虽然取得了较大的进展,但过去出现的一些理论分歧却始终没有得到根本解决。尤其是中国当代文艺理论界在把握文艺的理想与现实的发展、文艺的批判与现实的批判等关系上仍然没有超越前人的认识,甚至在一些方面有所退步。其中,文艺理论家王元骧在从"审美反映论"到"审美超越论"的发展过程中就没有克服前人所犯的错误。这种"审美反映论"虽然主要是针对"文学主体论"完全否定"文艺反映论"而提出的,但却没有避免"文学主体论"否定"文艺反映论"所犯的根本错误。不过,与中国当代一些文艺理论家不同,王元骧既真诚地信仰和宣传马克思主义文艺理论,也积极地推进马克思主义文艺理论中国化的发展。可以说,王元骧提出的"审美超越论"走到了马克思主义文艺理论的反面是不自觉的。而王元骧文艺理论发展的这种现象在中国当代社会转型时期是普遍的,但是,这种文艺理论现象却没有引起中国当代文艺理论界的重视。以往我们曾先后在《审美超越要建立在现实基础上》(《文艺争鸣》,2007年第11期)、《中国当代文艺理论的发展与马克思主义美学嬗变》(《南方文坛》,2009年第6期)等论文中对王元骧的"审美超越论"提出了批评。但是,这些文艺理论批评一是没有全面解剖王元骧文艺理论的缺失,二是王元骧在反批评时没有正面回应这些批评,而中国当代文艺理

---

① 邓树强,男,黑龙江齐齐哈尔人,齐齐哈尔大学文学与历史文化学院副教授;熊元义,男,湖北仙桃人,江汉大学人文学院特聘教授,文艺报社理论部编审,文学博士。

论界也鲜有参与。因此，我们很有必要更系统、更深入地解剖王元骧文艺理论的发展，既全面剖析王元骧的文艺理论在哪些方面存在失误，也深入探究我们与王元骧在文艺理论上的分歧在哪里，并将王元骧的"审美超越论"与刘再复的"文学主体论"理论进行比较，总结中国当代文艺理论发展的得失，这不但有利于中国当代文艺理论界科学地总结中国化的马克思主义文艺理论发展的经验教训，而且有利于中国当代文艺理论界更好地推动中国化的马克思主义文艺理论的发展。

一

20世纪90年代初以来，中国文艺界提倡一种"泛美主义"或"泛审美主义"，严重地混淆了眩惑与真美。这种"泛美主义"或"泛审美主义"实际上是一种肤浅的"感觉主义"或"感性主义"，即把凡是能够提供给感觉的感性呈现都称呼为美的呈现或美的创造，同时也就把随便的什么感性享受都一概称呼为审美。这种眩惑就是德国哲学家叔本华所说的媚美。19世纪早期，叔本华区分了媚美的类型并作了严格的界定。叔本华认为在艺术的领域里的媚美既没有美学价值，也不配称为艺术。叔本华将这种媚美分为两种类型：一种是积极的媚美。在历史的绘画和雕刻中，媚美则在裸体人像中。这些裸体像的姿态，半掩半露甚至整个裸露的处理手法都是意在激起鉴赏人的肉感，因而纯粹审美的观赏就立即消失了，而作者创造这些东西也违反了艺术的目的。还有一种消极的媚美。这种媚美比积极的媚美更糟，那就是令人作呕的东西。这和真正的媚美一样，也唤起鉴赏者的意志因而摧毁了纯粹的审美观赏。不过这里激起的是一种剧烈的不想要，一种反感；其所以激动意志是由于将意志深恶的对象展示于鉴赏者之前。因此，人们自来就已认识到在艺术里是绝不能容许这种东西的；倒是丑陋的东西，只要不是令人作呕的，在适当的地方还是可以容许的。① 中国当代有些文艺作品严重缺乏感动人的真美，但却不乏叔本华所说的刺激和挑逗人

---

① ［德］叔本华著，石冲白译：《作为意志和表象的世界》，北京：商务印书馆，1982年，第290—291页。

的媚美。这种病态的文艺创作现象曾在西方现代艺术中泛滥。匈牙利美学家卢卡契就深入地挖掘了这种病态的文艺创作现象产生的根源,他认为"艺术家对社会的错误态度是他对社会充满了仇恨和厌恶;这个社会又同时使他与所处时代的巨大的、孕育着未来的社会潮流相隔绝。但这种个人的与世隔绝,同时也意味着他的肉体上和道德上的变形。这类艺术家在所处时代的进步运动中都做了徒劳的短暂的客串演出,而最终经常是成了死对头"。① 而这种恶劣的艺术创作现象在中国当代文坛出现在一定程度上则是中国当代文艺创作由"外"向"内"转移的结果。在这种由"外"向"内"转移的过程中,有些作家不屑于看到或者根本看不到客观世界存在的真美,就只好以眩惑这种东西诱惑人心,这种个人化写作把个体审美意识与群体意识完全对立起来了。有人还在美学上对这种文艺创作的转向进行了所谓的理论提升,认为这是反叛艺术创作中的政治群体意识回到个人的审美意识。简言之,就是回到审美意识自身,并逐步走向现代审美意识的生成。这种美学理论把中国当代文艺进一步地引进了死胡同。为了抵制中国当代文艺创作这种病态现象,王元骧深刻地区分了"美的艺术"与"大众文化",并鲜明地提出在"美的艺术"与"大众文化"这两者之间,应该以"美的艺术"来提升"大众文化",而不应该以"大众文化"来消解"美的艺术"。王元骧坚决反对审美的降格,而把"审美超越"视为"艺术的精神",认为一切优秀的文艺作品都使人在经验生活中看到了一个经验生活之上的世界,使人在苦难中看到希望,在幸福中免于沉沦,而使自己的生活有了一种必要的张力,把人不断引向自我超越。② 他尖锐地批评了这种异化现象,即有些文艺作品沦为商品,变为休闲、娱乐、宣泄,仅仅满足于感官享受的工具,认为这不过是随着人的异化而来的文艺的一种异化现象。在这个基础上,王元骧深入地把握了中国当代文艺的发展规律,有力地批判了中国当代文艺理论的虚无化倾向,抵制了那些没有理论深度的文艺

---

① [匈]乔治·卢卡契:《卢卡契文学论文集(一)》,北京:中国社会科学出版社,1980年,第448页。
② 王元骧:《论美与人的生存》,杭州:浙江大学出版社,2010年,第78页,第269页,第323页。

批评,唾弃了中国当代媚俗、低俗、恶俗的文艺作品。王元骧的这种文艺理论追求是十分深刻的,但令人遗憾的是,王元骧在大力推进马克思主义文艺理论的发展中没有达到更高的历史阶段,而是不自觉地背离了唯物史观,陷入了唯心史观。为了更好地推进中国当代文艺理论的发展,深入地探讨这种现象产生的原因就是很有必要的了。只有找到了原因,才能真正避免这种现象的继续发生。

20世纪80年代中期以来,王元骧的文艺理论经过了两次较大转变。一是从认识论文艺观到价值论文艺观的转变。王元骧高度肯定了"审美反映论"和"审美意识形态论",认为这两个概念是互相联系的。审美反映是就文学与现实的关系而言,而审美意识形态则就审美反映的成果而言,它以"审美反映论"为基础和前提。王元骧认为"审美反映论"自然是一种认识论文艺观,但它与中国以往流行的认识论文艺观是不同的。这种"审美反映论"强调文学反映的不只是一种客观事实、一种"实是的人生",而且包含着作家的主观愿望,作家对于"应是的人生"的企盼、期望、追求和梦想。所以就其性质来说,不是一种"事实意识",而是一种"价值意识",它不只是认识性的,而且也是实践性的。① 这样,我们就把以往对文学的理解单纯从认识论的视角而走向认识论与价值论、实践论统一的视角。二是从价值论文艺观到本体论文艺观的转变。王元骧认为价值论文艺观肯定了个人的需要、理想、愿望及个人存在的价值,与传统认识论文艺观相比,它大大深化和推进了人们对文艺本性的认识。但是,"当今我们所处的是一个价值多元的社会,不同的利益集团都有他们各自不同的价值取向。我们凭什么来判断何种价值取向是正当的、健全的?何种价值取向是非正当、不健全的?这里就需要我们找到一个进行价值判断的客观真理性的标准,这就要求我们把文学认识论研究经由文学价值论研究再进一步推进到'文学本体论'的研究"。② 所以,王元骧在区分优秀的、伟大的作家与一般作家的基础上提出,凡是优秀的、伟大的作家一方面都是直面人生的,哪怕是严酷、惨淡、血淋淋的生活也不予以回避;而另一方面又与一般作家不同,他

---

① 王元骧:《论美与人的生存》,杭州:浙江大学出版社,2010年,第78页。
② 王元骧:《论美与人的生存》,杭州:浙江大学出版社,2010年,第79页。

在对现状的痛切的感受和描写中无不伴随着强烈的要求改变现状的渴望。因此,他的作品在描写卑琐、空虚、平庸时又成了对卑琐、空虚、平庸的超越;描写罪恶、苦难、不平时又成了对罪恶、苦难、不平的超越;描写压迫、剥削、奴役时又成了对压迫、剥削、奴役的超越。这样,"我们就不仅可以把认识论文艺观与本体论文艺观有机地统一起来,而且也使得以往的价值论文艺观由于缺乏本体论的依据所可能导致的价值相对主义,从根本上得到克服,使我们的文艺学成为真正有根的文艺学"。①我们曾在《中国当代文艺理论的发展与马克思主义美学嬗变》(《南方文坛》,2009年第6期)等论文中对王元骧文艺理论的这两大转变进行了把握。

可是,在这种文艺理论转变和发展的过程中,王元骧却不自觉地背离了唯物史观,陷入了唯心史观。

二

首先,王元骧在历史观上背离了唯物史观,陷入了唯心史观。王元骧的这种"文艺本体论"是以人性论和目的论为基础的。王元骧认为:"文学作品中所反映的'应是的人生'并非只是由于作家的创作活动,作家的审美情感激发下的艺术想象所赋予的;它同时也是人所固有的本真生存状态的显现,是现实生活中所存在于人们心灵中的一个真实的世界。所以尽管这些'美的幻想'可能离现实很远,但却离心灵很近。一个文学作品,只有当它真实地显现了人的这种生存的本真状态,并启示人们对于人生的意义去作深情的探询、对自身的生存状态去作深刻的反思,引导人们朝着'应是的人生'而不断走向完善,它才有可能是美的。"②而作为本体的人就是作为目的来追求的人。这就是"人的活动的特性就在于它是有意识、有目的的,这就使得人的活动不同于动物的活动,它不只是消极地受自然律所支配,而同时还是积极地按自由律行事,它

---

① 王元骧:《审美超越与艺术精神》,杭州:浙江大学出版社,2006年,第13页。
② 王元骧:《论美与人的生存》,杭州:浙江大学出版社,2010年,第80页。

本身就是一个实现人的意志和目的的过程。这决定了社会史与自然史不同,对于自然史来说,起作用的'全是不自觉的、盲目的动力',而在社会史领域活动的,则是'有意识的,经过深思熟虑的,或凭激情行动的、追求某种目的的人'"。① 这种"目的论从自然观上自然是唯心的,但从社会历史观来看却是唯物的,因为历史就是追求一定目的的人的活动"。② 这是根本站不住脚的。

一方面,恩格斯虽然认为在社会历史领域内进行活动的是具有意识的、经过思虑或凭激情行动的、追求某种目的的人;任何事情的发生都不是没有自觉的意图、没有预期的目的。但是,这种在历史上活动的许多单个愿望在大多数场合下所得到的完全不是预期的结果,往往是恰恰相反的结果,因而他们的动机对全部结果来说同样地只有从属的意义。另一方面,恩格斯虽然认为无论历史的结局如何,人们总是通过每一个人追求他自己的、自觉预期的目的来创造他们的历史,而这许多按不同方向活动的愿望及其对外部世界的各种各样作用的合力就是历史。但是,这种在历史领域中起作用的精神的动力不是最终原因。恩格斯特别批判了旧唯物主义不去研究隐藏在这些精神的动力后面的是什么,这些精神的动力的动力是什么。这种旧唯物主义不彻底的地方并不在于承认精神的动力,而在于不从这些动力进一步追溯到它的动因。③

显然,王元骧没有超越恩格斯所批判的旧唯物主义,虽然承认了精神的动力,但却没有从这些精神的动力进一步追溯到它的动因。

其次,王元骧在美学观上背离了唯物史观,陷入了唯心史观。王元骧认为生产劳动创造美和美感。生产劳动何以会产生美和美感呢?王元骧认为"由于它改变了自然与人的对立和疏远的关系,使世界从'自在的'变为'为我的',而成为'人的世界',与人形成一种审美的关系,然后才有可能使自然成为美的对象"。④ 而"美从本质上说不是事物的实

---

① 王元骧:《论美与人的生存》,杭州:浙江大学出版社,2010年,第202页。
② 王元骧:《论美与人的生存》,杭州:浙江大学出版社,2010年,第338页。
③ 《马克思恩格斯选集》第4卷,北京:人民出版社,1995年,第247—249页。
④ 王元骧:《论美与人的生存》,杭州:浙江大学出版社,2010年,第208页。

体属性而是事物的价值属性,价值属性作为由于事物满足人的需要所形成的一种关系属性,它不是脱离人而存在,而是在实践的基础上形成,并随着实践的发展而不断地发生变化的"。① 这是把美的存在和美感的产生混为一谈了。的确,对于审美来说,人对美的认识和感受以及审美关系的实现都离不开实践的能动作用,审美的对象能不能产生美感,产生什么样的美感,都要受到人的实践的深刻制约,但是不能因此就说世界的美一概都是实践创造的。人与自然之间的关系的改变,并不是直接改变了对象的审美性质,而是使人能够发现和欣赏这些本来就存在的美。对象的美要引起主体的美感,需要必要的主客观的条件,这和一个事物要被人们认识也需要相关条件一样。马克思谈到音乐审美,明确地把"最美的音乐"和"音乐感"区别开来,认为音乐美感的产生要有音乐和"懂音律的耳朵"这两个前提条件。他在说"忧心忡忡的穷人甚至对最美丽的景色也无动于衷"时还强调了审美态度这个必要条件。因此,不能把美的存在和美感的产生混为一谈。② 而把美的存在和美感的产生混为一谈,认为一切美的存在都离不开人的实践,就背离了唯物史观,陷入了唯心史观。

再次,王元骧在文艺观上强调了作家对美的创造,而忽视了作家在艺术世界里对客观存在的美的反映。王元骧认为:"文艺以人为对象和目的,它不仅是描写人,而且也是为了人,使人在苦难中看到希望,在安乐中免于沉沦。而能否达到这一目的,作家是关键。"十分丑恶的现象经过作家"灵魂的炼狱"而获得"崇高的表现",有一些英雄人物一经作者戏说就变得庸俗不堪了。③ 王元骧多次规定美的文学,有时认为美的文学是人所固有的本真生存状态的显现,但这种"真正美的、优秀的、伟大的作品不可能只是一种存在的自发的显现,它总是这样那样地体现作家对美好生活的期盼和梦想,而使得人生因有梦而变得美丽。尽管这种美好生活离现实人生还十分遥远,但它可以使我们在经验生活

---

① 王元骧:《论美与人的生存》,杭州:浙江大学出版社,2010年,第209页。
② 曾永成,艾莲:《论实践本体论美学的哲学失误和美学成果》,《文艺理论与批评》,2010年第6期。
③ 王元骧:《论美与人的生存》,杭州:浙江大学出版社,2010年,第302页。

中看到一个经验生活之上的世界,在实是的人生中看到一个应是人生的愿景,从而使得我们不论在怎样艰难困苦的情况下对生活始终怀有一种美好的心愿,而促使自己奋发进取;在不论怎样幸福安逸的生活中始终不忘人生的忧患,而不至于走向沉沦"。① 有时甚至认为美的文学是作家的理想、愿望的实现,"只要真正是美的文学,几乎都是由于作家的理想、愿望在现实生活中不能得以实现,从而通过想象和幻想,把它幻化为一个美的意象,以求在心灵上得到满足和补偿的"。② 其实,王元骧的文艺观经过了多次演变,20世纪80年代中期到90年代初期,以"审美反映论"与"审美意识形态论"为主;20世纪90年代中期以后,王元骧转向了"文艺实践论";到了21世纪,王元骧则转向"文艺本体论"。王元骧认为"文艺本体论"、"文艺实践论"是沿着同一轨道推进的,都是从"审美反映论"中生发出来的,是"审美反映论"已经蕴含了的,或者说是对"审美反映论"认识的深化和发展。在把握审美反映的特点时,王元骧首先认为能引起作家审美感知和审美体验的只能是人和人的世界,即使写到完全没有人出场的自然景物,实际上也是人的世界,即为作家的审美感知和体验所把握到的自然世界,所以作家不在对象之外,而就在对象之中。因而,作家不论描写什么,是人物还是风景,都无不打上他自己的烙印,把自己的心灵生活展现其中。这样,自然美的客观存在就被王元骧否定了。其次认为艺术展示的不是一种"事实意识",而是一种"价值意识";不是"是什么",而是"应为此"。艺术就是由于这一点才能打动人。审美意识作为"价值意识"的一种特殊形式,它与一切"价值意识"、一切意识形态一样,实际上都是一种"实践意识"。③ 这样,社会美的客观存在也被王元骧否定了。

18世纪德国美学家席勒、19世纪俄国文艺批评家别林斯基虽然强调作家、艺术家的能动创造作用,但是他们都没有否定客观存在的美。席勒深刻地区分了艺术的庸俗的表现和高尚的表现。席勒指出:"表现

---

① 王元骧:《论美与人的生存》,杭州:浙江大学出版社,2010年,第92页。
② 王元骧:《论美与人的生存》,杭州:浙江大学出版社,2010年,第91页。
③ 王元骧:《论美与人的生存》,杭州:浙江大学出版社,2010年,第297—298页。

单纯的热情(不论是肉欲的还是痛苦的)而不表现超感觉的反抗力量叫做庸俗的表现,相反的表现叫做高尚的表现。"这就是说,席勒认为庸俗的表现就是没有表现对象超感觉的反抗力量,而高尚的表现则表现了对象超感觉的反抗力量。席勒在严格界定庸俗鄙陋的事物的基础上提出了艺术卓越的处理办法。席勒虽然认为:"虽然有成千的事物由于自己的质料或内容而是庸俗的,但是,通过加工质料的庸俗可以变得高尚,所以在艺术中讲的只是形式的庸俗。庸俗的头脑会以庸俗的加工作贱最高尚的质料,相反,卓越的头脑和高尚的精神甚至善于使庸俗变得高尚,而且是通过把庸俗与某种精神的东西联系起来和在庸俗中发现卓越的方面来实现的。"①但是,席勒却没有认为庸俗鄙陋的事物与真正伟大的事物取决于庸俗的头脑与卓越的头脑。一个诗人,如果他描述微不足道的行为,却粗枝大叶地忽略意义重大的行为,就是庸俗地处理他的题材。如果他使题材与伟大的行为结合起来描述,他就是卓越地处理题材。在这个基础上,席勒提出必须把思想的鄙陋与行为和状态的鄙陋恰如其分地区别开来。因为"前者是一切审美活动所不屑一顾的,后者常常与审美活动相处得很好"。例如,奴隶身份是鄙陋的,不过在存在着自由的情况下,奴隶般卑躬屈节的思想是可鄙的,相反的是没有那种卑躬屈节思想的奴隶职业并不是可鄙的。更确切地说,状态的鄙陋与思想的高尚相结合可能转化为崇高。真正的伟大只会从鄙陋的厄运中闪耀出更加壮丽的光芒。这就是说,席勒所说的艺术卓越的处理办法就是在对象中开掘出真正的伟大。别林斯基高度肯定果戈理,认为他在文艺创作中"对生活既不阿谀,也不诽谤;他愿意把里面所包含的一切美的、人性的东西展露出来,但同时也不隐蔽它的丑恶。在前后两种情况下,他都极度忠实于生活"。②别林斯基在《论俄国中篇小说和果戈理君的中篇小说》中甚至提出:"我们要求的不是生活的理想,而是生活本身,像它原来的那样。不管好还是坏,我们不想装饰它,

---

① [德]席勒著,张玉能译:《秀美与尊严——席勒艺术和美学文集》,北京:文化艺术出版社,1996年,第219页。

② [俄]别林斯基著,满涛译:《别林斯基选集》第1卷,上海:上海译文出版社,1979年,第187页。

因为我们认为,在诗情的描写中,不管怎样都是同样美丽的,因此也就是真实的,而在有真实的地方,也就有诗。"①因而,别林斯基认为诗人的头衔、文学家的称号之所以使灿烂的肩章和多彩的制服黯然失色,是因为文学不顾鞑靼式的审查制度,显示出生命和进步的运动。别林斯基指出:"在这社会中,新生的力量沸腾着,要冲出来,但被深重的压迫紧压着,找不出出路,结果只引起了阴郁、苦闷、冷淡。只有在文学里面,不顾鞑靼式的审查制度,还显示出生命和进步的运动。"②与席勒、别林斯基相比,王元骧的审美反映论不是前进了,而是倒退了。

可以说,王元骧从"审美反映论"开始就背离了唯物史观,陷入了唯心史观。

最后,王元骧在思维方式上没有真正地超越形而上学的思维方式。20世纪80年代以来,我们虽然猛烈地批判了过去相当泛滥的"非此即彼"的思维方式,但仍然没有摆脱形而上学的思维方式。这就是我们在思维方式上用"亦此亦彼"的思维方式代替"非此即彼"的思维方式,而不是用唯物辩证法代替它。有些人将辩证法和"亦此亦彼"的思维方式混同,认为唯物辩证法就是"亦此亦彼"的思维方式,是绝对排斥"非此即彼"的。王元骧提出:"如果把辩证法,把对立统一理解为非此即彼,一方吃掉一方,当然有些不妥;但若理解为亦此亦彼,理解通过辩证思维,可以取别人之长,补自己之短,使自己的认识更加全面、完整、减少片面性,并且使之不断地有所超越,有所前进,这不是很好吗?"③这是严重违背唯物辩证法的。恩格斯明确地界定了唯物辩证法:"辩证的思维方法同样不知道什么严格的界线,不知道什么普遍绝对有效的'非此即彼!',它使固定的形而上学的差异互相转移,除了'非此即彼!',又在恰当的地方承认'亦此亦彼!',并使对立通过中介相联系;这样的辩证思

---

① [俄]别林斯基著,满涛译:《别林斯基选集》第1卷,上海:上海译文出版社,1979年,第154页。

② 易漱泉等编选:《外国文学评论选》,长沙:湖南人民出版社,1983年,第10页。

③ 王元骧:《审美超越与艺术精神》,杭州:浙江大学出版社,2006年,第329页。

维方法是唯一在最高程度上适合于自然观的这一发展阶段的思维方法。"①显然,"亦此亦彼"的思维方式不是真正的唯物辩证法。我们曾经指出,这种"亦此亦彼"的思维方式在逻辑上表现为将形式逻辑和辩证逻辑对立起来,甚至排斥形式逻辑。它只讲矛盾的双方共存和互补,否认矛盾的双方相互过渡和转化;看到了事物相互间的联系,忘了它们的相对静止;它只见森林,不见树木,仍然是一种形而上学的思维方式。因此,我们不但要从"非此即彼"这形而上学的思维方式中挣脱出来,也要摆脱"亦此亦彼"这种形而上学的思维方式的束缚,真正坚持唯物辩证法。由于在思维方式上陷入了误区,所以王元骧的文艺理论创新走过了头。

三

如果比较王元骧的"审美超越论"与刘再复的"文学主体论",就不难发现这两种文艺理论形态虽然在时间上前后出现并批判了不同的文艺现象,但在本质上却是一样的,都是构想了一个与现实世界完全对立的艺术的理想世界。

我们曾经指出,刘再复提出的"文学主体论"不是建立在现实世界中,而是建立在理想世界里,并且这个理想世界是彻底否定和排斥现实世界的。也就是说,刘再复的"文学主体论"所说的艺术活动是发生在理想社会里,而不是植根在现实世界中。刘再复认为:"在现实生活中,人由于受制于各种自然力量和社会力量的束缚,因此,往往自我得不到实现,自己不能占有自己的本质,自身变成非自身。"②而在艺术活动中,主体和客体不再处于片面的对立之中,客体成为真正的人的对象,并使人的全面发展的本质力量对象化;在艺术活动中,人自身复归为全面的完整的人。也就是说,"人总要受到社会和自然的限制,总是要感受到受限制的痛苦,因此,人总是要想办法来调节自己的认识和感情,

---

① 《马克思恩格斯选集》第4卷,北京:人民出版社,1995年,第318页。
② 红旗杂志编辑部文艺组编:《文学主体性论争集》,北京:红旗出版社,1986年,第35页。

超越这种限制。于是,他们就把审美活动作为一种超越手段,并通过它实现在现实世界不可能实现的一切"。① 刘再复的这种"文学主体论"将艺术世界和现实世界完全对立起来了。马克思指出:"劳动为富人生产了奇迹般的东西,但是为工人生产了赤贫;劳动生产了宫殿,但是给工人生产了棚舍。劳动生产了美,但是使工人变成畸形。劳动用机器代替了手工劳动,但是使一部分工人回到野蛮的劳动,并使另一部分工人变成机器。劳动生产了智慧,但是给工人生产了愚钝和痴呆。"② 在这种残酷的异化劳动中,虽然工人自身异化了,但是人类却发展了。这种异化劳动虽然生产了赤贫、棚舍、畸形、愚钝和痴呆,但也生产了奇迹般的东西、宫殿、美和智慧。因此,我们在现实生活中不能只是看到人的异化,而看不到人的发展,否则,就是片面的。显然,刘再复提出的"文学主体论"只看到了人在艺术世界里的发展,而没有看到人在现实世界中的发展以及这二者的联系,是相当片面的。

21世纪初,王元骧提出的"审美超越论"也不是在现实世界中完成的,而是在理想世界中实现的。这种"审美超越论"认为文艺是人类为了摆脱和改变现状、实现生存超越愿望的一种生动而集中的表现。伟大的艺术作品都以不同的方式在呼唤和展示人所应该有和可能有的一种生活,以不同的方式应合和满足了人们追求这种应该有和可能有的生活的美好愿望。"伟大的艺术作品所表现的人生理想往往由于离现实人生比较遥远,而被人称之为'乌托邦',但我们绝不小看它对于人的精神所产生的感召的力量。"这种"美的艺术也正如这火光那样,它使人生活有了方向和目标,在逆境中因看到希望而不被苦难所压倒;在安乐中居安思危而免于走向沉沦。这种忧患意识对于激发人的生存自觉、警醒痴迷,特别是改变今天那些沉迷于物欲而不能自拔的人的思想方式和生存方式来说尤其需要"。③ 在这个基础上,王元骧对艺术进行了规

---

① 红旗杂志编辑部文艺组编:《文学主体性论争集》,北京:红旗出版社,1986年,第37页。

② 中国作家协会等编选:《马克思恩格斯列宁斯大林论文艺》,北京:作家出版社,2010年,第18页。

③ 王元骧:《论美与人的生存》,杭州:浙江大学出版社,2010年,第287页。

定。首先,艺术表现了应是人生的愿景。王元骧强调文艺所反映的不仅是实是人生,而更是应是人生。王元骧认为"艺术源于人生存的需求,它在反映实是人生中让人看到一个应是人生的愿景,使人在苦难困顿中看到希望,在幸福安乐中免于沉沦。这样就与现实人生形成一种张力,引导人不断地走向自我超越"。① 其次,艺术是想象和幻想的产物。王元骧认为艺术本身就是想象和幻想的产物,是由于人们的理想、愿望在现实生活中得不到实现和满足,而把它们化为美的幻象来予以表现,以求给予人的精神以补偿、鼓舞和激励。② 可见,王元骧的这种文艺的"审美超越论"包含两个方面:一是人在精神上可以独立实现审美超越;二是作家、艺术家不是消极地认同现状、屈从现状甚至谄媚现状,而是积极地改变现状,使现状变得更合理、更符合人们的理想和愿望。

王元骧看到了人在精神上可以实现审美超越,这是对的。但是,王元骧没有看到这种审美超越与现实超越是互相促进的,而不是完全脱节的。尤其是王元骧没有看到文艺的审美超越所反映出的人的现实超越。而文艺的审美超越不是完全脱离现实生活的,而是反映了人的现实超越的,否则,文艺就完全成为作家、艺术家主观创造的产物。这就从根本上否定了文艺对现实生活的审美反映。我们曾经指出,在艺术世界里,作家、艺术家虽然可以批判甚至否定现实世界中的丑恶现象,但是克服这种现实世界中的丑恶现象却只有在现实世界中才能真正完成。正如马克思所说:"批判的武器当然不能代替武器的批判,物质力量只能用物质力量来摧毁。"文艺对现实世界的超越,可以超越邪恶势力,但绝不能超越正义力量,否则,文艺作品所构造的理想世界就完全成为与现实生活对立的另一个世界。人的自由解放的实现虽然存在物质层面和精神层面这两个层面,但是,前者是后者的基础。如果脱离物质层面而单纯地追求在精神层面上人的自由解放,就是将文艺世界和现实世界完全对立起来了,将审美超越和现实超越对立起来了,而不是将审美超越建立在现实超越的基础上。也就是说,文艺不但应该促使

---

① 王元骧:《论美与人的生存》,杭州:浙江大学出版社,2010年,第320页。
② 王元骧:《论美与人的生存》,杭州:浙江大学出版社,2010年,第285页。

人民群众在现实生活中惊醒起来,感奋起来,走向团结和斗争,实行改造自己的环境,而且应该反映人民群众在现实生活中争取美好生活的努力和斗争,而不是引导人民群众陶醉和沉醉在审美幻想世界中。文艺对现实世界的超越,是在肯定正义力量的同时否定邪恶势力,不是构造一个与现实世界完全对立的理想世界。如果认为作家、艺术家可以创造一个与现实世界截然不同的理想世界,那么,作家、艺术家就可以完全脱离现实生活进行虚构和想象,甚至就可以向壁虚构了。这无疑是引导作家、艺术家回避挖掘、发现和塑造现实生活中的未来的真正的人。而与现实世界完全对立的理想世界必然是一成不变的,而不是历史发展的。在现实生活中,未来的真正的人不是一成不变的,而是不断发展和变化的;在历史上,未来的真正的人不是固定不变的,而是不断发展变化的。作家、艺术家只有深入生活,不断地开掘和发现不同时代不同时期的未来的真正的人,才能创造出不同于以往的人物形象。

不过,王元骧提出的文艺的"审美超越论"在一定程度上是对那种把个体审美意识与群体意识对立起来的"现代审美意识生成论"的反拨。文艺的"审美超越论"坚决反对那种把个体审美意识与群体意识对立起来的"现代审美意识生成论",强调了审美在人的发展中的作用。这种文艺的"审美超越论"认为对人来说,美所具有的最高的价值,就是通过对人的情感的陶冶,达到对私欲的超越,而使人不为物所役,亦即不做物质的奴隶,保持自己人格的独立、尊严,维护自身生存的意义、价值的功效。这种文艺的"审美超越论"强调情感对欲望的超越,认为欲望与情感在某种意义上说虽然都属于广义的情的领域,都由于在对象中获得某种满足才使人感到愉快。但欲望的满足是一种原始的本能的情绪反应,它的满足方式是占有、据为己有,它只是对个人才有意义,因而在欲望关系中,人与人之间不仅难以沟通,而且总是处于对立的状态;而情感与对象的关系则是无私的,当人们对某一对象产生情感后,不仅不会以占有的方式来为自己享用,而且还会移情于对象,与对象处于融和合一的状态。这样也就消除了在欲望关系中人我与物我之间的对立而进入和谐的境界。人类社会的发展和进步,体现在个人身上,就是一个情感对欲望的不断超越的过程。因为人作为"有生命的个人存在"是不可能没有物质的需求的,否则他就难以存活;但自从进入人类社会以来,人就不再是自然的个人,而是社会的个人,亦即处在一定历史条件和社会关系中的人。因此,为了求得人与人之间的和谐相处,就必须要求人们不能只听命于一己的私欲,更要以社会的、普遍有效的观点来看待和处理人与人之间的关系。这样,不为物所役,不做欲望的奴隶也就成了社会的人与自然的人,文明的人与野蛮的人,作为"人的人"与作为动物的人的一个根本区别。而人与现实的审美关系的建立,正是人类走向情感对欲望的超越的历史发展过程中的一大飞跃。这种文艺的"审美超越论"强调作为"人的人"可以在精神上超越物质的匮乏,认为人毕竟不同于动物,他不只是消极地听从必然律的支配,而总是希望通过自己的努力来改变现状,使生活变得美好。所以正是由于贫穷、困苦等生活压力,他们就更需要在精神上得到补偿、抚慰和激励。这种文艺的"审美超越论"高度肯定人的主观能动作用是有积极作用的。但是,它仅仅满足于甚至陶醉于那种精神补偿、抚慰和激励则是不彻底的。也就是说,文艺的"审美超越论"没有看到人的审美超越不但是在人的现实超越的基础上发展起来并反映这种现实超越,而且最终也转化为现实超越。在资本主义社会,那些严重的异化现象恐怕不是审美可以彻底根除的。否则,社会主义革命岂不是多余?!因此,重视审美作用是必要的,但绝不能夸大审美在人的发展中的作用,似乎审美可以代替人民对现实的实际改造,否则岂不是将人民引入虚幻的世界。

其实,这种文艺的"审美超越论"在一定程度上不过是西方马克思主义美学家赫·马尔库塞文艺思想的翻版。与恩格斯要求艺术对现实关系的真实描写不同,赫·马尔库塞认为艺术只有服从自己的规律,违反现实的规律,才能保持其真实,才能使人意识到变革的必要。艺术是一种虚构的现实,"作为虚构的世界,作为幻象,它比日常现实包含更多的真实"。① 在赫·马尔库塞看来,艺术所服从的规律,不是既定现实原则的规律,而是否定既定现实原则的规律。因此,赫·马尔库塞认为艺术的基本品质,即对既成现实的控诉,对美的解放形象的乞灵。在赫·马尔库塞看来,"先进的资本主义把阶级社会变成一个由腐朽的戒备

---

① [美]赫·马尔库塞等著,绿原译:《现代美学析疑》,北京:文化艺术出版社,1987年,第35页。

森严的垄断阶级所支配的世界。在很大程度上,这个整体也包括了工人阶级同其他社会阶级相等的需要和利益"。① 这就是说,工人阶级已为流行的需要体系所支配。而被剥削阶级即人民越是屈服于现有权势,艺术将越是远离人民。可见,赫·马尔库塞只看到了人民被统治阶级同化的一面,而忽视了他们斗争的一面。也就是说,赫·马尔库塞在强调作家、艺术家的主观批判力量时,不但没有看到人民在现实生活中的革命力量,而且完全忽视了文艺对这种人民的革命力量的反映。而作家、艺术家对现实生活的批判必须深入地反映这种客观历史存在的革命力量,否则,就很容易流于空洞和空疏,必然是苍白无力的。我们在《中国当代文艺理论的发展与马克思主义美学嬗变》(《南方文坛》,2009年第6期)等论文中对此进行了详细的分析。

20世纪90年代中期以来,中国文艺界围绕"躲避崇高"与"抵抗投降"展开了激烈的思想交锋。有些作家虽然抵制了"躲避崇高"这种"下滑"倾向,但是他们所追求的文艺的理想没有与人民的理想有机地结合起来,只有在不断重复中吸收力量。中国当代作家张承志在肯定并提倡一种清洁的精神时就陷入了这种误区。张承志在他的一系列散文中反复地讲这样一个故事,即一个拒绝妥协的美女的存在与死亡,陷入了自我封闭。先是在《清洁的精神》②中,接着是在《沙漠中的唯美》③中,后是在《美的存在与死亡》④中,这个能歌善舞的美女,生逢乱世暴君,她以歌舞升平为耻,于是拒绝出演,闭门不出,可是时间长了,众人对她显出淡忘。世间总不能少了丝竹宴乐,在时光的流逝中,不知又起落了多少婉转的艳歌,不知又飘甩过多少舒展的长袖。人们继续被一个接一个的新人迷住,久而久之,没有谁还记得她了。美女这种对乱世暴君的拒绝虽然也是一种抗争,但是比较消极。因此,张承志的这种反复的讲在社会上的反响愈来愈微弱。在一定程度上,张承志的这种反复的

---

① [美]赫·马尔库塞等著,绿原译:《现代美学析疑》,北京:文化艺术出版社,1987年,第22—23页。
② 张承志:《清洁的精神》,《十月》,1993年第6期。
③ 张承志:《沙漠中的唯美》,《花城》,1997年第4期。
④ 张承志:《美的存在与死亡》,《新京报》,2004年10月10日。

讲不过是在自我重复中的自我封闭。与此相反,有些作家则在对中国当代文艺界的"个人化写作"进行了反思和批判。刘继明认为,20世纪80年代中期以后,"小说自身构成了一个独立、足可以和现实相抗衡的世界。小说与现实就这样以一种决绝的姿态分道扬镳了。与现实分手后的中国小说像一匹脱缰的野马那样一路狂奔,开拓出一片艺术的新天地,但另外一个方面,却也因此堕入了无边无际的价值虚空之中"。20世纪80年代开始的"人的解放",尽管极大地张扬了个体生命的价值,但也出现了这样一个后果,即在将某种合理的价值观推向极端,承认人的自利原则时,却又把向善、利他和道德上的自我升华等逐出人性的范畴,从而造成了对人的丰富性和完整性的另外一种遮蔽。刘继明还结合自己的创作发展对这种文艺的恶劣倾向进行了反思和批判。刘继明逐渐意识到"人仅仅解决了内心的信仰还不够,还得搞清楚支撑我们活下去的这个世界是怎么回事才行。而要搞清楚世界是怎么回事,就得保持一种对此岸世界的热情,所以慢慢地,我又开始把目光转回到现实世界中来,同时渐渐地对北村这样的作品以及我自己的那类作品不满足了。因为这些东西都是在一个封闭的系统内进行价值空转,自我推演,跟现实是绝缘的"。[①] 20世纪80年代中期以来,不少作家感叹文艺的边缘化。其实,这种文艺的边缘化在一定程度上不过是一些作家拒绝了解社会、拒绝以文学的方式和社会进行互动的结果。因此,在如何处理同现实的关系上,刘继明认为小说家不应该采取规避或者逃逸的姿态。也就是说,文艺的生存和发展,不可能像许多人想象的那样,在一个封闭的系统内单独完成,而是必须在与现实世界的互相缠绕乃至对峙过程中共生共荣,不断前行。中国当代一些作家的这种转向意味着中国当代文艺将在经历曲折后慢慢地走上健康发展的道路。因此,作家、艺术家的批判必须和现实生活自身的批判是统一的。也就是说,作家、艺术家对现实生活的批判是作家、艺术家的主观批判和历史的客观批判的有机结合,是批判的武器和武器的批判的有机统一。

---

① 刘继明:《小说与现实》,《上海文学》,2009年第6期。

四

从王元骧的"审美超越论"重犯刘再复的"文学主体论"所犯的错误中可以看出,过去没有从理论上彻底解决的文艺理论分歧仍在制约着中国当代文艺理论的发展。我们在《中国当代文艺思想解放的先驱》(《江汉论坛》,2011年第1期)等论文中指出,1986年至1988年,文艺理论家陈涌、作家姚雪垠与刘再复进行了一场文艺论战,这场文艺论战在一定程度上深刻地反映了陈涌、姚雪垠与刘再复在文艺理论上的分歧。陈涌、姚雪垠与刘再复的这种文艺理论分歧不是中国当代文论系统转换,而是中国当代文艺理论发展在文艺的理想与现实的关系的把握上不同。在对文艺的理想与现实的关系的把握上,姚雪垠强调作家、艺术家对现实生活的艺术反映,反对离开现实单纯强调理想,认为脱离现实生活基础的"革命理想"是架空的。① 在这个基础上,姚雪垠提出了"深入"与"跳出"的文学理论,认为"写历史小说毕竟不等于历史。先研究历史,做到处处心中有数,然后去组织小说细节,烘托人物,表现主题思想。这是历史真实与艺术虚构的关系,也就是既要深入历史,也要跳出历史。深入与跳出是辩证的,而基础是在深入"。② 这种革命的现实主义文艺理论提倡作家、艺术家深刻地解剖现实。不过,这种革命的现实主义文艺理论虽然强调了文艺对现实生活的审美反映,但却忽视了作家、艺术家对理想的主观追求和创造。而刘再复则过于强调作家、艺术家对理想的主观追求和创造,认为文艺的理想世界是与现实世界完全对立的,是作家、艺术家主观创造出来的。显然,这忽视了文艺对现实生活的审美反映。因此,中国当代文艺理论只有从理论上彻底地解决陈涌、姚雪垠和刘再复在文艺理论上的分歧,才能达到更高的阶段。本来,这种文艺理论的分歧应该在理论上解决,但是,刘再复等人

---

① 姚雪垠:《姚雪垠书系》第18卷,北京:中国青年出版社,2000年,第459页。

② 茅盾、姚雪垠:《茅盾姚雪垠谈艺书简》,北京:人民文学出版社,2006年,第18页。

不是在文艺理论上解决理论的是非,而是以政治判断代替文艺理论的是非判断,甚至进行政治讨伐,这严重地制约了中国当代文艺理论的深入发展。而中国当代有些文艺理论家在遇到文艺理论批评时不是本着推动文艺理论的发展、追求真理、认真辨别这些文艺理论批评的对与错的原则和态度,而是追逐特殊利益,放弃是非判断。中国当代文艺理论发展的不少机会就在这种没有充分展开的文艺理论争鸣中丧失。俄国19世纪中期大文艺批评家别林斯基指出:"自尊心受到凌辱,还可以忍受,如果问题仅仅在此,我还有默尔而息的雅量;可是真理和人的尊严遭受凌辱,是不能够忍受的;在宗教的荫庇和鞭笞的保护下,把谎言和不义当做真理和美德来宣扬,是不能够缄默的。"①中国当代文艺理论界不能丧失别林斯基这种追求真理的勇气,要在健康而深入地开展文艺理论争鸣的过程中促成对立的双方在更高的层次上超越彼此的局限,形成新的共识,达到新的团结。只有这样,中国当代文艺理论才能达到更高的境界。

原载于《河南大学学报(社会科学版)》2011年第4期;人大复印资料《文艺理论》2011年第10期全文转载、《高等学校文科学术文摘》2011年第5期论点转载

---

① 易漱泉等编选:《外国文学评论选》,长沙:湖南人民出版社,1983年,第3页。

20世纪30年代国共两党文艺意识形态争战及胜败原因

张清民[①]

20世纪30年代(中国大陆学界习称"三十年代"),国共两党在文艺领域进行了反复持久的意识形态争战。文艺是最具宣传效果的艺术类型,它能以形象的方式影响人们的思想认识,并向世人提供主体或政体存在合法化的证明,谁掌控了文艺,谁就能在艺术领域对人们进行精神领导,这是国共双方在30年代文艺话语领域激烈争战的政治原因。30年代国共之间的文艺意识形态争战表现为战略、战术两个层面,战略层面的争战就是国共两党文艺政策的对抗,战术层面的争战则是国共两党在文艺组织方面的对垒与文艺战术上的斗智。斗争的结果是:在野的共产党大获全胜,执政的国民党却败得一塌糊涂。

迄今为止,这一研究领域尚无人涉足;现代文学研究者的注意力主要在文学创作方面,很少有人关注批评,个别专门从事现代文学批评的学者,其兴趣也主要是单个批评家的思想或某个文艺思潮;文艺理论的从业者一向忽略理论史研究,少数研究现代文论史的学者,其兴趣点也主要是文艺理论知识传承和文艺理论学科发展这两个维度,他们对文艺意识形态问题同样缺乏关注。令学者们无法忽略的事实是,左翼文艺作为历史政治的产物,其精神价值不在于艺术、审美,而在于文艺能指所指涉的语义政治内涵;不了解左翼文艺意识形态的话语机制及运行规律,人们不但无法精准地理解左翼文艺性质、特征、风貌的形成原

[①] 张清民,男,河南睢县人,文学博士,河南大学文艺学研究中心研究员,博士生导师。

因,也无法对左翼文艺的精神实质及历史地位作出合理的文化定位。从话语角度剖析这场争战的权力斗争性质,重新认识文艺与政治互动时的复杂关系,探索文艺领域意识形态的建构规律及维护方略,这便是本文的认识旨趣所在。

一、国共之间的文艺政策对抗

国共两党在文艺话语领域战略层面的斗争是文艺政策的对抗。文艺政策是权力政体有关文艺发展的路线、方针、纲领、口号等。文艺而有"政策"是苏联政治文化的一大发明,它是苏联计划经济模式下政治干预文艺的产物。文艺政策与普通文艺理论不同的地方,在于"文艺政策必然的是配合着一种政治主张、经济主张而建立的,必然有明确的条文,必然要有缜密的步骤,以求其实现",普通文艺理论"乃是文学范围以内的事",而"文艺政策,乃是站在文学范围以外而谋求如何利用管理文艺的一种企图。文学上的各种主义可以同时出现于同一个时代,可以杂然并存于一个国家,任人采纳;而文艺政策则在某一国家某一时代仅能有一种存在,而且多少应该带有一些强迫性",在"政策统制着的文艺活动"中,作家创作只能是"奉行政令","当初奉命开场,后来奉命收场"。①

左翼文艺界对文艺政策的了解始于1927年。是年3月,仿吾所发《文艺战的认识》一文已经提及苏俄制定"艺术政策"②一事。1928年,左翼刊物《奔流》第1—5期连载了鲁迅翻译的日本学者外村史郎、藏原惟人辑译的《苏俄的文艺政策》,这表明左翼文艺界已经认识到文艺政策对文艺发展的影响。左翼文艺阵营对文艺政策的制定,在认识方面受苏俄文艺政策的影响,但其具体文艺纲领及文艺政策的出台,则靠中共"文委"与"左联"党组根据"共产国际"或"国际革命作家联盟"的指示。

因有苏联共产党的指导,中国共产党在政治斗争方面比国民党要

---

① 梁实秋:《关于"文艺政策"》,《文化先锋》,1942年第8期。
② 仿吾:《文艺战的认识》,《洪水》,1927年第28期。

成熟得多。"左联"一方面接受"国际革命作家联盟"有关文艺政策的指导，一方面根据国内政治斗争局势，自行制定文艺斗争的路线和纲领。比如，"左联"在1932年改组后，下设三个专业委员会，其《左联各委员会的工作方针》规定，"创作批评委员会""最紧要的工作"就是开展对"反动文学作品及理论的批判"以及和"作品及理论批评上的倾向斗争"。①

中共抓住一切有利的机会，结合共产国际的指示，对国内复杂的斗争局势进行政治总结和概括，提出指导文学行动的政策与纲领。左翼制定的文艺政策善于把握大的方向和原则问题。1930年8月4日，"左联"执行委员会在其通过的决议中指出："目前中国无产阶级文学运动已经从击破资产阶级文学影响争取领导权的阶段转入积极的（地）为苏维埃政权而斗争的组织活动的时期。"②在这个斗争过程中，左翼文艺作为"共产主义文化运动"中"社会科学运动和无产阶级文学运动"之一翼，"有它一定的斗争纲领"。③ "左联"在任何时期的行动纲领都非常明确，以《中国左翼戏剧家联盟最近行动纲领》为例，纲领明确要求"戏联"的"剧本内容"应当"根据大多数工人群众所属的特殊产业部门的生产经验，从日常的各种斗争中指示出政治的出路——指出在半殖民地中，中国无产阶级所负的伟大使命，指示他们彻底反帝国主义，反豪绅地主资产阶级的国民党，反黄色与右倾的欺骗，掩护苏联及中国苏维埃红军"，"配合当地农民运动的中心口号……宣传土地革命，游击战争的意义及掩护中苏政权与红军"。④ 30年代，日寇接二连三的侵略暂时缓和了中国国内的阶级矛盾，民族矛盾急剧上升。当国民党还在把"剿共"当成第一任务的时候，中共却抓住了这个政治上的有利时机，大力宣传构建民族统一战线。1935年，毛泽东从政治统战的角度批评了对

---

① 《左联各委员会的工作方针》，《秘书处消息》，1932年第1期。
② 左联执委会：《无产阶级文学运动新的情势及我们的任务》，《文化斗争》，1930年创刊号。
③ 左联执委会：《无产阶级文学运动新的情势及我们的任务》，《文化斗争》，1930年创刊号。
④ 《中国左翼戏剧家联盟最近行动纲领》，《文学导报》，1931年第6、7期合刊。

抗性思维的局限，指出这是政治革命中的思维幼稚病。1936年，左翼刊物《新文化》发刊词声明："新文化需要统一战线"，"文化运动是政治运动的一种反映"，政治上国共都在搞共同合作，"文化上的统一战线"应当与之保持同步。① 同年，一个新的左翼文艺组织成立，其成立宣言明确呼吁文艺统一战线："中国文艺家协会特别要提议：在全民族一致救国的大目标下，文艺上主张不同的作家们可以是一条战线上的战友。文艺上主张的不同，并不妨碍我们为了民族利益而团结一致。"② 此后不久的另外一个文艺群体宣言，同样表达了文艺统战主张："我们愿意和站在同一战线的一切争取民族自由的斗士热烈地握手!"③"左联"部分政治指导者一度因思维极左导致的文艺关门主义得到纠正。

左翼文艺理论政策的实施载体是相关文艺社团，这些文艺社团都是共产党的外围组织，程序严密、纪律严明，左翼有关文艺的路线、方针、政策因而得以全面彻底的贯彻、传达。左翼文艺团体之中，"中国左翼作家联盟"（习称"左联"）为其代表。"左联"成立以后，左翼阵营有关文学理论的活动目标和活动要求都会通过"左联"的机关刊物《秘书处消息》和《文学导报》刊登出来。1931年《文学导报》上刊登的"中国左翼戏剧家联盟"的行动纲领，明确提出其思想目标就是要"建设指导的理论以击破各种反动的理论"④。1932年3月9日，"左联"秘书处扩大会议连续通过《关于"左联"目前具体工作的决议》《关于"左联"改组的决议》《关于"左联"理论指导机关杂志〈文学〉的决议》⑤，对"左联"的理论工作目标从不同的方向加以申述。这些情况表明，左翼阵营的任何理论活动，都是经过组织上周密考虑后的计划和部署，是作为政治任务执行的。

在文艺政策斗争方面，共产党占了先机；就连国府文艺官员也承认，国府方"党的文艺政策，是由于共产党有文艺政策而来的；假如共产

---

① 《新文化需要统一战线——代发刊词》，《新文化》，1936年创刊号。
② 《中国文艺家协会宣言》，《光明》，1936年创刊号。
③ 《中国文艺工作者宣言》，《现实文学》，1936年第1期。
④ 《中国左翼戏剧家联盟最近行动纲领》，《文学导报》，1931年第6、7期合刊。
⑤ 这几个决议均见《秘书处消息》，1932年第1期。

党没有文艺政策,国民党也许就没有文艺政策"。① 就此而言,国府的文艺政策实为应对共产党文艺政策的对策。政策也好,对策也罢,意识到文艺政策的重要性才是关键的。国民党明白文艺政策的重要性后,开始依照中共组织形式制定文艺政策,并配套出台限制左翼文艺发展的出版法规。1929年6月5日,国民党中央宣传部召开"全国宣传会议"第三次会议,会议"确定本党之文艺政策案",要求文艺部门"(一)创造三民主义之文字(如发扬民族精神、阐发民族思想、促进民生建设之文艺作品)。(二)取缔违反三民主义之一切文艺作品(如斫丧民族生命、反映封建思想、鼓吹阶级斗争等之文艺作品)"②;6日通过《规定艺术宣传方法案》,要求"一、各省特别市县党部宣传部,应遴选有艺术素养之同志若干人,组织艺术宣传设计委员会、二省市特别党部宣传部在可能范围内应根据本党之文艺政策、举办文艺刊物"。③ 国民党此次"文艺政策案"特别强调文艺对"民族精神""民族思想""民族生命"的宣传,1930年的"民族主义文艺运动"就是这一宣传会议议案的具体实施。

在左翼文艺宣传的政治影响及社会威力下,国民党中央高层对此不得不做出反应,他们两次召开专门会议,布置文艺宣传工作。一次是在1931年。是年5月1日和2日,蒋介石在南京召开国民党"第三届中央第一次临时全会",5月2日通过《全国一致消弭共祸案》,提议对于旨在"危害国体、推翻政府、破坏社会、扰乱秩序"的宣传加以禁绝,"必须断绝赤匪思想言论与其出版物之流传","一方自动禁止其宣传品之传播,一方努力于三民主义之了解与宣传,以建立吾国民对于中国固有精神文明与近代科学文明之信仰"。④ 会议还通过了《关于防制赤匪利用文艺作宣传应积极充实三民主义的文艺运动以端正青年之思想

---

① 《朱应鹏氏的民族主义文学谈》,《文艺新闻》,1931年第2号。
② 《全国宣传会议》,《京报》,1929年6月6日。
③ 《全国宣传会议》,《京报》,1929年6月7日。
④ 荣孟源主编:《中国国民党历次代表大会及中央全会资料》,北京:光明日报出版社,1985年,第954页。

案》①。第二次是在1934年。是年3月15—17日,国民党在南京举行"中央文艺宣传会议",会议结果汇编成册,题名《文艺宣传会议录》。根据国民党政要陈立夫的训词,该会议旨在总结"数年来与共产党斗争的策略之错误"②。陈立夫认为"普罗文艺的狂潮和我们失败的原因"在于国民党于文艺工作"没有一致的步骤,整个的计划,和中心的理论",加上经费的缺乏,以至文艺领域"节节败退,几乎整个地盘,完全给人家占领了"。③《文艺宣传会议录》指出了共产党在文艺宣传上的成功原因:"共党亦深知文艺运动之足以范围青年之思想,故在数年前曾注全力于文艺运动并确立普罗意识为文艺之中心理论,而有左联之组织,跋扈猖獗,几控制当时之文艺界","各地坊间所出版之文艺书籍以及文艺之定期出版物所谓普罗文艺几占全部","声势之汹汹,直令人不寒而栗"!致使社会上广大"青年思想之所以趋于恶化"。因此,该会议议题在思维上反左翼文艺组织的宣言而行之,针对左翼文艺界提出的"我们文学运动的目的在求新兴阶级的解放","我们要从资产阶级手里夺取政权",陈立夫明确且针锋相对地说:"我们在文艺上的对象是共产党。我们一方面要用实际的行动去消灭,一方面要用文字来做思想上的斗争。"

虽然国民党高层对意识形态问题十分重视,但国民党党务与宣传部门的官僚却没有几个认真敬业之人,他们对三民主义文艺宣传消极应对多,积极应对少,其文艺组织和宣传大多只是走走过场,雷声大雨点稀,热闹一番,很快过去,其刊物、社团很少有超过两年的。为了让读者了解相关历史真相,笔者在此按时间顺序细述1927年国民党"清党"后在意识形态领域里的诸项硬举措,亦即国民党出台的有关宣传和出版政策条文,以免有"成王败寇""空说无凭""意图伦理"之嫌。

1928年5月14日,民国政府颁布的《著作权法》"第二章著作权之所属及限制"中,第20条和第21条规定查禁以下对象:"各种劝诫及宣

---

① 荣孟源主编:《中国国民党历次代表大会及中央全会资料》,北京:光明日报出版社,1985年,第960页。
② 国民党中央宣传部编:《文艺宣传会议录》,1934年,第202—203页。
③ 国民党中央宣传部编:《文艺宣传会议录》,1934年,第27页。

传文字""公开演说。而非纯属学术性质者""题违党义者""其他经法律规定禁止发行者"。① 1929年1月10日,国民党中央宣传部发布《宣传品审查条例》相关条款规定:"凡含有下列性质之宣传品为反动宣传品:一、宣传共产主义及阶级斗争者;二、宣传国家主义、无政府主义及其他主义而攻击本党主义政纲政策及决议案者",对之应予"查禁查封或究办之"。②

1930年12月15日,民国政府公布的《出版法》中,"第四章出版品登载事项之限制"规定,凡有违下述情形的著作一律不得出版:"一、意图破坏中国国民党或破坏三民主义者。二、意图颠覆国民政府或损害中华民国利益者。三、意图破坏公共秩序者。四、妨害善良风俗者。"③中华民国"行政院第四八四一号密令"及"教育部训令(密)秘字第四五二号",要求各地党务部门及党部人员严查"反动刊物",主要包括:"一、共党之通告议案等秘密文件及宣传品,及其他各反动组织或分子宣传反动诋毁政府之刊物。二、普罗文学。……普罗文艺刊物……煽动无产阶级斗争,非难现在经济制度,攻击本党主义","查普罗文学全系挑拨阶级感情,企图煽起斗争,以推翻现有一切制度,其为祸之烈,不可言喻",而"苏俄十月革命之成功多得力于文字宣传,迄今苏俄共党且有决议,定文艺为革命手段之一种,其重要可知也"。④

1931年9月,国民党长沙市党务整理委员会所编的《工作报告书》中,开列229种查禁书目,主要是在意识形态倾向上与国民党政府治下的主流意识形态不一致或敌对的对象,其查禁理由主要有"言论反动""普罗文艺作品""普罗文艺论文""言论悖谬确系改组派之刊物""共党宣传刊物""共党工会报告书对于本党极力攻击""鼓吹阶级斗争""第三党宣传刊物""鼓吹阶级斗争及无产阶级专政""谬解总理主义肆意攻击

---

① 张静庐辑注:《中国现代出版史料》乙编,北京:中华书局,1955年,第504页。

② 张静庐辑注:《中国现代出版史料》乙编,北京:中华书局,1955年,第523—524页。

③ 《出版法》,《东方杂志》,1931年第3号。

④ 张静庐辑注:《中国现代出版史料》乙编,北京:中华书局,1955年,第170—172页。

本党及国府""宣传共产主义鼓吹阶级斗争""提倡布尔什维克鼓吹阶级斗争""介绍共产书籍""共党宣传书籍""诋毁三全大会破坏党基""共党反动刊物""鼓动青年研究共产主义社会科学""诋毁党国鼓吹阶级斗争""内含共产主义色彩""诋毁党国言论反动""内载煽惑人民,危害本党及国家的斗争策略""根据马克思主义基本原则鼓吹中国农工参加阶级斗争诋毁本党及政府""鼓吹阶级斗争并指示其方法""宣传共产主义提倡无产阶级经济学说""根据阶级斗争理论分析中国问题""言论悖谬抨击中央""诋毁本党图谋破坏大局""赤色职工国际五次大会对殖民地问题的决议案""内容注重解释共产术语籍以诱惑青年""攻击本党政府反对召集国民会议""鼓吹暴动言论悖谬""言论悖谬破坏和平统一"。①

1934年,国民党政权提出"'文化剿匪'的口号","检查委员会更尽其所谓'文化统制'的能事,'电影铲共团','戏剧铲共团'相继而起"。②国民党中央宣传部出台《图书杂志审查办法》,"审查之范围为文艺及社会科学"③,查禁149种文艺书籍④。

1936年,国民党查禁676种社会科学书刊,主要类型有:甲共产党刊物、乙国家主义派刊物、丙无政府主义派刊物、丁第三党刊物、戊帝国主义刊物、己傀儡组织刊物、庚其他反动刊物。⑤

1938年7月21日,国民党中央出台《修正抗战期间图书杂志审查标准》,其所列"(甲)谬误言论"第一条为"曲解误解割裂本党主义及历来宣言政纲政策及决议案者",其所列"(乙)反动言论"诸条规定中,"一恶意诋毁及违反三民主义与中央历来宣言政纲政策者。二恶意抨击本

---

① 张静庐辑注:《中国现代出版史料》乙编,北京:中华书局,1955年,第173—189页。
② 萧三:《给左联的信》,《文学运动史料选》第2册,上海:上海教育出版社,1979年,第328—329页。
③ 张静庐辑注:《中国现代出版史料》乙编,北京:中华书局,1955年,第525页。
④ 张静庐辑注:《中国现代出版史料》乙编,北京:中华书局,1955年,第190页。
⑤ 张静庐辑注:《中国现代出版史料》乙编,北京:中华书局,1955年,第205—246页。

党、诋毁政府、诬蔑领袖与中央一切现行设施者。……五鼓吹偏激思想,强调阶级对立,足以破坏集中力量抗战建国之神圣使命者"。①1939年5月4日,国民党中央常务会议修正通过《图书杂志查禁解禁暂行办法》;6月14日,国民党内政部颁布《印刷所承印未送审图书杂志原稿取缔办法》。当然,国民党对意识形态的控制绝不只限于出版领域,它对新闻、教育也有严格的要求和规定,例如,在教育领域,民国"教育部密令各学校,注意学生思想及关于课外阅读之指导"②。

尽管如此,国民党治下的党国,其舆论控制也绝不是铁板一块,密不透风。当时中国处于半殖民地、半封建的社会状态,中华民国政府从政治到军事并非统一状态,除了割据一方的地方军阀,还有洋人的租界。地方军阀往往一方独大,并不听命于中央政府的指令;租界更是国中之国,享有民国政府无法约束的治外法权,它在主权方面给中国人带来耻辱,但在人权方面却又给左翼文学提供了生存空间。左翼人士及其刊物虽然遭受迫害和查禁,但中国之大,还是可以找到地方藏身;实在不济,还可以通过沿海城市跑到国外去。文艺报刊此地被封,还可以在彼地换个名字重办,真可谓东方不亮西方亮,黑了南方有北方。此外,民国政府受西方民主国家的制约和影响,还不敢实行彻底的法西斯主义,民众具有一定程度的言论自由:自由主义文人公开办刊议政,对政府说东道西;左翼文字只要不公开辱骂"领袖"、攻击"本党",不明里涉及政府限制的对象,便可公开发表。例如,把当局禁限的"抗日"变成"抗×",把"普罗文学"、"革命文学"转换成"大众文学",把"社会主义的现实主义"转换成"进步的现实主义",把"马克思"转换为"卡尔"等,检方即睁一只眼,闭一只眼,左翼文章著作便可蒙混过关,发表出版——这也是左翼刊物、书籍及宣传文章屡禁不止的原因之一。加上中共效法苏联,对意识形态宣传特别重视,投入力量比较大,因此,在国民党治下出现一个奇怪的现象:数量众多的文艺报刊大半竟然是亲共者甚至

---

① 张静庐辑注:《中国现代出版史料》乙编,北京:中华书局,1955年,第496—497页。

② 张静庐辑注:《中国现代出版史料》乙编,北京:中华书局,1955年,第172页。

直接就是"共"字号的宣传阵地。

国府"文化剿匪"的声势虽大,其效甚微。左翼报刊为何越剿越多?赤色思想为何越剿越盛?作家冒着监禁、杀头的危险"向左转",其原因何在?共产学说的诱惑力和煽动力源于何处?靠限制言论自由,能否把自由思想扑灭、让民众像奴隶一般生活?只知头痛医头的"党国"宣传官员们压根没想过这些,倒是右翼学者注意到思想治标不治本之弊:强制"思想统一……有害无利","强横高压的手段只能维持暂时的局面,压制久了之后,不免发生许多极端的激烈的反对的势力,足以酿成社会上的大混乱"。①

国民党在文艺领域里的意识形态监控等于自打耳光,因为"民权"是民国国家意识形态的主要内容之一,言论自由、出版自由是公民的基本权利之一,一个口口声声为"民生"的政府,却连它治下的民众对政府发表评议的权利都没有,理论上怎么也不能自圆其说。对知识分子来说,一旦他们赖以安身立命的精神空间被限制、被剥夺,自然会向别的地方寻自由,这就是知识分子争相走向与国府政治对抗一方的共产党政权的内在原因。

二、国共之间的文艺组织对垒

左翼文艺话语在 20 世纪 30 年代的繁盛,与中共在文艺领导和组织上的成熟领导分不开。中共十分重视通过文艺形式向民众宣传、灌输自己的政治理念,哪怕一次戏剧演出,中共也会精心组织、策划,"绝大多数的戏票,都是经过党组织和赤色工会向学生群众和工厂中的工人推销的",尽管从艺术欣赏的角度说"戏,应该说演得并不好",但"由于……绝大部分观众都是进步分子,所以演出的效果很好,台上演到暴露资产阶级丑恶的时候,台下会发出热烈的鼓掌和欢呼"。② 从这一点来看,共产党人在文化控制上的经验与能力,或者说在意识形态领域里的软实力,大大超过了作为执政者的国民党人。

---

① 梁实秋:《论思想统一》,《新月》,1929 年第 3 期。
② 夏衍:《懒寻旧梦录》(增补本),北京:三联书店,2005 年,第 109 页。

"左联"成立之前,具有亲共倾向的各左翼文学团体,如,创造社、太阳社等,因艺术信念的差异与冲突,相互之间彼此攻讦。作为学术意义上的百家争鸣,这种争论,甚至带有攻讦性质的争论,本可彼此之间刺激对方的理论神经,磨炼对方的逻辑思维,促使对方堵塞自己的理论缺陷和漏洞,加强自身论证问题时的严密性与逻辑一致性。但对急需得到广泛舆论支持的中共来说,这种学术层面的争论不利于政治上的团结一致:人毕竟是有感情的动物,过于激烈的斗争不免伤了彼此的和气,导致学术上的宗派主义和斗争。为了让文艺界人士能够集中在共产党的领导之下,在文艺领域向国民党发动精神上的集团冲锋,中共开始着手在文艺领域组建统一的政治组织,通过共产主义意识形态,把政治立场接近而艺术观念彼此矛盾冲突的各文艺团体收拢到马克思主义旗帜之下。

"1929年4月左右,党说服各文艺社团解散,与鲁迅合作,联合起来。太阳社①、创造社都同意党的决定",兹后,中共中央宣传部干事潘汉年"代表党中央去找鲁迅谈,鲁迅同意合作成立组织"。② 1929年6月,中共六届二中全会通过《宣传工作决议案》,明确文艺宣传的地位和作用;是年秋,中共中央宣传部成立"文化工作委员会"(简称"文委"),专门负责领导左翼文艺运动,由潘汉年任书记。③ 1929年10—11月间,潘汉年指示冯雪峰转告鲁迅,"说党中央希望创造社、太阳社和鲁迅及鲁迅影响下的人们联合起来,以这三方面人为基础,成立一个革命文学团体","名称拟定为'中国左翼作家联盟'","鲁迅完全同意"。④

---

① 据阿英回忆,"太阳社"本身就是共产党组织,属于上海"中共闸北区第三街道支部","又称春野支部","后叫文化支部"(吴泰昌记述:《阿英忆左联》,《新文学史料》,1980年第1期)。

② 吴泰昌记述:《阿英忆左联》,《新文学史料》,1980年第1期。

③ 1930年3月以后至1930年底的文委书记是朱镜我,1931年上半年的文委书记是冯乃超,下半年是祝百英,1932年的文委书记是冯雪峰,1933年的文委书记是阳翰笙(《冯雪峰谈左联》,《新文学史料》,1980年第1期),"1933年起,至1936年解散时止,是周扬任书记"(林焕平:《从上海到东京——中国左翼作家联盟活动杂忆》,《文学评论》,1980年第2期)。

④ 冯夏熊整理:《冯雪峰谈左联》,《新文学史料》,1980年第1期。

1930年"左联"成立,"在党的组织领导的关系方面,左联设有党团(即党组)……直接受文委领导","左联党团的职权是:党的方针、政策和决定,经过文委下达到左联,党团讨论执行";而"那时候在上海的党中央……常常把左联当作了直接进行政治斗争的革命群众团体,而忽视了它应该在文学斗争和思想斗争中发挥特殊作用"。① 至此,"左联"作为文艺团体已经彻底政治化。中共驻莫斯科共产国际代表萧三谈到这种状况时说:"左联内部工作许多表现,也绝不似一个文学团体和作家的组织……而是一个政党,简单地说,就是共产党!"② 由于这一原因,左翼批评家把批评与理论的目标基本定位在宣传中共政治思想方面,这就决定了左翼文论的基本性质为文艺领域内的政治话语。

中共通过"左联"对具有左翼倾向的文艺社团、组织进行了成功的政治收编,并在收编后对其精神加以整饬和规训。不收编这些文艺团体,中共单靠自己的力量,无法对国民党政权在文艺意识形态领域发动集团冲锋;收编后如不对其进行精神整饬和规训,中共无法把他们的精神意志统一到共产主义旗下,因为艺术家的个人主义思想与写作自由信念与无产阶级的组织原则及集体主义精神根本不相匹配。通过政治收编、精神整饬、思想规训,"左翼"意义上的普通文艺话语发生质的飞跃,成为体现中共意识形态要求的政治化的文艺话语;在集体规范组织的情况下,文艺家们才能成为无产阶级宣传机器上的一个个服从组织安排的"齿轮"和"螺丝钉",自觉地为无产阶级的政治斗争进行政治宣传鼓动。事实上,自1930年以后,左翼文艺理论的宣传、普及以及左翼对敌对阵营文艺思想的批判、斗争都是在相关文艺组织的领导下进行的。

"左联"的组织观念与纪律要求特别强。"左联"成立5个月后,就在一次组织决议中批评"左联"成员中缺乏政治组织概念,"集体生活习惯的不够",有些成员"犯超组织的活动","是个人主义的残余","很明

---

① 冯夏熊整理:《冯雪峰谈左联》,《新文学史料》,1980年第1期。
② 萧三:《给左联的信》,《文学运动史料选》第2册,上海:上海教育出版社,1979年,第330页。

显是说明'左联'的组织依然有作家组织这个狭隘观念的存在"。①1931年11月,中国左翼作家联盟执行委员会的决议第七节"左联的组织及纪律"规定:"中国左翼作家联盟,无疑地是中国无产阶级革命文学运动的干部,是有一定而且一致的政治观点的行动斗争的团体,而不是作家的自由组合","在左联内,不许有反纲领的行动,不许有不执行决议的行动,不许有小集团意识或倾向的存在,不许有超组织或怠工的行动"。② 由此可见"左联"政治组织性之强。该决议强调"无产阶级革命文学的理论家和批评家,必须是冲头阵的最前线的战士",对作家要求"在方法上,作家必须从无产阶级的观点,从无产阶级的世界观,来观察,来描写。作家必须成为一个唯物的辩证法论者"。③

"左联"在组织上还接受"国际革命作家联盟"的指导。刊发于"左联"机关杂志《文学导报》上的《国际革命作家联盟对于中国无产文学的决议案》要求:"用种种方法加紧无产文学对于大众的影响。三、加紧反民族主义文学及对于胡适派及其他各种文学上反动思想的斗争。四、加强自己的定期刊及组织,特在文学理论及批评方面须有共产党的领导。"④

"左联"在文艺政策规划与目标实施方面都显示了严格的组织性。1932年,"左联"改组以后,在《左联各委员会的工作方针》中规定,"创作批评委员会"之"最紧要的工作"就是开展"反动文学作品及理论的批判",与"作品及理论批评上的倾向斗争"。⑤ 为了实施相关的政策,"左联"以成立前的各左翼艺术社团刊物为基础,另外创办《世界文化》《巴尔底山》等公开刊物以及《秘书处消息》《文学生活》等秘密刊物,作为传

---

① 左联执委会:《无产阶级文学运动新的情势及我们的任务》,《文化斗争》,1930年创刊号。

② 《中国无产阶级革命文学的新任务——一九三一年十一月中国左翼作家联盟执行委员会的决议》,《文学导报》,1931年第8期。

③ 《中国无产阶级革命文学的新任务——一九三一年十一月中国左翼作家联盟执行委员会的决议》,《文学导报》,1931年第8期。

④ 《国际革命作家联盟对于中国无产文学的决议案》,《文学导报》,1931年第2期。

⑤ 《左联各委员会的工作方针》,《秘书处消息》,1932年第1期。

播马列主义、宣传无产阶级文艺思想的话语阵地。至1936年初"左联"解散前,"左联"及其外围组织创办的刊物有一二十种之多。左翼阵营有关文学理论的活动目标和活动要求都会通过"左联"的机关刊物《秘书处消息》和《文学导报》刊登出来。1931年《文学导报》上刊登的"中国左翼戏剧家联盟"的行动纲领明确提出其思想目标就是要"建设指导的理论以击破各种反动的理论"①。1932年3月9日,"左联"秘书处扩大会议通过的《关于"左联"改组的决议》规定,"左联"所辖"创作批评委员会"的"任务是:在文艺大众化的方针之下进行①自己创作的任务及题材的规划,②自己创作的批评,③外界新出创作的批评,④马列主义文艺理论及创作方法之研究"。《关于"左联"理论指导机关杂志〈文学〉的决议》规定:"左联"的机关杂志"必须在理论上领导着左联的转变","必须负起建立中国马克思列宁主义的文艺理论的任务","必须时时刻刻的检查各派反动文艺理论和作品,严格的指出那反动的本质","必须负起传达文艺斗争的国际路线(国际革命作家联盟的一切决议及指示)于中国的一切革命文学者及普洛文学者的责任"。② 这些情况表明,左翼阵营的任何理论活动,都是经过组织上周密考虑后的计划和部署,是作为政治任务执行的。

中共还十分重视清理、批判文艺领域内的异己敌对思想。在整个30年代,中共组织了一系列的理论论争,批判国民党官方文艺思想及自由主义文艺思想。左翼批"民族主义文艺"、批"自由人"、批"第三种人"、批"论语派"、"文艺大众化"讨论、"两个口号"论争等,无一不是"中国左翼作家联盟"有意组织的结果。"左联"认为"自由人""第三种人"理论有附属国民党政权嫌疑,立即创办专业杂志《现代文化》,开办"批评自由人专号"③。在30年代文坛的诸种批评和论争中,中共文艺活动组织的严密性、出击的迅捷性、阵容的整齐性,让国民党引领下的"三民主义""民族主义"文艺阵营相形见绌、自愧不如。

---

① 《中国左翼戏剧家联盟最近行动纲领》,《文学导报》,1931年第6、7期合刊。
② 这几个决议均见《秘书处消息》,1932年第1期。
③ 详见《现代文化》,1933年第1号。

国民党慑于中共文艺宣传的威力,开始组织文艺领域里的意识形态反攻。国民党文艺意识形态宣传的方式有二:一是仿效"左联",组织成立文艺社团,创办同人刊物;二是支持书店出书和创办刊物。由于国民党官方权力的影响,民间书店、刊物也有一些趋从政治时尚,参与民族主义文艺宣传。中共文艺组织"左联"大本营设在上海,国民党针锋相对,首先在上海组织开展宣传三民主义、批判左翼文艺的官方文艺活动。1930年6月1日,国民党在上海成立"前锋社"(亦称"六一社")。和中共领导下的"左联"一样,该社不是一个单纯的文学组织,其主要发起者都具有政治身份:朱应鹏是国民党上海市党部检查委员会委员,潘公展是国民党上海市党部特别执行委员会常务委员、上海市社会局局长,范争波是淞沪警备司令部侦缉队长兼军法处处长。前锋社成员身份甚是复杂,其中坚成员是国民党文人王平陵、傅彦长,其他则是普通学者或作家,如孙俍工、李金发、汪倜然、叶秋原、陈穆如、陈抱一、李朴园、陈大慈、林文铮。

前锋社以现代书局为依托,先后创办《前锋周报》(1930年6月22日)、《前锋月刊》(1930年10月10日)、《现代文学评论》(1931年4月10日),作为宣传国民政府提倡的民族主义文艺政策的话语阵地,并由上海市党部直接掌控。前锋社的诸种刊物办刊倾向十分明确,但对具体任务缺乏考虑,一个月后,《前锋周报》才刊出了民族主义文艺家有关"论文方面""创作小说""诗歌""书报批评""翻译介绍"等运动规划。①

前锋社的话语主阵地中,理论话语声势不一。《前锋周报》各期刊发的民族主义文艺论文最多,计有:杨志静《请认识我们的文艺运动》(第3期)、方光明《苦难时代所要求的文学》(第期4)、朱大心《民族主义文艺的使命》(第5、6期)、叶秋原《民族主义文艺之理论的基础》(第8、9、10期)、襄华《民族主义的文艺批评论》(第11、12、13期)、张季平《民族主义文艺的恋爱观》(第14、15期)、澄宇《我们今日所需要的文学》(第14期)、张季平《民族主义文艺的题材问题》(第16期)、汤冰若《民族主义的诗歌论》(第17、18、19、20期)、襄华《民族主义的戏剧论》(第21、22、23、24、25期)、张季平《检讨"民族主义文艺运动的检讨"》

---

① 编者:《编辑室谈话》,《前锋周报》,1930年第10期。

(第23期)、萧葭《我们的民族》(第24期)。

《前锋月刊》在这方面的工作较之逊色得多,1930前后7期刊发的阐扬民族主义文艺思想的论文也就那么几篇:《民族主义文艺运动宣言》(第1期)、傅彦长《以民族意识为中心的文艺运动》(第2期)、谷剑尘《怎样去干民族主义的民众剧运动》(第4期)。

1930年6月,南京流露社创刊《流露》月刊,创刊号《卷头语》表明其反"普罗文学"的态度。1930年7月,国民党中央宣传部王平陵与左恭、钟天心、缪崇群等人在南京成立"中国文艺社",1930年8月15日创办《文艺月刊》,后又在《中央日报》开办《文艺周刊》副刊。1930年7月,国民党中央党部潘子农与曹剑萍等人在南京成立"开展文艺社",创办《开展》月刊、《开展》周刊、《青年文艺》等刊物,宣扬民族主义文艺思想,并在杭州、宁波等地设立分社。1930年8月15日,南京成立"长风社",出版《长风》半月刊。1930年10月,杭州成立"初阳社",并于11月11日创办《初阳旬刊》。1931年10月6日,谢六逸、朱应鹏、徐蔚南等发起"上海文艺界救国会",参加者有右翼文人傅彦长,中间立场的作家如赵景深、张若谷、邵洵美、杨昌溪、汪馥泉、萧友梅等。南京"开展文艺社"分裂后,其主要成员潘子农组织成立"矛盾出版社",继续从事民族主义文艺宣传。1932年4月20日,从"开展文艺社"分裂出来的潘子农在南京创办《矛盾月刊》。1932年10月3日,"黄钟文学周刊社"在杭州创办《黄钟》周刊。1934年7月,国民党上海市党部领导成立"微风文艺社"。1937年1月,国府南昌军方成立"江西民族文艺社",创办《民族文艺月刊》。此外,该社还出版何勇仁主编的《民族文艺丛书》。1938年,国民党教育部长王世杰在2月6日的日记中写道:"共产党之活动颇使蒋先生不满,汪先生尤为愤恨。因此,蒋、汪一面推由中央组织一种'艺文编译会',纠合党内外人士,与共产党作对抗的宣传。"①王世杰在3月3日的日记又写道:"蒋、汪为对抗共产党宣传起见,特嘱陶希圣、周佛海组织'艺文研究会'(初称艺文编译会),自办刊物,并津贴

---

① 中国社会科学院近代史研究所《近代史资料》编辑部编:《近代史资料》,北京:中国社会科学出版社,2009年,第142页。

各处意见相同之刊物。"①

国民党文艺意识形态宣传的第二个渠道就是扶植书店出书办刊。国民党扶植的出版机构之中,上海的"汗血书店"为其代表。汗血书店在江西南昌设有分店,该书店出版的书籍及其承办的《汗血月刊》《汗血周报》大多与反共有关,国民党的"文化剿匪"口号,就是这两个刊物首先发动的。② 1934年4月1日,创办《民族文艺》月刊,后改名为《国民文学》。《民族文艺》宣传民族主义文艺的文章以第6期的两篇为代表,分别是高塔的《民族文学者的途径》、董文渊的《民族主义文艺论》。

上面所列国民党文艺社团、刊物及书店虽然只是一些代表性对象,但从中已可看出国民党作为执政者在文艺话语方面的政治强势。国民政府作为当时的合法性政权,要开展这样的宣传活动有足够强大的财力和暴力机器作后盾,并且能够大张旗鼓地公开进行。作为强势话语方,政府宣传部门的引领自然引起民间刊物的文艺跟风。例如,曾朴、曾虚经办的《真美善》月刊在1930年11、12月出版的第7卷第1号、第2号分别发表曾虚白的《民族主义文艺运动的检讨》和《再论民族文学》,尽管这两篇论文并不完全认同国府的民族主义文艺思想,但在客观上对民族主义文艺运动起到了推波助澜的作用。《草野》周刊及其他一些民间刊物也曾积极参与民族主义文艺宣传。

国民党文艺社团及其刊物并不掩饰自己的意识形态企图。前锋社的刊物在宣传三民主义文艺思想的同时,自然不忘攻击共产党领导的普罗文艺。如《前锋周报》所刊张季平《普罗的戏剧》(第12期)、《普罗的诗歌》(第13期)与前锋社另一刊物《时代青年》1930年第13期所刊王一心《普罗作家的两重人格》,均属攻击左翼文学的文章。1929年7月10日,张学良武装接管中东铁路,苏联因此在军事上大举进攻东北,占领中国许多重要城镇,在政治上通过共产国际向中共中央发布指示,要求中共号召民众"绝对无条件地保卫苏联";当时的中共中央缺乏民

---

① 中国社会科学院近代研究所《近代史资料》编辑部编:《近代史资料》,北京:中国社会科学出版社,2009年,第147页。
② 《汗血周刊》第2卷第2期(1934年1月1日)、《汗血月刊》第2卷第4期(1934年1月15日)均为"文化剿匪专号"。

族利益的考虑,响应共产国际要求,提出"武装保卫苏联"①的政治口号,授国民政府以政治之柄。1930年第10期的《前锋周报》据此大做文章,攻击"左翼作家大联盟……甘心出卖民族,秉承着苏俄的文化委员会的指挥,怀着阴谋想攫取文艺为苏俄牺牲中国的工具。致使伟大作品之无从产生,正确理论之被抹杀;作家之被包围,被排斥;青年之受迷蒙,受欺骗;一切都失了正确的出路:在苏俄阴谋的圈套下乱转……牺牲我们的民族"②。

1930年6月南京创刊的《流露》月刊,在创刊后竟用十几期篇幅连载旷夫的《普罗文学之批判》,在反对左翼文学上可谓不遗余力。1930年7月创刊的《开展》月刊,其第2期的《编辑后记》,在对刊物状况做总结时,也不忘痛骂"无耻的普罗作家"以及"普罗作家所持之理论及其伎俩"。③ 1930年8月15日创刊的《文艺月刊》,其发刊词《达赖满DYNAMO的声音》明确反对左翼文学的"阶级斗争"理论,鼓励人们"化除由浅薄的阶级意识里所滋长的仇恨","坚定互信共信的根蒂",攻击左翼作家"丧心病狂,把(用)金卢布掩盖了天真洁白的人格……崇奉宰杀自己兄弟姊妹们的毒蛇猛兽……赤色帝国主义者"。同在1930年8月15日创刊的《长风》,其创刊语《本刊之使命》说:"本刊负有两个重大的使命:一个是介绍世界文学,二是发扬民族精神。"至于"民族精神"的内涵是什么,作者没有解释,认为也"毋庸解释",其思维逻辑如同《开展》的编辑一样,在宣传刊物宗旨时顺便谴责"一味激起互恨的阶级意识,而抹杀互爱的民族意识"的"共产主义者"和"以肉麻破落文艺引诱青年"、"自甘暴弃的颓废主义者",提出"为中国民族谋解放计,十二分地希望共产主义者和颓废主义者,回头猛省,打破以往的成见,和我们一同站在革命的战线上牺牲奋斗"。1930年11月11日创刊的《初阳旬刊·发刊辞》明确表明了民族主义和反共的双重立场:"中国现代的中心文学,是民族主义的文学。它的使命,是唤起民族意识,促进民族发

---

① 中央档案馆编:《中共中央文件选集》第5册,北京:中共中央党校出版社,1990年,第289页。
② 编者:《编辑室谈话》,《前锋周报》,1930年第10期。
③ 剑萍:《编辑后记》,《开展》,1930年第2号。

皇,发扬民族的奋斗精神,是赤白帝国主义夹攻中的被压迫民族,及残余封建势力宗法势力梭削下的被压迫民众之慰藉者,应援者,与领导者。"1934年成立的微风文艺社成立之后立即组织"讨论声讨鲁迅林语堂应如何办理案,议决:甲、发表通电。乙、函请国内出版界在鲁迅林语堂作风未改变前,拒绝其作品之出版。丙、函清全国报界在鲁迅林语堂未改变作风以前,一概拒绝其作品之发表及广告。丁、呈请党政机关严厉制裁鲁迅林语堂两文妖"①。1937年1月创刊的《民族文艺月刊》因有国府军方背景,思想极右。创刊号中朋斯的《民族文艺者非常责任与修养》、勇仁的《普罗毒素里的糖》反共思想明显,而汪谷军的《思想统制的历史经验与现代需要》与赵从光的《从文艺统制谈到中学国文教员的联合问题》明显是在为法西斯主义张目。

国民党文艺组织对左翼文学的攻击立即遭到左翼文坛的反击,这种反击同样是意识形态层面的。30年代国府文艺界对左翼文学攻击声势最猛的是"民族主义文艺运动","左联"对此作出的反应也最为激烈。

"左联"首先作出组织上的激烈反应。1930年8月4日,"左联"执委会通过《无产阶级文学运动新的情势及我们的任务》决议,对民族主义文学实施政治打击,称其为"文学上的法西斯蒂组织","不管民族主义文学派怎样在叫嚣……他们在蓬勃的革命斗争事实之前,只暴露自己的反动的真相,在群众中不会有多大的影响"②。"左联"在自己的机关刊物《文学导报》上连续两期发布《开除周全平,叶灵凤,周毓英的通告》,开除叶灵凤、周毓英的核心理由就是他们"为国民党民族主义文艺运动奔跑,道地的做走狗",这种"无耻的行为"使他们"已成为无产阶级革命文学运动之卑污的敌人"和"无产阶级革命文学的叛徒,绝对不能使其留存在我们的队伍中";可见"左联"对"民族主义文艺运动"的痛恨已近切齿。

---

① 《微风社声讨鲁迅林语堂》,北京师范学院中文系鲁迅书信注释组编:《"围剿"鲁迅资料选编1927—1936》(未公开出版),1977年,第164页。

② 左联执委会:《无产阶级文学运动新的情势及我们的任务》,《文化斗争》,1930年创刊号。

"左联"的理论回应就是组织批评家撰写攻击"民族主义文艺"的批评文字。史铁儿(瞿秋白)撰文骂民族主义文学是"屠夫文学""中国绅商""定做"的"鼓吹杀人放火的文学",体现的是"文学家的说谎技术","还露出一些不打自招的供状";①石萌(茅盾)撰文骂民族主义文艺"是国民党对于普罗文艺运动的白色恐怖以外的欺骗麻醉的方策","国民党……唆使其走狗文人号召所谓'民族主义文艺',正是黔驴故技,不值一笑","民族主义文艺运动靠国民党南京政府的金钱武力后盾而开办"。② 晏敖(鲁迅)撰文骂"艺术至上主义呀,国粹主义呀,民族主义呀,为人类的艺术呀"都是"宠犬派文学""飘飘荡荡的流尸"。③ 从这类文字中间,国共双方的文艺批评都是诛心之论,是政治叫阵时的对骂,而非常态的文艺批评。

作为中共文艺意识形态组织,"左联"对国民党发起的任何文艺组织都会站在敌对立场上加以批判。"上海文艺界救国会"成立后,石萌(茅盾)撰文指责谢六逸、徐蔚南、赵景深等"向来灰色的几个人","在'救国'的面具下向民族主义派的一种公开的卖身投靠"。④ 它音(鲁迅)则骂之曰"沉滓的泛起"⑤。

民间对国府发起的文艺组织也有抵制和批判的声音。例如,侍桁骂"民族主义的文学作家——其实并非作家,根本是一些不懂文学的乌合之众而已——并不想以彻底的方法,在文艺理论上作切实的斗争,竟利用现政治的实力"⑥。不过,侍桁这种说法很成问题。"民族主义文学"一派中,黄震遐虽具官方背景,却也是货真价实的小说家,李金发的诗歌成就为世人公认,孙俍工在创作领域和文艺理论研究方面都有建树,说他们"是一些不懂文学的乌合之众"显然与事实不符。至于"民族主义文学"的作家缺乏理论实力、想借"政治的势力"压制"文艺理论"同

---

① 史铁儿:《屠夫文学》,《文学导报》,1931年第3期。
② 石萌:《"民族主义文艺"的现形》,《文学导报》,1931年第4期。
③ 晏敖:《"民族主义文学"的任务和运命》,《文学导报》,1931年第6、7期合刊。
④ 石萌:《评所谓"文艺救国"的新现象》,《文学导报》,1931年第6、7期合刊。
⑤ 它音:《沉滓的泛起》,《十字街头》,1931年第1期。
⑥ 侍桁:《关于文坛的倾向的考察》,《大陆杂志》,1932年第6期。

行的说法,更是诛心之论,没有任何依据。再者,"民族主义文艺运动"确属国民党官方意识形态行为,把它定位为文艺宗派活动,国共双方的文艺组织都不会同意。

"民族主义文学"阵营获得国府政治、财力等方面的大力支持,其旗下文艺社团及报刊、书店等的生存条件十分优越,本应成为国府对付中共文艺宣传的得力工具,事实上它却未能履行自己的职责;因为国府人员私欲太重,争权夺利,致使那些文艺社团、刊物流于形式,且大多十分短命:作为"民族主义文艺运动"发起者与中坚力量的前锋社,随范争波等离开上海而解散,其所创刊的几种刊物因商业利益的驱动,只运行了一年多就宣告停止。流露社的《流露月刊》1930年6月创刊,1933年3月停刊;该社创办的《中国文学》月刊1934年1月创刊,8月即宣告停刊。开展社因内部权力之争很快分裂,还被媒体炒得沸沸扬扬;①开展社的《开展月刊》1930年8月8日创刊,1931年11月15日停刊。长风社虚张声势,其实是徐庆誉一个人在唱独角戏,《长风》半月刊1930年8月15日创刊,10月15日即宣告停刊,总共才出5期。初阳社的《初阳旬刊》1930年11月1日创刊,12月自动终止。国府扶植的《草野》周刊1931年12月停刊。汗血书店经营的《民族文艺》月刊1934年4月日创刊,9月15日即行停刊,1934年10月15日复刊,名为《国民文学》,至1935年7月15日2卷4期后停刊。中央党部支持的《矛盾月刊》1932年4月20日创刊,1934年6月1日停刊。

《黄钟》周刊1932年10月3日创办,出到1937年8月11卷2期后也没有了下文。南京的《文艺月刊》撑得最长,从1930年8月15日创刊,到1937年8月1日11卷2期终止,也就是7年的光阴。

民族主义文艺的宣传者理论水平参差不齐。《流露》月刊1卷6期亚孟的《论民族主义文艺的作家与作品》,竟把沈从文当成"民族主义文艺"的代表,可见作者对"民族主义文艺运动"的精神根本不理解。开展社的发起人之一曹剑萍本人在文坛上虽然名不见经传,却不乏理论意

---

① 1931年《文艺新闻》第25期报道开展社分裂的情况时说:"潘为开展社之创办人,现任职中央党部。该社此次倒潘,系另一派人眼红潘之权高利重所致……现在内部竟已分裂,是否尚能按时领得某要人之津贴,则闻已成问题。"

识,他在《开展》月刊第2期的《编辑后记》中说:"民族主义文艺的理论,虽然已经成为中国文艺界的中心意识,但据我的观察,则尚缺少一种中心的力量。中心的力量维(为)何?第一,就是要有能够将民族主义文艺理论,具象的熔合到作品里去的作家,简称民族文艺作家;第二,就是要有能够将民族的文艺作品,指摘和引导的批评家,简称民族文艺批评家。照我们的现状看来,第一,就正感觉着民族文艺作家的不普遍,及其力作的缺少。"

《矛盾月刊》编者却没有很好地贯彻国府在民族主义旗帜下的反共意图,把它办成了一个追求民族团结的名副其实的民族主义刊物,王平陵、黄震遐等官方作家,洪深、彭家煌、陈白尘、欧阳予倩等左翼作家,中间以及其他立场的作家,如,老舍、施蛰存、戴望舒、李金发、刘呐鸥、张资平、顾仲彝等,也都在该刊发表过作品。《黄钟》周刊虽是在国民党浙江省党部执行委员胡健中支持下创办,但在署名"蘅子"的《献纳之辞》发刊词中,并没有攻击普罗文学的语汇,而是把"唤起沉睡的民族之魂""歌颂我们民族过去的光荣""诅咒我们民族现在的消沉,我们指示我们民族未来的前程!"作为办刊的方向。和《矛盾月刊》一样,也真正体现了民族主义和民族精神团结的追求。该刊第1卷第22期忆初的《民族主义的文艺方法论》、第38期柳丝的《关于民族主义文学》、第4卷第6期寿萧朗的《民族主义文艺论》也都体现出一定的理论水平。但是,从意识形态的角度考量,这些刊物及其刊发的理论论文缺乏明确的政治立场和政治意图,与左翼报刊相比,其思想斗争水平已落下风。

三、国共之间的文艺战术争斗

20世纪30年代国共间的文艺争斗远远超出艺术范围,成为你死我活的政治斗争。国民党为了巩固自己的政治统治,采取文化铁血政策,对中共领导下的文艺组织与文艺活动进行无情打击、残酷镇压,例如,查禁书报、封闭书店、通缉具有反政府倾向的作家、屠杀中共作家。革命作家李伟森、柔石、胡也频、冯铿、殷夫于1931年2月7日,被秘密杀害于上海龙华警备司令部。"左联"作家被害还只是极端情形,其时,"文艺不但是革命的,连那略带些不平色彩的,不但是指摘现状的,连那些攻击旧来积弊的,也往往就受迫害"①。此后,国府意识形态监控日密一日。仅在1933年一年内,国民党武力处置的作家就有多人:5月14日一天内,作家丁玲、潘梓年被捕,应修人拒捕遇害;7月26日,洪灵菲被捕后被秘密杀害;9月16日,楼适夷被捕;10月30日,天津作家潘谟华被捕。文艺界一系列事变让新闻媒体倍感心惊,当年5月25日《申报》"自由谈"副刊在征稿启事中特意强调:"吁请海内文豪,从兹多谈风月,少发牢骚。"

在国民党的镇压下,共产党不得不改变文艺斗争策略,采取"文化战线上的'游击'或'迂回'战术"②。所谓"文化战线上的'游击'或'迂回'战术",就是在书、刊、作者名、内容中人物或术语名字上做手脚,与国民党文艺检察人员进行捉政治迷藏的游戏,当然,还有其他手段作为辅助。中共常用的文化游击战术有如下类型:

(一)暗度陈仓。"暗度陈仓"就是采用书刊更名的办法逃避出版审查,具体做法是把国民党宣传部门列入禁限之列的书籍或刊物换个名字后出版。例如,苏联作家高尔基及其长篇小说《母亲》,中共作家、"左联"成员夏衍及其真名沈端先,都在国民党文艺审查令的黑名单之内,开明书店欲出此书,就"把书名'母亲'改为'母',译者沈端先改为'沈瑞先',这样就继续出版了"③。刊物的情形亦如此。通常一家刊物被查禁后,只要换一个名字重新出版,不会受到禁限:因为原来的审查名单上没有它!如"左联"的机关刊物《萌芽月刊》遭禁后,"左联"接着以《新地》的名义进行出版;当《新地》遭受禁止后,"左联"又以《文学月报》的名字再行刊出。"左联"的另一机关刊物《前哨》1931年4月25日创刊,为了逃避审查,第2期便改名为《文学导报》。

(二)瞒天过海。"瞒天过海"就是采用书刊伪装的办法突破国民党的文艺封锁,具体说来,就是故意用与传播内容毫不相干的名称作为书刊封面。有时候为了吸引眼球,甚至不惜采用一些接受品位十分低级的庸俗名字,如,《布尔什维克》换用《少女怀春》,《少年先锋》换用《闺

---

① 鲁迅:《上海文艺之一瞥》,《文艺新闻》,1931年第21期。
② 任钧:《关于太阳社》,《新文学史料》,1979年第2期。
③ 王知伊:《开明书店纪事》,《出版史料》,1985年第4期。

中丽影》。据唐弢回忆,30年代的左翼书刊为了达到传播目的,大多都"用过伪装"①。

(三)李代桃僵。"李代桃僵"就是文章发表与书籍出版时用笔名而不用真名,即使审查机构发现有严重的政治问题,也找不到要治罪的人。作者因伦理、道德或政治禁忌而使用笔名,这在中外历史上都不算什么新鲜事,但像中国现代文学史上笔名更换频率之高者,在世界历史上所未有。② 30年代的中国作家使用笔名的数量在中国现代文学史上为最,左翼作家在此方面又堪称代表:瞿秋白经常使用"易嘉""宋阳""史铁儿"等笔名,周扬发表文章时经常使用"起应""周起应"等笔名,茅盾则说他"每年要换一批笔名"③。频繁地更换笔名,原因十分简单:避席畏闻文字狱,逃避文化特务的暗杀或追杀。

(四)偷梁换柱。对苏俄及中国的进步书籍、左翼作家名字、涉共政治术语等,国民党各地市党部通常都开列有相应的禁止名单。但是,负责书籍审查的国民党公务人员或文化特务大多是缺乏敬业精神的政坛混混,或者是文艺方面的外行,致使左翼文艺人士只需在文字上稍稍变点戏法,就能侥幸过关。偷梁换柱的具体做法就是在书刊中以隐语、替代语或省略号代替政治上敏感或禁忌的词汇,以掩人耳目,如,牵涉到马克思的思想时,不用"马克思"而用"卡尔",在批评文章中涉及"日本帝国主义"时写成"××帝国主义"等。符号替代法在当时的语境下虽然不影响别人的阅读,明眼人一眼就能看出隐语、替代语或省略语所指,但毕竟给作家写作带来诸多不便,作家在写作时也因"必须用许多××与……"④备感痛苦。

(五)蒙混过关。蒙混过关的具体做法就是把送审材料通过技术手段分成若干部分,以淡化材料中集中而敏感的政治内容,然后一次一次分别送去审查,审查通过后再集中到一起出版。以1935年生活书店出

---

① 参见唐弢所著《晦庵书话》中"书刊的伪装"一节,北京:三联书店,1980年。
② 曾健戎、刘耀华合编的《中国现代文坛笔名录》(重庆出版社,1986年)收录的笔名接近7000个。
③ 茅盾:《我走过的道路》(中册),北京:人民文学出版社,1984年,第249页。
④ 老舍:《我怎样写〈大明湖〉》,《宇宙风》,1935年第5期。

版的《文艺日记》为例,"因日记选刊了有进步内容的格言",所以采用"分批送审"之法,"但审查机构分批审读,未加重视,每批都得到通过。到《文艺日记》出版后,他们看后大为吃惊",但书已全部售出,"也就无可奈何了"。①

(六)请客送礼。国民党政府机构政治腐败也给左翼思想传播以可乘之机,"工部局也好,市党部也好,只要有熟人,必要的时候'烧点香',问题还是可以解决的"②。

在共产党的诸种"文化游击战"战术下,左翼书刊在文艺界形成了"野火烧不尽,春风吹又生"的出版奇观。今天看来,上述诸种文化游击战术如同儿戏,可以说是中国现代文坛的"黑色幽默",然而这在当时确是事实。如此简单的种种手段,竟然能够瞒过国民党的文艺政治审查,形成如此荒唐荒诞的出版生态,国民党文化宣传机构的官僚主义、人浮于事可见一斑。此外,一个人情政治的政府,连事关政权存在的政治问题,"烧点香","问题"就"可以解决",其意识形态争战焉有不败之理?

四、国共意识形态对决胜败的成因

在20世纪30年代的社会斗争格局中,国共两党的斗争除了政治、军事,意识形态的较量也非常激烈,双方都在极为认真地"争着文坛的霸权"③。以30年代初国共双方在意识形态领域中的斗争状况而论,"从出版界到银幕到剧场,从画家的调色板到无线电播音台,革命与反革命的斗争处处公在决荡,在扩大"!④ 这种情形被当时的作家称为"朝野都有人只想利用作家来争夺政权巩固政权"⑤。国民政府对意识形态领导权的控制当然不会只限于文艺领域,它在教育领域也开始对

---

① 许觉民:《出版家徐伯昕同志传略》,《新文化出版家徐伯昕》,北京:中国文史出版社,1994年,第21—22页。

② 夏衍:《懒寻旧梦录》(增补本),北京:三联书店,2005年,第154页。

③ 苏汶:《关于〈文新〉与胡秋原的文艺论辩》,《现代》,1932年第3期。

④ 《中国无产阶级革命文学的新任务——一九三一年十一月中国左翼作家联盟执行委员会的决议》,《文学导报》,1931年第8期。

⑤ 炯之(沈从文):《再谈差不多》,《文学杂志》,1937年第4期。

青年一代进行思想规训,其表现便是推行党化教育,例证之一便是"国立清华大学研究院招考简章"中,各研究所必考的第一科目便是"党义"。①

国共双方虽然在意识形态性质上具有异质性,但在斗争方法、手段上却有趋同性。在意识形态方面,国民政府重视民族意识的培植,共产党重视阶级意识的宣传;在文艺政策的制定上,双方都根据当时的政治形势和自己的需要制定相应的文件和要求;在控制策略上,国共双方都通过相关通晓文艺的人物对文艺组织和团体进行协调、指导和监督,采用一样的管理模式;在统战工作上,国共双方都试图与那些政治立场不明显的作家建立友好合作关系,希望把他们聚集在自己的政治阵营之中。

国民党政府虽然在军事上占据绝对的优势,并在军事斗争中取得节节胜利,但在文艺领域的政治争战中,却屡屡处于下风。因为以蒋介石为元首的"党国",其理论资源也就是国民党立国之初的三民主义;三民主义本为对付满清朝廷的政治纲领,民国立国之后,国民党不能与时俱进,及时对其进行精神输血、思想更新,依然以之为治国方略,根本无法应对极为复杂的社会现实。20世纪20年代,国民党为了尽快统一中国,以政治实用主义态度"联俄""联共",且在组织和思想领域"容共"。组织"容共"的结果是大量共产党员加入国民党,致使国民党在组织结构和成员成分上赤化;思想"容共"的结果是"国民党之躯壳,注入共产党之灵魂"②,致使三民主义党义几近共产主义理论。国民党在组织和思想上自掺沙子,"在国民党底党内或党外"都引起了思想认识上的混乱,许多人都觉得"'国民党已经变成了共产党',或是'共产党已经把国民党赤化了'"!③ 连文艺界学者都认为三民主义与共产主义没有区别:"许多人把共产主义看成洪水猛兽,我总以为是太过分的。孙中山

---

① 《国立清华大学研究院招考简章》,《清华周刊》,1934年第13、14期合刊。
② 《邓泽如写给孙中山的信及孙中山的批语》,中共党史校教研室编:《中国国民党史文献选编(1894—1949)》,1985年,第19—20页。
③ 萧楚女:《国民党与最近国内思想界》,《萧楚女文存》,北京:中共党史出版社,1998年,第212页。

先生在他的三民主义讲演里明明白白地说过:'民生主义即是共产主义';他也曾说过这样的话:'质而言之,民生主义与共产主义实无别也'。假如共产主义是洪水猛兽,孙中山先生决不会说这样的话。"①这种后果对国民党的政治十分致命:两党组织及党义血脉相连、难以割舍,等国民党觉醒再行"清党",无疑于政治自残——共产党被清理了,国民党也元气大伤。国民党的政治功利主义和政治投机可谓贪一时之利而自毁意识形态长城:国民党内部"改组派""西山会议派"等反对势力与蒋介石闹对立,思想根子就在三民主义的认识分歧;最终结果导致国民党中央领导集体的分裂,形成两个"中央"分立的荒唐政治局面。30年代中期起,国民党中央对意识形态体系独立、统一的重要性有所省悟,先是蒋介石倡导"读经"运动,试图通过传统儒家政治哲学赋予三民主义哲学以新的精神内涵,斩断三民主义的共产主义意识形态脐带;后是国民党五届全国代表大会通过《统一本党理论扩大本党宣传案》,该议案提出"凡关于文学社会科学之一切著述,均须以本党主义为原则"②。

得民心者得天下,意识形态只有在与现实政治一致时才会取信于民,发挥其精神整合作用。国民党建党之初,与广大民众同心同德,颇得民望。立国之后,国民党"以党治国",师法苏俄,行政采用党、政双轨体制,并且以党为尊,党在国上,党在法上。党政两套领导班子人为加大了行政成本,加重人民负担,成为滋生民怨、激化社会矛盾的潜流。绝对的权力导致绝对的腐败,不受监督的党的特权则给专制、独裁、腐败留下难以堵塞的体制漏洞,成为执政党的阿基里斯之踵,同时也是激生民变的温床。民国"训政"时期,国府大大小小的官员并不按三民主义的党义治国,而是据其人情关系治国,形成具有民国特色的腐败政局:"官僚用各种不同的政治方术和手腕,已把政府所掌握的一切事业,变为自己任意支配、任意侵渔的囊中物",国有资产也因"各级各层的权

---

① 梁实秋:《如何对付共产党》,《自由评论》,1936年第17期。
② 《统一本党理论扩大本党宣传案》,荣孟源主编:《中国国民党历次代表大会及中央全会资料》(下册),北京:光明日报出版社,1985年,第317页。

势者"借手中的政治权力"和任意编造的政治口实,而化公为私了"①。专制独裁、贪污腐败的结果,就是国民党"自毁其理论,三民主义之理论固犹昔也,但其足以使人信仰之价值,已等于零。国民党既失其足以维系人心之理论根据而犹复思以统治力强人以同,禁人之异,是以向所同者因强而离,与之异者因禁更更异矣"②,其欲得民众拥护,无异如缘木求鱼。是非公道,自在人心,由于民心所背,稍有良知和正义感的文士都不愿做国府的吹鼓手,故此国民党在文艺领域缺乏软实力,国府上下只有一些混饭吃的投机官僚,找不到有理论水平的政治抬轿者和文艺宣传员。虽有几个立场极右的专家,时不时地出来为其呐喊几声,却因国民党政府代表的是少数人的利益,其道太孤,也不敢颠倒黑白地把国民党吹到天上去。毕竟为一个鱼肉人民、欺压百姓、贪污腐败、民怨沸腾的政府鼓吹,怎么说理都不顺,怎么论气都不足。故此,为国府鼓吹叫好的文章虽时有出笼,却空洞苍白,远不如中共的宣传文告、左翼文人的批评文章来得理直气壮。

自近代以来,社会大势,民主共和是历史潮流,顺之则昌,逆之必亡。国府吏治腐败、帮会等黑恶势力横行,百姓生活暗无天日,国府宣传机构失去其公信力,任三民主义的口号喊得震天响,也难以取信于民。一干御用文人、专家,他们为党国利益摇唇鼓舌,费尽脑汁,到头来除了浪费笔墨纸张,基本上不起作用。此种情况下的国府权贵却只用脚跟思考,只恨共产党宣传太能蛊惑人心,致使"刁民"日众,"匪患"难绝,却不用脑子想一想这些情形背后深层的社会原因,不去思量政体改革,仍然按照封建统治者的专制思路、驭人之术,希图靠极端手段维护社会稳定,那就是采取政治恐怖、暴力压制、舆论钳制等政治高压手段,宣传上颠倒是非、混淆黑白,事实上隐瞒欺骗、以假乱真,新闻上掩盖真相、封锁消息。治标不治本的高压统治虽能勉强维持一时,岂能恒稳维持一世?因此,在与道义上占据制高点的共党意识形态较量中,国民党屡屡被动,却又每在明眼人的意料之中。

---

① 王亚南:《新官僚政治的成长》,《中国现代思想史资料简编》第5卷,杭州:浙江人民出版社,1983年,第650页。
② 静波:《开放党禁与振拔青年》,《清华周刊》,1932年第12期。

国府意识形态落于共产党下风原因之中,还有重要的体制因素:国府在出版检查领域缺乏专业素质合格的公务员,其宣传和文艺机构多的是文坛政客、文阀、学阀,文坛政客、文阀、学阀不同于真正的文人学者,他们在艺术与理论方面并无多少真才实学;他们削尖脑袋到政府任职只是为了混饭吃,他们真正关心的是自己的官位、官运、特权、地位、待遇、报酬,而不是国家的兴衰成败;他们做工作只是为了混饭吃,而不会全心全意地尽职尽责;他们履行岗位职责时,也不过是衙门式的文牍主义,念念文件,走走过场,脱离实际地传达一番上峰指示。国民革命军张发奎将军在谈到这种情形时不无沉重地说道:"一般公务人员还有一个通病,那就是敷衍塞责,阳奉阴违,致上情不能下达,良好的法令,不能切实施行。官要做得大,钱要拿得多,事情却可以不做,可以敷衍应付,不认真做好,这实在是一种非常痛心的现象!"①国民党文艺高官"张道藩赴台后,曾反省自己40年代领导右翼文运,由于'根本不做工作'和'虚于应付'的作风,致使文坛被左派占领"②。其实,这种情形在30年代亦如此。例如,"新月书店出版一本拉斯基教授的《共产主义论》,稍有知识的人都该知道,拉斯基是现代著名的政治学者,并且他是反对共产主义的。但是书店到一家报馆去登广告的时候,却被检查员老爷禁止刊登了。宣传共产,喝!禁登广告!这真成笑话了。马克思的《资本论》可以大登广告,因为书的名字叫做《资本论》;拉斯基的《共产主义论》禁登广告,因为书名不祥。当局者的昏瞆蛮横一至于此"③。国府公职人员不学无术致使出版检查许多时候形同虚设,这是共产主义学说有禁不止、难以抑制的体制原因,国民政府只得自食其政治腐败之苦果。

　　国民党为维护其一党专制的局面,20世纪20年代末开始"分共"、"清共"。一个党中之党、国中之国的存在,成为国府最大的心病,共产

---

　　① 张发奎:《抗战中公务员应以身作则》,《始兴文史资料》第10辑,1991年,第137页。

　　② 古远清:《几度飘零:大陆赴台文人沉浮录》,桂林:广西师范大学出版社,2010年,第151页。

　　③ 梁实秋:《思想自由》,《新月》,1930年第11期。

主义意识形态的壮大也让国府为之心惊：马克思主义在"思想界中……取得一个领导的地位"①。为了"党治下的政治的安定"，国府决心"在一定时期内，把共党的一切理论方法和口号全数铲除"。② 在文艺领域，国民党为防赤色思想流布，做出许多相应的政策规定，在意识形态领域限共、剿共，由于文网过密，最后凡与政府官方意识形态任何有异的东西都在禁限之列。从30年代国府出台的一系列文件中，可以看出国民党党天下的文网之密。就此而言，国府政治可谓逆历史潮流而动，是政治上的倒退。因为在20年代的军阀混战时期，民众还享有相当程度的言论自由。把两个时代的言论自由程度加以比较，便会看出军阀政治与国民党"党天下"的差异所在：前者是自由有多少的问题，后者则是有没有自由的问题。

思想和精神专制是中国历史上历代独裁者惯用的政治伎俩：为了实现政治的大一统，维护少数统治者的利益，必须让民众都变成傻子，而要让民众变成傻子，就必须限制他们的思想和言论自由！秦始皇焚书坑儒，汉武帝独尊儒术，现代专制统治下的新闻出版检查制度，本质上都是一回事。靠武力压制思想只是没有文化的武人极其粗鄙的做法，国府文官蒋梦麟反思国民党意识形态斗争失败的原因时说，"政府自己对社会上各种问题负有责任，病者讳疾，而且和广大的民众脱了节，对于社会不满意的情绪，知之不深，觉之不切"，对于反政府思想的传播，只用简单粗暴的行政手段去解决，"禁封书局、抓人。结果愈禁，人家愈要看。抓人的范围愈广，便把鳝鱼当蛇，一齐捉起来，鳝鱼也从此对蛇表同情了"。③ 在信息四通八达的现代社会，当政者不思改善政体、改善民生，却想用限制言论自由、推行愚民政策等政治手段维持社会的和平稳定，真是自欺欺人！国民党虽然对左翼文艺及其思想从制度层面进行严厉监控，但在效果上并不见佳，原因即在于此。

---

① 戴季陶：《易行知难》，《新生命》，1928年第2号。
② 蒋中正：《革命和不革命》，《新生命》，1929年第3号。
③ 蒋梦麟：《蒋梦麟学术文化随笔》，北京：中国青年出版社，2001年，第620页。

结　语

　　从日常交流的角度看，语言符号既能描述对象、传达信息，又能抒发感情、宣示意义，在此意义上，以语言为媒介的文艺极易成为社会思想斗争的工具，社会矛盾尖锐、阶级斗争激烈的社会时期尤其如此。在20世纪30年代的文艺意识形态争战中，国共双方都充分认识到了语言符号的这一作用，并把文艺的意识形态功能发挥到了极致。意识形态斗争归根结底是阶级利益冲突无法调和所引发的政治斗争在思想领域里的表现，其斗争胜负的决定因素不是技术性的战略规划或战术手段，而是日常生活领域中的利益平衡和社会公正。在社会生活大体公平、公正的前提下，文艺宣传作为精神维稳的工具才能具有一定的效用，统治者的思想才能成为社会生活中占统治地位的思想。统治者一方如果不能平衡各阶级的利益、保证广大民众的基本生存需要，就会在精神上失信于民，即使其掌握着强大的舆论宣传工具，也会在斗争中败给对手。失道寡助，"道"（公平、正义）若不济，"技"（工具、手段）虽多亦无用。

　　原载于《河南大学学报（社会科学版）》2013年第6期；人大复印资料《文艺理论》2014年第3期全文转载

"有意义的文化理论"：
雷蒙·威廉斯眼中的巴赫金

曾 军①

特里·伊格尔顿在《纵论雷蒙德·威廉斯》一文中曾如此评价雷蒙·威廉斯："当巴赫金的不倦努力在斯拉夫派符号学家们眼中还只是微弱的闪光的时候，威廉斯早已是一位'巴赫金派'的社会语言学家了。先于于尔根·哈贝马斯许多年，威廉斯对交往活动理论的某些主要命题作出了论述。"②伊格尔顿的此番判断颇有深意：其一，在性质上，他揭示出雷蒙·威廉斯的社会语言学思想与巴赫金语言哲学之间存在某种相似性关系——这决定了两者具有某种进行平行比较的"可比性"基础，也暗示了进行"事实联系"考察的影响研究的前提；其二，在时间上，他认为雷蒙·威廉斯社会语言学思想的成熟早于斯拉夫派符号学家。这里的"斯拉夫派符号学家们"指的是从1960年代开始兴起的以洛特曼为代表的莫斯科—塔尔图符号学派，他们对巴赫金思想接受的时间

---

① 曾军，男，湖北沙市人，上海大学文学院教授，博士生导师。
② ［英］特里·伊格尔顿著，王尔勃译，周莉，麦永雄校：《纵论雷蒙德·威廉斯》，刘纲纪主编：《马克思主义美学研究》第2辑，桂林：广西师范大学出版社，1999年，第402页。

始于60年代。① 那么,雷蒙·威廉斯早在60年代甚至更早的时候就开始形成具有巴赫金式的社会语言学思想了吗？伊格尔顿对这个问题语焉不详,这是需要我们深入讨论的问题；其三,伊格尔顿又将雷蒙·威廉斯建立在交往活动理论的问题史中,并确立其"先于哈贝马斯"的定位,那么我们该如何认识巴赫金、哈贝马斯和雷蒙·威廉斯三者之间的理论联系呢？

一、70年代：聚焦《马克思主义与语言哲学》

正当斯图尔特·霍尔组织"语言和意识形态小组"将沃洛希诺夫/巴赫金的《马克思主义与语言哲学》纳入讨论对象的时候,1977年,被视为文化研究学派的"精神领袖"或"学术顾问"的雷蒙·威廉斯出版了《马克思主义与文学》。在该著第一章"基本概念"第二节"语言"中,威廉斯专门讨论了沃洛希诺夫/巴赫金的《马克思主义与语言哲学》。② 很难说这两次接受谁先谁后,但两者共同表示了英国新左派的文化理论思潮正式接受了沃洛希诺夫/巴赫金的理论。③

雷蒙·威廉斯认为,马克思主义有关语言的理论有两个特点值得特别重视：一个是它强调语言是活动,另一个是它强调语言有历史。但是让人遗憾的是,马克思主义并没有沿着这条道路,发展出马克思主义

---

① 巴赫金与莫斯科－塔尔图符号学派的关系早已为学界所关注。从1970年代开始,俄罗斯学界就开始讨论两者的学术联系,近几十年来则更为集中。大体而言,以洛特曼为代表的莫斯科－塔尔图符号学派首先是继承俄国形式主义的学术传统,进而接受巴赫金的影响,拓展成符号与社会、文化关系的研究。正因为如此,巴赫金之于洛特曼的重要性是一个逐步深化的过程,而不是具有原初性的思想资源。这也即伊格尔顿在此所说的巴赫金还只是斯拉夫派符号学家眼中的"微弱的闪光"的含义。而雷蒙·威廉斯对语言问题的关注首先是从其马克思主义倾向的英国新左派立场出发的,从一开始就是从社会、文化的角度来进入语言问题,因此更倾向于巴赫金式的。

② [英]雷蒙德·威廉斯著,王尔勃、周莉译：《马克思主义与文学》,郑州：河南大学出版社,2008年,第35页。

③ 关于伯明翰学派是如何接受巴赫金的,参见曾军：《从"葛兰西转向"到"转型的隐喻"——巴赫金是怎样影响伯明翰学派的》(《学术月刊》,2008年第4期)。

的语言理论,即以现实的具有历史性的言语行为作为研究对象的话语理论;相反,"它却把自身的那些限定性和局限化发展起来了。其中最明显的局限化就是把整个物质社会过程都归结为'劳动',而这一点又被讲得越来越狭隘。这在关于语言的起源问题和发展问题的重要讨论中产生了影响,而这些问题在进化体质人类学这一新学科的语境中一直被人们重新探讨着"。正统的马克思主义所持的基本观点是以反映论为基础的,即语言是对现实世界的反映,其反映的真实性成为判断其正确高下与否的最重要的指标,但是,"无论何时,任何一种构成性的实践理论(特别是唯物主义理论)在重新阐述语言的能动过程这一问题上,都会产生某种超出探究起源问题的重大影响——这种重新阐述大大超越了'语言'与'现实'这类分离的范畴。然而,正统马克思主义却依然陷在反映论中不能自拔,因为只有这种理论方能在那些已被人们接受的抽象范畴之间建立起似乎可信的唯物主义联系"。① 在回顾了从18世纪以来与马克思主义语言哲学相关的知识谱系,特别是分析了斯大林主义语言观之后,威廉斯把目光聚焦到了沃洛希诺夫/巴赫金的《马克思主义与语言哲学》上面,认为其最大的贡献在于"找到了一条足以超越那些影响巨大但又甚为偏颇的表现论和客观系统论的途径"。正因为沃洛希诺夫/巴赫金"把整个语言问题放到马克思主义那种总体的理论格局当中加以重新考虑","这使他能够把'活动'(洪堡特之后的那种唯心主义强调之所长)看作是社会活动;又把'系统'(新的客观主义语言学之所长)看作是与这种社会活动密切相关的,而不是像某些一直被人们袭用的观念那样,把二者看做是相互分离的。……沃洛希诺夫由此开辟了一条通往新理论的道路,对于一个多世纪以来的学术来说,这种新理论一直十分必要"。② 雷蒙·威廉斯将沃洛希诺夫/巴赫金的马克思主义语言理论概括为以下几个方面:

其一,语言是活动、是实践、是一种基于社会关系的社会行为。在

---

① [英]雷蒙德·威廉斯著,王尔勃、周莉译:《马克思主义与文学》,郑州:河南大学出版社,2008年,第32、33—34页。
② [英]雷蒙德·威廉斯著,王尔勃、周莉译:《马克思主义与文学》,郑州:河南大学出版社,2008年,第32、33—34、35—36页。

雷蒙·威廉斯看来,"沃洛希诺夫的这些努力旨在全面恢复认定语言是活动,是实践意识的强调(而这一强调长期以来一直被削弱,并且实际上也被其自身的那种局限在封闭的'个体意识'或'内在心理'的做法所否定)。……沃洛希诺夫认为,意义必然是一种基于社会关系的社会行为。但要理解这一点,则必须先要恢复'社会的'一词的全部含义:它既不是指那种唯心主义的化约(即把社会当做一种承袭下来的、已经造就好了的产物,一种'没有活力的外壳';认为除此之外所有的创造性活动都是个体的活动),也不是指那种客观主义的设定(即把社会视为形式系统……认为只有置于其中并依据这一系统,意义才能被生产出来)。从根本上讲,上述这两种观念都源于同一谬误——把社会的意义活动同个体的意义活动完全分离开来(尽管这些对立的立场对那些分离的因素各自评价不同)。与那种唯心主义强调所持有的心理主义立场相反,沃洛希诺夫认为,'意识构成于并存在于符号的物质材料中,这些符号材料则是由某种有组织的群体通过其社会交往过程创造出来的。个体意识依赖于符号,从符号中产生,它也反映着符号的逻辑和规律'(《马克思主义与语言哲学》,第 13 页)"。① 威廉斯对这个特点的把握无疑是将沃洛希诺夫/巴赫金的语言理论纳入了马克思主义的框架。

其二,沃洛希诺夫/巴赫金注意到了语言"符号"的二重性,即"符号既不等同于客体对象及其所指示或表达的事物,也不单纯地反映着它们。因而,在符号当中,形式因素与它所携带的意义之间不可避免是一种约定俗成的关系(至此为止,他还是赞同正统的符号理论的)。然而,这种关系却不是任意性的,而且更为重要的是,这种关系也不是一成不变的"。沃洛希诺夫/巴赫金对这种语言与现实关系的重新解释是建立在"社会语言"的认识框架内的,即语言是一种社会现象,这是经典的马克思主义的观点。既如此,语言一方面具有"反映"社会现实的功能,这一点与正统马克思主义的反映论具有相似性;但另一方面,语言"反映"社会现实的功能又受到了来自社会现实的影响,用威廉斯的话说,"由此可见,我们所发现的并不是各自存在的'语言'和'社会',而是一种能

---

① [英]雷蒙德·威廉斯著,王尔勃、周莉译:《马克思主义与文学》,郑州:河南大学出版社,2008 年,第 36 页。

动的社会语言。(稍稍回顾一下实证主义理论和正统的唯物主义理论)我们又会发现,这种语言既不是对于'物质现实'的单纯'反映',也不是对于'物质现实'的单纯'表现'。确切地说,我们所拥有的,是通过语言对于现实的一种把握;语言作为实践意识,既被所有的社会活动(包括生产活动)所渗透,也渗透到所有的社会活动之中。同时,由于这种把握是社会性的、持续的(不同于那些抽象的对立:'人'对'世界','意识'对'现实','语言'对'物质实在'等等),所以它出现在能动的、变化着的社会关系之中。语言言说所来自的、所论及的,正是这种经验——'主体'与'客体'(唯心主义和正统唯物主义的前提就是建立于其上的)这些抽象实体之间所遗失掉的中介性术语"。① 也就是说,语言"反映"社会现实的程度取决于社会现实对语言的影响程度,这正是"语言"与"现实"关系的吊诡之处。

　　那么,如何解决这一双重性所带来的理论难题呢? 威廉斯认为,沃洛希诺夫/巴赫金的语言理论具有了第三个重要的特点:"语言就是这种能动的、变化着的经验的接合表述,就是一种充满能动活力的、接合表述出来而显现在这个世界上的社会在场。"按照他的看法,这种接合表述的特殊性其实最早已被形式主义所把握。"正是在反对这些消极被动和机械倾向上,形式主义作出了最大贡献——它坚持认为,通过符号进行的表意过程是一种特殊的(形式化的)接合表述"。② 特别注意的是,将语言视为与社会、经验的"接合表述"并非沃洛希诺夫/巴赫金的观点,而是雷蒙·威廉斯所做的理论延伸。"接合理论"(theory of articulation)是英语的文化研究理论,尤其是伯明翰学派在实现"葛兰西转向"过程中逐渐形成的新的理论范式。这种接合理论意在一方面既描述一种社会现象、社会形态的特点,但另一方面又不至于陷入还原论(经济还原论和阶级还原论)和本质论的陷阱。这种策略主义的态度,具有明显的"后学"特征(后现代主义、后马克思主义),并使之

---

① [英]雷蒙德·威廉斯著,王尔勃、周莉译:《马克思主义与文学》,郑州:河南大学出版社,2008年,第37—38、38页。
② [英]雷蒙德·威廉斯著,王尔勃、周莉译:《马克思主义与文学》,郑州:河南大学出版社,2008年,第38—39页。

成为"当代文化研究中最具生产性的概念之一"。但是,沃洛希诺夫/巴赫金所强调的重点并非在此。如果说,正统马克思主义反映论强调的是语言对现实的单向度反映的话,那么,沃洛希诺夫/巴赫金则将这种关系复杂化了。任何符号,包括符号的内容和形式,都受到有社会组织的人及其之间关系的影响,都受到他们相互作用的环境的影响。为此,他们为社会语言符号的研究确立了三条基本的方法论要求:"(1)不能把意识形态与符号的材料现实性相分离(把它归入'意识'或其他不稳定的和捕捉不到的领域)。(2)不能把符号与从该时代的社会视角来观照的具体形式相分离(而且在此之外它根本就不存在,只是一种简单的物理东西)。(3)不能把交际及其形式与它们的物质基础相分离。"①对比这三条原则,丝毫没有雷蒙·威廉斯和斯图尔特·霍尔所说的"接合"的意思。

70年代中后期,威廉斯一方面已经注意到自己所提出的"情感结构"因为各种原因并不那么令人满意,另一方面则面临着对阿尔都塞—拉康式的对主体和符号问题的反思的回应压力,《马克思主义与文学》在语言层面转向以巴赫金小组为代表的马克思主义语言哲学的重视正是这种压力下的产物。不过,并没有直接的证据表明,威廉斯在此时发表此著与伯明翰大学当代文化研究中心急欲解决文化研究的范式转型问题有关。因为威廉斯虽然与霍加特、霍尔关系甚密,但他并没有真正参与该中心的学术活动,而且从1961年直到1983年他都在剑桥大学,此后一直待在萨福沃登小镇。不过,威廉斯在此时此刻发表展现其对巴赫金/沃洛希诺夫的关注,足以证明巴赫金小组对英国学界的影响,而威廉斯的态度也可以成为伯明翰学派学人接受巴赫金思想的佐证。

二、进入80年代:赞同巴赫金小组的社会学诗学

进入80年代之后,雷蒙·威廉斯对巴赫金的著作仍然保持了持续

---

① [苏]B. H. 沃洛希诺夫:《马克思主义与语言哲学》,[苏]巴赫金著,晓河等译:《巴赫金全集·周边集》第2卷,石家庄:河北教育出版社,1998年,第362页。

的关注。不过,这里有一个非常有意思的现象:巴赫金最受西方文学理论学家们关注的复调小说理论、对话主义、狂欢化理论似乎一直未正式进入雷蒙·威廉斯的学术视野。至少在他的绝大多数著述中,很难找到对相关问题的讨论或引述。相反,雷蒙·威廉斯一直较为关注的是"巴赫金小组"时期,沃洛希诺夫/巴赫金的《马克思主义与语言哲学》和梅德维杰夫/巴赫金的《文艺学中的形式主义方法》。尤其是后者,成为80年代雷蒙·威廉斯学术生涯的晚期重点征引和讨论的对象。造成这一现象的原因如何解释,尚缺乏足够的史料支撑。在此,我们仅能够以文本为对象,概述其主要的思想。

1989年,在雷蒙·威廉斯去世两周年之际,托尼·平克尼编辑出版了他的主要发表于80年代的论文集《现代主义的政治:反对新国教派》(thepoli—ticsofmodernism:against the new conformists))。托尼·平克尼认为,雷蒙·威廉斯在1983年的《后现代主义的间离语言》一文中庄重宣布:"自觉地'现代主义'的时期行将结束",①在雷蒙·威廉斯的现代主义批判谱系中,巴赫金、卢卡奇的理论进入其视野。托尼·平克尼认为,"把现代主义确定为大都市的社会形式中的一个特定时刻,使这种分析得到了进一步贯彻。布莱希特的间离来自于俄国形式主义的'陌生化',正如重新发现的米哈伊尔·巴赫金的著作和他的同事们后来使威廉斯看出的,形式主义在其最早阶段也是对未来主义的理论化,如他在《文化理论的运用》中所描述的,即'正是在极端的但却空洞的、尚未被接纳的时刻'。卢卡契本人对现代主义的批判后来可能被'巴赫金化'了,正如威廉斯所做的那样,他从卢卡奇对表现主义的巨大威吓中挑出一个词,用于当代英国政治戏剧的各种困境"。② 这似乎透露出一个明确的信息:巴赫金的某些思想开始成为雷蒙·威廉斯进行现代主义及其相关的文化理论反思的重要的理论资源。

---

① [英]雷蒙·威廉斯:《后现代主义的间离语言》,《新社会》1983年6月16日,第439页。转引自[英]雷蒙·威廉斯著,阎嘉译:《现代主义的政治——反对新国教派》,北京:商务印书馆,2002年,第5—6页。
② [英]托尼·平克尼:《编者引言:现代主义与文化理论》,[英]雷蒙·威廉斯著,阎嘉译:《现代主义的政治——反对新国教派》,北京:商务印书馆,2002年,第33页。

在这本书中，与巴赫金（巴赫金小组）有关的共有三篇文章，其中第一篇是《语言与先锋派》。这篇文章是1986年雷蒙·威廉斯在格拉斯哥的一次会议上提交的论文，不过，不知出于何种考虑，雷蒙·威廉斯在选编这本论文集的时候，并没有考虑将之编入。托尼·平克尼在雷蒙·威廉斯去世之后接着选编的过程中，将之增补进来的。在这篇文章中，雷蒙·威廉斯引述了沃洛希诺夫/巴赫金的《马克思主义与语言哲学》和梅德维杰夫/巴赫金的《文艺学中的形式主义方法》。在讨论对于"现代"问题的态度时，雷蒙·威廉斯也注意到了，"我们可以从注意到这种语境中'现代'的两种积极含义开始：'现代'是一段历史时间，以及它特定的、然后变化着的特点；但'现代'也是麦德维德夫和巴赫金批判它时所称的'永恒的同时代性'，是对'片刻'的领悟——它在实际上和理论上奔越过并排除掉变化的物质实在，直到一切意识和实践都是'现在'。"在讨论形式主义理论的发展局限问题时，雷蒙·威廉斯指出，"由于形式主义的主张变成了文学理论中一种有影响的趋势，它灾难性地把它所针对的那些事实变得狭隘了。它限于拒绝被称为'内容'和'表现'的东西，甚至更加破坏性地拒绝了'意图'，它在实际上没有领悟到那种特质的积极的文学用法的要点，伏罗西诺夫把那种特质称为'多音调的'，一种内在的语义开放性，与一种仍然积极的社会过程相应，新的意义和可能的意义可以据此产生出来，至少在某些重要的词语和句子的各类之中"。① 沃洛希诺夫/巴赫金的"多重音性"（multi-accentuality）亦即后来在《长篇小说的话语》中提出的"杂语"（或译"众声喧哗"，hetero-glossia）的前身。由于巴赫金相关著作的英译本均在80年代之后才陆续出版（如1981年的《对话式想象》、1984年的《陀思妥耶夫斯基诗学问题》和1986年的《言语类别及其他晚期文章》），雷蒙·威廉斯显然没来得及读到巴赫金的这些著作。

---

① ［英］雷蒙德·威廉斯：《语言与先锋派》，［英］雷蒙·威廉斯著，阎嘉译：《现代主义的政治：反对新国教派》，北京：商务印书馆，2002年，第107—108、109页。

三、最终认识:有意义的文化理论

1986年,雷蒙·威廉斯进入生命中的最后时刻,他似乎有意站在整个文化研究、文化理论发展的全局高度来反思和前瞻。他接连发表了《文化研究的未来》和《文化理论的应用》两篇文章(演讲),其中对巴赫金思想的强调尤为显著。在《文化研究的未来》中,雷蒙·威廉斯明确展开了对"结构主义"作为"理论"的批评,认为"一种理论获得了成功,它把这种构成的情景按照它的方式合理化了,使它成了官僚主义的,成了知识分子专家的根据地。那就是说,它所形成的各种理论——形式主义的复活,各种较简单的结构主义(包括马克思主义的结构主义)——倾向于把人们在社会中的各种实际遭遇看成对社会的一般进程具有相对很少的影响,因为那个社会主要的内在力量在其结构的深处——在最简单的各种形式中——操纵它们的人们只不过是'代理人'"。正是在对结构主义的批判中,雷蒙·威廉斯发现了"巴赫金小组"的价值,他认为,"早期对巴赫金、伏罗西诺夫、麦德维德夫所发动的这种现代主义的理想主义的强有力的挑战,很少被听见,或者完全听不见。甚至(并不经常)当构成'被'理论化时,构成分析的主要教训(涉及人们自己的构成和其他'当代的'构成)也很少得到强调,而是更强调安全距离之外的学术研究"。① 在《文化理论的运用》中,雷蒙·威廉斯更是从正面积极肯定"巴赫金小组"的理论贡献。

在《文化理论的运用》中,雷蒙·威廉斯对"巴赫金小组"时期的研究予以了高度的肯定,认为"正是在这个被唤醒的、但令人不满的阶段中,第一次重要的理论创新开始形成。我将首先考查也许可以称为的从维捷布斯克开始的道路。我的意思是指那场依然未被很好理解的、却很重要的运动,它涉及(不能确定,且无法摆脱)P. N. 麦德维德夫、V. N 伏罗西诺夫和 M. M. 巴赫金,1920年代早期他们都在维捷布斯克,后来在列宁格勒工作。这也是我举出的第一个例子,以说明社会分析

---

① [英]雷蒙德·威廉斯著,阎嘉译:《文化研究的未来》,《现代主义的政治:反对新国教派》,北京:商务印书馆,2002年,第223页。

和历史分析对于研究文化理论中一种创新的结构来说,是必不可少的。因为这些理论活动的关键因素,是它们在一个仍然很活跃的革命社会里的复杂处境"。① 在这篇文章所展开的威廉斯对巴赫金的接受有三个显著的特点。

其一,雷蒙·威廉斯对巴赫金及巴赫金小组时期的发展历史已经相当熟悉。他不仅熟悉围绕巴赫金小组时期著作权的争议,而且还熟谙他们各自的人生轨迹及学术变迁。如,他发现,麦德维杰夫"曾经是无产阶级大学的校长,曾积极介入过各种文学计划和通俗戏剧的各种新形式"。但是在斯大林时代,他和洛诺希洛夫都成了受害者,"而巴赫金则在这时被边缘化了"。尽管如此,"当这种批评出现时,它(标志着一次主要的理论上的进展)只是部分地、不完全地变成了直接的分析。但后来值得注意的是,只有巴赫金才能够完成那种毕生的工作"。②

其二,雷蒙·威廉斯充分肯定的是他们提出的"社会学诗学"的主张,这与他自己的"文化社会学"路径形成理论的呼应。"我们或许会盼望与早已著名的'社会学诗学'的某种简单关系,在这种诗学中,读者的转换和艺术家地位的转换,可以被认为直接导致了一种新的、自信的艺术理论和艺术实践"。1920年代俄国形式主义与巴赫金小组社会学诗学的这种相互交织与对峙的局面又在1960年代的西方世界重新出现了。"紧跟着这些内在的和特有的力量线索,从1960年代起在西方出现的东西——它有时仍然被当作现代文学理论提出来,似乎它在出现的最初几年里没有得到全面的分析和驳斥——是那种早期的形式主义,它让自己成为对当时'社会学诗学'的外在化的一种反动。麦德维德夫和巴赫金正确地把这种形式主义确定为未来主义在理论上的结果"。③

其三,在雷蒙·威廉斯那里,巴赫金小组所从事的理论创新作为

---

① [英]雷蒙德·威廉斯著,阎嘉译:《文化理论的运用》,《现代主义的政治:反对新国教派》,北京:商务印书馆,2002年,第234—235页。

② [英]雷蒙德·威廉斯著,阎嘉译:《文化理论的运用》,《现代主义的政治:反对新国教派》,北京:商务印书馆,2002年,第235、237页。

③ [英]雷蒙德·威廉斯著,阎嘉译:《文化理论的运用》,《现代主义的政治:反对新国教派》,北京:商务印书馆,2002年,第235、235—236页。

"有意义的文化理论",成为文化研究的最佳典范。在回顾了1920年代的俄国和1960年代的英法出现的相似学术情况之后,雷蒙·威廉斯提出了自己的疑问:"我要开始问:有意义的文化理论可能是怎样的,能够做什么。这个问题仍然比任何理论阶段的内在历史都更重要,只有在它确证了真实社会历史之内的关键联系和关键断裂之时,它才成为有用的。从上面对各种文本和个人进行挑选,这是学术批评最糟糕的遗产,它决定了依赖注解和批评的整整一代人的调子与自满,必须被一种同样持久的参与实践活动所取代,包括在各种新的作品和运动之中。"正是在这个最根本的问题上,雷蒙·威廉斯再次将巴赫金小组抬了出来。"用麦德维德夫和巴赫金的话来说:'作品只是作为社会交往不可分割的各种要素,才可能进入真正的联系之中……进入联系之中的并不是作品,而是人,不过,他们是通过作品的媒介进入联系之中的。'这把我们导向了文化分析中的核心理论问题:我在开头界定为特定关系的分析,作品通过这些关系形成和运动"。① 也就是说,巴赫金小组所确立的以社会交往为基础的研究范式,是最佳的文化理论的最佳选择。

四、余论:有关雷蒙·威廉斯接受巴赫金影响的两点辨正

在清理完雷蒙·威廉斯对巴赫金思想的接受历程之后,不难得出结论:(1)雷蒙·威廉斯是从1970年代开始接受巴赫金的理论;(2)从早期的对巴赫金小组时期的马克思主义与语言哲学的共鸣到后期的将巴赫金理论视为"有意义的文化理论"的自觉,显示出雷蒙·威廉斯对巴赫金思想的认识有一个逐步深化的过程。也正是在这两个基本结论中,本文开头所提的后两个问题也初步有了答案:

其一,雷蒙·威廉斯在1960年代尚没正式接受巴赫金的思想,那么,他的社会语言学的思想倾向应该是另有来源,即,来自英国新左派思想的传统,它强化了雷蒙·威廉斯自觉地从马克思主义的立场、从关

---

① [英]雷蒙德·威廉斯著,阎嘉译:《文化理论的运用》,《现代主义的政治:反对新国教派》,北京:商务印书馆,2002年,第245页。

心无产阶级文化的角度对英国语言问题的思考。从雷蒙·威廉斯早年著名的《文化与社会》和《漫长的革命》来看，尽管他已经开始思考"语言"问题，如其从文化与社会角度对英国文学的思考以及对"标准英语的发展"变迁的考察，但主要还是从"语言作为对象"而非"语言作为方法"的角度进行的思考，其语言学方法论的自觉尚未形成。不过，其中有个细节值得特别注意：《文化与社会》于1958年出版之后反响强烈，多次重印。雷蒙·威廉斯在1963年版的"后记"中提到，他准备为该书写一个续篇《再论文化与社会》，其写法是"详细探讨关键词的历史"。应该说，这一研究思路的转变显示出雷蒙·威廉斯"通过语言反思文化与社会"方法论的自觉。正如其在《关键词：文化与社会的词汇》序言中所指出的，这本书"应该算是对于一种词汇质疑探询的纪录；这类词汇包含了英文里对习俗制度广为讨论的一些语汇及意义——这种习俗、制度，现在我们通常将其归类为文化与社会"。① 也正是基于这一思想基础和研究取向，当沃洛希诺夫/巴赫金的《马克思主义与语言哲学》进入英语学界的视野之后，才可能引起雷蒙·威廉斯以及伯明翰当代文化研究中心学者们的高度重视。从这个意义上说，巴赫金思想对雷蒙·威廉斯的影响虽不具有"原发性"（即影响的最初来源），但却具有"催化性"（在关键时刻推动了接受者思想的自觉）。

其二，后期雷蒙·威廉斯对巴赫金文化理论的接受明显受到了哈贝马斯交往行动理论的影响，以至于雷蒙·威廉斯主要是从"社会交往"的角度来建立巴赫金小组的社会学诗学与自己的文化社会学之间的学术联系的。这就提出了一个非常值得深入讨论的问题：雷蒙·威廉斯的"文化唯物主义"和"文化社会学"与巴赫金小组的以审美交往为特征的"社会学诗学"和哈贝马斯的交往行为理论之间的复杂关系的比较，以及更重要的是他们共同面对与经典马克思主义之间的不同态度及其理论取舍。拙文《作为审美交往活动的"复调"和"对话主义"》（《人文杂志》2011年第5期）和《从马克思到巴赫金：审美交往的一段问题史》（《社会科学辑刊》2012年第4期）已从马克思主义交往理论的问题

---

① ［英］雷蒙·威廉斯著，刘建基译：《关键词：文化与社会的词汇》，北京：三联书店，2005年，第6页。

史角度清理了马恩经典作家(马恩毛列)、西方马克思主义(法兰克福学派)以及巴赫金小组之间的复杂关系。笔者认为:(1)马克思恩格斯对"交往""普遍交往""物质交往""精神交往"等问题的讨论确立了马克思主义交往思想的基础;(2)哈贝马斯的社会交往重视语言的中介性地位,但忽视了审美活动的维度;(3)真正讨论"审美交往"问题的,是巴赫金小组学者的贡献。雷蒙·威廉斯在《马克思主义与文学》中对语言是活动、实践,是一种社会行为的认识正是其在充分讨论了马克思主义对语言哲学的问题史之后得出的结论,其中沃洛希诺夫/巴赫金的《马克思主义与语言哲学》功不可没;哈贝马斯的交往行为理论始于1976年的《交往与社会进化》一书,并成熟于1981年的《交往行为理论》。因此,哈贝马斯交往行为理论对雷蒙·威廉斯的影响是在后者写完《马克思主义与文学》一书之后,而这正好与雷蒙·威廉斯对巴赫金文化理论认识的阶段性特征相吻合。限于篇幅,对这一重大问题的探讨在此仅略作讨论,深入的展开将另文详述。

原载于《河南大学学报(社会科学版)》2014年第6期;人大复印资料《文艺理论》2015年第3期全文转载

后人类生态主义:生态主义的新变

王 峰[①]

一、生态主义与超越人类中心

生态主义兴起于20世纪60年代,它由实际的环境危机唤起,并扩展到人的观念领域,在美学范围内的生态主义指向的是整体人类与人类所生存的世界之间关系的思考。在生态危机之前,人与世界的和谐性压倒冲突性,而生态危机唤醒了人与世界协和一致的"迷梦",冲突性压倒了和谐性,进而扩张到整个人类生存的思考,甚至有观点认为人的启蒙也有必要改变方向,走向第二次启蒙,即生态启蒙。[②] 生态危机所引发的生态主义让我们重新思考人与世界的关系,其预设前提是人与世界关联被人自身的行为所破坏,所以我们必须寻找可靠的途径重建人与世界的和谐。因而,生态主义不仅仅是一种环境主义,而是一种基于环境危机形成的全方位挑战,由此,不仅要反思既有的科学技术对环境的破坏,还要反思隐藏在人类文化观念深层的对外部世界的贬低。从这两个交错复杂的面相,要求我们不仅要做实际的生态保护,还要改变我们对待环境,对待外物的态度,从整个人类观念上杜绝生态危机的再发生。

生态主义的发展极其复杂,在这里不可能对其做全面的考察,这里

[①] 王峰,男,文学博士,华东师范大学中文系教授,博士生导师,研究方向西方文论、分析美学、后人类文化、人工智能美学。
[②] 王治河,樊美筠:《第二次启蒙》,北京:北京大学出版社,2011年。

只能沿着一个预设的目标考察生态主义与后人类主义的可能沟通方式。这当然也与生态主义的一个内核，超越人类中心主义密切相关。人类中心主义实际上是从启蒙时代以来一直高张的主体价值。如果我们否认这样一个价值，那么我们就不能够理解启蒙时代以来几百年的巨大成就和基本价值，但是，通过反思也看到，人类中心实际上是与科学技术发展和社会文化状况的整体实践紧密结合的，他们之间是相互适应的。现代以来，科学将神学从世界主宰的地位拉下神坛，却将自己树立为新的神祇，一切方面必须通过科学来解决，科学成为衡量一切价值的基本标准，它的含义就是正确、无可置疑等等。现代启蒙实际上就是科学的启蒙。这一启蒙的目的就是解放人类，从神主宰一切变为人是世界的主宰，神被人所推翻，世界分为信仰世界和世俗世界，而世俗世界彻底让渡给人类，只为神留下信仰的地盘儿。而在此之前，神是所有社会和文化实践的主体，现在科学成了这一主体的基本内容。

科学研究的进展不断推进人类中心观念。现代之前，人类能力无论发展到何种地步，自然对他来讲都是广袤无垠的，他不可能对这一自然主体产生伤害，但是，科学兴起之后，我们使用的工具越来越多，人的能力急速膨胀，力图改造世界，而任何一种人的能力的发展，都带来了迅速的成果。现代科学技术的发展带来了人类能够利用的资源的增加，而这些资源除了地面资源之外，还包括大量的地表之下的资源，这极大地增进了人类社会生活的丰富性，同样也给社会生活带来的了新的结构方式和组织变化，更重要的是，随着人类利用自然资源的能力不断提升，地球表面开始被人类破坏，这也反过来对人类自身产生了反作用力，带来环境的危害。从技术本身的规律来说，这一难题是没有办法解决的，因为它不仅仅涉及到技术自身规律，还涉及与科技紧密相关的现代启蒙观念。现代启蒙观念已经深深地与现代科学技术的发展结合为一体，科学技术的退缩标志着现代启蒙的失败，这是我们不能忍受的方案。只有从现代主义转向后现代主义，从人类主义中心的宏大叙事转向超越人类中心主义的微叙事，才能找到一个破解整体性的药方，"叙述失去了自己的功能装置：伟大的英雄、伟大的冒险、伟大的航程，以及伟大的目标。它分解为叙述性语言元素的云团，但其中也有指示性语言元素、规定性语言元素、描写性语言元素等，每个云团都带着自己独特的语用学化合价。我们大家都生活在许多语用学化合价的交叉路口。我们并不一定构成稳定的语言组合,而且我们构成的语言组合也并不一定具有可交流的性质。"①在利奥塔看来,只有从宏大叙事趋向语用学的实践性叙事,我们才能超越大概念,走向超越人体超级主体性的后现代主体方向。

  生态主义是超越人类中心主义的一个重要构成部分。生态主义谋求在实际生态保护效果和生态观念改造双方面的努力可谓抓住了生态危机的关键。没有人的观念的改变,单纯从生态保护的角度入手,就只是一种无力的劝解,因为科学技术不可避免地具有自动力特征,我们只能通过改造基本观念,以驾驭快速发展的科学技术,否则它就可能是一头怪兽。但即使是单纯的劝解,也是有效果的,没有生态保护,地球也许早已经在技术滥用的破坏下变得面目全非。但是,如果一直沿着这样一个方向发展下去,生态环境依然会臣服于技术发展力量之下,慢慢会变得苍白无力。超越人类中心主义,也许只是在观念上进行改变,但是我们不能改变技术的实质,如果我们从较长时段的方向来看,观念往往塑造技术形态,但是,观念的变化相比于技术形态的变化来讲,是比较缓慢的,而在生态保护观念方面的不断劝说,虽然可能产生较好的效果,但是相对于技术的不断变化和发展来讲,反应速度相对迟滞,我们不得不加以警惕。所以,生态保护是生态主义必备因素,同时我们也要注意观念方面的调整,以保障生态保护观念不是应对危机的临时措施,一旦危机平息,它就被抛一边。生态主义是对人类中心主义蕴涵风险的应对方式,如果不能从整体观念上对人类中心进行防范,危机总会重来,这是由科学技术本身的发展的力量来决定的。技术是现代性的主体力量,我们不可能将技术彻底停下来,只能让它放慢脚步,以等待我们发展出更新的技术方式,以解决我们所面对的环境的危害。假如我们真能有这样的技术发展,实际上,比如说像科幻当中所描绘的那样,跨出地球,走向其他星球的殖民,那么,我们很可能将这样的一种环境危机所唤起的生态保护意识相对化解,消解它的紧迫性。但这又是一

---

① [法]让-弗朗索瓦·利奥塔尔著,车槿山译:《后现代状态》,南京:南京大学出版社,2011年,引言第5页。

个太过遥远的未来,我们无法信任它。

二、后现代与后人类:超越人类中心主义的两条道路

在超越人类中心主义方面,后现代与后人类是一致的。后人类主义中同样包含着超越人类中心的生态主义观念,只是这一观念相对后现代主义范围内的生态主义有所发展,形式上更加复杂。我们此前曾经把生态主义包含在后现代范围之内,后现代主义是对现代主义以人类为中心观念的反拨,是对现代主义所形成的各种正面价值和负面价值的反思,所以后现代主义首先是批判性的,但是它的批判性必须要走向一种建设性,否则后现代主义就只是一种消极的解构力量。这就是为什么大卫·格里芬提出建设性后现代主义的主要原因,他借用神学方式来重构后现代主义,实际上是想通过改造现代主义,逆流而上,复归整体性传统,①但这一整体性却是超越狭隘人类中心主义的新整体性。

从传统思想中汲取资源以表达对现代技术的反抗,这种方式屡见不鲜。新儒家就是这样一个例子。向传统寻找资源以新瓶装旧酒,这是一个最便利的建构手段,但重要的是这种整体性重建的方案是否可行?后现代主义思潮一般不喜欢这种整体性,因为在所谓整体之中的任何一种主要状况的改变都可能产生复杂观念的变化,但后现代主义观念对整体性的拒绝却可能产生一些弊端,就是无法提供社会整体行动方案,格里芬所提倡的后现代主义的建构性,实际上恰好击中了后现代作为一种兴盛很久的思潮的痛点,就在于建设性不够。"建设性的或修正的后现代主义试图战胜现代世界观,但不是通过消除上述各种世界观本身存在的可能性,而是通过对现代前提和传统概念的修正来建构一种后现代世界观。建设性或修正的后现代主义是一种科学的、道德的、美学的和宗教的直觉的新体系。它并不反对科学本身,而是反对

---

① [美]大卫·格里芬著,孙慕天译:《后现代宗教》,北京:中国城市出版社,2003年,第4—5页。

那种允许现代自然科学数据单独参与建构我们世界观的科学主义。"①格里芬提出要像现代主义那样建设新的人类观念,所以后现代无论从任何一个方面看起来都像是一种过渡性的思想状况,当然这一过渡性的思想状况也对整体社会思想变化产生影响。它可以理解为对现代科学技术的肯定和否定态度,其实践方式颇为含混,包含了各种复杂的方向,生态主义侧身其中,是一个具有建设性的方向。但是我们发现,生态主义是一种格外特殊的后现代状态,它像其他的后现代主义一样具有破坏力和消解力,具有否定性质,但这一否定性质是以指向建设为基础的,它重理了现代主义的人类中心主义线索,并且力图从思想上掀翻它,并进而试图建设一种新的平衡性观念,这是一种新型的人与自然和谐的世界观,因而,这一建设性就构成它的肯定性质,超越了人类中心主义。由于人类中心主义以现代科学技术对神学的否定为前提,所以生态主义就具有了重启神学的内涵,虽然这只是部分性的,但毕竟它强烈提示了对科学技术单方面高歌猛进的警醒。在后现代的生态主义中,我们可以清晰地发现其中存在的恐惧科学技术进步的心态,因而,我们在其中看到了强烈的伦理自制,要求人类至少在短期利益上克制享乐的欲望,以换取长期生存利益的平衡。因而,生态主义不仅仅局限在环境的批判上,它还扩张到对整体生存世界的关注,要求保持技术与世界的平衡状态。

技术与世界的均衡是一种基础性的伦理要求,这一点在生态主义中才揭示得如此显著。后现代生态主义在现代主义的技术高度发达中发现了技术对生存世界的破坏,因而要求退回部分技术进步给人类带来的利益,以达成新的生存世界的平衡,这是一种力争用伦理自制来达成平衡的不稳定伦理,因为对于具体群体而言,整体性的世界平衡总是一个充满争议的领域,看似公正的生态伦理自制放入具体群体中,常常会出现退化,乃至放弃。在技术带来的巨大短期利益面前,提供一个长期利益作为控制目标并不容易做到。与技术发展背道而驰这一不稳定状况是生态主义最难解决的伤痛。也许这是后现代生态主义道路泥泞

---

① [美]大卫·格里芬主编,马季方译:《后现代科学——科学魅力的再现》,北京:中央编译出版社,1995年,前言第18页。

难行的关键。而转入后人类主义道路上,生态主义将与技术达成新的平衡,因为它们在基本科学技术方向上是一致的。"从广义上讲,超越人类主义是一种旨在推进后人类主义事业的运动。它主张利用科学技术来重建人类的状况,这足够激进,引发人们质疑再将之称为'人类'的恰当性。"①当然,这里所谈的后人类生态主义与后现代生态主义在词源上相同,都起于生态保护,包含超越人类中心主义的强大冲动,但具体观念方向却可能完全不同,在实践上复杂多变。

在后人类主义阶段,我们发现了生态主义突破后现代范围的潜能,后人类出现后,我们才发现后现代主义作为过渡性质是如此的显著和确定。在后现代当中,生态主义是一个非常好的过渡桥梁,生态主义观点在后人类当中得到了更具体的甚至是更让人吃惊的实践。科学技术并不以人的观念性改变为转移,但是它的发展却可能按照自身的动力改变方向。现代初期的科学技术往往是机械性的,外在性的,它所解决的是沟通这个世界的各种努力:交通、通信以及对周围的物产应用等等一系列物质性形态的改变,这一形态改变造成了对地球的整体伤害,生态保护实际上是想通过观念上的改造来达成对这种物质性破坏的反拨,而这样一来,它的观念结合现代和后现代两者共有的外部技术特征而产生延续性,但是,从20世纪中叶以来,计算机技术、生物技术以及材料技术不断得到进展,外部技术慢慢走向身体为中心的技术,我们可以把它称为内部技术。通过改造人的身体,我们发现了一种新的超越旧人类的可能性,当然这样的超越旧人类是一种特殊意义上的超越,我们之所以能够命名所谓的后人类,不是因为有一个个体的新人诞生了,——这种所谓个体的新生,其实只是理论设想或者科幻小说当中的描绘,虽然它们很有意义,但是它毕竟是未实现的,还需要留待时间来检验,但是我们依然可以在形态的变迁上去发现后人类是一种反抗人类中心主义的文化观念,而这一观念与后现代观念具有不同内涵。在后现代那里,我们探讨的主题是物质形态上对整体世界的恢复,超越本

---

① CHARLES T. RUBIN, "What is the Good of Transhumanism?", Medical Enhancement and Posthumanity, ed. BertGordijn& Ruth Chadwick, New York: Springer, 2008, 137.

身实际上是对生产方式的调整;而在后人类这里,我们发现技术实际上已经改变了它的途径,我们探讨的主题不仅仅是外部物质形态上的恢复,还包括身体形态和观念形态的超越。当然,这一超越本身也是复杂的,在某些方面甚至是危险,因而,"超越人类主义是对人类不断用技术来加强自身能力这一必然目标的伦理声明。"①从这个角度来看才是根本性的超越,因为它所指向的是一个无限的走向未来技术的方式。它可能与后现代生态保护所提倡的超越人类中心主义一样,包含着强烈的伦理特征,但是,它的根源却不同,因为它基于新的技术形态提出的超越人类中心主义是完全不一样的,因此我们在这里发现,后人类的生态保护其实既包含了物质形态的克服,同时也包含了对人的内部身体形态的改造,从而达到后人类观念变化的目的,如果我们在后人类层面上达成了新的文化形态和技术形态的较好结合,那么,超越人类中心就很可能顺理成章了,而研究这种技术方向让我们也发现,对物质形态损害的恢复也更加有理可循。

三、后人类生态主义的复杂性

在超越人类中心主义层面上,后人类生态主义带来进一步的变化,它是一种技术,超越人与自然的关系,我们重新在技术层面上去衡量,人如何与自然达成一致?沃尔夫这样说:

> 因此,我对后人类主义的理解类似于让—弗朗索瓦·利奥塔对后现代主义的悖论式使用:它既出现在人类主义之前,也出现在人类主义之后:"前"在这种意义上不仅指其生物世界和技术世界中人类的具现(embodiment)和嵌入性(embeddedness),……在这个意义上,"后"指出了一个历史时刻,由于技术、医学、信息和经济的迭加作用,人不再是中心,由此越来越不能忽视一个新的历史发展,我们必须找到新的理论范式(同时也使其作用于我们)……从

---

① DAVID RODEN, Posthuman Life: Philosophy at the Edge of the Human, London & New York: Routledge, 2015, 9.

此观之,人类主义是一个特殊的历史现象。①

如果说,后现代的生态保护主义是一种用观念或者伦理来约束技术的途径,那么后人类采取的方式就完全不同。它不是用观念来限制技术的发展,而是通过推动技术向另一方向发展,通过改造人的身体即内部改造来达成对物质损害的压制。一旦我们在另外一个技术方向上达成了超越人类中心主义观点,就建立了一种新的后人类的生态主义,而这样的生态主义当然会比后现代的生态主义更加复杂一些。我们可以想见,它的目标并非生态保护,生态保护只是它的一个附带问题。在后现代生态主义当中,环境是一个直接的挑战,通过环境的改善,环境保护既是危机的所在,又是目标,同时也是它的途径,三者合一;而在后人类生态主义当中,实质的环境问题只是其一部分,它可能依然是生态挑战的直接动力,但它的应对方式却不再是实际的生态改造,进而达成人的整个生态意识的改变。后人类生态主义另辟蹊径,它从另一个角度解决了后现代生态危机问题,并且它的解决方式与生态观念直接结合在一起,它既是技术性的,也是观念化的,并不完全针对生态危机问题,但却带来实质性生态保护的效果。这就形成了后人类生态主义的特殊性和复杂性。

这一复杂性首先表现为后人类生态主义的基础是叙事伦理。虽然我们在实际生活中看到了后人类发展的强烈倾向,但这一发展毕竟还属于细节性的、断片性的,整体性的场景只是在科幻叙事文本中出现,它依赖科幻小说和科幻影视开辟道路,因而,这不免为后人类打上叙事的烙印,这也是一种特殊的伦理状况。其实若究其实质,在现代传播兴起之后,任何一种伦理状态都打上叙事的烙印,只是这一叙事因素随着传播手段的不断升级而变得越来越有影响力。在后人类状况中,科幻叙事成为一个独有的现象,后人类状况也不同于后现代状况,它既是现实的,同时也是叙事的,因而,如何在叙事与现实的结合中建立一种恰切的伦理学,就是后人类生态主义的必要内涵。

后人类生态主义必然与科幻伦理相结合,这是当前的一个状况,虽

---

① CARY WOLFE, What is posthumanism?, Minneapolis: University of Minnesota Press, 2010, xv—xvi.

然可能不是永久状况,这主要是由于后人类并不仅仅依赖于现实状况来开拓道路和方向,同时,也通过文学和影视叙事来为自己打开局面。从接受的角度来讲,影视和文学作品是最好的塑造人们观念的方式,它本质上是当代阅读与思想实验相结合的产品,当然,面对当代阅读者,引起他们的兴趣,以获得相应的产品利润,这本身是科幻作品的内在动力,但是这一内在动力与作品内容混合在一起,就构成了非常有趣的当代文化形态和文化内涵的更新。如果我们看看目前科幻作品在影视和文学范围内的巨大影响,我们就已经发现,这样一种作品的形态与目前技术发展相适应,但后人类与后现代主义放弃深层观点不同,后现代更倾向于解构,但后人类则是一种复杂的建构。从目前来看,后人类状况还呈碎片化的状态,将后人类聚于一处更像是图片式的拼接,通过这些拼接,我们逐渐寻找到整体轮廓,毕竟,后人类是一种正在到来的状况,还没有得到更深入的发展,我们身处其中,通过反思研究把它拼接起来,这需要不断探讨。这一状况类似于海德格尔所说的"被抛境况"①,只是海德格尔讨论的是人自身生存及与周围世界的关系,这里则格外突出世界中技术的框架性作用:我们被抛于技术大潮之中,我们为了生存创造它们,它们向我们涌来,相互塑造,成就新世界。

  科幻作品在这样的描画轮廓过程当中,无疑具有极其重要的作用。因为,科幻作品通过幻想的形式描画了与现在这个世界完全不同的方向,这一方向更像是对于我们这个世界文化状态和技术状态的引导。库兹韦尔的《奇点来临》很多时候被当作科幻来对待,这也的确是一个有趣的文化现象。库兹韦尔所写的著作应该属于未来学,但他的名声不像福山那样大,对他的怀疑导致被视为科幻。科幻这一冠名本身就暗示着这一构想是幻想,难以实现,而一种有根据的技术预测,往往只能随着时间推移,发现预测大部分实现,以此来说明它的力量。为什么之前我们总是保持着某种怀疑态度?这表明了我们对于未来的审慎态度。其实我们已经发现科幻作品带有某种预测的气质,但因为这一预测并不可靠,我们往往在感情上对其认同,但理智上又倾向于拒斥。无

---

① [德]海德格尔著,陈嘉映,王庆节译,陈嘉映修订:《存在与时间:修订译本》,北京:三联书店,2012年,第158页。

论科幻作者在何种层面上具有科学预言的能力,在没有得到验证之前,我们不能够相信他所描绘的新技术场景,但是不管怎样,在后人类当中包含的这种虚构因素是我们必须面对的实情。它既是我们依赖的中介,同时也要保持一份警惕,它只是我们为了探索未来,而为自己建立的一种镜像,这一镜像既是目标同时也要不断被打碎,正是出于这一镜像的复杂性,它是一种具有先期引导的伦理实践活动,与此同时,也需要我们对它进行科学方面的不断诊断和调整,不断取消人的自身的既有属性,但同时又不断发展其他属性,因而,这需要我们不断变更对世界的理解。超越人类中心主义在这一实践中不断更新升级,不断充实其内涵,同样,生态保护作为我们的后现代主义富有成效的一个观念,必然被保持在后人类状态当中,只是其状况会变得更加复杂。我们只能不断反省状况,进行剖析,以调整前进的方向。这也是我们努力去做的。

另外,这一复杂性表现在它以一种新的环境为基础,即赛博格环境。我们注意到,在后人类时代,生态问题出现了根本性改变。在这里,生态不再仅仅指自然的状态,而是包含了两种状态:自然环境和赛博格。由于基本因素发生改变,这必然增加生态问题的复杂程度。一方面,我们依然保留现实生态保护的责任和危机性,另一方面,我们同时要面临一种新元素的加入,这可能是有喜有忧的。如何思考后人类主义的赛博格环境,这将更新我们生态主义观念。在这里,我们发现赛博格本身既是一种激进的力量,同时也是一种保守的力量。其激进在于,它为我们建造了一个新的欲望承载体,本来必须在外部环境中实现的愿望可以通过内部改造来达成,人类为实现自己的欲望而对自然环境大肆攫取是当代环境危机的主要根源,也是生态主义兴起的重要原因;在赛博格中,存在一种与环境攫取相反方向的力量,因为赛博格人更关注在有限而广阔的赛博格资源中自身欲望的满足,这就相对消减了对外部生态的破坏。这也同时是其保守之源,因为相对来说,赛博格是环境不耗费的,它将人类向外求的倾向逐渐转为向内改造的倾向,这同时也是科学技术方向的根本性改变,后现代生态主义曾经为之苦恼的是生态文化观念无论怎样都难以驾驭技术本身的发展热望,向环境索求成为技术发展的必然之义,而由于赛博格出现,这一向外求的力量不可避免地被分散掉,至少在破坏外部环境的速度上得以减缓,这实际上也给我们一个难得的舒缓时期,通过发展新的技术来弥补机械技术时代对于外部环境的强大破坏。但我们也看到,赛博格既是生态危机缓解的一部分,同时也是双刃剑,我们的确可能利用赛博格来满足人们此前在环境当中才能满足的欲求,但同时也要警惕,由于赛博格具有特殊的封闭性,欲求得以满足的同时,也可能同时产生对自然环境的漠视,产生一种疏离感。因而,后人类生态问题的某种消减并不直接带来生态危机的解题,它可能减轻了生态危机的迫切性,但可能通过另外的途径把它重新引回来,这是后人类生态问题的复杂性,也是我们不得不面对的。

赛博格绝不是一个封闭的人造环境天堂。从根本来说,它是人的活动的一个领地,由于人的活动,赛博格必须与自然环境发生关联,比如赛博格环境建造必然首先获得建造这一环境的材料,而这一材料要求是相对高端的,可能造成对环境的另一种伤害,因而,赛博格绝不是生态的净土,任何疏忽都可能造成新的生态破坏,因而,后人类生态观念必然同时关注赛博格因素,在看到它对既有生态破坏的延缓的同时,也看到它可能产生的另一种可能伤害。赛博格并不是针对生态保护而发展起来的技术,它只是顺带解决了部分生态问题,这并不保证完全消解生态危机,随着时间推移,这一消解也可能增加生态问题的难度。后人类的生态问题之不同于后现代生态问题也于此显露无遗。一旦人类能力通过科学技术得到发展,生态问题可能永远是我们面临的难题。

结语:如何理解这一新生态意识

后人类生态主义相比后现代生态主义,是一种偏移的生态主义形态,它不是在后现代生态主义方向上强调生态意识,推行观念性的改造,而是通过技术发展达到对某种技术愿望的分离和控制,即提升身体内在改造技术,以达成外拓性技术的压制,而外拓性技术无疑是造成生态危机的源头。但后现代生态主义面对的最大难题是,我们无法将人类欲望从自然界中拉回,因为这是技术本身带来的,我们很难制止技术发展的内在趋向,但是以新技术替代旧技术却可能达成生态保护的效果,虽然对于技术发展本身来说,这不过是一个附带的元素。

当然,任何技术都会给人类带来益处,同时也会产生不利因素。我们不能因为一种技术起到抑制人类向外欲求的方向就对其毫无保留地加以信任,现代科学技术的发展已经不断教育我们,任何一种技术的进步和扩张都将加大它对自然界获取资源的能力,哪怕赛博格是一种欲求向内的技术,我们也会发现,这样一种技术由于在精细程度上要求高,反而加重对自然界相关稀缺资源的需要,在另外一个层面上也增加了自然保护的压力,可能会带来我们意想不到的自然的破坏,因而在不断发展技术的同时,我们也要警惕赛博格技术对自然的过度利用。这同样是一个难题,而且随着人的技术水平的提高,滥用的可能性不断提升。

从根本上讲,后人类生态主义不可能消除生态问题,它只是减弱了生态问题出现的几率。当人类从向外进取转向改变自身的时候,现代文明中物质享乐主义的欲求和观念也就相对消弱了,因为究其实质,所谓生态保护,最根本的不是单纯保护自然,而是通过保护环境来维护人类的长远生存和发展,如果我们所处的自然环境受到破坏,那么人类生存发展就要受到影响,我们会受到环境失衡的反噬。在后现代主义阶段下,从技术方面加大环境保护的研究,从单纯自然攫取转向自然综合利用,是一条必须采取的道路;同时,从观念改变人类对待自然环境的方式,节制不加控制的物质欲求,也是一个辅助手段。所有的生态主义,其实都不是要否定人的中心地位,而是从以往对待世界的傲慢态度中摆脱出来,超越人类中心主义是一种痛心疾首的人类中心观念,它强调我们必须从过度强硬的人类立场回退,以保护人类更长久的生存。在这一点上,库兹韦尔一针见血地指出,人类的中心。一个通常的观点是,科学一直在不断校正我们对自己意义的过度夸大。斯蒂芬·杰伊·古尔德说过:"所有最重要的科学革命都包括,并且是它们唯一共同的特征,把人类认为自身居于宇宙中心的傲慢从一个又一个基座上推翻。"

但事实证明,我们毕竟是中心。我们在大脑中创造虚拟现实模型的能力,再加上我们最不起眼的拇指,已经足以引领另一种形式的进化:技术。这一发展延续了始于生物革命的加速步伐。它会一直持续,直到整个宇宙立于指尖。①

然而,我们必须防范技术过度,这是《我们的后人类未来》的核心观念,因而必须进行技术管制,但红线划在哪里却是个艰难的问题,"立法者需要采取行动,设立相关规则与机制。这说起来容易但做起来难:生物技术是一个复杂且技术要求相当高的领域,由于形形色色的利益集团从不同的方向介入,使它更多瞬息万变。"②无论是在哪种文化状况当中,技术问题都不单纯是技术,它还与各种文化包容在一起。人类在古代阶段、现代阶段、后现代阶段积累了丰富复杂而又错杂交织的文化形态,这些文化形态都有其惯性,我们不可能将这些错综复杂的文化形态完全削平,以适应新的文化形态。"如果说纯粹的技术创新力量很快将传统的人类主义观念推到一边,为后人类所有新兴的标志——文化漂移、重组技术、图像美学、离散意识——让路,那么的确,某些不可或缺的人类质素,无论是通过有意识的政治抗议、社会动荡的动员,还是由人类记忆本身的持续驱动,仍然是技术后人类主义未来的幻象本质。"③社会文化总是具有强大惯性,技术发展不断加快,只会让我们的整体文化不适感逐渐加强,两者间的错位愈发显著,因而,在技术快速发展的同时,必须关注技术对既有文化观念和伦理观念的冲击。为了避免社会文化与技术产生尖锐对立,必然会动用法律、伦理等一系列手段对新技术进行约束,这也是福山的观念:我们必须运用人类社会的各种方式让技术慢下来,也让我们的社会文化观念系统跟上来。当然福山并没有明确陈述后面的观念。技术发展的同时,文化必须跟上,才能与这一技术相适应,进而控制这一技术的不良趋向。哪怕在走向后人类生态主义这一包含着向内求的方向的文化形态中,我们也不能对生态问题掉以轻心,本来就丰富复杂的层面增加了一个新层面,任务并不是减轻了,反而可能是加重了,因此对任何一种形态下的技术发展进行

---

① KURZWEIL, The Singularity is Near, New York: Penguin Books, 2006, 487.

② [美]弗朗西斯·福山著,黄立志译:《我们的后人类未来:生物科技革命的后果》,桂林:广西师范大学出版社,2017年,第210页。

③ ARTHUR KROKER, Exits to the Posthuman Future, Cambridge: Polity Press, 2014, 4.

生态主义的批判永远是正确的,是我们为了人类自身幸福和族类保全而做的必要工作。

原载于《河南大学学报(社会科学版)》2020年第3期;《文摘报》2020年7月30日、《社会科学报》2020年6月25日全文转载

改革开放 40 年中国艺术学发展总论

陈宗花①

20 世纪前期,宗白华、马采等学者受到西方艺术学理论的熏染,开始探索中国本土艺术学体系的建构问题。但中国的艺术学发展始终停留于自发状态,不仅研究队伍与相关理论研究成果较少,而且艺术学学科建设问题也从未提上议事日程。直到改革开放之后,中国本土艺术学的理论创造与学科建立才得以迅猛发展。特别是进入 21 世纪后,中国艺术学的理论研究和学科建设在经历半个多世纪的积累与沉淀后,整体趋于规范化、系统化,进入到发展的关键时期,直到 2011 年 2 月艺术学成为独立的学科门类,实现了从独立一级学科到独立学科门类的质的飞跃,使中国艺术学发展迈入了新的历史纪元。

作为改革开放 40 年中国文化自信与理论自信探索的代表性成就,当代中国艺术学"这 40 年"的历史过程与探索经验具有重要的理论价值与巨大的现实意义。但是总览 20 世纪 80 年代以来的中国艺术学研究成果,关于中国艺术学发展的总体概括研究较为稀少,代表性成果只有李心峰等学者 2014、2015、2016、2018 年在《艺术百家》连续发表的艺术学理论研究年度综述,②张法的《中国高校哲学社会科学发展报告

---

① 陈宗花,艺术学博士,博士生导师,河南大学艺术学院教授,河南大学宋代艺术研究所研究员。

② 李心峰等:《升门以来艺术学研究综述(2011—2012)》,《艺术百家》,2014 年第 4 期;《2014 年艺术学理论研究综述》,《艺术百家》,2015 年第 2 期;《升门以来的艺术学研究综述(2013)》,《艺术百家》,2015 年第 1 期;《2015 年中国艺术学理论研究综述》,《艺术百家》,2016 年第 1 期;《2017 年艺术学理论学科研究发展报告》,《艺术百家》,2018 年第 3 期。

(1978—2008):艺术学》(广西师范大学出版社2008年版),夏燕靖的《新时期以来我国艺术学学科设立与艺术学理论发展历程探析》[1],以及论者于2016年、2017年发表的2006—2012年、2013—2016年的艺术学理论研究概览[2]。不过这些研究成果仅仅注重考察当代中国艺术学发展的某一阶段,或力图总结当代中国艺术学在某一方面的发展状况,有些关注面过于宽泛,而全局纵览式的研究成果仍然暂付阙如。本文即将改革开放40年当代中国艺术学发生、发展的总体历程作为研究对象,通过细致分析各个发展阶段的特点,力图梳理当代中国艺术学发生、发展的整体脉络并概括中国艺术学"这40年"发展的内在规律。论者将改革开放40年当代中国艺术学的发展分作四个阶段:20世纪80年代的"潜学科"时期,20世纪90年代的一级学科"艺术学"建设期,21世纪第一个十年一级学科"艺术学"蓬勃发展时期,2011年进入独立门类后的艺术学发展时期,并将四个阶段置于改革开放40年当代中国艺术学发展的宏观视野下加以考察。

一、20世纪80年代:中国艺术学的"潜学科"时期

尽管在20世纪80年代之前,中国本土学者已对借鉴西方艺术学理论构建中国艺术学理论与学科体系做出一定思考,但中国艺术学的真正发展却延迟至80年代改革开放之后。1983年全国哲学社会科学规划领导小组制定国家"六五"时期科研规划,将艺术学科作为"单列学科",这被艺术学界视为当代中国艺术学发展的开端。自该年始,一些学者已自觉开展对艺术学一般理论的研究。而到了1986年4月,第六届全国人大第四次会议审议批准"中华人民共和国国民经济和社会发

---

[1] 夏燕靖:《新时期以来我国艺术学学科设立与艺术学理论发展历程探析》,《南京艺术学院学报·美术与设计版》,2013年第5期。
[2] 陈宗花:《从独立学科到独立门类:中国艺术学理论研究概览(2006—2012)》,《民族艺术研究》,2016年第1期;《作为独立门类艺术学的理论建设:中国艺术学理论研究概览(2013—2016年)》,《南京艺术学院学报·美术与设计版》,2017年第2期。

展第七个五年计划",明确提出"坚持在推进物质文明建设的同时,大力加强社会主义精神文明建设",①这成为新时期中国社会主义文化发展的进军号,中国艺术学理论研究和学科发展迎来了难得的历史机遇。

总体考察改革开放40年当代中国艺术学的发展历程,20世纪80年代是其发生、发展的第一个阶段,不过由于这一阶段中国艺术学尚未形成独立学科,因此,该阶段被称为当代中国艺术学发展的"潜学科"时期。② 在这一时期,大批学者参与到中国艺术学相关问题的讨论中。"潜学科"时期的主要研究成果集中发表于1986—1989年,总体情况见图1。

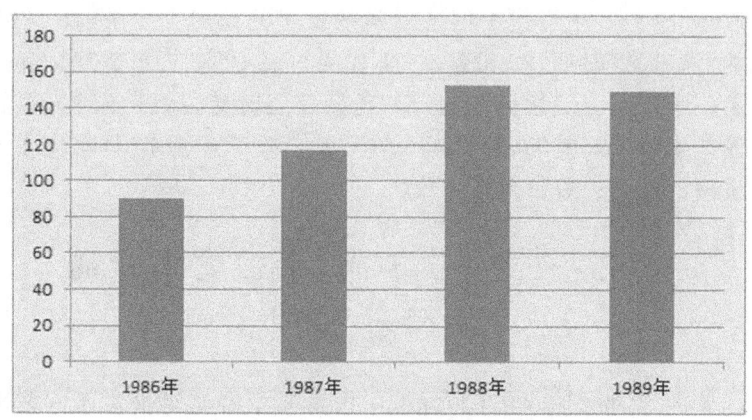

图1:1986—1989年艺术学各类研究成果数量统计③

在当代中国艺术学的"潜学科"时期艺术学界取得了两方面重要成绩,其一,是对艺术学理论体系和学科建构的理论准备;其二,是理论创新意识和学科构建意识从"自发"到"自觉"。

1980、1982年《国外社会科学》已连续刊载苏联艺术学家、美学家发表于1979、1982年关于艺术学研究的重要论文。第一篇是卡冈艺术

---

① 《中华人民共和国国民经济和社会发展第七个五年计划1986—1990》,北京:人民出版社,1986年。
② 夏燕靖:《钩沉与还原:中国现当代艺术学史的多视域整合》,《艺术百家》,2012年第1期。
③ 图1中的统计数据主要来源为中国知网、超星、读秀等学术网站,以及相关报刊书籍等出版物,统计时间为2017年9月。

社会学学派的代表人物 И·列弗希娜的《社会学和艺术学》,该文界定了艺术社会学研究对象并探讨了学科建立的可能性问题,①另一篇是A.齐西的《现代艺术学的若干方法论问题》,探讨了艺术学在方法论层面的革新问题,②这两篇来自社会主义阵营的价值较高的艺术学论文应该对当时中国学界产生了一定启示。1983年李育中发表《略论马克思主义的艺术社会学》(《华南师范大学学报》1983年第1期)也对西方的艺术社会学发展史做出了细致勾勒。一些刚迈入艺术学研究领域的中国理论家在中西艺术思想成果启发下开始思考艺术学建立的有关问题,此时他们主要是在呼吁确立艺术学的学科地位、建构艺术学学科体系等,并通过自己的理论思考,为艺术学理论体系和艺术学学科的建构做出积极理论准备。1983年如吴火发表重要论文《美学·艺术学·艺术科学》(《世界艺术与美学》第3辑,大众艺术出版社1983年版),率先倡议尽快确立艺术学的学科地位并开展艺术学理论研究,这是最早呼吁建立中国艺术学学科的论述。随后一批专题研究论文开始出现,而且研究论著的发表、出版数量呈逐年上升趋势,涌现出大批重要成果。在中国艺术学的"潜学科"时期最重要的一批理论研究成果是在《文艺研究》杂志集中发表的,其中李心峰的《艺术学的构想》(《文艺研究》1988年第1期)观点突出,明确说明了在当代中国创建艺术学学科的理由及创建学科体系的设想。李心峰指出,随着各门类的特殊艺术学的积极展开,现在已经亟需"在此基础上,建立各门艺术学的基础性学科即一般艺术学,明确整个艺术学内部的体系、结构,它的对象、方法等一系列问题,确立艺术学应有的学科地位。"③而徐亮的《再现,表现,还是显现?——关于艺术本体的一个探讨》(1987年第5期)、彭立勋的《评符号学的艺术本性论》(1988年第2期)、朱良志的《"象":中国艺术论的基元》(1988年第6期)、丁亚平的《艺术文化学:实践意识与建设

---

① [苏]И·列弗希娜著,由之译:《社会学和艺术学》,《国外社会科学》,1980年第4期。

② [苏]A.齐西著,从芒译:《现代艺术学的若干方法论问题》,《国外社会科学》,1982年第12期。

③ 李心峰:《艺术学的构想》,《文艺研究》,1988年第1期。

思维的拓展》(1989年第1期)、胡经之的《艺术本体真实性》(1989年第2期)、马也的《艺术功能的历史演变及其内在规律性》(1989年第6期)等也都围绕中国艺术学的建构等诸多基础理论问题进行多方面摸索。此外,英若识的《自觉、整体、竞争、创新:对艺术教育改革的一些宏观思考》(《吉林艺术学院学报》1987年第1期)对艺术学科建构中的重要问题做出一定思考与阐述。

在中国艺术学的"潜学科"时期,大批优秀学者的涌现和大量重要研究成果的出现,标志着中国艺术学的本土理论创新意识和学科构建意识已经从最初的"自发"状态逐步走向"自觉",为当代中国艺术学向一级学科迈进做好了积极宣传,并奠定了坚实的理论研究基础。因此,我们可以说,在"潜学科"时期的中国艺术学异常活跃,"潜学科"其实不"潜"。

二、20世纪90年代:一级学科"艺术学"建设期

20世纪90年代是一级学科"艺术学"的建设期,这一时期取得的主要成绩包括:其一,一级学科"艺术学"的设立成为历史发展新起点;其二,中国艺术学做出了学科发展的整体规划;其三,二级学科"艺术学"的繁荣发展,奠定了学科体系完整构建的基础。

进入20世纪90年代,经过以张道一先生为代表的众多艺术学学者、社会知名人士的大力呼吁,1990年艺术学被作为一级学科纳入到文学门类当中,开始启动作为独立学科的艺术学的建设。到了1993年7月1日,国务院学位委员会、国家教委在正式实施的《中华人民共和国学科分类与代码国家标准(GB/T13745—92)》中将艺术学设为一级学科,此举意义重大,成为中国艺术学发展的历史新起点,当代中国艺术学正式进入一级学科的初步建设时期。1994年6月张道一先生在东南大学创办了国内第一个艺术学系。此后,张道一先生协同艺术学学科评议组成员、各界知名人士联名呼吁,促使1997年国务院学位委员会、国家教委在重新颁布《授予博士、硕士学位和培养研究生的学科、专业目录》时,最终明确了艺术学作为一级学科的地位,特别重要的是,该目录开始在一级学科"艺术学"下分设8个二级学科方向,包括增设了二

级学科"艺术学"。自此,中国艺术学建设全面展开。

在一级学科"艺术学"建设期,艺术学理论研究成果的数量与质量均得到显著提升,相关论著刊布的总体情况如图2所示。

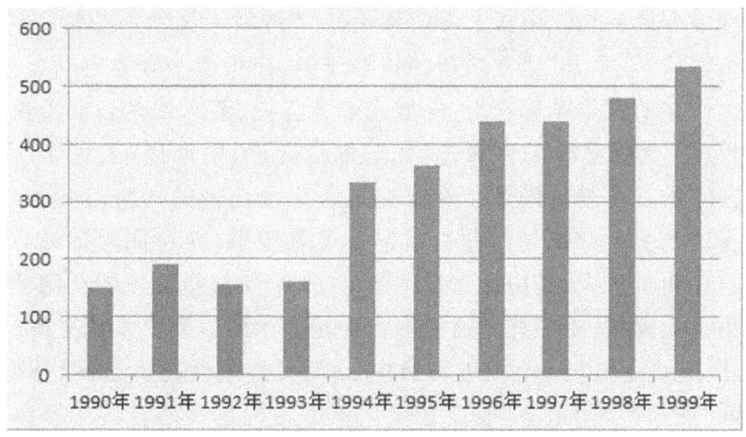

图2:1990—1999年艺术学各类研究成果数量统计①

根据数据显示,1990—1993年艺术学研究论著发表、出版数量基本持平,到1994年数量明显大幅增多,之后呈逐年递长趋势。

在一级学科"艺术学"的建立之初,研究者们自然首先将思考重点放置于艺术学学科整体发展与二级学科"艺术学"的建设问题之上,理论研究也多集中于此。张道一先生作为当代中国艺术学的主要开创者,提出了大量创新性理论命题,并对艺术学学科建设与发展做出了全局性的设想。张道一先生撰文《关于中国艺术学的建立问题》(《文艺研究》1997年第4期),率先倡导在"整体规划下有先有后的进行学科建设",并强调"揭示中国艺术有别于西方艺术的独特规律"是建立中国艺术学的根本目的,主张发展真正的属于中国的艺术学。② 同时,张道一先生在《应该建立"艺术学"——代发刊辞》(《艺术学研究》第1集,江苏美术出版社1995年版)中对今后艺术学学科发展与理论研究的各类方向进行了顶层设计,设想建立艺术原理、中外艺术史、艺术美学、艺术评

---

① 图2中的统计数据主要来源为中国知网、超星、读秀等学术网站,以及相关报刊书籍等出版物,统计时间为2017年9月。

② 张道一:《关于中国艺术学的建立问题》,《文艺研究》,1997年第4期。

论、艺术分类学、比较艺术学、艺术文献学、艺术教育学、民间艺术学等学科方向,并倡导艺术学与其他学科交叉形成跨学科的各类新学科,如艺术社会学、艺术伦理学等。①张道一先生高瞻远瞩的诸种设想始终强力推动着此后当代中国艺术学理论研究和学科发展。艺术学界担负起一级学科"艺术学"建立之初的核心任务,在张道一等先生的引导下,贡献出较多的艺术基础理论、一般艺术学理论、艺术的综合性理论等研究成果。②如陈池瑜的专著《现代艺术学导论》明确以"艺术学"命名,探讨艺术学基本理论问题。在研究论著大量涌现的同时,1990—1999年间全国艺术科学规划课题立项数量显著增多,而且课题类型与研究涉及范围明显扩大,其中较为重要的有1997年获批立项的全国艺术科学规划重大课题《中华艺术通史》,由中国艺术研究院李希凡主持。

在20世纪90年代一级学科"艺术学"的建设期,一级学科"艺术学"和二级学科"艺术学"的设立使艺术学在国内高等院校学科体系与科研体制中获得合法地位,有近百所国内高等院校获得了艺术学硕士学位授权点,还有个别院校获得了艺术学博士授权点,这些都为当代中国艺术学学科体系的完整构建奠定了良好基础。同时作为一级学科"艺术学"的理论研究也取得了较为丰硕的成果,为艺术学学科发展与教学实践提供了重要的学理支撑。

三、21世纪10年代:蓬勃发展、渐趋成熟的一级学科"艺术学"

21世纪第一个十年是一级学科"艺术学"蓬勃发展、渐趋成熟的阶段,取得了很多重要成绩:其一,关于艺术学升级成为独立门类问题得到集中讨论并取得理论成果,学界对于作为一级学科和二级学科的两个"艺术学"做出了完善的理论辨析;其二,艺术学理论研究迈入黄金

---

① 张道一:《应该建立"艺术学"——代发刊辞》,张道一主编,东南大学艺术系编:《艺术学研究》第1集,江苏美术出版社,1995年版。
② 夏燕靖:《新时期以来我国艺术学学科设立与艺术学理论发展历程探析》,《南京艺术学院学报·美术与设计版》,2013年第5期。

期;其三,二级学科"艺术学"得到了跃进式发展。

随着20世纪90年代中国艺术学在一级学科"艺术学"建设期的深入发展,中国艺术学的学科定位和研究对象等问题在艺术学界引起了广泛讨论。而进入到21世纪的头一个十年,关于以上问题思考与讨论的核心焦点都聚集到了一级学科"艺术学"如何进一步升级成为独立门类的问题之上。2000年3月张道一先生等艺术学界专家向国务院学位办正式提交了将艺术学确定为独立门类学科的申请报告,到2011年2月13日国务院学位委员会正式决定将艺术学从文学门类中独立出来,设立为第13个独立学科门类,其间经过了整整10年的发展历程。在此一级学科"艺术学"蓬勃发展、渐趋成熟的阶段,公开发表、出版的艺术学研究成果数量也迅速增长,如2010年发表论文数量是2000年的5倍。研究成果发表、出版的总体情况见图3。

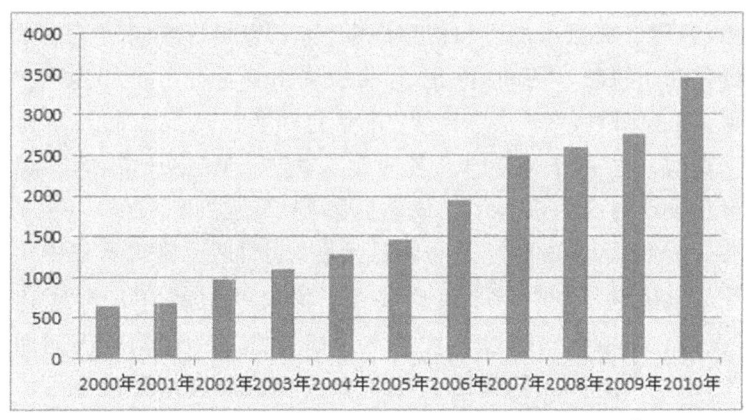

图3:2000—2010年艺术学各类研究成果数量统计①

纵观这十年的研究成果,头4年的研究状况并不令人满意。赵宪章在《2000—2004年艺术学研究主题词分析报告》(《文艺研究》2006年第5期)中曾做出过具体分析:电影研究、音乐研究是较有深度的热点,但整个艺术学研究不够精细、深入,通病是大而化之的言说方式;同时虽然艺术学研究成果的主题词涉及方面很广,但较为散乱并缺少深入

---

① 图3中的统计数据主要来源为中国知网、超星、读秀等学术网站,以及相关报刊书籍等出版物,统计时间为2017年9月。

艺术本体内部前沿性的主题。① 而到了2006－2011年艺术学理论研究进入黄金期，不仅研究论文数量迅速增长。而且代表性学者各有侧重，成果丰厚。

　　曹意强、周星、彭吉象、陈旭光等发表了一批代表性研究成果，如曹意强的《关于将艺术学科提升为独立门类的几点意见》(《南京艺术学院学报》2009年第2期)、周星的《艺术学从一级学科调整为门类的设置方案分析》(《学位与研究生教育》2008年第6期)、彭吉象的《关于艺术学学科体系的几点思考》(《艺术评论》2008年第6期)等论文集中探讨艺术学升格为独立门类的重大意义，并提出了如何进行调整的具体建议，这些论文是关于艺术学升格门类问题理论探索的重要理论成果。其中彭吉象提出了十分重要的问题，他指出，自1997年增列二级学科"艺术学"后，中国艺术学学科便出现了学科目录中并存两个"艺术学"的局面，经常造成概念混淆和使用混乱，甚至直接影响到对于艺术学的理论研究和学科教学活动，因此，彭吉象提出要区分两个"艺术学"之间的关系。② 很明显，两个"艺术学"并存的问题已经成为制约学科发展的一个难题。这些得到集中思考的学术热点，在这一时期的各种艺术学学科建设研讨会中成为中心议题并得到广泛讨论。2005、2006年在北京召开的"艺术学学科定位与学科发展"全国理论研讨会集中探讨艺术学作为门类学科的可行性和必要性。而凌继尧在2007年于南京举办的"全国艺术学学科建设与发展学术研讨会"上，明确提出如何区分两个"艺术学"的问题，他指出，"艺术学学科建设应该厘清学术研究与学科研究的关系问题。区分学术研究与学科研究的方法是确立学科的研究对象。二级学科艺术学的研究对象，最简单地说就是四个字：艺术一般，或者艺术普通"。③ 正是经过艺术学界同仁的共同努力，在2011年2月中旬国务院学位委员会在最新版《学位授予和人才培养学科目

---

　　① 赵宪章：《2000－2004年艺术学研究主题词分析报告》，《文艺研究》，2006年第5期。
　　② 彭吉象：《关于艺术学学科体系的几点思考》，《艺术评论》，2008年第6期。
　　③ 季欣：《艺术学学科发展的新向度：2007"全国艺术学学科建设与发展学术研讨会"会议综述》，《东南大学学报》，2007年第4期。

录》调整方案中将艺术学学科从"一级学科"提升为"门类学科"之时,将原来作为二级学科的"艺术学"(即"一般艺术学")升格成为一级学科,并改称为"艺术学理论",纳入"艺术学"门类的五个一级学科。

一些著名学者还做出了其他理论贡献,凌继尧侧重艺术学的学科建设与艺术学范畴方面的研究,王廷信侧重思考艺术学的学科本质与学科建设,李心峰重视艺术学的学科本质与学科发展问题,陶思炎将研究重点放在艺术学的分支学科"民俗艺术学"领域等。① 此外,还有大量成果覆盖到艺术学理论建设和学科发展各个层面。所有研究成果都为艺术学升格为独立学科门类作出了重要理论支撑,并创造了良好的舆论环境。

在艺术学升级为独立学科门类之前,二级学科"艺术学"的学科建设颇有成效。1998年东南大学艺术学系在全国设立了第一个二级学科"艺术学"博士点。随着二级学科"艺术学"在国内各类高等院校的设立,2004年国务院学位委员会批准中国艺术研究院设立国内第一个隶属于"文学"学科门类下的"艺术学"一级学科,自此中国艺术研究院拥有了艺术学下设的8个二级学科博士学位授予权,并全面展开二级学科"艺术学"博士研究生的培养。此后,东南大学、北京大学、清华大学、中国传媒大学、北京师范大学、南京艺术学院陆续成为艺术学一级学科博士学位授权点单位;全国共设立60个二级学科"艺术学"硕士学位授权点。

2007年东南大学艺术学学科被教育部确定为国家级重点学科。在这一时期,东南大学、北京师范大学、四川大学、河南大学、山西大学、内蒙古大学、山东师范大学、西北师范大学、北京服装学院、山东艺术学院、山东工艺美术学院、湖北美术学院、云南艺术学院等13个单位的二级学科"艺术学"被评为省级重点学科,杭州师范大学艺术教育基地(2008年)、山东艺术学院文化创意产业与管理研究基地(2012年)获批省级人文社会科学重点研究基地。另外,在"211工程"建设项目方面,

---

① 陈宗花:《从独立学科到独立门类:艺术学理论研究概览(2006—2012年)》,《民族艺术研究》,2016年第1期。

2008—2011年,艺术学类三期重点学科建设项目全国共有7项。① 在"985工程"基地建设方面,清华大学美术学院("艺术与科学研究国家创新基地")和东南大学艺术学院("艺术与创意产业研究")获准建立"985工程"三期哲学社会科学基地项目。在2011年艺术学升格为独立学科门类之前,还举办过六届全国艺术学年会,②围绕创造具有鲜明中国特色的艺术学理论体系与艺术学学科体系广泛讨论。

四、2011年升格为独立门类后中国艺术学的迅猛发展

2011年后是中国艺术学升格为独立门类后迅猛发展的重要时期,取得了一系列重要成绩:其一,中国艺术学升格为独立门类。其二,对于独立门类艺术学发展路径与建设问题进行了卓有成效的探讨;对于一级学科"艺术学理论"的内涵、范畴做出新考量。其三,中国共产党关于文学艺术发展的新理论、新观念为中国艺术学发展明确了方向。其四,中国艺术学在高水平学术平台建设、"艺术学理论"一级学科建设方面取得突出成果。

2011年2月国务院第二十八次学位委员会审议批准重新调整过的《学位授予和人才培养学科目录(2011年)》,艺术学从文学学科门类中抽离,并被确立为第13个独立学科门类,艺术学学科门类之下设有5个一级学科和33个专业。原来的二级学科"艺术学"升格为五个一级

---

① 在这7项之中有二级学科"艺术学"1项,即东南大学的"艺术学理论创新与应用研究";其余6项分别是:清华大学的"设计艺术重点学科建设",中央音乐学院的"音乐学",中国传媒大学的"科学发展观与中国广播影视艺术",中央民族大学的"中国少数民族艺术",上海大学的"公共艺术",江南大学的"工业设计系统创新理论与方法"。

② 第一届全国艺术学年会2005年在东南大学召开;第二届全国艺术学年会2006年在上海大学召开;第三届全国艺术学年会2007年在上海大学召开;第四届全国艺术学学科建设与发展学术年会于2008在山东艺术学院召开;第五届全国艺术学年会2009年在山西大学召开;第六届全国艺术学学术研讨会2010年在上海大学召开。

学科之一,改名为"艺术学理论"。一级学科"艺术学理论"下设有艺术理论、艺术史、艺术批评、艺术管理4个二级学科。自此中国艺术学发展进入到了一个崭新历史阶段。

自2011—2018年,艺术学理论研究成果发表、出版数量始终较为稳定,总体情况见图4。

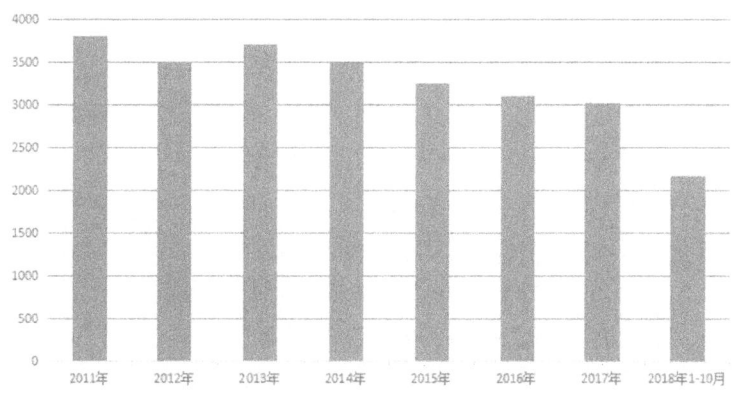

图4:2011—2018年艺术学各类研究成果数量统计①

在2011年艺术学升格为独立学科门类后,2011、2012年艺术学界所发表的研究论文便主要集中于探讨作为独立学科门类的艺术学今后发展的路径、方式以及具体的建设问题。仲呈祥在《当前中国艺术学学科建设发展中的几个问题》(《艺术百家》2012年第1期)中提到,艺术学学科建设"既要有学理的思考又要联系当前的社会实际",以保证当代中国艺术学学科建设健康、顺利发展。② 关于一级学科"艺术学理论"的内涵、研究领域等问题也成为讨论热点,名家各抒己见。凌继尧在《艺术学理论的二级学科的设置》(《艺术百家》2011年第4期)中论述了在一级学科"艺术学理论"之下设置二级学科的原则,并界定了各个二级学科的研究范围。王一川在《艺术学门下需要艺术学理论吗?》(《文艺争鸣》2012年第3期)中提出"让艺术转化成为学术"成为当前

---

① 图4中的统计数据主要来源为中国知网、超星、读秀等学术网站,以及相关报刊书籍等出版物,统计时间为2018年10月。

② 仲呈祥:《当前中国艺术学学科建设发展中的几个问题》,《艺术百家》,2012年第1期。

艺术学发展的首要任务，他还从本质上对"艺术学理论"做出准确定义：
"艺术学理论可以说是在学科涉艺理论的引导下对具体艺术种类理论加以提炼和概括的结果，目的是形成一种比具体艺术种类理论更具普遍性，同时又比学科涉艺理论更具具体性的处在中间层次的艺术理论。这可以称为中间或中观层次的艺术理论"。① 与此相关，2011、2012年出版艺术学理论著作、教材、丛刊、丛书明显增多，较有代表性的有王一川主编的《艺术学原理》（北京师范大学出版社2011年版）、王廷信主编的《艺术学的理论与方法》（东南大学出版社2011年版）、凌继尧主编的《中国艺术批评史》（上海人民出版社2011年）和编著的《艺术设计概论》（北京大学出版社2012年版）、张玉花与王树良主编的《艺术学基础知识精要》（重庆大学出版社2012年版）等，这些理论成果的出现，使一级学科"艺术学理论"的学科框架更加明确，研究范围也更为清晰。

2013年艺术学领域专题论文与专著数量持续增长，除了对于一级学科"艺术学理论"的研究不断增多外，一些重要学者已经开始关注与艺术学相关的交叉学科，如王家新与傅才武合著《艺术经济学》（高等教育出版社2013年版）、方李莉与李修建合著《艺术人类学》（生活·读书·新知三联书店2013年版）、陈炎著《艺术与技术》（人民出版社2013年版）等。同时涌现出一批艺术学理论译著，扩展了艺术学界的学术眼界，其中江苏美术出版社与凤凰出版传媒集团共同打造的"凤凰文库·艺术理论研究系列"丛书最具代表性，2013年1月首批推出20世纪英语世界4部艺术理论经典：英国罗杰·弗莱著《弗莱艺术批评文选》，还有三部美国专家的著作，包括列奥·施坦伯格著《另类准则：直面20世纪艺术》、迈克尔·弗雷德著《艺术与物性：论文与评论集》、简·罗伯森著《当代艺术的主题：1980年以后的视觉艺术》。此后几年又陆续推出数十种。

2014年成为升格为独立门类后中国艺术学发展进程的界点。2014年中国共产党在道路自信、理论自信、文化自信的探索中总结出了关于文学艺术发展的新理论、新观念，不仅成为中国艺术学发展的巨

---

① 王一川：《艺术学门下需要艺术学理论吗？》，《文艺争鸣》，2012年第3期。

大推动力量,而且也为艺术学发展创造了良好的政策环境。中国艺术学事业在各方面都展示出了新的气象,一级学科"艺术学理论"也得到较大发展。

2014年10月15日习近平总书记在北京主持召开文艺工作座谈会并发表重要讲话,提出中国共产党关于文学艺术发展的新观点、新论断,不仅论证了文艺的本质、特性、功能等问题,而且更为重要的是着重强调了文艺和文艺工作者在民族伟大复兴进程中承担的重大使命:"文艺是时代前进的号角,最能代表一个时代的风貌,最能引领一个时代的风气。实现中华民族伟大复兴的中国梦,文艺的作用不可替代,文艺工作者大有可为。"①作为中国共产党在文艺思想、艺术理论方面的重要成果,为中国艺术学的学科建设和理论发展指出了明确方向,即中国艺术学的发展不仅要符合学科自身建设需求,更要自觉肩负起传承中华精神、实现中国梦的历史任务。因此,中国的艺术学探索一定要创造出具有鲜明中国特色的艺术学理论体系,总结出中国艺术的独有规律与方法,以引导未来中国艺术在实践与理论上的创新。在这一新的思想理路启发下,很多学者开始热烈讨论关于如何建构中国特色艺术学理论体系的重大命题,如仲呈祥的《中国特色艺术学理论学科建设必须植根于中华文化沃土》(《艺术百家》2014年第4期)、陈池瑜的《艺术学理论创新与艺术学价值标准的建构》(《艺术学研究集刊》2014年第1期)、金雅的《加强艺术学理论民族学理的建设》(《东南大学学报》2014年第5期)、张法的《中国型艺术学理论:基本概念的困境与出路》(《文艺争鸣》2014年第9期)等均为主要代表性论文。还有学者将视域投注到对中国古代和现代艺术理论的历史考察上,试图归纳总结出中国人独创的艺术学思想成果,荆琦、凌继尧的《庄子的艺术学思想》(《云南艺术学院学报》2014年第1期)、王建英的《老庄玄学与邓以蛰的艺术至高境界》(《贵州大学学报》2014年第1期)、张泽鸿的《论宗白华的"艺术美学"思想及当代价值》(《东南大学学报》2014年第5期)等是主要研究成果。

---

① 习近平:《在文艺工作座谈会上的讲话》,《人民日报》,2015年10月15日。

在习近平总书记主持召开文艺工作座谈会并发表重要讲话一周年之际，2015年10月3日中共中央政治局审议通过的《中共中央关于繁荣发展社会主义文艺的意见》正式下发，紧接着10月15日习近平总书记的《在文艺工作座谈会上的讲话》在《人民日报》全文发表。艺术学界认真学习、热烈讨论《讲话》内涵，自觉贯彻《讲话》精神。有关"中国精神""中国艺术精神""中华美学精神"，以及用中华优秀传统文化助推"中国梦"实现成为艺术学界本年度重要讨论主题。①

2016年5月17日习近平总书记主持召开哲学社会科学工作座谈会，从世界史发展高度和中国现实战略需求出发明确指出："这是一个需要理论而且一定能够产生理论的时代，这是一个需要思想而且一定能够产生思想的时代。"②11月30日习近平总书记在中国文联十大、中国作协九大开幕式指出："文运同国运相牵，文脉同国脉相连。实现中华民族伟大复兴……需要振奋人心的伟大作品"，要"从人民的实践和多彩的生活中汲取营养，不断进行生活和艺术的积累，不断进行美的发现和美的创造。"③2017年10月18日习近平总书记在中国共产党第十九次全国代表大会上所做报告《决胜全面建成小康社会夺取新时代中国特色社会主义伟大胜利》再次重申以上重要思想，④为新时代艺术学的发展注入了强心剂。总之，2014年以来中国共产党在道路自信、理论自信、文化自信的探索中总结出的关于文学艺术发展的新理论、新观念成为新时代中国艺术学发展的重要指导文献，创造鲜明中国特色的理论、学科体系与以服务人民为鹄的业已成为艺术学发展的核心目标。

2014年以后艺术学学科在高水平学术平台建设方面成果突出。在

---

① 请参阅李心峰等：《2015年中国艺术学理论研究综述》，《艺术百家》，2016年第1期。

② 习近平：《在哲学社会科学工作座谈会上的讲话》，北京：人民出版社，2016年。

③ 习近平：《在中国文联十大、中国作协九大开幕式上的讲话（2016年11月30日）》，北京：人民出版社，2016年。

④ 习近平：《决胜全面建成小康社会夺取新时代中国特色社会主义伟大胜利》，《人民日报》，2017年10月28日。

学术成果发表平台建设方面,《文艺研究》《艺术百家》《艺术评论》《民族艺术》《民族艺术研究》《艺术学界》等重要艺术综合类期刊都大量刊载艺术学研究成果。2014年《东南大学学报(哲学社会科学版)》创建"艺术学研究"栏目,《贵州大学学报(艺术版)》创建"艺术学理论"栏目。2017年中国人民大学"复印报刊资料"《艺术学理论》创刊。在学术交流平台建设方面,中国文艺评论家协会做了大量成效卓著的工作。一方面,2015年9月23日中国文艺评论家协会与各地高校、科研单位、地方文艺组织共建首批22家国家级"中国文艺评论基地",基地运作方式包括专题会议和人才培养,目的是推进国内艺术理论研究与批评实践,并培养后备人才。另一方面,中国文艺评论家协会还积极打造高端学术论坛。如2015年8月1日中国文艺评论家协会、浙江省文联共同创办中国青年文艺评论家"西湖论坛";2016年8月20日中国文艺评论家协会、陕西省委宣传部、西北大学联合组建的"中国文艺长安论坛"在西安揭牌。

同时,中国艺术学界也积极迈入国际学术交流平台,尤为突出的是开始主办或承办各类高端世界学术会议。如2016年9月16—20日由联合国教科文组织联络机构国际艺术史学会(CIHA)、中央美术学院、北京大学联合主办的第34届世界艺术史大会在北京召开,成为亚洲首次主办的世界艺术史大会。来自43个国家、地区的400多位专家以"不同时代不同文化中的艺术和艺术史"为核心论题进行研讨。2017年6月26日北京大学与世界文化艺术管理学会(AIMAC)联合主办第14届世界文化艺术管理双年会,以"世界文明共建的新生领导力"为主题,这是这一代表世界文化艺术管理发展最高水平的世界性学术会议首次进入亚洲。

2014年以后一级学科"艺术学理论"建设成效卓著,尤其是在2016年,国务院学位办组织艺术学理论学科评议组制定了《硕士博士学位点申报基本条件》中有关"艺术学理论"学科的部分,并宣布将启动新一轮艺术学硕士、博士学位授权点申报,进一步推动"艺术学理论"学科发展。2017年国务院学位办正式启动艺术学博士点申报,在2018年初河南大学、河北大学、东北大学获批"艺术学理论"一级学科博士点,浙江大学的"艺术学理论"学科被动态调整为一级学科博士点。

应该说,在2011—2018年升格为独立门类后的中国艺术学发展取得了长足进步,但刚刚迈入新时代的中国艺术学仍面临着新的理论创新与学科发展的挑战,因为中国艺术学在理论与学科发展等方面的探索远远不够完善,甚至仍暴露出相当多的问题,如作为独立门类的"艺术学"与作为一级学科的"艺术学理论"的关系就是令人困惑的理论与学科建设难题。对此难题,作为学科开创者的张道一先生仍然站在中国艺术学发展的全局进行审视,并就艺术学学科设置问题做出新思考。他在2017年敏锐提出诸多新颖命题,如"艺术学理论"的一级学科命名仍应使用"艺术学",艺术实践与艺术理论的评价体系应该分开等,[1]促使艺术学界深入反思中国艺术学的理论与学科困境。笔者在此列举张道一先生的思考,是为说明中国艺术学探索仍在路上,中国艺术学需要再出发。

综上对于当代中国艺术学发展四个阶段的细致回顾,我们能够深刻感受到,当代中国艺术学经过艰辛努力的巨大发展是改革开放40年中国文化自信与理论自信探索的代表性成就。纵观当代中国艺术学"这40年"的总体发展历程,当代中国艺术学的理论体系和学科体系建设均是在改革开放的社会思想环境下,在艺术学界创新性理论研究成果的引导下,步步推进,有序迈进。当代的中国艺术学不仅从无到有,而且在较短的时间内由一级学科跃升成为独立的第十三个学科门类,同时初步形成了具有鲜明中国特色的本土艺术学理论体系和学科架构体系,为中国艺术学健康、有序地可持续发展奠定了牢固基石。这是几代艺术学界同仁共同努力的结果。不过,虽然和40年前相比,当代中国艺术学建设已经有了质的飞跃,但同国外相比还存在着较大差距,未能真正实现与国际接轨。因此,中国艺术学界仍需在已有学科建构和研究成果基础之上继续砥砺奋进,不断做出新探索、开拓新领域,推进中国艺术学学科与艺术学研究早日接近国际学界的步伐,进而同步

---

[1] 赵中华:《关于"艺术学学科设置问题"的对话——张道一先生访谈录》,《艺术百家》,2017年第2期。

发展。

原载于《河南大学学报(社会科学版)》2019年第2期;《文摘报》2020年7月30日、《社会科学报》2020年6月25日全文转载